도시전문가 김충영의

수원과 세계유산 화성이야기

도시전문가 김충영의

수원과 세계유산 화성이야기

글을읽다

* 일러두기

- '화성(華城)'을 지칭하는 용어는 '화성'뿐 아니라 '수원성', '수원화성', '수원성곽' 등이 있습니다. 이 책에서는 이 용어를 섞어 사용했습니다.
- 행정용어는 띄어쓰기 원칙을 적용하지 않고 가급적 붙여 썼습니다.

추천사

역사는 기록으로 증명되고 기록에 의해 이뤄집니다. 자타공인 수원화성의 최대 공로자라면 이병희 전 제1무임소 장관이고, 유네스코 세계문화유산으로 등재시키는 등 화성 복원의 완성판을 만드는 데 큰 족적을 남긴 인물은 심재덕 전 수원시장이라고 봅니다. 나는 여기에 한 명을 더 꼽으라면 김충영 본보 논설위원(전 수원시 팔달구청장)을 추가하고 싶습니다.

이는 현재의 수원화성이 있기까지 '아는 듯 몰랐던 수원' 이야기를 도시계획 전문가의 관점에서 각별한 애정과 정성으로 정리하면서 수원의 새로운 역사를 쓴 장본인이기 때문입니다.

지난 2021년 1월 11일 '우연한 만남일지라도 평생지기가 될 수 있다'는 제목의 첫 작품을 『수원일보』 지면에 선보인 그는 매주 월요일 아침 고정칼럼 '김충영의 수원현미경'을 통해 수원화성의 역사와 수원 도시계획의 숨겨졌던 이야기를 특유의 필치로 집필, 어언 3년을 지나 2024년 5월로 138번째를 기록하고 있습니다.

그동안 알려지지 않았던 사실이 그의 끈질기고 세심한 노력에 의해 고증을 거치면서 새로이 밝혀졌습니다. 특히 1970년대 후반부터 수원시청의 도시계획 업무와 수원화성을 복원·정비한 당사자로서 직접 기획하고 실행해온 성과물은 수원의 역사에 대한 새로운 기록이 되고 있습니다. 이는 마침내 『수원일보』의 크나큰 보고(寶庫)가 되고 있고 『수원일보』의 새로운 역사로 남겨지고 있습니다.

화성과 수원을 누구보다 사랑한 김충영 위원님의 노고에 감사드리며 또 다른 관점의 중요한 수원사(水原史)가 되고 있는 '수원현미경'이 1천 회, 1만 회로 거듭되기를 기대합니다.

수원일보 대표이사

김갑동

추천사

  1997년 화성이 유네스코 세계문화유산 목록에 등재된 이후 30여 년 사이에, 수원이 세계적 관광도시로 변모하게 된 과정을 낱낱의 기록과 사진을 통해 정리한 역작이다. 행정 일선에서 어떻게 하면 역사의 숨결이 살아있으면서 주민들의 쾌적한 삶이 담보된 도시를 만들어갈지를 두고 도시계획 전문가로서 고민하고 문제를 해결하고 때로는 좌절했던 다양한 과정들이 담겨있다. 오늘의 수원화성을 세계 사람들이 즐겨 찾아오는 명소로 만들어내기까지 지혜를 짜내고 각고의 노력을 기울였던 많은 사람들의 자취를 읽을 수 있다.

경기대학교 명예교수
김동욱

추천사

김충영 박사를 만날 때마다 느끼는 게 있다면 그것은 남다른 뚝심입니다. 그에게서는 당당하게 뿌리박은 굳센 힘이 느껴집니다. 그 연유는 그가 일생을 공무원의 외길을 걸어왔다 해서도 아니고 공직에 있으면서도 도시계획과 환경에 대한 학문의 길을 병행하여 박사학위를 받은 열정 때문만도 아닙니다. 그의 뚝심이 빛을 발해 왔던 것은 우리가 몰랐던 그의 또 다른 깊은 뿌리에 있었다는 사실을 최근에야 확실하게 알았습니다.

이 책의 초고를 받아보고 새삼 놀랄 수밖에 없었습니다. 김충영 박사가 수원과 인연을 맺고 화성을 사랑하게 된 이야기 속에 배어 있는 그의 인문학에 대한 학문적 성취도가 예사롭지 않았기 때문입니다. 공학도이면서 그만큼 이루기는 결코 쉬운 일이 아닙니다. 이 책에는 수원화성과 수원의 지역 문화에서 잊어서는 안 될 인물들에 대하여 쉽고도 진솔하게 담겨 있습니다. 여러분께 이 책의 일독을 권하는 이유입니다.

화성행궁 신풍루 앞에는 삼정승을 상징하는 느티나무 세 그루가 서 있습니다. 그 나무들이 위엄을 잃지 않는 것은 우리 육신의 눈으로는 볼 수 없는 뿌리 깊은 아름드리들이 역사를 같이했기 때문이라는 생각을 해봅니다. 누가 알아주지 않아도 상관없이 뚝심 하나로 수원화성과 수원의 문화에 대한 사랑으로 걸어온 김충영 박사의 길에 마침내 그가 한 그루 아름드리로 섰음을 이 책을 통해 봅니다.

수원문화원 원장

김봉식

머리말

 제 일생은 인연의 연속이었던 것 같습니다. 사람과의 인연도 일과의 인연도 그렇습니다. 좋은 인연으로 갈림길에서 긍정적인 도움을 받았고, 나쁜 인연으로 오히려 삶의 이정표나 좌우명을 갖는 기회가 되기도 했습니다. 제가 한 일도 결국에는 사람과의 인연이 발전해서 이루어진 것입니다.

 공직과의 인연은 고등학교 은사인 염재관 선생님 덕분이었습니다. 1979년 당시는 중동 건설 붐이 일어 젊은이들이 해외로 진출하면서, 박봉의 공무원 직업은 기피하던 시절이었습니다. 그래서 수원시청 기술직 부서는 직원 부족으로 애로를 겪었고 하루라도 빨리 직원을 뽑기 위해 수원공고에 우수 졸업생을 추천해달라고 했습니다. 그때 구 화성역 근처(뉴코아백화점 앞)에서 염 선생님을 만났는데, 제대 후 뭘 할 거냐고 물으셔서 공무원시험을 준비하고 있다고 했습니다. 그랬더니 잘 됐다며 저를 추천해주셨습니다. 그런 인연으로 공직의 길을 걷게 됐습니다.
 처음 담당 부서가 도시과였습니다. 수원의 도시계획은 쉽지 않았습니다. 첫째는 정조대왕이 효심으로 만든 우리나라 최초의 계획도시라서 제약이 많았습니다. 여기에 더해 중앙정부가 성장을 억제하기 위해 만든 제한정비권역에 포함되어 인구 증가를 유발하는 행위는 제한됐으며, 행정구역 또한 협소하여 성장 여지가 많지 않았습니다. 수원의 어려운 여건을 극복하며 업무를 이행하려면 제 자신이 배워야 한다는 생각에 대학과 대학원에 진학해 관련 공부를 하였습니다.
 수원화성과의 인연은 1995년 민선 1기로 당선된 심재덕 시장이 추진한 수원천 복개 중단과 팔달산 터널 추진 중지사업을 담당하면서부터입니다. 1997년 12월 4일, 수원화성이 세계문화유산에 등재되었다는 수원시청 구내방송을 듣는 순간, '수원화성에 관광객이 많이 올 텐데 수원은 관광객 맞을 준비가 돼 있나?' 하는 생각이 들었습니다. 이는 수원화성이 저를 부르는 소리였습니다. 그 다음 날 수원화성을 한 바퀴 돌아보니 정말 엉망이었습니다. 그렇게 수원화성을 답사하기 시작한 것이 인연이 되어 수원화성을 공부하고 연구하는 모임인 사단법인 화성연구회가 태동하게 되었습니다.

1998년 10월 도시계획과장으로 자리를 옮기자 수원화성 업무가 저를 기다리고 있었습니다. 그때부터 5년간 수원화성의 복원정비 업무를 담당했습니다. 2003년 6월에는 제가 중심이 되어 여러 부서에서 담당하던 수원화성 업무를 전담하는 화성사업소가 설립됐습니다. 이곳에서 2009년 7월까지 6년간 화성 업무를 담당(전체 11년간)해 오늘날 수원화성의 기초를 닦는 일을 했습니다. 수원화성을 복원정비함에 있어 원작가인 정조대왕의 작품 의도를 해치면 안 된다는 생각으로 임했습니다.

2020년 11월 중순경 『수원일보』 김갑동 대표 및 김우영 논설실장과 저녁 식사 자리에서 저는 공직생활을 하면서 담당했던 수원 도시계획과 수원화성 업무를 신문에 연재해달라는 제안을 받았습니다. 그렇지 않아도 아내는 기회가 있을 때마다 그동안 추진했던 일들을 글로 써보라는 말을 하고 있었기에 어정쩡하게 응하겠다고 대답을 했습니다.

새해가 1달여 남은 12월에 들어서면서 글감이 될 만한 주제를 20여 개 적어보았습니다. 첫 번째 글은 공직에 발을 들여놓게 된 이야기를 쓰고 싶었습니다. 그리고는 몇 편을 더 써놓고 시작하려고 했는데 신문지상에 공개된다는 부담 때문에 글이 잘 써지지 않았습니다.

1달만 연기해서 2월부터 하자고 했더니 김갑동 대표는 그동안 써놓은 글을 먼저 보내라고 했습니다. 신문사는 바로 고정란 이름을 '김충영의 수원현미경'으로 정하고 2021년 1월 11일 월요일부터 연재를 시작했습니다.

그동안 글이 안 되어 중단될 위기도 몇 차례 있었습니다. 부족함에도 3년여 동안 졸문을 게재해준 『수원일보』 김갑동 대표와 김우영 논설실장, 사진을 제공해주신 이용창 사진작가, 졸고를 다듬어준 이춘전 님께 감사드리며, 꽃집을 운영하며 틈틈이 수필을 써서 함께 수필집을 내는 아내 김희숙, 자녀 고은, 지은, 주송에게 고마움을 전합니다.
　출판을 맡아 고생을 해주신 출판사 글을읽다 김예옥 대표, 이 책의 출간비를 일부 부담해주신 수원상공회의소 김재옥 회장, 그동안 '김충영의 수원현미경'을 읽고 격려해주신 독자 여러분께 감사드립니다.

2024년 5월
일파서각 공방에서
김충영

목차

추천사   05
김갑동 · 김동욱 · 김봉식

머리말   08

01 수원과의 인연   15

1. 수원 첫나들이   16
2. 제발 농사꾼은 되지 마라   18
3. 우연한 만남으로 시작된 공직   23
4. 세계문화유산 화성과의 만남   26
5. 화성사업소 설립   29
6. 화성운영재단의 탄생   33
7. 화성 낙성연   39
8. 수원화성 도시·건축대전   42
9. 생태교통 2013은 두 마리 토끼를 잡는 행사였다   48
10. 수원화성의 역사는 도도히 이어진다   52

02 수원이 기억해야 할 사람들   59

1. 윤한흠 그림은 화성 복원 밑그림   60
2. 이병희의 수원화성 복원   64
3. 심재덕의 수원 사랑   68
4. 심재덕 문화원장의 화성행궁 복원   74
5. 화성의 세계문화유산 등재   79
6. 화성 복원의 숨은 일꾼, 임수복   84
7. 김동욱 "수원화성은 나의 시작이자 마침표"   87
8. 아쉽다! 심재덕의 못 이룬 꿈   90
9. 팔달산 터널의 백지화   93
10. 되살아난 수원천   98
11. 수원천 복개 중단은 역사의 복원   102
12. 수원천 복개 중단 발표문   106
13. 다시 불붙은 수원천 복개 논쟁   110
14. 남수문 복원   115
15. 수원이 화장실 메카가 된 이야기   119

03　효원의 도시, 수원　　　125

1. 수원은 효의 도시　　　126
2. 영국 최초 전원도시보다 114년 앞선 '신도시 화성'　　　129
3. 수원 공원 이야기　　　134
4. 올림픽공원　　　138
5. 효원공원　　　142
6. 청소년문화공원　　　147
7. 만석공원　　　153
8. 여기산·서호공원　　　158
9. 숙지공원　　　163
10. 수원의 시목(市木), 소나무　　　167

04　수원의 길　　　173

1. 모든 길은 한양으로 통했다　　　174
2. 원행길 시흥로의 건설　　　178
3. 경수산업도로 확장이 무산된 사연　　　183
4. 서부우회도로는 삼성 이병철에서 비롯됐다　　　189
5. 덕영대로와 북수원 쪼개기 개발　　　194
6. 나혜석거리　　　199

05　수원의 도시계획　　　205

1. 도시발전은 도시계획으로부터　　　206
2. 수원시의 발전은 제2기 도시계획에서 시작됐다　　　211
3. 50년 넘은 수원의 그린벨트　　　215
4. 1970년대의 성장 억제 도시계획　　　219
5. 수원의 제3기 도시계획은 10·26사태가 제공했다　　　223
6. 제3기 수원 도시계획 중점사업은 동수원 개발　　　229
7. 동수원 신시가지는 택지개발사업으로 완성　　　233
8. 수원의 정체성 지키지 못한 북수원 개발　　　238
9. 서수원 개발　　　242

06　나와 화성사업　　　　　　　　　　　　　　249

1. 화성행궁 광장1　　　　　　　　　　250
2. 화성행궁 광장2　　　　　　　　　　254
3. 화성행궁 광장3　　　　　　　　　　257
4. 화성열차 제작1　　　　　　　　　　260
5. 화성열차 제작2　　　　　　　　　　263
6. 여민각의 탄생1　　　　　　　　　　266
7. 여민각의 탄생2　　　　　　　　　　271
8. 화성 성신사의 복원1　　　　　　　　275
9. 화성 성신사의 복원2　　　　　　　　278
10. 화서공원 조성1　　　　　　　　　　283
11. 화서공원 조성2　　　　　　　　　　288
12. 장안문 성곽잇기　　　　　　　　　292

07　수원화성의 숨은 이야기　　　　　　　　　297

1. 팔달산의 원래 이름은 '탑산(塔山)'　　　　　298
2. 지금의 서장대(화성장대)는 다섯 번째 건물　　301
3. 서장대 현판은 정조대왕 친필　　　　　　　305
4. 화성행궁 현판　　　　　　　　　　　　　308
5. 장안문 현판 글씨 누가 썼나?　　　　　　　314
6. 수원(水原)은 '물의 근원지'인가, '물 벌'인가?　318
7. 「화성기적비문」은 수원화성의 핵심 필독서　　322
8. '화성 주변 재개발사업' 무산　　　　　　　327
9. 서장대는 수원의 등대　　　　　　　　　　332
10. 화성행궁 오래된 느티나무는 신목(神木)　　335
11. 화성행궁 후원은 사색하기 좋은 곳　　　　339

08　수원의 시·구청사와 박물관·아트센터 이야기　345

1. 수원시청사　　　　　　　　　　　346
2. 장안구청사　　　　　　　　　　　350
3. 권선구청사　　　　　　　　　　　354
4. 팔달구청사　　　　　　　　　　　358
5. 영통구청사　　　　　　　　　　　361
6. 사연 많은 경기아트센터 건립　　　　365
7. 화성박물관 건립　　　　　　　　　370

09 근·현대 수원의 변화　　　　　　　　　　375

1. 수원화성은 천주교도 순교 성지　　　　　　376
2. 수원화성 곳곳에서 천주교 신자 처형　　　　380
3. 수원화성에서 천주교 신자 83인 순교　　　　385
4. 구한말에서 일제강점기까지 수원의 교육　　390
5. 8·15해방부터 현재까지 수원의 교육　　　　396
6. 경기도청 유치는 수원 상권 확장의 계기　　399
7. 50년 전 수원 이야기1　　　　　　　　　　403
8. 50년 전 수원 이야기2　　　　　　　　　　409

10 남기고 싶은 이야기　　　　　　　　　　415

1. 『수원의 옛 지도』 만들기　　　　　　　　　416
2. 『수원시 도시계획 200년사』 편찬　　　　　421
3. 원천유원지 추억　　　　　　　　　　　　425
4. 광교의 영예와 애환　　　　　　　　　　　430
5. 광교저수지　　　　　　　　　　　　　　435
6. 수원시 도로명 주소 사업　　　　　　　　　440
7. 행궁동 레지던시는 문화마을의 초석　　　　445
8. 오늘의 자료는 역사가 된다　　　　　　　　452
9. 중고 자동차 메카가 된 수원　　　　　　　　456
10. 수원 민자역사는 현대백화점이 될 뻔했다　460
11. 행궁동의 한옥은 왜 사라졌을까?　　　　　465
12. 비경, 성벽과 어우러진 억새밭　　　　　　469

11 수원화성을 만든 사람들　　　　　　　　473

1. 화성 건설은 특별기구 '화성성역소'가 담당했다　474
2. 화성을 만든 장인들　　　　　　　　　　　479
3. 화성 만든 이들을 기린다　　　　　　　　　484

01
수원과의 인연

1. 수원 첫나들이

나는 수원의 첫나들이를 잊을 수 없다. 경기도 화성군 우정면 원안리에서 농사꾼의 10남매 중 막내아들로 태어난 나는 1965년 초등학교 3학년 겨울방학 때, 중학교 1학년이던 작은형과 함께 수원으로 시집간 셋째 누님 댁을 찾아갔다. 누님은 2년 전 수원으로 시집을 갔는데 당시 셋째 매부는 수원에서 서울을 오가던 직행버스의 운전기사였다. 하루는 매형이 나와 형에게 나가자고 해서 따라나섰는데 처음 간 곳은 팔달문 옆에 있는 시립 공중목욕탕이었다. 목욕탕은 처음인지라 옷 벗기가 창피했던 기억이 난다.

(왼쪽) 공설목욕탕과 공설이발관. 1954년 시민들의 후생복리를 위해 1층에는 시공설목욕탕, 2층에는 공설이발관이 문을 열었다(사진 수원시).

공설목욕탕과 공설이발관이 후에 그릇전으로 변했다(사진 김충영).

들어가서는 이발을 하고 목욕탕에 들어갔다. 그런데 물이 너무 뜨거워 욕탕 안에 들어갈 수가 없었다. 옆을 보니 물을 바가지로 떠서 몇 차례 뿌리고 욕탕에 들어가는 것을 보고 나도 따라 하고는 겨우 욕탕에 들어갈 수 있었다. 목욕을 하고 나와 남문시장 안에 있는 시민관 극장에 가서 영화 〈불나비 인생〉을 보았다.

영화를 보고 극장 주변에 있는 음식점에 갔는데, 나중에 알고 보니 그 집이 '화춘옥'이었다. 양념한 고기를 숯불에 구워 먹는데 입에서 살살 녹는 꿀맛이었다. 그때 먹은 양념갈비 맛을 아직도 잊을 수가 없다.

이참에 화춘옥에 대한 이야기를 소개하고자 한다. 수원의 원로인 조웅호 선생께서 화춘옥에 대해서 말씀하시는 것을 들었다. 조웅호 선생은 화춘옥 인근에서 포목점을 운영했다.

화춘옥이 생기기 전 일제강점기에 영동시장에 화춘제과점이 있었다. 주로 부채과자를 만들었다. 화춘제과점은 이귀성 씨와 형 이춘명 씨가 열었는데 1945년경 이귀성 씨가 화춘옥을 차려 독립했다.

초기에는 해장국과 설렁탕, 육개장, 비빔밥, 냉면 등을 팔았는데 음식 맛이 좋고 양이 많으면서 값까지 싸서 칭찬이 자자했다. 해장국에 갈비를 듬뿍 넣고 끓여냈기 때문이다. 이어 갈비에 양념을 한 다음 숯불에 구워내어 넉넉히 주자 큰 인기를 끌었다.

이후 이귀성 씨에 이어 부인과 서울로 유학을 갔던 큰아들이 운영을 맡게 되었다. 1950년대에 박정희 소장이 사냥을 왔다가 화춘옥을 찾았는데 후일 5·16이 성공하자 대통령이 되어서 수원을 방문할 때 화춘옥을 다시 찾았다. 이것이 세간에 알려지면서 대통령이 다녀간 집이라는 소문이 났고 화춘옥은 성공의 길을 걸었다.

이후 화춘옥에서 일했던 사람들이 나가서 갈비집을 열면서 수원이 갈비고을이 됐다. 화춘옥은 박정희 전 대통령의 출입으로 널리 알려졌으나 또 한편으로는 박정희 대통령 때문에 곤혹을 치르는 에피소드도 있다.

1970년대 말 박정희 대통령이 지방 순시를 하고 청와대로 귀가하던 중 화춘옥 생각이 나서 당시 OO 도지사에게 연락을 하고 화춘옥을 찾았다. 대통령이 온다고 하자 화춘옥 사장은 잘 모시고자 하는 생각에서 쌀밥을 새로 지어서 갈비와 함께 식탁에 올렸다.

화춘옥 골목(사진 이용창).

그런데 박 대통령은 OO 도지사에게 "당신 관할구역은 보리 혼식을 안 하는구먼!" 하고 핀잔을 주었다. 대통령 일행이 떠난 다음날 공무원들이 화춘옥에 들이닥쳤다. 공무원들은 왜 보리 혼식을 안 하느냐고 야단을 치고는 돌아가서 영업정지를 내렸다. 1970년대는 식량이 부족해서 전 국민이 보리 혼식을 의무적으로 철저하게 시행하던 때였다.

대통령을 잘 모시기 위해 흰쌀로 밥을 지었던 것이 도리어 화가 되어 돌아왔다. 하지만 회춘옥의 명성은 이후에도 계속되었고, 이귀성 씨의 큰아들 이광일 씨가 수원 최초로 에스컬레이터를 갖춘 현대식 백화점인 '수원백화점'을 회춘옥 자리에 신축하면서 간판을 내렸다.

가만히 생각해보니 세월은 참으로 덧없다. 작은형도, 셋째 매부도 세상을 떠나고 공설목욕탕도, 시민관 극장도, 화춘옥도 모두 사라졌으니 말이다. 목욕탕은 그릇전으로 바뀌었다. 시민관은 팔달산에 시민회관을 지어 이사 갔다. 옛 시민관 자리는 크로바백화점으로 바뀌어 이름을 날리기도 했다. 지금은 옷가게로 변했다. 지하에는 크로바콜라텍이 있어 그곳에 크로바백화점이 있었음을 설명하는 듯하다. 이렇게 탄생과 소멸을 반복하며 세월은 이어지고 있다.

2. 제발 농사꾼은 되지 마라

수원공고 전경, 2020년 모습(사진 수원공고 제공).

올해(2024)로 수원살이 53년이 됐다. 1971년 3월 2일 수원공고의 입학식이 있었다. 1970년이 되면서 수원에 사는 큰딸(큰누나)과 장남(맏형)으로부터 수원에 공고가 생긴다는 소식을 전해 들은 어머니는 막내아들만은 농사꾼을 만들 수 없다는 생각을 하셨다.

어머니는 내가 태어나기 1년 전에 시집간 큰딸에게 나를 맡겨 수원공고에 다니게 했다. 큰누나는 아들만 5형제를 낳았는데 나까지 합류해서 '아들 여섯'을 키운 셈이다. 당시는 제3공화국 시절이었다. 박정희 대통령은 부존자원이 부족한 나라가 잘 살 수 있는 방법은 오로지 수출밖에 없는데 이를 뒷받침하기 위해서는 공업 발전이 전제되어야 한다고 했다. 이러한 정부의 정책에 힘입어 공업학교를 세우는 운동이 일었다. 이때 수원공고가 설립됐다. 수원의 터줏대감인 망천(忘川) 이고(李皐) 선생(고려 말 한림학사)의 후손들은 권선덕업(勸善德業)의 가르침을 이어가기 위해 대대로 물려받은 종중 재산을 출연하여 학교를 세웠다.

입학하던 날 보았던 학교의 모습은 참으로 황량했다. 산을 깎은 언덕 위에 한 층에 교실 7칸, 3층짜리 건물이 덩그러니 서 있었다. 뒤편에는 나중에 증축을 하려던 것인지 철근이 나와 있는 건물이 있었다.

학교 운동장은 말이 운동장이지 자갈밭이라고 해도 과언이 아니었다. 학교 다닌 3년 내내 운동장 고르기를 했다. 당시 수원공고는 토목과 2개 반과 건축과 1개 반으로

수원공고 초창기 교문
(사진 이용창).

신입생을 모집했다. 나는 토목이 무엇인지도 모르고 토목과에 지원했다. 건축과는 1개 반을 뽑는데 토목과는 2개 반을 뽑아서 경쟁률이 조금 낮을 것이라는 막연한 생각에서였다. 이것이 토목과 인연을 맺은 이유이다.

토목(土木)이라 함은 주로 땅을 기반으로 목재, 철재, 토석 등을 써서 도로, 교량, 항만, 제방, 댐, 철도, 건물, 상하수도 등 기반시설을 만드는 공사를 말한다. 과거 세분화되기 전에는 도시계획과 지도 제작까지도 토목의 분야였다.

토목은 측량에서 시작된다. 측량을 하여 작성된 현황도(지형도)는 설계의 기본이다. 이어 건설하고자 하는 위치의 종·횡단(높고 낮은 측량) 측량 도면에 만들고자 하는 공사 도면을 작성한다. 그리고 물량을 산출하여 내역서를 만들면 설계도가 된다. 설계도는 투명지에 제도를 하여 청사진(오늘날은 프린터로 출력)을 뽑으면 완성이 된다.

나는 운동에는 소질이 없었다. 하지만 성격이 꼼꼼하여 제도와 글씨 등은 나름 적성에 맞았다. 담임인 염재관 선생님께서는 나를 포함한 친구들(노종대, 이일근, 장희창)을 관심 있게 지켜보셨다. 어느 날 선생님이 교무실로 불러서 가보니 "우리 학교가 이제 개교해서 학습에 필요한 교안 차트 등이 전혀 없으니 너희들이 좀 도와달라"고 했다. 그래서 틈틈이 교안 만드는 일을 도우며 학교생활을 했다. 우리들은 이후 많은 시간을 함께 보내며 자연스럽게 팀이 되었다.

우리 그룹 중 노종대는 수원공고와 담장이 붙어있는 인계초등학교와 수원북중을 졸업하고 수원공고에 진학했다. 친구네는 당시 KBS 수원 송신소(현재 KBS 드라마제작센터) 입구에서 화분공장을 했다. 친구는 인계초등학교 옆에 있는 무덕관 소속 화랑체육관에서 초등학교 때부터 태권도를 하여 태권도 3단의 실력자이기도 했다. 그래서 우리는 자연스럽게 태권도부 활동을 하게 되었고 학교 수업이 끝나면 당시 엄기섭 관장이 운영하는 태권도 도장에서 운동을 하며 고등학교 시절을 보냈다.

교훈 비. 개교 20주년 기념으로 총동창회에서 1993년 11월 7일 세웠다(필자 김충영이 창조(創造)를 썼다).

수원공고는 구 시가지 화성(華城)의 남동쪽 동산에 위치했는데 당시는 수원시 인구가 17만 명 정도였던 시절이었고 수원공고의 위치는 시가지 외곽이었다. 학교 남쪽에는 실개천 장다리천이 있고 하천 양옆으로는 논이 있었다. KBS 수원 송신소 부근은 딸기밭과 복숭아 과수원이 넓게 펼쳐져 있었다.

고2 방학 때의 일이다. 우리들은 저녁 늦게까지 운동을 했는데 친구 한 명이 장난기 어린 제안을 했다. 복숭아 서리를 가자는 것이다. 그런데 전제 조건이 있었다. 주인에게 들키지 않으려면 저고리를 벗고 가야 한다고 했다. 그래서 우리들은 복숭아밭 근처까지 가서 저고리를 벗고 소매를 묶어 자루를 만들었다. 이어 주인이 원두막에서 코를 고는 걸 확인하고 살금살금 기어 들어가서 복숭아를 10여 개씩 따가지고 도장에 왔는데 몸이 가려워지기 시작했다. 친구의 등을 보자 모기에 물린 자국이 수십 군데나 됐다. 복숭아 몇 개를 서리한다고 우리 몸을 모기에게 보시한 꼴이 됐다.

해마다 5월이 되면 학교 체육대회가 열렸다. 일반 종목들은 운동장에서 했지만 마라톤은 학교 앞 마을길을 한 바퀴 도는 것이었다. 학교 정문을 나서서 KBS 수원 송신소 앞을 거쳐 인도래, 온수골(경기아트센터 인근), 상권선(현재 시청 앞), 논길을 통해 수원고등학교 후문을 지나 인계동 마룻길을 통과해 학교로 들어오는 코스를 뛰었던 생각이 난다.

1978년부터 동수원 개발계획이 수립되고 1980년대에 본격적으로 개발되면서 우리들이 뛰놀던 곳은 당시의 모습을 찾아볼 수 없게 됐다. 그때의 모습이 남아있는 것은 시청 앞 올림픽공원 동산뿐이다. 1971년 수원에는 여섯 개의 고등학교가 있었다.

1973년 전체 조회 모습. 멀리 개발되기 전 동수원 전경이 보인다(사진 수원공고 제공).

학교가 문을 연 순서를 살펴보면 삼일실업고등학교, 수원고등학교, 수원여자고등학교, 수원농림고등학교, 수성고등학교, 매향여자고등학교 그리고 막내인 수원공업고등학교였다.

5월이 되면 수원시 체육대회가 열렸다. 말이 시 체육대회지 학교 대항 체육대회 수준이었다. 1971년 수원시 체육대회는 세류초등학교에서 개최됐다. 수원시 공설운동장(흙 경사면에 스탠드 조성)이 1971년 10월에 완성되었으므로 이때까지 수원시에는 공설운동장이 없었기 때문이다. 세류초등학교에는 여러 단으로 만들어진 스탠드가 있어서 학교별로 구역을 나누어 배치하기 편리했다.

그런데 문제는 우리 학교였다. 개교 첫해이다 보니 학생 수가 180명밖에 되지 않아 스탠드 가장자리에 배치되어 아무리 응원가를 불러 봐도 소리가 들리지 않았다. 우리 학교 학생들은 주눅이 들었다. 이어 1973년 체육대회는 수원 공설운동장에서 열렸다. 그때는 학생 수가 3학년까지 9개 학급 540명으로 늘어났다. 당시 공설운동장 스탠드에서 카드섹션을 하기도 했는데 그제야 수원공고의 존재감이 보였다.

당시는 한국전쟁이 발발한 지 20년쯤 되는 시기여서 반공이 국시(國是)였다. 고등학교 3년 내내 교련(教鍊) 수업을 받았다. 제식훈련, 총검술, 중량운반, 응급조치, 화생방 등을 군인 수준으로 했던 기억이 난다.

민방공훈련의 날 화생방 훈련 모습. 학교 건물 현관에서 연막탄이 터지자 학생들이 위장을 하고 엎드려 몸을 숨기고 있다(사진 수원공고 제공).

어느덧 3학년 2학기가 되었다. 당시 실업계 고등학교에서는 3학년 2학기가 되면 현장실습을 나갔다. 현장실습은 두 가지 목적이 있다. 하나는 학교에서 익히기 어려운 현장 실무를 익히는 것이고, 또 하나는 취업으로 이어지는 것이다. 하루는 선생님이 불러서 가보니 농촌진흥청 산하 농업기술연구소 토양물리과에서 공문이 왔다고 했다. 토양도(土壤圖)를 만드는 사업인데 제도를 잘하는 사람을 보내 달라고 했다면서 가보겠냐고 물으셨다. 나는 생각해보겠다고 말씀드리고는 주위 사람들과 이야기해보았다. 다들 어떤 일인지 모르니 한번 가보고 결정하라고 했다. 고민 끝에 농촌진흥청에 가보기로 했다. 이런 인연으로 1976년 9월 군에 입대하기 전까지 농촌진흥청을 다니게 됐다. 이것이 내 사회생활의 첫 걸음이었다.

3. 우연한 만남으로 시작된 공직

1976년 9월 군에 입대해 논산훈련소에서 훈련을 마치고, 부산 육군측지부대에서 부대장 당번병으로 복무했다. 제대가 2달여 남았을 때 부대장이 먼저 제대를 하는 바람에 나에게 말년 휴가가 주어졌다. 하루는 팔달문에 나왔다가 귀가길에 수여선 화성역(현재 인계동 2001아울렛) 앞에서 고등학교 담임이셨던 염재관 선생님을 만났다.

선생님은 나의 근황과 제대 후의 계획을 물어보셨다. 아직 계획이 없다고 하니 공무원을 해볼 생각이 없느냐고 하셨다. 그렇잖아도 공무원 시험공부를 하려 한다고 하니 마침 잘되었다고 하셨다.

1979년에는 중동 건설 붐이 절정이어서 토목, 건축 분야 건설기술자들이 임금을 많이 주는 중동으로 가는 바람에 기술직 공무원 지원자가 부족했다. 이에 수원시는 기술직 공무원을 특채(특별경쟁채용)를 통해서 충원하기로 했다. 당시 수원공고는 개교 9년이 되는 시기로 졸업생이 배출된 지 6년이 될 때여서 학교로 우수졸업생 추천 요청 공문이 왔다는 것이다.

화성역 앞에서 담임 선생님을 만난 후 학교 추천으로 1979년 8월, 수원시에 첫 발령을 받았다.

1979년 10월 경수산업도로 공사현장 모습. 창룡문 사거리에서 북쪽 방향, 멀리 공설운동장이 보인다(사진 수원시).

담임 선생님과의 우연한 만남은 인생의 큰 변곡점이 되어 내가 평생동안 공직의 길을 걷는 계기가 됐다. 첫 발령지는 수원시 건설국 도시과 도시계획계였다. 1979년 수원시에서 가장 중요한 사업은 경수산업도로를 건설하는 사업과 화성 복원사업이었는데 이 사업을 도시계획계에서 담당했다.

1970년대에 들어서면서 도로 건설사업이 본격적으로 시작됐다. 조선시대부터 형성된 국도 1호선 중 서울~수원 구간은 서울에서 시작되어 1973년 한일합섬(현 한일타운 사거리)까지의 공사를 경기도가 맡아서 완성했다. 수원에 들어와서는 장안문과 팔달문을 경유하는 국도 1호선(조선시대에는 제주대로)을 사용했는데 포화 상태에 이르자 1977년부터 한일합섬에서 동수원사거리 구간에 대한 공사를 추진하게 됐다.

당시 도시계획계에는 계장을 포함해서 4명이 근무하다 보니 일손이 부족했다. 발령받은 지 얼마 안 된 신참인 나에게 주어진 일은 산업도로 구간 중 수원천 영연교의 철근을 설계도대로 시공하는지를 감독하는 일이었다.

또 하나의 일은 1975년부터 시작된 수원성(화성) 복원사업이었다. 화성 복원사업 역시 본 사업은 경기도가 주관해서 추진했다. 수원시에서는 성곽 복원공사에 편입되는 건물 및 토지에 대한 보상과 성곽 주변 공원을 조성하는 사업을 담당했다.

장안공원 조성사업은 박 모 차석이 담당했는데 산업도로 현장감독도 하고 있어 일

1979년 영연교 건설 현장. 멀리 동북공심돈이 보인다(사진 수원시).

1979년 조성 직후의 장안공원. 큰 나무를 심으면 성벽이 가린다고 해서 작은 나무를 심었는데 현재는 거목이 됐다(사진 수원시).

손이 달리자 감독을 보조하는 일이 내게 맡겨졌다. 화성 복원사업이 마무리되어감에 따라 수원성 복원 준공식 날짜가 1979년 10월 27일로 결정되었다. 이 행사에는 박정희 대통령이 참석할 예정이어서 경기도와 수원시는 철저하게 준비했다.

준공식에서는 장안공원 수원성 복원 정화비의 제막식을 하기로 계획되었는데 수원성 복원 정화비의 휘호는 박정희 대통령이 쓴 글씨를 새겨서 만들었다.

1979년 10월 26일 늦도록 준공식장 주변 정리작업을 마무리하고 귀가했다. 26일 박정희 대통령은 삽교호 방조제사업 준공식에 참석하고 다음날인 27일 화성 복원 준공식에 참석할 예정이었다.

드디어 27일 날이 밝았다. 아침에 방송을 들으니 정규방송을 하지 않고 무거운 음악만 흘렀다. 9시쯤 되니 국가원수가 유고 상태라는 방송이 나왔다. 이렇게 해서 10월 27일에 열리려던 수원성곽 복원공사 준공식은 연기되어 그해 11월 29일 최규하 대통령 권한대행이 참석해 장안공원에서 거행됐다.

1979년 8월에 수원시 도시계획계로 발령받아 8개월이 지난 1980년 3월에 수원시 역사상 최대의 사건이 발생했다. 이름하여 공금횡령, 뇌물수수, 뇌물공여 등 여러 죄목으로 10여 명의 공무원이 불명예 처분을 받은 사건이었다. 이 사건은 수원에 지은 맨션아파트 1호인 파장동 삼익아파트 신축공사장에서 발생했다. 1979년 당시 수도관은 주철관만 사용하던 시기였다. 그런데 그 무렵 플라스틱 수도관이 나오기 시작했다. 당시 수도과 급수계장으로 근무하던 모 씨가 수도관 연결공사를 해 주는 과정에서 주철관 공사비를 받고 실제 시공은 플라스틱 관으로 공사를 한 뒤 남는 돈을 '인 마이 포켓' 한 것이다.

그리고 그는 남은 돈으로 화서동 땅을 매입해서 토지형질변경 허가를 받아 대지를 조성한 후 비싸게 매각하는 땅장사를 했다. 이 과정에서 토지형질변경 허가를 해 준 담당 공무원과 상급자들에게 돈을 주었다. 이 사건으로 당시 백세현 시장이 책임을 지고 지방으로 쫓겨 가게 됐다. 후임으로 경기도 내무국장을 하던 허섭 씨가 수원시장으로 내정됐다. 내무국장은 경기도와 시·군의 인사권을 가지고 있었다. 이 시절에는 경기도지사가 직권으로 시·군 공무원 인사를 하는 경우도 있었다. 특히 시·군에서는 인사를 하기 전 반드시 경기도지사의 승인을 얻어야 했다.

허섭 내무국장은 수원시장으로 부임하기 전 수원시의 문제 공무원을 정리한 상태에서 시장을 하고 싶지 않았나 생각된다. 이 일로 기술직 등 50여 명이 경기도 각 시·군으로 2~3명씩 쫓겨 가서 수원시 기술직 부서는 1개 계에 한두 명만 남게 되는 대사건이 발생했다. 도시계획계 역시 OO 계장은 여주군으로, OO 차석은 시흥군으로, 삼석 OO 씨는 안양시로 전출을 가게 되어 경력이 1년도 안 된 필자만 남게 됐다. 이 때문에 나는 인구 25만 명의 수원시 도시계획을 인수받게 되었는데, 이 일은 내가 20여 년간 수원시 도시계획을 담당하는 계기가 됐다.

4. 세계문화유산 화성과의 만남

화성(華城)이 세계문화유산이 되었다는 소식은 나를 부르는 소리였다.

나와 화성과의 본격적인 인연은 민선시대가 도래하면서 민선 1기로 당선된 심재덕 수원시장으로부터 시작됐다. 심재덕 시장은 수원 출신

세계문화유산 화성 기념표석. 1997년 12월 6일 화성이 세계문화유산으로 등재된 후 팔달산에 수원시가 세웠다 (사진 김충영).

으로 오랫동안 수원문화원장을 역임하면서 수원의 역사와 문화관광 분야에 관심을 가지고 시민운동을 전개했다.

그중에서도 인상 깊은 것은 화성행궁 복원 추진위원회를 결성하여 시민운동을 추진한 일이다.

그리고 심재덕 시장이 수원시장으로 당선된 후 화성행궁 복원사업은 1996년부터 수원시의 중점사업이 되었다. 화성행궁 복원사업이 정상궤도에 접어들자 심재덕 시장은 화성을 세계문화유산으로 등재하기 위해 활발한 활동을 전개했다.

1997년 12월 6일 화성이 세계문화유산으로 등재됐다. 내가 수원시 건설국 도로과장으로 일하고 있을 때였다. 1997년 12월 4일 오후 수원시청 청사 내에서 화성이 세계문화유산위원회에서 심의 통과되었다는 방송이 나왔다. 방송을 듣는 순간 머릿속을 스치는 생각은 '앞으로 화성을 찾는 관광객이 물밀듯이 올 터인데 과연 수원은 관광객을 맞을 준비가 됐는가?' 하는 것이었다.

이런 생각이 들자 다음날 단단히 마음을 먹고 화성을 안으로 한 바퀴 돌아보았다. 그때 크게 실망했다. 화성 주변에는 불량한 건물이 즐비했고, 성곽 주변에는 변변한 주차장 하나 없는 실정이었다. 과연 이런 모습으로 국내외 관광객을 오라고 해도 되는가 하는 의문이 생겼다. 나는 내 업무 범위 내에서 개선방안을 찾아보기로 했다.

나는 함께 근무하는 도로보수 담당 이재관 계장과 도시계획 담당 최호운 씨에게 제안하여 동의를 얻었다. 우리는 매주 토요일 성곽을 답사하면서 많은 대화를 하게 되었는데 당시 우리 세 사람은 화성에 너무 무지했다.

궁리 끝에 화성에 관심이 많은 여러 분야의 사람들을 합류시켜 정기적인 답사를 진행하자고 의견을 모았다. 이렇게 하여 건축사무소를 하는 김동훈 소장, YMCA 활동을 하는 함수남 씨, 카페와 골동품 매매업을 하던 최봉선 씨, 조경설계를 하던 강수주 씨, 경관설계 사무소를 운영하는 여상헌 씨 등이 합류하여 2주에 한 번씩 화성을 답사했다.

이렇게 답사 횟수가 늘어나고 시간이 지나면서 소문이 퍼지자 수원시청 직원들이 관심을 보였다. 첫째로 찾아온 이는 당시 『늘푸른수원』 김우영 편집주간이었다. 나와 만나 대화를 한 뒤 본인과 평소 친분이 있는 이용창 사진작가, 학예연구사 이달호 박사,

역사학자 김준혁, 한동민 박사 등 전문가들을 합류시키면서 반년이 안 되어 20여 명으로 늘어나게 됐다.

당시는 모임형식을 갖추지 않았을 때라 최호운 씨가 회장 없는 총무 역할을 담당했는데 후일 이 모임은 '화성을 사랑하는 모임'(화사모)이라는 명칭으로 활동했다. 1999년 회원이 30여 명이 넘어서자 내친김에 사단법인 등록을 추진하자는 의견이 모아지면서 1년여 준비를 하고 2000년 7월 21일 발기인 총회를 거쳐 2001년 5월 21일 '사단법인 화성연구회'가 출범했다.

'화성을 사랑하는 모임' 회의 모습. 회의실이 없어 도시계획과 뒤 어학실에서 모임을 가졌다 (사진 이용창).

화성연구회 현판식. (주)삼호건설 김언식 회장의 배려로 삼호빌딩 지하에서 현판식을 했다 (사진 이용창).

한편 필자는 수원시청 도로과장에서 1998년 10월 전공인 도시계획과장으로 자리를 옮기게 됐다. 당시 세계문화유산 화성은 화성관리사무소에서 유지관리를 담당했고, 문화재 업무는 문화관광과 문화재계에서 담당했다.

화성이 세계문화유산으로 등재된 지 2년 정도 지나자 관광객도 기하급수적으로 늘어났다. 심재덕 시장은 화성 주변을 계획적으로 관리해야 한다고 생각하고 있었는데 당시에는 화성 주변을 담당하는 부서가 없었다. 심재덕 시장은 도시계획과장인 나를 불러 화성 주변 정비계획을 수립하라고 했다. 나는 이미 화성에 관심을 가지고 모임도 하고 공부를 하던 참이라 화성 주변 계획수립 업무를 맡겠다고 대답했다. 정식으로 업무분장을 개정하여 화성 주변의 업무가 도시계획과 업무에 편입됐다.

이렇게 화성은 나와 깊은 인연을 맺게 됐고 평생지기가 되었다. 이후 나는 화성과 관련된 일을 본격적으로 추진했는데 화성연구회가 많은 뒷받침이 되어 주었다.

5. 화성사업소 설립

수원시 화성사업소 출범 현판식. 화성사업소는 2003년 6월 10일 출범 후 화성행궁 왼편 모서리에 있던 행궁빌딩 2, 3층을 임대 사용했다. 현판식에는 김용서 시장, 김명수 수원시의회 의장, 박동수 화성사업소장, 김성겸 시의원, 홍종수 시의원, 안용덕 시의원, 김광수 시의원, 권찬봉 시의원이 참석했다.(사진 이용창).

화성의 세계문화유산 등재는 하루아침에 이루어진 것이 아니다. 이는 심재덕 문화원장을 필두로 화성행궁 복원사업을 시민운동으로 전개하면서 시작되었다. 각계각층의 대표들로 구성된 화성행궁 복원 추진위원회의 활동은 범시민적인 공감대가 형성됐다. 시민운동으로 응축된 힘은 훗날 세계문화유산 등재라는 결과물로도 나타났다. 화성의 세계문화유산 등재로 인해 수원시가 화성에 매진할 수 있는 명분이 만들어진 것이다.

그러나 당시 수원시의회는 심재덕 시장이 화성에 전념하는 것을 못마땅하게 생각했다. 이유는 화성복원 정비사업에 예산이 과다하게 투입되어 지역 주민 숙원사업에 쓰일 예산이 부족하다는 이유였다. 그러나 시간이 지나면서 화성에 대한 부정적인 분위기도 바뀌었다.

당시 문화재 관련 업무는 문화관광과 문화재계에서 담당했다. 그런데 화성이 세계문화유산으로 등재된 후 심재덕 시장은 화성의 발전을 장기적인 안목에서 추진해야겠다는 생각을 하게 된다.

우선 해야 할 일은 화성 주변을 정비할 마스터플랜을 수립하는 것이었다. 화성 주변

장안문 밖 정비 및 주차장 조성사업 조감도. 세계문화유산 등재 후 처음으로 진행된 사업(사진 화성사업소).

정비계획 수립은 도시계획과에서 담당하도록 지시가 내려졌다. 1999년 화성 주변 정비계획이 수립됐다. 2000년에는 장안문과 화홍문 사이 성곽 밖의 불량한 주거지를 정비하여 이곳에 주차장을 조성하는 사업에 국비가 지원됐다.

당시 문화관광과 문화재계에는 행정을 담당하는 직원 외에 건축직 1명과 학예연구사 1명이 화성행궁 복원 업무를 담당하고 있었다. 문화관광과장은 이 업무를 화성 주변 정비계획을 수립한 도시계획과에서 맡아줄 것을 바라고 있었다.

나는 화성이 세계문화유산으로 등재되던 날부터 화성에 관심이 생겨 이미 그곳을 답사했다. 동료들과 화성을 정기적으로 답사한 것이 화성사랑모임으로 발전되기도 했다. 이어 2000년 5월 사단법인 화성연구회가 탄생할 즈음 화성 업무는 소리 없이 나에게 다가왔다.

장안문 밖 주차장 조성사업은 내가 화성 사업에 발을 내딛는 순간이었다. 화성이 세계문화유산으로 등재된 이후 수원시 각 부서는 경쟁적으로 다양한 사업을 집행했다. 문제는 부서별로 사업을 추진하다 보니 상호 연계성이 부족한 것은 물론 장기적이고 종합적인 안목에서 검토되고 추진되지 못한다는 것이었다. 나는 이러한 문제점을 종합하여 심재덕 시장에게 보고했다. 그러자 심재덕 시장은 "나도 이런 현상은 생각하지 못했다"며 인사와 조직을 담당하는 부서장을 불러 화성 업무를 통합

화성행궁 1단계 완공 전 모습(사진 이용창).

하라고 지시했다.

  2001년에 이르자 화성행궁 복원사업의 윤곽이 드러나기 시작했다. 화성행궁이 복원되면 화성행궁을 관리할 인력과 부서가 필요했다. 조직관리 부서는 담당 부서의 의견을 들어 화성관리사무소를 화성사업소로 확대 개편하는 안을 만들어 경기도를 경유, 행정안전부에 조직 개편계획 승인을 신청했다.

  그런데 경기도는 '확대 개편은 시기상조'라는 의견을 첨부하여 행안부에 올렸다. 행안부는 우선 행궁을 관리하는 1개 계만 늘리는 것을 승인해주었다. 이렇게 되자 수원시 조직관리 부서는 심도 있게 자료를 만들고 보완하여 재차 조직 개편안을 승인신청하게 된다.

  당시 담당자의 말에 의하면 경기도에 공문을 발송하고 설명을 하러 가려던 참이었는데 경기도에서 반려 공문이 내려왔다는 것이다. 참으로 난감한 상황이 발생한 것이다. 당시 수원시와 경기도는 여러 가지 사안으로 불편한 관계가 지속되던 시절이었다.

  심재덕 시장과 임창열 지사의 불편한 관계가 조직 개편안 반려로 이어진 것이다. 2002년 6월 13일 지방선거가 실시되었다. 임창열 지사는 당시 불미한 사건으로 출마하지 못했다. 심재덕 시장도 김용서 당시 수원시의회 의장에게 패하여 낙선했다.

  2002년 7월 1일 김용서 시장이 민선 3기 수원시장으로 취임하게 된다. 경기도지사와 수원시장이 바뀌자 분위기가 개선되기 시작했다. 나는 화성사업소의 확대 개편안을 어떤 방법으로 추진해야 성사될까 골똘히 생각했다. 그래서 투트랙 전법을 쓰기로 작전을 세웠다. 조직관리 부서는 행정 라인을 담당하기로 하고 나는 측면 지원을 하기로 했다.

하루는 지인으로부터 행안부 자치제도과장에게 취지를 설명했으니 올라가서 만나 보라는 말을 듣고 행안부를 찾아갔다. "100% 공감한다"는 말을 듣고 가벼운 발걸음으로 수원에 내려왔다. 그때가 2002년 10월경이었다. 그런데 그해 12월 19일에는 16대 대통령 선거가 있었다.

그해 연말은 대통령 선거로 화성사업소 확대 개편안이 지연되고 있었다. 대통령 선거가 끝나고 2003년이 되었는데 화성연구회 김이환 이사장이 전화를 주셨다. "내가 어제 이근식 행정안전부 장관을 만나 말씀을 드렸다."는 것이다.

그리고 얼마 지나지 않아 화성사업소 확대 개편안이 승인되었다. 기존 화성관리사무소는 사무관 1명, 6급 2명, 7급 2명, 기타 4명에 불과했다. 하지만 새로이 출범하는

화성사업소 이전 현판식. 행궁 광장 조성사업으로 건물이 철거됨에 따라 향후 행궁에 편입 예정인 김종기 수원문화원장의 건물을 매입해 2005년 6월 7일 화성사업소 이전 현판식을 가졌다. 현판식은 김용서 시장, 홍기헌 시의회의장, 우제찬 무예24기보존회 이사장, 임순이 문화관광해설사, 권오규 시의원, 장인환 신풍초교 교장, 안용덕 시의원, 최승덕 화성사업소장, 심원섭 수원시 문화광광해설사 회장 등이 참석했다(사진 이용창).

화성사업소는 소장 4급 1명, 관리과 및 시설과로 편제되었다. 과장 5급 2명, 팀장 6급 7명, 학예사 6급 1명, 주사보 7급 7명, 서기 8급 6명, 서기보 9급 2명, 관리직 23명이었다. 이외에 현장실무 담당자 26명 등 총인원 49명의 인원이 확정되었다. 화성과 관련한 업무 전반을 추진하는 기관으로 출범하게 된 것이다. 당시 화성사업소는 화성에서 진행되는 복원정비사업과 팔달산 관리, 문화예술 공연 등 화성의 전반을 담당하는 부서로서 세계문화유산 화성을 대내외적으로 홍보하고 관리하는 조직이었다.

수원시는 화성사업소 출범 준비에 들어갔다. 사업소는 행궁 바로 앞 왼쪽 건물 2층과 3층을 임대해서 사무실을 만드는 준비를 했다. 화성사업소 개소식은 2003년 6월 10일로 확정됐다.

나는 내심 화성사업소장이 되면 어떤 일을 할까 생각하면서 지냈다. 그런데 6월 3~4일쯤 어떤 사람이 내게 전화를 했다. 화성사업소장은 여러모로 보아 당신이 되어야 하는데 이번은 양보 좀 하라는 것이었다. 나는 대답을 하지 않았다. 그리고 6월 10일이 임박하여 시장이 나를 호출했다. 예측한 대로 "이번 화성사업소장은 네가 양보를 하라."는 것이었다. 다음 자리가 있으면 0번으로 해주겠다고 했다. 별수가 없었다. 그래서 나는 '시청 도시계획과장'에서 하급 기관 과장인 '화성사업소 시설과장'으로 자리를 옮겼다. 그러나 내게 전화한 사람이 화성사업소장으로 오지는 않았다.

화성사업소장 진급은 우여곡절 끝에 2005년 10월에나 할 수 있었다. 어찌 됐든 나는 화성과 함께 행복하게 지낸 일을 감사하게 생각한다.

6. 화성운영재단의 탄생

심재덕 시장은 화성행궁 복원사업을 한 이후 화성의 세계문화유산 등재를 추진했다. 수원시의 각 부서도 경쟁적으로 화성 관련 사업을 시작했다. 화성 사업을 통합하고 체계적인 추진을 위해 2003년 6월 10일 화성사업소가 출범했다. 화성사업소는 수원시 각 부서에서 추진하던 사업을 모두 인수했다.

화성사업소는 관리과와 시설과 2개 과로 편제됐다. 관리과는 서무계와 운영계, 공연계로 나뉘었다. 서무계는 화성사업소의 전반적인 행정과 후생복리를 담당했다. 운영계는 화성행궁의 운영을 맡았다. 공연계는 화성행궁에서 행해지는 각종 공연을 담당했다.

관리과는 세계문화유산 화성의 홍보 및 안내와 문화관광해설사 관리업무 그리고 화성 장용영 수위 의식 재연과 화성과 행궁 입장료 징수업무, 토요 상설 공연, 무예24기 운영, 화성행궁 체험관광, 혜경궁 홍씨 진찬연, 정조대왕 친림 과거시험, 장헌세자 혜빈홍씨 가례, 장용영 야간군사훈련, 화성행궁 기획공연 등을 담당했다.

시설과는 시설관리계와 시설계획계, 시설공사계, 시설보호계로 편제됐다. 시설관리계는 사업장 보상과 시설물 관리를 담당했다. 시설계획계는 화성 관련 사업계획 수립과 문화시설 사업을 담당했다. 시설공사계는 화성과 관련된 전반적인 공사를 추진했다. 시설보호계는 화성행궁 복원사업과, 화성 관련 문화재 분야의 업무를 담당했다.

화성사업소 시설과의 업무를 살펴보면 화성 성역화 사업계획 수립, 화성 열차 운행, 팔달공원과 성곽 주변 공원관리, 역사유적 복원사업, 장안문 성곽잇기 사업, 연무대 주변 개선사업, 영화문화 관광지구 도시개발사업, 화성박물관 건립, 종루 복원공사, 행궁 광장 조성, 화성홍보관 건립, 화성 주변 조명사업, 화성 시설물 CCTV 설치 및 무인경비 시스템 관리 등 수많은 업무를 맡았다.

화성사업소는 출범 3년쯤 되자 1년 예산 1천억 원을 집행하는 거대한 조직이 되었다. 그런데 문제가 발생하기 시작했다. 2003년 화성사업소에 발령받아 3~4년 동안 열심히 근무한 직원들이 화성사업소를 떠나길 원했다. 진급이 어렵기 때문이었다. 진급을 이유로 고참 직원을 시청으로 보내주다 보니 업무가 단절되는 상황이 발생했다.

화성이 세계문화유산으로 등재된 지 10여 년이 되어갈 무렵이었다. 화성은 이미 100만 명의 관광객이 방문할 때였기에 문제는 더욱 심각했다. 그래서 찾은 해법이 화성사업소 산하에 재단법인을 설립하는 것이었다. 재단법인을 설립할 경우 인사와 예산, 사업 집행을 독립적으로 할 수 있기 때문이다. 또 전문가의 채용도 가능했고 인사이동이 없어 전문가의 양성도 용이했다. 나는 안정적인 인력관리를 통하여 수원화성과 화성행궁의 효율적인 운영이 가능할 것이고 각종 시설물에 대한 유지보수 및 관리와 집행 기능도 합리적으로 관리될 거라고 생각했다.

무엇보다도 관광 활성화를 통한 수익증대에 도움이 될 것으로 보았다. 그래서 주변 사람들을 설득하기 시작했다. 김용서 시장에게 이런 사항을 보고했다. 그러자 김 시장은 재단을 만드는 것은 시간이 걸리니 우선은 일 잘하는 직원이 있으면 이름을 적어 오라고 했다. 그래서 화성사업소는 일 잘하는 직원들을 데려올 수 있었다. 하지만 이렇게 한다고 근본 문제가 해결되는 것은 아니었다.

2006년 8월 23일 재단법인 설립 기본계획을 수립해서 시장에게 보고하자 흔쾌히 승낙했다. 그래서 재단법인 설립이 기정사실로 받아들여졌다. 이어 2006년 9월 8일 부시장이 위원장인 수원시 시정조정위원회에 화성운영재단 설립 안건을 올렸다. 원안이 가결되었다. 이어 수원시 의회 문화복지위원을 대상으로 보고회를 개최했다. 문화복지위원회는 뒤늦은 감이 있다면서 긍정을 넘어 재단을 더 확대해야 한다고 했다. 2007년 1월 3일에는 수원화성운영재단 설립 및 운영에 관한 조례가 공포되어 재단설립의 기본요건이 마련됐다.

조례가 제정됨에 따라 재단 설립에 속도가 나기 시작했다. 화성사업소는 재단에 위임할 업무 준비에 들어갔다. 한편으로는 재단의 정관 작업에 착수했다. 제일 중요한 사항은 재단 임원 구성안을 마련하는 것이었다. 임원은 15명으로 정해졌다. 당연직 5명은 수원시장, 화성사업소장, 수원시의회 문화복지위원장, 의회 추천 1인, 운영재단 사무국장 1인으로 구성됐다. 위촉직은 수원화성 관련 문화단체장 4인, 일반시민 2인, 기관단체장 1인, 여성계 1인, 전문가 2인으로 정해졌다.

감사 2인 중 당연직은 화성사업소 관리과장, 위촉직은 변호사 또는 공인회계사 1인으로 정관이 결정됐다. 수원시가 출자하는 단체이므로 수원시장이 재단 이사장이 되는 것은 당연한 일이었다. 그러나 실제로 책임지고 재단을 이끌어 가는 것은 상임이사가 맡게 된다. 그런데 상임이사라는 명칭은 대내외적으로 위상이 떨어진다는 느낌이 들었다. 당시 수원에는 수원문화재단이 없었다. 머지않은 시기에 수원문화재단을 발족하는 것도 고려됐다. 그래서 다른 단체들의 사례를 찾다보니 경기문화재단이 상임이사 대신 대표이사 명칭을 사용하는 것을 알게 됐다. 수원화성운영재단에서도 대표이사 명칭을 사용하기로 결정했다. 그리고 재단 편제는 1사무국, 2팀, 직원 7인으로 결정됐다. 정관이 결정됨에 따라 4월 20일 수원화성운영재단 준비요원 4명이 화성사업소로 발령이 났다. 준비단장은 화성사업소 김주홍 관리과장이 겸직했다. 당시 실무 담당 계장은 김기배(현 수원시 문화관광국장) 운영계장이 담당했다. 2007년 김 계장이 장기 교육을 가게 됨에 따라 후임은 길영배(전 수원문화재단 대표이사) 계장이 되었다. 실무는 신성용 주사(현 팔달구 행정지원과장)가 담당했다.

준비단은 수원화성운영재단 출범을 차근차근 준비해 나갔다. 그리고 사무국장과 직원 채용도 함께 추진했다. 한편으로는 임원 인선에 들어갔는데 당연직에는 김용서 수원시장, 김충영 화성사업소장, 김종기 문화복지위원장, 홍종수 수원시의회 의원이 결정됐다.

위촉직은 김영기 경기민예총 회장, 김동훈 경기도건축가회 회장, 김이환 화성연구회 이사장, 김장오 여성단체협의회장, 신중진 성균관대 교수, 엄서호 경기대 교수, 우제찬 무예24기보존회 이사장, 유병헌 수원문화원장, 이장우 화성문화재단 이사장, 최극렬 지동시장 대표이사, 권오규 전 시의원, 장성근 변호사, 김주홍 화성사업소 관리과장이 결정됐다.

행정절차가 마무리되자 2007년 6월 18일 재단법인 수원화성운영재단 설립 발기인 대회가 개최됐다. 이 자리에서 수원화성운영재단 이사장은 당연직으로 김용서 수원시

수원화성운영재단 설립 발기인 대회 필자가 제안 설명하는 모습(사진 수원시).

장이 선임됐다. 대표이사는 김영기 경기민예총 회장, 감사는 김주홍 화성사업소 관리과장, 장성근 변호사가 결정됐다. 그 외 임원은 이사로 결정됐다.

이어 7월 12일에는 경기도로부터 재단법인 수원화성운영재단 법인설립 인가를 받았다. 7월 24일에는 수원지방법원의 법인설립 등기가 완료됨으로써 수원화성운영재단 설립 행정절차가 완료됐다. 이미 직원 채용도 완료되어 화성운영재단은 7월 31일을 기해서 업무가 시작됐다.

수원화성운영재단은 2007년 9월 1일 팔달구 남창동 68-5 화성사업소 4층에 사무실에서 출범했다. 수원화성운영재단은 이사장 김용서 수원시장, 대표이사 김영기, 사무국장 정연배가 집행부를 맡았다. 사무국은 팀장 2명과 직원 7명, 화성사업소에서 인계받은 현장 인력으로 구성되었다.

한편 수원화성운영재단이 출범하자 새로운 문제가 발생했다. 수원화성운영재단이 문화관광과 산하에 편제됨에 따라 화성 업무는 또 다시 문화관광과, 화성사업소, 화성운영재단으로 이어진 삼원 체제가 됐다. 화성사업소는 관리과가 폐지되고 시설과만 남게 되어 화성의 복원·정비 사업만 담당하는 부서로 축소됐다.

수원화성운영재단은 2010년 7월 1일 민선 5기 염태영 시장의 취임으로 새로운 전

수원화성운영재단 창립 현판 제막식. 2007년 9월 28일 화성사업소 현관 입구에서 김용서 시장, 남경필 국회의원, 홍기헌 시의회의장, 김영기 화성운영재단 대표이사, 우봉재 수원상공회소 회장, 김훈동 수원예총 회장, 김광수 시의원, 홍종수 시의원, 최규진 도의원, 김종기 시의원, 김동훈 건축사, 김인종 도의원, 차희상 도의원 등이 참석했다 (사진 수원시 포토뱅크).

수원문화재단 출범 테이프 커팅식(사진 수원시 포토뱅크).

기를 맞게 된다. 2010년 7월 수원문화재단 설립구상(안)이 마련되었다. 그리고 2011년 1월 20일 수원화성운영재단 제2대 대표이사에 유완식 전 팔달구청장이 취임했다. 이어 2011년 4월 수원문화재단 설립 타당성 검토 연구용역이 완료됐다. 용역 결과에 세계문화유산 화성과 21세기 수원 문화 역량 확대를 위해서 수원화성운영재단을 수원문화재단으로 확대 개편하는 안(案)이 제시됐다.

그리하여 수원문화재단 설립 행정절차를 완료하고 2012년 2월 20일 화성홍보관에서 출범식을 가졌다. 수원문화재단은 이사회와 3본부, 1단, 1개소, 8팀 체계로 출범했다. 이사장은 염태영 수원시장, 대표이사에는 유완식 화성운영재단 대표이사가 선임됐다. 3본부는 경영지원본부, 문화사업본부, 관광사업본부로 편제됐고, 1단은 축제기획단이 설치됐다. 1개소는 수원학연구소가 편제됐다. 8팀은 경영지원팀, 기획홍보팀, 예술지원팀, 창작지원팀, 문화시설팀, 관광기획팀, 운영1팀, 운영2팀으로 구성됐다.

수원화성운영재단은 설립 5년이라는 짧은 기간 동안 존속하며 수원문화재단에 초석을 놓아주고 역사 속으로 사라졌다.

7. 화성 낙성연

정조대왕 탄신 258주기를 기념해 화성낙성연을 낙남헌에서 최초로 시연하는 모습(사진 수원시 포토뱅크).

    2022년 9월 16일 오후 6시 30분, 화성행궁 광장에서 열리는 '전국 문화재지킴이 날' 행사에서 '화성 낙성연(華城落成宴)' 행사가 재현됐다. 화성 낙성연이란 어떤 행사인가? 1796년(정조 20) 10월 16일 정조대왕의 특별지시로 화성행궁 낙남헌에서 수원화성 준공을 축하하기 위해 마련한 잔치이다.

    수원화성은 1794년 1월 7일 돌 뜨는 공사와 25일 성터 닦는 공사로 시작해 1796년 9월 10일 마무리됐다. 9월 16일에는 본부의 기술자들에게 상을 주었고 19일에는 성신사에 '화성성신지주(華城城神之主)' 위패를 봉안했다. 9월 28일에는 2, 3등 원역(員役)에게 상을 내렸다. 10월 9일에는 3등 패장과 잡역패장에게 상을 내리고 10월 16일에는 낙성연을 열었다.

    1796년 8월 1일 자 『일성록』에 의하면, "재전(齋殿, 경모궁 재실)에서 호조판서 이시수와 화성부유수 조심태를 소견(召見, 윗사람이 아랫사람을 부름)했다. 내가 조심태에게 묻기를, 성역(城役)은 언제쯤 마칠 수 있겠는가? 하니 조심태가 아뢰기를, 체성(體城)은 이달 10일 전에 마칠 수 있고, 여장(女墻)은 9월 중으로 공역을 마칠 수 있을 것입니다. 하여, 내가 이르기를, 완성한 다음에 낙성연을 해야 하겠지만 호궤(犒饋, 음식을 베풀어 군사를 위로함)하는 일을 낙성할 때까지 기다리면 먼 지역의 공장(工匠, 장인)들이 오래 대기해야 할 것이니 이 점을 생각해 주지 않을 수 없다. 체성의 공역을 마치고 나면 다시 내게 물어서 즉시 거행하는 것이 좋겠다."고 정조가 지시했다.

10월 16일 낙성연을 낙남헌에서 열었다. "감동당상이 주관하여 날을 가려 성역에 참여한 이들은 물론이고 비록 한 번 오가며 한 가지 일에 관계하였어도 모두 와서 잔치에 참석하게 하니 먼 땅에 벼슬 나간 이와 질병이 있는 이 외에는 원역(員役), 조예(皁隷)까지 한 사람도 뒤처져 오지 않았다."고 『뎡니의궤』 10월 16일 자에 적고 있다.

"잔치 날에 앞서 낙남헌 앞에 30칸의 보계(補階, 잔치나 큰 모임이 있을 때 마루를 넓게 쓰려고 대청 앞에 잇대어 임시로 베푼 자리)를 설치하고 처마의 차일은 높기가 구름 같으며 뜰에 배설(排設)한 것은 강무당 앞까지 백여 보를 통하였다. 별주는 음식을 도맡으며 교방(敎坊, 장악원)은 풍류를 익혀 산해진미와 연가조무(宴歌朝儛)를 갖추지 않음이 없었다.

보계에는 총리대신이 한가운데 주된 자리이고 감동당상은 서쪽 벽에서 동쪽을 향하되 겹줄로 자리를 다르게 하며 여러 빈객들의 자리는 동쪽 벽에서 서쪽을 향한 자리였다. 감동을 맡은 여러 관원은 보계의 동서로 나누어 앉고 장교, 역원 등은 계단 아래 동서로 나누어 자리를 잡았고, 공장과 역부는 앞으로 당을 향하여 앉히니 이름 없이 참석하는 손님은 별도로 후원에 자리를 마련하고 막부의 모든 사람은 좌우로 반열을 차렸다."고 적고 있다.

화성 낙성연은 2010년 정조대왕 탄신 258주기를 기념해 낙남헌에서 최초로 시연됐다. 이후 화성문화제 때 해마다 재현됐다. 낙성연은 궁중 연희와 민간 연희를 함께 선보이고 있어 상하동락(上下同樂)의 애민정신을 구현했다는 특징이 있다.

보계 위에서는 축성에 참여한 관료들과 경기도 내 수령들을 위한 궁중 연희인 헌선도, 연화대무, 금척무, 무고, 포구락, 검

『뎡니의궤』 「화성낙성연도」. 2016년 7월에 프랑스 국립도서관에서 한글 『뎡니의궤』가 발견됐다. 「낙성연도」는 『화성성역의궤』 권수에 나오는 시설물도에 채색한 그림이다(자료 화성박물관).

무가 펼쳐졌다. 보계 아래서는 축성에 참여한 기술자와 민간인들을 위한 민간 연희인 사자춤·호랑이춤을, 산붕(山棚, 산 모양의 누각) 위에서는 만석승무, 취발이가 연행됐다. 화성 낙성연은 수원화성의 정체성을 오롯이 가지고 있는 행사라 할 수 있다.

화성연구회는 2017년부터 수원문화재단으로부터 행사를 위탁받아 화성 낙성연을 재현했다. 2020년에는 코로나19의 창궐로 비대면 방식으로 4부로 진행됐다. 1부는 낙성연을 다큐멘터리 영상으로 제작하고, 2부는 화성 관련 전문가들의 토크 콘서트로 진행됐다. 3부는 낙성연의 의미를 되새기는 연극을 영상으로 만들고, 4부는 화성 낙성연의 근원을 찾는 낙성연 자료집을 발간하는 사업으로 나누어 진행됐다.

2021년에도 코로나19로 제한적인 공연을 할 수밖에 없었다. 2022년에는 코로나19가 어느 정도 진정됨에 따라 전국 문화재지킴이 대회에서 축하공연으로 진행하게 됐다. 낙성연 시연 행사는 전국 문화재지킴이 활동으로 노고가 많은 문화재지킴이들의 위로연으로 진행됐다.

첫째는 덧배기춤의 공연으로 시작했다. 덧배기란 경상도식 자진모리 장단의 이름인데, 이 지역의 남자들이 마당에서 추는 활달한 춤이다. 덧배기는 덧난 것을 베어버리고 원래의 자리로 되돌린다는 의미를 지니고 있다.

2022년 수원화성 낙성연 포스터(자료 화성연구회).

둘째는 빗내북춤을 공연했다. 영남지방의 빗내농악으로 군사굿 특징이 가장 잘 드러나는 농악이다. 빗내북춤은 두 손에 북채를 들고 빠른 템포의 역동적인 동작과 즉흥적인 춤사위를 자유자재로 구사하여, 신명이 내재된 군무는 마치 군사가 훈련하는 형상을 보여주었다.

셋째로 사자놀이의 공연으로 이어졌다. 사자놀이는 정월 대보름날 사자로 꾸민 사람들이 집집마다 찾아다니며 잡귀를 쫓고 복을 빌어주는 민속이다. 나무나 대광주리에 종이를 발라 꾸민 사자 머리와 꼬리에 두 사람이 들어가며, 풍물패를 앞세워 마을을 돌아다닌다.

넷째는 대기놀이(용기놀이) 공연이다. 전라북도를 필두로 활발하게 행해진 민속놀이다. 대기놀이는 마을의 위세를 과시하고 한 해의 액을 떨쳐버리는 의미를 담고 있으며 기를 날리는 시두들의 행위가 역동적인 민속놀이다.

낙성연의 총연출은 김성우 감독이 맡았다. 덧배기춤은 허창열 국가무형문화재 제7호 고성오광대 이수자가, 빗내북춤은 타악집단 노리광대가 맡아 공연했다. 대기놀이는 연희집단 The광대의 김재현, 곽병철이 맡고, 사자놀이는 류병훈, 박민표가 공연했다.

화성 낙성연은 수원화성의 준공행사에 총리대신 채제공이 직접 참여, 성역에 참여한 관리와 장인과 고을 주민들을 위로한 잔치다. 정조의 상하동락의 위민정신을 간직한 무형문화유산이라고 할 수 있다. 수원시와 수원문화재단, 화성연구회는 철저한 고증과 연출을 통해 화성 낙성연을 수원의 대표적인 무형문화유산으로 만들어야 하지 않을까 싶다.

8. 수원화성 도시·건축대전

'수원화성 도시·건축대전'은 (사)화성연구회가 참여한 전국규모 행사였다. 1999년 9월, 내게 수원대학교 도시공학과 졸업작품전 초청장이 왔다.

수원화성 도시·건축대전 도록(자료 화성연구회).

수원대학교 도시공학과 이원영 교수와 김철홍 교수가 수원시 도시계획위원으로 활동하고 있었기 때문이다. 수원대학교 공과대학 현관에 도착하는 순간 눈이 번쩍 뜨였다. 30여 명의 학생들이 저마다 수원화성을 소재로 작품을 만들어 전시하고 있었다. 작품은 참으로 신선했다. 젊은 학생들의 시각으로 세계문화유산 화성 주변을 디자인한 작

수원대 도시공학과 졸업작품 전시회. 수원시청 현관에서 설명을 듣는 심재덕 시장(사진 수원시 포토뱅크).

품이었기 때문이다. 당시는 화성이 세계문화유산으로 등재되고 2년이 되어가는 시점이어서 수원시에서도 화성 주변 정비계획을 수립하고 있을 때였다.

이 작품들을 수원시 공무원과 시민들에게 보여주고 싶다는 생각이 들었다. 수원대학교 도시공학과 졸업작품전 내용을 정리해서 심재덕 시장에게 보고했다. 심 시장은 반기면서 시청 현관에서 전시회를 해보라고 승낙했다. 그래서 시청 현관에서 1주일간 전시회를 가졌다. 동시에 학생들의 작품설명회도 가졌다. 이를 본 시청 공무원과 시민들은 관심을 갖기 시작했다. 특히 화성연구회 회원들의 관심이 많았다. '수원화성 도시건축전' 추진계획서를 작성해 심재덕 시장께 결재를 올렸더니 흔쾌하게 사인을 했다. 그리하여 '제1회 수원화성 도시건축전' 계획이 발표됐다.

제1회 행사는 2000년에 시작됐다. 작품공모 계획을 2000년 2월에 발표했다. 이는 새 학기 학사일정에 포함시키려는 의도였다. 학생들이 여름방학을 이용해 작품을 준비할 수 있도록 한 것이다. 진행은 화성연구회가 도왔다. 전시회는 2000년 9월 세계성곽도시 시장회의 기간에 맞추어졌다. 화성이 세계문화유산으로 등재된 이후 처음으로 개최된 화성 관련 국제회의였다.

제1회 수원·화성 도시건축전은 수도권 대학을 대상으로 했다. 참가 희망자를 접수한 결과 12개 대학 45팀 121명이 참가 신청을 했다. 작품은 6개 대학에서 20개가 출품됐다. 시상은 대상 1개 작품, 금상 2, 은상 3, 동상 2, 나머지 작품은 참가상을 주었다.

제1회에는 화성과 수원을 소재로 한 작품이 출품됐다. 대상은 '다시 그리는 화성'을 출품한 경원대학교 김석·김상호·변국일에게 돌아갔다. 작품 내용은 화성 내 수원천 동쪽 공간을 정비하는 계획안이었다. 우리나라 전통사상인 상생(相生)의 개념과 난장(亂場)의 개념을 문화공간, 전시공간, 교육공간, 광장에 도입했다.

제1회 수원화성 도시건축전 대상 작품. 경원대 김석, 김상호, 변국일 작 (자료 화성연구회).

출품된 작품은 수원시청 현관에서 1주일간 유네스코 세계성곽도시 시장단 회의 기간 동안 전시됐다. 유네스코 세계성곽도시 시장단 회의는 '도시개발과 세계문화유산 원형보존'이 주제였다. 전시회는 유네스코 세계성곽도시 시장단 회의에 참가한 시장들로부터 찬사를 받았다.

심재덕 시장은 제1회 수원화성 도시건축전 도록 발간사에서 이렇게 썼다.

> "새 천 년을 이끌어갈 우리의 젊은 대학생들이 한자리에 모여 세계문화유산 화성의 우수성과 수원의 과거와 미래의 비전을 조명할 수 있는 수원화성 도시건축전은 우리 수원이 가지고 있는 무한한 가능성과 잠재력을 확인할 수 있는 기회. 미래의 주역이 될 젊은이들뿐만 아니라 시민들에게 화성을 더욱 아끼고 잘 보전하여 새로운 세대에게 물려줄 마음을 다지는 계기가 되었다."

2001년 제2회 수원화성 도시건축전에는 15개 대학에서 67팀 193명이 응모했다. 최종 제출된 작품은 9개 대학 27개였다. 대상은 홍익대학교 류한종, 백영준, 오영관, 김기범이 출품한 '화성복원계획인 되살아날 소(蘇)'로 결정됐다. 작품 내용은 팔달문에서 동남각루까지 끊어진 성곽을 연결하는 계획이다. 재래시장의 활성화를 고려하여 데크를 설치하고 난간을 도입하자는 것이다.

2002년 3회 도시건축전은 1·2회 개최 결과를 토대로 한 단계 격상하는 계획을 수립했다. 행사명을 '수원화성 도시·건축대전'으로 바꾸고, 참가 범위도 전국으로 확대했다. 그리고 상금으로 3000만 원을 확보했다. 행사 주관을 화성연구회에 위탁했다. 이렇게 행사계획을 확대하자 2002년 제3회 수원화성 도시·건축대전은 전국적인 관심을 끌게 됐다.

25개 대학에서 116팀 429명이 참가했고 최종적으로는 17개 대학에서 49개 작품이 출품됐다. 이는 2년간 출품된 작품이 208%의 증가를 보인 것이었다. 특히 홍익대학교 건축학과 강건희 교수는 담당 과목인 건축설계 실무 시간에 수원화성 도시·건축대전 작품 만들기 수업을 진행하기도 했다.

이는 당시 화성연구회 김동훈 부이사장(현 홍익대 건축학과 교수, 진우건축 대표)이 홍익대학교 박사과정에서 수원화성을 연구한 것이 인연이 됐다. 참여 학생은 15팀 45명이었다. 당시 작품은 장안문에서 팔달문까지 정조로 변의 개선계획이었다.

15개 팀이 구간을 나누어 설계한 것이라서 더욱 의미가 있었다. 당시 심사위원들은 모두에게 대상을 주어야 한다고 입을 모았으나 홍익대 팀에게 상을 몰아줄 수 없었다.

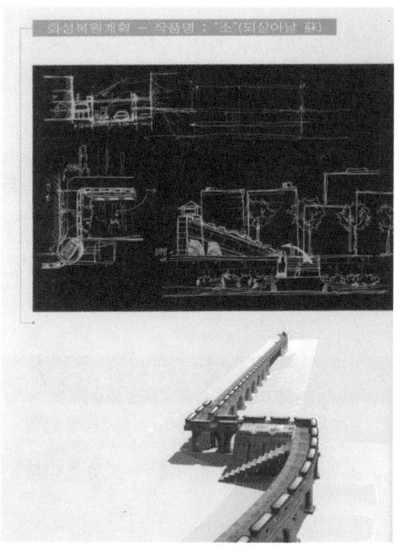

제2회 수원화성 도시 건축전 대상 작품(자료 화성연구회).

15팀 중 복합 영상 상영관 계획 팀에게 대상을 주고 나머지 14개 팀에게는 금·은·동·입선의 상을 주었으며 홍익대 팀에게는 별도의 특별상을 주었다.

2003년 제4회 도시·건축대전은 전국 대학의 큰 관심 속에 진행됐다. 48개 대학 279팀, 708명이 참가 희망서를 제출했다. 최종 출품은 22개 대학에서 108개 작품이 접수되어 전년도 대비 220%의 증가율을 보였다.

대상은 '장소성 회복을 위한 화성복원 계

획안'을 출품한 경원대학교 최지명이 차지했다. 작품 내용은 팔달문에서 동남각루까지 끊어진 성곽과 남동적대, 남암문, 남공심돈, 남수문을 복원하고 성곽 내부 내탁(안쪽 경사면) 부분에 화성문화원을 건립하자는 계획이었다.

2004년 제5회 도시·건축대전은 42개 대학에서 257팀, 515명이 참가 신청을 했다. 최종적으로 25개 대학에서 79개 작품이 제출되어 전년도 대비 27%의 감소율을 보였다. 대상은 수원대학교 김한혁, 국민호, 김형래 팀이 출품한 '화성역사박물관 건축계획'이 받았다. 봉돈 앞 경사면에 지하공간을 이용하는 계획을 담은, 토지이용의 극대화와 조망성, 접근성 등이 고려된 작품이다.

2005년 제6회 수원화성 도시·건축대전은 43개 대학에서 150팀 374명이 참가 신청을 했다. 최종적으로 18개 대학에서 35개 작품이 제출됐다. 대상은 서경대학교 고석호, 이상협, 정대운 팀이 출품한 '하나로의 연결[一聯], 화성 팔달문에서 광교 신도시를 연결하는 가로계획(Urban street plan)'이 받았다.

제6회 수원화성 도시·건축대전은 출품작이 전년 대비 56%가 감소하는 결과를 낳았다. 이는 시행 6년을 맞으면서 소재의 빈곤과 시상 비율이 낮은 이유와 타 도시에서도 유사한 행사를 진행하여 다른 도시에 참가한 결과였다. 이러한 결과가 발생하자 수원화성 도시·건축대전 무용론이 제기됐다.

수원시의회는 이의를 제기하며 2006년 제7회 수원화성 도시·건축대전 예산을 삭감하게 된다. 이 행사를 시작한 필자는 수원시 화성사업소에 근무하고 있어서 도시·건축대

연도별 응모현황

구분	2000년(1회)	2001년(2회)	2002년(3회)	2003년(4회)	2004년(5회)	2005년(6회)
대학교	12개 대학	15개 대학	25개 대학	48개 대학	42개 대학	43개 대학
대학생	45팀/121명	67팀/193명	116팀/429명	279팀/708명	257팀/515명	150팀/374명

연도별 출품현황

구분	2000년(1회)	2001년(2회)	2002년(3회)	2003년(4회)	2004년(5회)	2005년(6회)
대학교	6개 대학	9개 대학	17개 대학	22개 대학	25개 대학	18개 대학
작품수	20개 작품	27개 작품	49개 작품	108개 작품	79개 작품	35개 작품

수원화성 도시·건축대전 작품 응모 및 출품 현황(자료 화성연구회).

전의 존속을 주장할 만한 입장이 못 되었다. 그리하여 수원화성 도시·건축대전은 제6회를 끝으로 종료되고 말았다.

수원화성 도시·건축대전은 전국의 도시·건축·조경 분야 대학생들에게 수원을 알리는 좋은 기회가 됐다. 수원화성 도시·건축대전의 참가 현황을 살펴보면 응모 현황은 전체 50여 개 대학에서 914팀 2340명이 응모했다. 출품 현황을 살펴보면 40여 개 대학에서 318팀 1272명이 참여하는 성과를 보였다. 318개 작품 중 205개 작품이 수상했다.

도시계획 92개 작품, 건축설계 98개 작품, 조경계획 16개 작품의 대상지를 분석해보면 화성 주변 172개 작품, 광교 신도시와 수원지역 30개 작품, 기타 지역 4개 작품이 출품되어 화성 주변이 83%였으며, 일부는 광교 신도시와 수원역 주변을 대상지로 했음을 알 수 있다.

수원화성 도시·건축대전에 출품된 작품은 화성 주변 정비사업의 소재가 되기도 했다. 특히 대상을 받은 2개의 작품은 앞으로 시행될 팔달문 양옆의 끊어진 성곽잇기 사업의 아이디어로 도입이 가능한 작품이다. 수원화성 도시·건축대전이 막을 내린 2006년에는 행궁 광장 조성사업이 한창 진행 중이었다. 행정절차가 마무리되어 보상이 진행되었다. 그런데 수원우체국의 이전지가 마련되지 않아 기약 없이 지연되고 있었다. 그리고 광장설계 역시 최종안이 확정되지 못하고 공전하고 있었다. 나는 이참에 광장조성 아이디어 공모전을 해보자는 생각을 하게 됐다. 이는 행궁 앞에 만들어지는 광장 계획을 공모전을 통해 아이디어를 얻고자 하는 의도였다.

그리고 시민들이 관심을 갖도록 하는 의도이기도 했다. 행궁 광장 조성 아이디어 공모전은 화성연구회에서 주관했다. 작품공모는 일반부와 학생부로 나누었다. 작품 규격도 기준도 없었다. 최종 작품 접수결과 일반부 37개 작품, 중·고등학생부 2개가 제출됐다.

시상은 일반부는 금상 1팀, 은상 1팀, 동상 1팀, 입선 19작품, 중학생부 은상 1작품, 고등부 동상 1작품이었다. 다양한 시각의 작품이 출품되어 시민들의 관심을 끌었다. 수원화성 도시·건축대전은 6회 만에 종료되었으나 세계문화유산 화성 주변을 정비하고 가꾸는 데 많은 도움이 됐다.

당시 1회 도시건축전 대상을 받은 경원대 김상호 학생은 한국토지주택공사 부장이 되었다. 이런 인연으로 얼마 전 창룡문에 와서 연날리기도 하고 화성행궁과 화성을 돌면서 학생 시절 도시건축전에서 대상을 받은 이야기를 했다고 한다. 수원화성 도시·건축대전에 참여했던 2,340명은 수원에 남다른 애착을 가지고 있었을 것이다. 당시 제작된 수원화성 도시·건축대전 도록에 200여 작품이 수록되어 있다. 수원시에서 화성 복원정비 사업에 참고하면 좋을 것이다.

9. 생태교통 2013은 두 마리 토끼를 잡는 행사였다

생태교통 수원 2013 개막식 모습(사진 수원시 포토뱅크).

'생태교통 2013'의 첫 번째 목적은 석유고갈 시대를 대비, 한 달간 차 없는 삶을 살아보자는 것이었다. 그리고 두 번째로는 낙후된 구도심을 되살려야 한다는 숨은 의도도 있었다. 수원화성은 227년간 누대에 걸쳐 만들어진 세계문화유산이다.

1997년 12월 6일 세계문화유산에 등재됨으로써 수원화성은 중앙의 기관은 물론 경기도나 수원시민 모두 수원화성의 복원정비에 대해 필요성을 공감했다. 이런 공감대 덕분에 2013년까지 많은 예산을 투입해 화성 주변을 탈바꿈시켰다.

세계문화유산 등재 후 16년 동안 외형적으로는 많은 변화를 가져 왔으나 내부는 크게 바뀌지 않았다. 관광 인프라도 부족해 관광산업으로까지 이어지지 않았다. 수원시는 그동안 화성복원과 주변 정비에 매진했다. 관광객을 모시는 준비는 주민들의 몫이었다. 그러나 주민들은 관광객이 찾아오지 않는 마을에서 숙박, 음식점 등 관광 서비스를 할 수는 없는 일이었다.

염태영 수원시장은 전임 심재덕 시장과 김용서 시장이 일군 기반을 활용하여 어떻게든 화성 안 행궁동을 살려내라는 명제를 부여받았다. 염 시장은 환경운동가 출신답게 환경사업에서 실마리를 찾고자 했다.

2011년 이클레이(ICLEI, 지속가능성을 추구하는 지방정부) 사무총장이자 생태교통연맹 총재인 짐머만(Konrad Otto-Zimmerman)의 제안을 받아들였다. 짐머만은 훗날 화석연료 고갈에 대비해 보행, 자전거, 수레와 같은 무동력 이동수단, 대중교통 수단, 친환경 전기 동력수단, 그리고 이들 사이의 연계를 포함하는 환경·사회적으로 바람직한 지역 교통체계를 사용하는 교통수단을 생태교통이라고 주창했다. 짐머만은 이클레이에서 함께 활동하는 염태영 시장에게 수원에서 한 달간 차 없는 거리를 운영하는 생태교통 행사를 개최할 것을 제안했고 염 시장은 이를 받아들였다. 이 사업은 참으로 뜨거운 감자였다. 지구상에서 처음으로 개최되는 행사였기 때문이다. 한 번도 경험해보지 못했기에 세계의 다른 환경도시들도 받아들이기 어려운 것이었다. 염 시장은 평소 장안문에서 팔달문으로 이어지는 도로에서 차 없는 거리를 상상했지만, 무려 한 달이나 차를 없앤다는 것은 심각한 고민을 할 수밖에 없는 사안이었다.

짐머만의 제안에 염 시장은 2011년 10월 창원시에서 개최된 '생태교통 총회'가 끝나기 전에 대답해야 했다. 염 시장은 심각하게 고민하다가 결국 "알았습니다. 우리가 한번 해보겠습니다"라고 말해버렸다. 염 시장은 2022년 6월 1일 발간된 수원학기획총서3 『염태영의 고백 휴먼시티 수원에서 있었던 일』에서 "이제야 고백하는 일이지만 사실 그 승낙은 실수였다"고 말했다. '제1회 생태교통 페스티벌'은 이렇게 시작됐다.

필자는 2011년 12월 31일 팔달구청장에서 수원시 환경국장으로 자리를 옮겼다. 자리를 옮기자 '생태교통 수원 2013'이 기다리고 있었다. 2012년 1월에는 이클레이 사무총장이 내한하여 수원시와 이클레이 1차 실무진 워크숍 실시로 '생태교통 수원 2013' 준비사업이 시작됐다.

생태교통 마을 기반시설 공사장 모습(사진 수원시 포토뱅크).

'생태교통 수원 2013' 반대 시위 모습(사진 수원시 포토뱅크).

 이클레이 측은 '생태교통 수원 2013'을 2013년 5월에 개최하도록 요구했다. 그러나 준비기간이 너무 부족했다. 2012년에는 여러 행정절차를 진행해야 했고, 2013년에는 기반공사와 각종 행정절차를 밟아야 했기에 2013년 9월 개최를 주장했다. 이는 생태교통의 이름을 빌려 행궁동을 살려낼 중요한 기회였기 때문이다.

 주무담당 부서 설치, 시정조정위원회와 학술용역심의회 개최, 생태교통 사무국 설치, 생태교통 시범지역 선정, 생태교통 공동추진 단체 협약(수원시, 이클레이, 유엔헤비타트), 타당성 조사 및 기본계획 수립, 생태교통 시범사업 투·융자 심의, 시범지역 가구 설문조사, 생태교통 시범사업 지원 및 조성을 위한 조례제정, 생태교통 시범지역 기반조성공사 실시설계 추진, 수원시 생태교통 추진단 개소, 생태교통 주민추진단 발족, 차 없는 날 운영, 사업지역 기반시설 조성공사 추진, 조직위원회 출범 및 홍보대사 위촉, 시민 서포터즈 운영, 행정서포터지 운영, e-서포터즈 운영, 시민 자원봉사단 발족, 국제회의장 및 전시·체험장 구축 등을 끝내야 9월 행사 개최가 가능했다.

 더욱 중요한 사항은 생태교통 사업을 시행하는 행궁동의 신풍·장안동 주민들을 설득하는 과정에서 시간이 필요했다. 행궁동 주민들은 이제까지 화성으로 인하여 많은 피해를 보았기 때문이었다. 들도 보도 못한 생태교통 시범사업에 대해 주민들은 "그렇지 않아도 피해를 많이 봤는데 또 행궁동에서 시행한다고 하는 것은 또 다른 희생을 강요하는 것"이라고 했다.

 수원시는 행궁동 주민들을 설득했다. 지금까지는 화성으로 많은 피해를 봐왔으나

생태교통 자원봉사자 발대식 모습(사진 수원시 포토뱅크).

여러분들이 한 달간의 '생태교통 수원 2013' 축제에서 불편함만 감수하면 행궁동은 다시 되살아날 것이라고 했다. 브라질의 꾸리찌바 등 앞서간 환경도시 사례를 설명하기도 했다. 이 도시들도 낙후된 도시에 차 없는 거리를 조성하면서 환경도시로 발전했음을 설득했다.

사업 준비를 하면서부터 행궁동 주민들의 의견을 듣기 위해 폭넓은 설문을 실시했다. 생태교통주민추진단을 발족하고 생태교통추진단을 행궁동에 개설했다. 시민서포트단을 운영하면서 한 달에 한 번 차 없는 거리행사를 진행하여 시민들이 불편함에 적응하게 했다.

이렇게 준비하여 드디어 2013년 9월 1일 아침 '생태교통 수원 2013' 차 없는 거리행사가 개시됐다. 2,200세대 4,300여 명이 살고 있는 신풍, 장안동의 1,500여 대 자동차가 모두 사라지고 넓고 깨끗한 공간이 생기자 가장 먼저 달라진 것은 아이들이었다. 자동차에 밀려 뛰지도 못했던 아이들의 신발에 날개가 달렸다. 자동차에 익숙한 어른들에게는 낯선 풍경이었다. 주민들은 '세계최초의 무모한 도전'에 익숙해지기 시작했다. 변화는 내부에서만 일어난 것이 아니었다. 수많은 사람들이 행궁동의 변화를 느끼러 찾아왔다. 6대륙 37개 국 93개 도시에서 590여 명의 환경·도시계획·교통 부문 관계자가 찾아왔다.

생태교통 수원 2013 거리 모습(사진 수원시 포토뱅크).

'생태교통 수원 2013' 행사가 있었던 9월 한 달간 행궁동(신풍, 장안동)을 찾은 관광객은 무려 100만9,000명에 이르렀다. 느릿느릿 동네를 산책하던 이들은 다양한 풍경과 마주했다.

이런 풍경은 '생태교통 수원 2013'이 끝나고 10년이 지난 2023년 현재까지 폭발적으로 증가하고 있다.

10. 수원화성의 역사는 도도히 이어진다

2022년 5월 21일 화성연구회 회원들이 봄 답사로 부안 변산반도 일원을 다녀왔다. 이번 답사는 코로나19로 인해 2년 반 만에 진행됐다. 오랜만의 답사라는 것도 있었지만 수원화성과 인연이 있는 반계 유형원의 유적지를 둘러보는 것이라서 참으로 의미가 있는 답사였다.

이 답사는 박옥희 부안 문화관광해설사의 해설도 좋았지만 화성연구회 부이사장을 맡고 있는 한신대학교 김준혁 교수의 해설이 있어 더욱 의미가 있었다. "반계서당은 화성연구회의 태동을 만들어준 시발점"이라는 김 교수의 설명에 모두가 공감한다는

반계서당 전경
(사진 이용창).

박수를 보내기도 했다.

오늘날 수원이 만들어지는 데 기초를 놓은 사람은 반계 유형원이다.

정조는 유형원의 학설을 받아들여 팔달산 자락에 신읍을 건설하고 화성 축성을 결행했다. 정조는 정약용에게 화성의 기획과 설계를 맡겼다. 화성 건설은 화성성역소의 총리대신 번암 채제공, 화성부유수 겸 감동당상인 조심태, 감동 이유경과 화성성역소에서 일한 376명의 관리직과 장인 1,840명이 참여했다.

반계 유형원은 아버지 유흠과 어머니 여주이씨 사이에서 1622년 1월 21일 서울 소정릉동(지금의 정동)에 있던 외숙 이원진의 집에서 태어났다. 1623년 두 살이 되던 해 아버지 유흠이 인조반정의 혼란 속에서 '유몽인(柳夢寅)의 역옥'에 연루되었다는 누명을 쓰고 옥사했다.

반계의 가계를 살펴보면, 부친은 문과급제하고 예문관 검열(檢閱)의 관직을 지냈다. 모친은 여주이씨로 우참찬을 지낸 이지완의 딸이다. 이지완은 성호 이익의 종백조(큰할아버지)가 되는 셈이고 반계 유형원과 성호 이익은 외6촌이 된다. 유형원과 이익은 수원의 터줏대감인 고려말 한림학사를 지낸 망천 이고 선생 큰형님의 후손이다.

유형원은 5세가 되면서 외삼촌 이원진과 고모부 김세렴으로부터 수업을 받기 시작했다. 15세 때 병자호란을 만나 가족들과 원주에서 피난살이를 했다. 반계는 위기의 시대를 살았다. 임진왜란(1592~1599)의 상흔이 채 가시기도 전, 다시 닥쳐온 병자호란(1636)을 직접 겪어야 했다.

그는 국가의 존립이 위협받고 백성들의 삶이 뿌리째 흔들리는 것을 지켜보았다. 그에 따라 그는 나라가 부강해야 백성이 편안하게 살 수 있다는 것을 절감했다. 또한 정치는 단순히 사람이 하는 것이 아니라, 일정한 제도에 의해 시행되어야 한다고 생각했다. 이러한 깨달음은 뒷날 『반계수록』 집필의 계기가 됐다.

반계의 고향은 경기도 지평, 오늘날 양평이다. 인조반정 이후 서인 정국이 되자 반계는 남인 집안이었기에 중앙 정계 진출이 어려운 여건이었다. 특히 부친의 죽음으로 어린 시절부터 출세에 관심이 없었다. 그는 백성을 착취하는 권력자들을 보고는 서울 인근에 살고 싶은 마음이 없어졌다.

반계는 과거공부 대신 고모부인 김세렴이 함경감사로 임명되자 그를 따라 함경도와 평안도 등지를 여행하며 백성들이 고통받는 실상을 피부로 느끼고 현실에 유용한 학문에 관심을 가지기 시작했다. 이후 영남을 유람하며 세상을 피해 살 곳을 찾아다녔다. 이러한 전국 유람은 향후 학문의 방향성을 잡는 데 밑바탕이 됐다.

그러던 중 어머니와 조부모의 상을 당하게 되자 본가에 들어와 살게 됐다. 반계는 조부의 염원으로 소과 시험에 응시하여 진사에 합격함으로써 최소한 선비로서 갖추어야 할 기본 자격만 얻었을 뿐이었다. 이후 벼슬길로 나가는 관문인 문과 시험에 한 번 낙방한 뒤로는 과거의 뜻을 완전히 접었다. 반계는 조부의 사패지(왕이 큰 공을 세운 신하에게 내린 땅)가 있는 부안현 우반동으로 내려가 그곳 백성들의 어려운 삶에 관심을 가지게 된다. 그는 백성들의 어려움이 토지가 없기 때문이라는 것을 알게 됐다. 당시 사회는 양반 사대부와 기득권층이 토지를 대부분 소유하고 있었다. 백성들은 무거운 소작료와 세금, 군역을 지며 고통 속에서 살아가야 했다. 반계는 당시 상황을 극복하기 위해서는 국방을 튼튼히 하고 토지제도의 개혁이 필요하다고 생각했다. 이러한 개혁 정신이 바로 반계 실학사상의 핵심이다. 부안 우반동에 낙향한 그는 만여 권에 달하는 장서와 함께 학문연구에 몰두했다. 우반동 산자락에 '반계서당'을 짓고 제자 양성과 학문 연구, 집필 활동에 전념했다. 『반계수록』은 반계의 폭넓은 독서와 전국 유람, 당대 학자들과의 대담 그리고 농촌 생활에 대한 체험 등을 바탕으로 집필됐

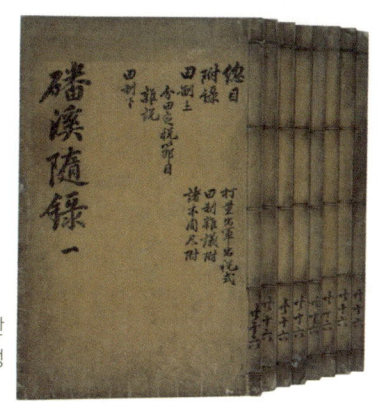

반계 유형원의 저서 『반계수록』(자료 수원화성박물관).

다. 총 13책 26권으로 부국강병과 농촌경제의 안정책 등 경세제민(經世濟民)의 방안을 다룬 국가체계의 전반적인 개혁 방안을 제시한 책이다. 『반계수록』은 무려 19년의 기나긴 집필 과정을 거쳐 그의 나이 49세(1670년)에 완성됐다. 이 책은 그가 살아있을 때는 거의 알려지지 않았다. 『반계수록』은 덕촌 양득중과 성호 이익, 그의 제자 순암 안정복에 의해 세간에 알려지고 칭송을 받게 됐다. 양득중은 1750년 영조에게 간행을 추천하는 상소를 올렸고 드디어 3부가 간행되어 남한산성과 사고에 보관됐다.

1770년 영조가 다시 경상관찰사에게 목판인쇄를 지시한 후 널리 전파됐다. 이후 이 책의 진가를 알아본 사람은 개혁군주 정조였다. 정조는 억울하게 죽은 사도세자의 신원복권(伸冤復權)을 위해 아버지의 묘를 명당인 수원 화산으로 옮기고자 했는데 선조와 효종의 능자리로 결정되지 못했다. 가장 큰 이유는 수원부 읍치를 옮겨야 하는 문제 때문이었다.

『정조실록』(정조 17년 12월 10일)은 아래와 같이 적고 있다.

"고 처사(處士) 증(贈) 집의(執義) 겸 진선(進善) 유형원은 그가 지은 '반계수록 보유'에서 말하기를 수원도호부는 광주의 아래 지역인 일용면 등지를 떼어 보태고 읍치를 '평야로 옮기면 내를 끼고 지세를 따라 읍성을 쌓을 수 있다' 하고, '읍치의 규모는 평야가 매우 훌륭하여 참으로 큰 번진(藩鎭)의 기상이 있는 지역으로서 안팎으로 만 호를 수용할 수 있다'고 주장했다. 또 말하기를 '성을 쌓는 부역은 향군(鄕軍)이 번을 드는 대신 내는 재물로 충당할 수 있다'고 하였다. 대체로 그 사람은 실용성 있는 학문으로 국가의 경제에 관한 글을 저술하였으니, 기특하도다. 그가 수원의 지형을 논하면서 읍치를 옮기는 데 대한 계책과 성을 쌓는데 대한 방략을 백 년 전 사람으로서 오늘날의 일을 훤히 알았고, 면(面)을 합치고 번(番)을 드는 대신으로 돈을 내게 하는 등의 세세한 절목에 있어서도 모두 마치 병부(兵符)를 맞추듯이 착착 들어맞았다. 그의 글을 직접 읽고 그의 말을 직접 썼더라도 대단한 감회가 있다고 할 터인데, 그의 글을 보지 못했는데도 본 것과 같고 그의 말을 듣지 못했는데도 이미 쓰고 있으니, 나에게 있어서는 아침저녁으로 만난 사람이라고 말할 수 있겠다."

정조는 반계의 주장에 탄복하고 사도세자 묘의 이장과 신읍 건설을 결심하게 된다. 반계의 이러한 생각은 뒷날 성호 이익, 홍대용, 정약용 등에게 이어져 실학이라는 새로운 학문으로 발전했다. 특히 정약용이 정조의 지시로 화성 축성을 기획하고 불후의 명작을 설계하게 된 것은 반계의 학설에 기인한 것이라 생각된다.

반계의 주장으로 건설된 화성은 일제강점기와 한국전쟁을 거치면서 황폐화됐다. 1970년대 박정희 정부는 민족문화의 우수성과 국난극복 사업을 전개했다. 특히 역사현장 복원사업을 펼치게 되자 당시 수원의 국회의원 출신 이병희 무임소장관은 화성복원사업을 국책사업으로 이끌어 내게 된다.

이어 민선 시대를 준비하던 심재덕 수원문화원장은 화성행궁 자리에 있던 수원의료원의 개축을 저지하는 시민운동을 벌여 화성행궁을 복원하게 된다. 이어 초대 민선 시장

화성연구회의 반계서당 답사(사진 이용창).

에 당선된 심재덕은 화성의 세계문화유산 등재 사업에 착수하여 화성을 세계문화유산으로 등재하는 쾌거를 거두게 된다.

화성이 세계문화유산으로 등재되자 화성을 사랑하는 사람들이 모여 '화성사랑모임'을 결성했다. 이후 화성사랑모임은 '사단법인 화성연구회'로 발전했다. 화성연구회는 화성의 복원, 정비, 연구, 홍보 사업을 25년간 전개하고 있다. 수원화성은 선각자들의 정신을 이어받아 면면히 이어지고 있다.

02
수원이 기억해야 할 사람들

1. 윤한흠 그림은 화성 복원 밑그림

윤한흠의 '대유평 거송 숲길' 그림. 68×48cm (사진 수원시).

　예전부터 수원을 빛낸 사람들은 많다. 그러나 나는 우리와 동시대를 살았던 평범한 시민 윤한흠(尹漢欽) 선생을 특별히 기억하고 싶다.
　윤한흠 선생과 나의 인연은 1999년 어느 봄날 시작됐다. 당시 수원시의회 양종천 의원과 세계문화유산 등재 이후 화성 복원정비 사업에 대해 대화를 나누었다. 양종천 의원은 수원의 옛 모습을 그려 놓은 분이 있다고 말했다. 이때까지 나는 별로 관심이 없었다. 그런데 양 의원의 설명이 이어지면서 선생에 대하여 관심이 생기기 시작했다. 보통사람이 아니라는 생각이 들었다. 양 의원은 수원에 올라와 6~7년 동안 농촌진흥청과 서울농대 등에 시험기자재 납품업을 하다가 잠시 쉴 무렵 지인의 소개로 윤한흠 선생을 만났다고 한다.
　당시 윤한흠 선생은 지금의 여민각 북쪽 후생한의원 자리에 종로 종합상가를 짓고 있었다. 건축이 완료된 후 선생의 아들인 윤해충 씨가 사장을 하고 있어서 2년여 함께 근무했다고 한다. 그때 윤한흠 선생을 가까이에서 볼 수 있었다는 것이다.

윤한흠 선생이 그린 그림을 인수하기 위해 방문해서 설명을 듣는 필자와 도시계획과 직원들(사진 이용창).

윤한흠 선생 댁은 장안문 부근 농협 아래(현재 전통문화관 주차장)에 있었다. 나는 수원시 도시계획과 최호운(현 사단법인 화성연구회 이사장)과 김인석 주무관, 이용창 수원시 사진담당과 함께 윤한흠 선생을 만나러 갔다. 집에 들어가니 자료를 이것저것 가지고 나오셨다. 그리고 건넌방을 가득 채운 수원의 옛 그림을 보여주셨다.

장판지를 표지로 하여 직접 만든 그림첩 앨범에는 1972년이라고 적혀있는 그림 24점이 끼워져 있었다. 사진 앨범과 화성학원 졸업장, 종근당 사보에 게재한 수원 옛 그림 기사 등도 볼 수 있었다.

선생은 1923년 수원군 남창리에서 태어나 수원 소재 화성학원(수원중·고등학교 전신, 6년제 소학교)을 졸업했다. 손재주와 기억력이 좋아 미술 수업을 받지 않았음에도 불구하고 소학교 시절 학급 게시판에 그림이 게시되곤 했다.

소학교(초등학교)를 졸업하고는 일본 니카타 현 산죠 시에 있는 공장에 취직해 기계설계를 하면서 어릴 때부터 좋아하던 그림을 익혔다. 이후 1945년 해방이 되자 귀국해 수원역 앞에서 양화점을 경영하기도 하고, 영동시장에서 청미당 국수집과 식품점 천덕상회를 경영했다. 이때에도 연필과 붓을 손에서 놓지 않았다.

이 무렵 윤한흠 선생과 어린 시절을 함께 보냈던 친구 홍사악(전 서울대 약대 교수, 1989년 작고)으로부터 "당신은 기억력도 좋고 손재주도 좋으니 수원의 옛 모습을 그림으로 그려보는 것이 어떻겠냐"는 권유를 받았다.

선생은 그림을 그리기로 결심하고, 옛 수원의 모습을 옛 지적도와 『화성성역의궤』의 「화성전도」를 기본으로 삼아 그리기 시작했다. 정확도를 높이기 위해 성내에 거주하는 어르신들을 찾아다니며 고증을 했다.

그중에서도 이춘근(李春根, 1891년생, 유년 시절 장안동 거주), 나성균(羅成均, 1896년생,

유년 시절 신풍동 거주), 최종운 (崔鍾云, 1899년생, 유년 시절 남수동 거주), 정원경(鄭元景, 1904년생, 유년 시절 시구문 밖 거주) 등 네 분이 뛰어난 기억력으로 세밀한 부분까지 고증을 해주어 많은 도움이 됐다고 한다.

그림을 고증해준 사람들 (사진 김충영).

선생은 원로들이 고증해준 부분을 그려서 다시 검증받기를 수차례 반복하며 1972년부터 10여 년 동안 24점의 그림을 완성했다. 처음의 그림은 연필로 그렸다. 그 무렵 선생은 종로교회 옆(현 후생한의원)에 건물을 지어 종로 종합상가를 운영하고 있었다.

이후 종로 종합상가를 그만두고 건물을 개축하여 화홍예식장을 열었다. 이때 수원 옛 그림을 채색화로 다시 크게 그려 예식장에 24점을 걸었다고 한다. 이후 화홍예식장 건물을 매각하고 그림을 집에 가져다가 보관했다.

나를 만날 당시 선생은 나이가 76세이고 건강이 그리 좋지 않았다. 그래서 '그림을 어떻게 할까' 생각하며 모교인 수원중·고등학교에 기증하려고 학교법인 이사장에게 전화를 했으나 외국에 나가 있어 만나지 못했다고 했다.

선생께 그림을 수원시에 기증하라고 말씀드리니 기꺼이 그러겠다고 했다. 며칠 지나 차를 가지고 가서 그림과 자료 일체를 인수해 왔다.

1999년 12월 29일 수원미술전시관이 문을 열었다. 개관 준비를 수원시청 문화관광과에서 했다. 당시 학예연구사인 이달호 박사가 찾아와 수원미술전시관 개관기념전을 윤한흠 선생 그림으로 하면 어떻겠냐고 하기에 동의하였다. 그리고 바로 도록 제작에 들어갔다.

그림 설명문 작성은 이달호 박사가 담당했다.

1999년 윤한흠 선생 집에서 찍은 생전의 모습 (사진 이용창).

도록 제작은 옛 그림과 현재의 사진을 비교하는 방식으로 구성했다. 현재 위치의 사진 촬영은 이용창 수원시 사진담당이 했다. '되살아난 수원의 옛 모습 그림전'은 1999년 12월 29일 만석거에 위치한 수원미술전시관에서 열렸다. 이 자리에서 심재덕 시장이 윤한흠 선생께 감사패를 드렸다.

그림은 장안문, 동북공심돈, 장안문 밖 마을과 비각, 화성문 주변, 수성중학교 주변과 비석거리, 영화정과 만석거, 동장대와 동창뿌리, 종로, 중동사거리, 대황교, 구천동 비석거리, 윗버드내 송덕비 거리, 매향교, 봉돈, 화서동 서낭당, 세류동 서낭당, 방화수류정과 북암문, 화홍문과 육지송, 팔달문을 중심으로 한 남성, 대유평 거송 숲길, 창룡문 주변, 거북산, 화홍문과 방화수류정 등 23점이다.

선생의 그림 전시회는 수원미술전시관 개관 기념전에 이어 2012년 2월 23일부터 수원화성박물관에서 '용을 품은 도시 윤한흠 옛 수원화성 그림전'이란 이름으로 열리기도 했다.

윤한흠 선생은 2002년 평생 모은 돈 5억 원을 모교인 수원고등학교에 장학금으로 기증하기도 하였다. 수원고등학교는 2015년 신년 인사회에서 윤한흠 선생을 자랑스런 동문으로 선정하고 흉상 헌정식도 가졌다.

윤한흠 선생은 2016년 8월 22일 93세로 별세했다. 선생은 수원 토박이로 태어나 수원을 지극히 사랑한 향토화가로 수원의 모습을 후대에 남기고자 노력한 자랑스런 수원 사람이다.

현재 수원시는 화성의 미복원 구간인 팔달문 주변을 복원하기 위한 보상을 실시하고 있다. 선생의 그림은 화성 남쪽 구간의 미복원 시설인 남동적대, 남서적대, 남암문, 남공심돈과 성벽을 복원하는 데 아주 귀한 자료가 될 것이다.

윤한흠 선생의 그림 23점은 '그림'이 아니고 '사진'이라고 말하고 싶다. 상상으로 그린 그림이 아니기 때문이다, 본인이 본 모습과 원로들이 본 모습을 수 차례의 고증 절차를 거쳐 수정했기 때문이다. 23점의 그림 중 대부분은 없어진 풍경을 그려서 옛 모습을 전해주는 내용이다. 이들 그림 중 종로, 매향교, 남수문 그림은 이미 복원에 활용되기도 하였다. 방화수류정 앞의 육지송은 복원이 가능할 것이다.

지금도 수원의 다양한 분야에서 윤한흠 선생의 그림이 활용되고 있다. 현재 화성행궁 복원을 추진하는 옛 신풍초등학교 울타리에 선생의 그림 사진이 상설 전시되고 있다.

2. 이병희의 수원화성 복원

수원화성이 세계문화유산으로 등재되고 오늘의 모습으로 복원·정비되기까지 많은 사람들의 희생과 노력이 있었다. 그중에서 결정적인 역할을 한 사람 두 명을 꼽으라면 이병희 전 국회의원 겸 제1무임소 장관과

장안공원에 세워진 수원성곽 복원정화비. 박정희 대통령 글씨(사진 김충영).

심재덕 수원시장이다. 먼저 이병희 제1무임소 장관이 수원성곽 복원정화사업을 추진한 이야기를 해보려고 한다.

　수원화성은 정조대왕의 효심과 개혁정신으로 만들어진 조선 후기 문화의 결정체라고 할 수 있다. 화성은 정조의 갑작스러운 죽음 이후 쇠락해갔다. 일제강점기에는 의도적으로 화성행궁을 파손하고 성곽 또한 자동차 통행에 방해된다는 이유로 4대문 옆을 철거했다. 남쪽에 시장이 형성되자 팔달문 양옆의 성곽을 철거하여 도로를 만들었다. 그리고 한국전쟁 시기에는 장안문과 창룡문, 성곽과 부속 시설물들이 많은 피해를 입었다. 이후 박정희 군사정권은 민족문화의 우수성과 국난극복 역사를 발굴하게 되는데 1961년 10월 2일에는 문화재관리국을 신설하고, 1962년에는 문화재보호법을 제정했다. 1964년에는 문화재 보수 5개년 계획이 수립됐으나 국가 예산 부족으로 한동안 추진되지 못했다. 1968년 7월 24일 문화공보부가 발족되면서 문화재관리국이 통합됐다. 이는 예술 부문과 전통문화 부문의 업무가 일원화되는 계기가 됐다.

　1970년대에 들어서 문화재의 보호 및 복원·보수 업무가 본격적으로 전개됐다. 당

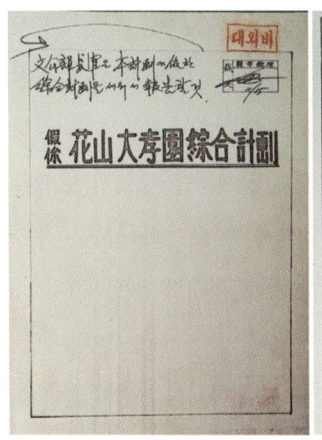

가칭 화산대효원종합계획 보고서(자료 화성박물관)

시 문화재 사업의 초점은 '호국문화유적' 복원사업에 맞춰져 있었다. 박정희 대통령이 가장 관심을 가진 사업은 이순신 장군 유적의 성역화였다. 1966년 4월 17일 문화재관리국에 현충사 성역화 사업 추진 지시가 내려졌다.

뒤이어 국난극복 유적 복원정화 사업이 전개됐다. 이때 추진된 사업은 진주성, 낙성대, 제승당, 칠백의총, 충장사, 윤봉길 의사 유적, 행주산성, 강화전적지, 남한산성, 한양도성, 고창읍성, 홍주산성, 해미읍성, 문경관문 등이다.

수원 출신 이병희 국회의원 겸 제1무임소 장관은 당시 정부가 중점적으로 추진하는 문화재 복원사업에 수원성곽 복원사업을 포함시키기 위해서 고심했다. 1973년 7월 이병희 장관은 당시 제1무임소 장관실 행정사무관 임수복(전 경기도지사 직무대행)에게 지시했다.

"임 사무관은 오늘부터 정조대왕의 효심이 가득한 우리 수원성에 대한 역사 공부를 철저히 하여 수원성 복원에 만전을 기하라"는 지시에 따라 임수복 씨는 김병모 교수(현 고려문화재연구원장), 최영희 박사(전 국사편찬위원장)의 자문과 수원의 향토사학자인 안익승 씨 등과 함께 2개월여에 걸친 현장조사와 수집한 자료를 토대로 계획서를 작성했다고 한다. 가칭 '화산대효원종합계획(花山大孝園綜合計劃)'을 수립한 것이다. 이 보고서는 목적문을 이렇게 적고 있다.

"한국 근세사상 문예부흥기 형성을 주도한 정조대왕의 지극한 효사상이 발현된 효의 상징적 문화재로서의 융·건릉, 용주사 및 수원 일대에 산재한 문화재를 개발하여 이를 효역화(孝域化)하고 관광자원화함으로써 민족 고유의 효사상의 계발을 통하여 물질문명의 부산물인 퇴폐풍조에서부터 새 시대에 알맞은 국민의 정신적 윤리도덕관을 확립하여 애국애족 사상을 제고하는 데 있다"

　1973년 11월 이 계획서는 김종필 국무총리의 결재를 얻게 된다. 이병희 장관과 김종필 국무총리는 육군사관학교 8기 동창 사이였다. 가칭 '화산대효원종합계획'서 상단에 적힌 지시문에는 "문화공보부 장관은 본 계획에 의한 종합계획을 세워서 보고할 것"이라고 적혀 있다. 김종필 국무총리의 지시에 따라 당시 윤주영 문화공보부 장관은 이병희 장관과 협의를 거쳐 박정희 대통령에게 종합보고서를 제출했다.

　1973년 12월 청와대 오휘영 경제비서관으로부터 대통령 재가가 났다는 연락이 왔다. 이때부터 수원성곽 복원정화공사는 준비에 들어갔다. 수원성곽 복원정화공사 추진은 문화공보부 문화재관리국의 주관하에 제1무임소 장관실과 경기도, 수원시의 긴밀한 협조 체계로 이루어졌다.

　그리하여 문화공보부가 시달한 지침에 의해 1974년 2월 18일 경기도가 사업계획을 수립했다. 계획서에 의하면 1974년 개략설계를 마치고 실시설계는 1975년 3월 12일까지 삼성건축설계사무소가 추진한다고 적고 있다. 사업 준비를 하던 1974년 7월 박정희 대통령이 경기도청을 방문했다. 당시 경기도 공무원으로 수원성곽 복원사업에 참여했던 이낙천 전 화성연구회 이사장의 증언이다. 박정희 대통령이 경기도청을 방문할 때면 장안문과 팔달문을 거쳐 도청에 들어섰다고 한다. 그런데 1974년 방문 때에는 장안문에서 방향을 돌려 화서문을 통해 팔달문으로 돌아 나갔다고 한다. 그러자 팔달문에서 대기하던 기자단이 난리가 났다고 한다. 당시 기자들의 이야기에 의하면 박 대통령의 표정이 안 좋았다. 이는 1973년 12월 수원성곽 복원정화사업을 재가한 것에 대한 진척 사항을 확인하려는 의도였을 것이라고 했다. 그리고 나서 수원성곽 복원정화사업 추진계획을 조속히 수립하라는 지시가 내려졌다. 이렇게 하여 경기도에서 세부 계획을 수립하게 된다.

　1974년 7월 24일 수립한 수원성곽 복원정화 계획에는 성곽과 주변 현황이 자세히 기록되어 있고 추진방침이 3개 부분으로 구분되어 있다.

　첫째는 성곽복원 보수 방침이다. '복원이 가능한 중요시설을 전면 복원하고 퇴락한 성벽을 보수하여 수원성을 원래의 면모로 재현한다.'

　둘째 '성곽 주변 정화사업은 성곽보호구역 내의 사유지를 매입하고 민가를 모두 철거, 이주시킨다. 보호구역은 성벽이 부각될 수 있도록 규모 있게 조경한다. 성곽 외측을 순환하는 관광도로를 개설하고 성곽 내측에는 성곽을 따라 성역을 일주할 수 있는 보도를 개설한다. 중요시설 지역에는 간이주차장과 관광 휴식을 위한 시설녹지를 조성한다.'

셋째로 추진단계를 설정했다.

'본 계획의 시행은 성역을 중요도와 시급성 및 투자 효과에 따라 5단계 권역으로 구분하여 5개년 계획으로 추진한다. 제1단계 장안문~서장대 구간, 제2단계 서장대~팔달문 구간, 제3단계 화홍문~창룡문 구간, 제4단계 장안문~화홍문 구간, 제5단계 창룡문~동남각루 구간으로 구분했다.' 팔달문 양옆의 끊어진 부분은 수원시의 반대로 복원계획에서 제외했다.

이 계획서는 문화공보부가 수정 보완해서 육영수 여사 서거 하루 전인 1974년 8월 14일 극적으로 결재를 받은 것으로 알려졌다. 당초 사업비는 26억5,000만 원으로 국비 14억7,900만 원, 지방비 11억7,100만 원으로 계획됐다. 수원성곽 복원정화사업은 경기도 문화재과 산하에 수원성곽 복원정비사업소가 설치되어 복원업무를 주관했다.

수원성곽 복원보수공사는 실시설계가 완료되어 1975년 6월 7일 장안문에서 김종필 국무총리와 조병규 경기도지사, 이병희 국회의원, 이재덕 수원시장과 많은 시민이 참석한 가운데 기공식을 가졌다. 수원성곽 복원사업은 1979년 9월에 공사가 마무리되어 준공행사는 1979년 10월 27일 장안공원에서 수원성곽 복원정화비 제막식을 겸해 거행하고자 했다. 그러나 박정희 대통령이 10월 26일 궁정동 안가에서 김재규의 총탄에 쓰러져 준공식을 치르지 못했다. 나는 1979년 8월 9일, 수원시 도시과에 발령받아 장안공원 마무리 작업에 참여하여 당시 사정을 기억하고 있다. 수원성곽 복원정화사업 준공식은 최규하 대통령권한대행이 참석하여 1979년 11월 29일 장안공원과 서장대에서 열렸다.

수원성곽 복원정화사업은 착공 4년3개월 만에 마무리됐다. 공사비는 당초 국비 14억7,900만 원이 계획됐으나 12.6%가 증가한 16억6,600만 원이 들었다. 지방비는 11억7,100만 원이 계획됐으나 38.3%가 증가한 16억2,000만 원이 들어서 총사업비는 32억8,600만 원이 들었다.

(왼쪽) 수원성곽 복원보수공사 기공식(사진 『마당발 정치인 이병희 평전』 중에서).

만석공원에 세워진 이병희 동상(사진 김충영).

 수원성곽 복원정화사업은 수원의 걸출한 정치인 백웅(白熊) 이병희(李秉禧)의 고뇌의 산물이라 할 수 있다. 수원이 기초 지방자치 단체 중에서 선두에 서 있는 것 역시 이병희의 노력이 기초가 됐다.

 이병희는 1926년 용인에서 태어나 중·고등학교를 수원에서 다녔다. 육군사관학교 졸업 후 장교로 임관하여 5·16에 참여한 이후 38세에 국회의원이 되었다. 경기도청 유치사업에 뛰어들어 첫 번째 과업을 완수했다. 이후 삼성 이병철 회장을 설득하여 삼성전자와 성균관대학을 수원에 유치했다. 그리고 연초제조창과 한일합섬을 유치했다. 이어 공설운동장 조성에 힘을 썼으며, 한강물을 수원까지 끌어들이는 등 많은 업적을 남겼다.

 당시 실무를 맞았던 임수복 사무관(전 경기도지사 직무대행)의 회고에 의하면 이병희는 수원을 효원의 도시로 만들고자 고심했다고 한다. 이병희는 수원의 미래를 생각했던 정치인으로 기억될 것이다.

3. 심재덕의 수원 사랑

 수원화성이 세계문화유산으로 등재되고 오늘의 모습으로 복원·정비되기까지 많은 사람들의 희생과 노력이 있었다. '이병희의 수원화성 복원'에서 밝혔듯이 수원화성 복원의 길을 연 사람이 이병희라면, 화성행궁 복원과 세계문화유산 등재는 심재덕의 공로가 있었기에 오늘의 수원화성이 있다고 하겠다.

2008년 5월에 '상곡 심재덕 고희기념 헌정문집 발간위원회'는 『Mr.Toilet, 당신과 함께라서 행복합니다』라는 책을 발간했다. 그리고 2019년 1월 14일에는 '심재덕 평전 발간위원회'에서 주관하여 『미스터 토일렛 아름다운 화장실 혁명 심재덕 평전』을 김준혁 교수가 집필하여 출간했다. '심재덕의 수원 사랑 이야기'와 '화성행궁 복원, 세계문화유산 등재 이야기'는 위의 책에서 발췌한 글임을 밝혀둔다.

심재덕은 1976년 공직을 마무리하고 수원의 구시가지인 구천동 공구거리에서 동서철강을 창업했다. 말이 철강이지 자동차 하나 없는 구멍가게 수준이었다. 당시 수원은 이병희 장관이 추진한 수원성곽 복원정화사업이 한창 궤도에 올랐을 때이다.

팔달문 일원의 시장은 활기를 되찾아 상가건물을 많이 지었다. 어려운 여건에서도 성실하게 운영하여 고객들에게 인정받은 동서철강은 빠르게 자리를 잡았다. 심재덕은 1980년 전국체전에서 모교(수원농고) 출신 체조 6관왕이 된 김용환 군이 홀어머니와 어렵게 살면서 라면으로 끼니를 때우며 운동을 한다는 소식을 듣게 된다.

심재덕은 동문들과 김용환 군 보금자리를 마련해주자는 운동을 벌여 800만 원을

2010년 10월 30일 해우재 개관식 모습(사진 해우재 제공).

모금하여 도와주었다. 그런 과정에서 김용환 군이 체조 전용 체육관이 없어 운동장에서 연습한다는 소식을 듣고 체육관 건립 운동을 벌이게 된다. 체육관 건립은 당시 돈 3억 원이 들어가는 사업이었다. 심재덕은 1만여 명의 동문을 대상으로 모금 운동을 벌여 1982년 10월 30일 체육관 준공행사인 '광교제'를 개최했다.

박종훈 선수는 1986년 아시안게임에서 동메달을, 88올림픽에서도 동메달을 따서 우리나라 체조 역사상 최초로 메달을 땄다. 광교체육관을 건립한 수원농고 동문회, 특히 기수별 동문회 조직은 후일 심재덕이 수원시장이 되는 데 큰 역할을 담당했다.

1987년에 민주화 바람이 거세게 불었다. 민정당 대선후보 노태우는 대통령 직선제를 선언하는 6.29선언을 하게 된다. 이러한 분위기는 사회 전반에 영향을 미쳤다. 수원의 문화계도 변화에 직면했다. 당시 이수영 문화원장의 임기가 만료됨에 따라 수원 문화계는 새 시대에 부응하는 문화원장 물색에 나섰다. 수원 문화계는 당시 후보들 중에서 동서철강 대표로 지역사회에서 활발하게 활동을 하던 심재덕을 추대하기로 했다. 그는 여러 차례 고사했으나 많은 사람들이 간곡히 부탁하여 1987년 9월 수원문화원장에 취임하게 된다.

그는 취임 일성으로 '수원의 문화발전을 위해 가장 낮은 곳에서 가장 힘든 일을 하겠다'고 밝혔다. 심재덕 수원문화원장은 문화원 운영 목표로 '시민들에게 친근하고 많은 사람들이 찾는 사랑방'을 만들겠다고 했다. 이를 위해 그는 수원문화원 활동을 시민들에게 알리는 일에 주력했다.

그래서 문화원 소식지를 만들기로 했다. 소식지의 이름은 '수원사랑'으로 정해졌다. 심재덕 원장은 창간호를 준비하는 편집위원들에게 "그저 수원 문화계에 명석을 한 장 깔아 놓는다고 생각하세요."라고 당부했다. 편집위원은 이재영(수필가), 최범훈(경기대 교수), 임병호(시인), 송철호(음악인), 김상용(음악인), 남부희(화가), 김우영(시인) 등으로 구성됐으며 1988년 3월에 창간호가 출간됐다.

판형은 손바닥만한 크기의 포켓북이었다. 책자는 작았지만 수원 문화계는 활기를 찾았다. 『수원사랑』은 매월 발행됐다. 『수원사랑』 창간은 수원문화원 활성화의 신호탄이 됐다. 심

수원문화원 소식지 『수원사랑』 창간호 표지 (사진 해우제 제공).

화성행궁 터에 있던 수원의료원, 수원경찰서, 신풍초교, 여성회관 모습(사진 수원시).

재덕 원장은 문화원에서 일하는 사람들에게 자긍심을 갖도록 해주었다. 『수원사랑』은 잡지 이름에서뿐만 아니라 내용에서도 향토 사랑을 담아내는 책이 됐다.

심재덕 원장은 활동의 중심을 수원화성에 두었다. "수원은 맥(脈)을 가진 도시입니다. 옛것을 가다듬고 문화와 예술의 고장으로 가꾸는 데 모든 것을 바칠 생각입니다." 심재덕은 수원의 여건을 살려 1988년부터 본격적으로 '수원성 축성기념사업'에 공을 들였다. 어린 시절부터 늘 봐 왔던 수원성[華城]은 심재덕에게 소중한 역사 유적이자 안타까움 그 자체였기 때문이다. 그는 언젠가는 파괴된 화성을 제대로 복원하겠다는 생각을 가지고 있었다. 박정희 대통령 시절 복원하지 못한 남쪽의 400여m 구간에 대해서도 아쉬워했다.

그리고 자신이 다녔던 신풍초등학교가 화성행궁이 있던 곳이라는 것을 알았으나 그곳은 이미 도립병원과 경찰서, 신풍초등학교, 경기도 여성회관 등이 들어서 있어 행궁이 복원되지 못하는 것을 아쉬워했다. 이는 수원 사람들이 수원성의 가치를 제대로 모르기 때문이라고 생각했다. 그는 수원 시민들이 거듭나기 위해서는 수원화성의 가치를 알아야 한다고 생각했다.

그러기 위해서는 수원화성 축성 200주년이 되는 1996년에 대규모 행사를 해야 한다고 다짐했다. 1970년대 화성이 복원되기는 했어도 성곽 주변에는 판자촌도 많았다. 그리고 성곽이 잘려있는 부분이 10여 곳이나 되어 성곽을 따라 제대로 산책조차

할 수 없었다.

이러한 여건에서 심재덕 원장은 '수원성 축성 192주년 기념 시민 성 밟기'를 구상했다. 1988년 5월 5일 어린이날 수원성 일원에서 초중고생들과 대학생, 시민들이 참가한 가운데 '제1회 수원성곽 순례' 행사가 열렸다. 이날 학생과 시민들은 매산초등학교 운동장에서 모여 순례길을 출발했다. 순례 코스 곳곳마다 난파소년소녀합창단의 합창과 수원공고 밴드의 축하 연주, 경기대 탈춤반 및 국악협회 농악대, 신풍초등학교 관악대 등이 멋진 공연을 해주어 순례 행렬의 흥과 분위기를 한층 고조시켰다. 심재덕의 아이디어로 시작된 성곽 순례는 참여자들을 감탄시키기에 충분했다.

성곽 순례는 회가 거듭할수록 발전된 모습을 보였다. 1991년 5월 5일 성곽 순례는 화성축성 195주년을 기념해 '효의 성곽 순례'로 이름을 변경했다. 이날 신풍초등학교 운동장에는 1만5000명이 모여들었다. 이어령 문화부 장관이 '효의 성곽 순례' 축하 메시지를 보내오기도 했다. '효의 성곽 순례'는 전국적으로 유명한 행사로 발전했다.

1987년 6월 민주항쟁 이후 민주주의가 싹트기 시작하자 문화예술을 향유하고자 하는 국민들의 욕구도 넘치기 시작했다. 88올림픽을 앞두고 대한민국의 문화적 수준을 높여야 한다는 여론이 꿈틀댔다. 심재덕은 이러한 시대적 분위기를 꿰뚫고 있었다. 이름하여 '한여름 밤의 음악축제'를 기획한 것이다.

1988년 7월 23, 24일 양일간 수원 장안공원에 특설무대가 설치되고 공연이 거행됐다. 첫날 행사에는 무려 1만5,000여 명이 참석했다. 이는 수원 시민들이 문화에 굶주려 있었음을 보여주는 것이기도 했다. 문화원이 주최했다는 이유로 시립교향악단과 합창단이 참가하지 않은 것은 아쉬움으로 남았다.

장안공원 주변에 교통혼잡이 발생할 정도로 많은 인파가 몰렸다. 한여름 밤의 음악축제는 해를 거듭할수록 발전

효의 성곽 순례(사진 해우제 제공).

해 이후에는 관악의 밤, 합창의 밤, 국악과 사물놀이의 밤, 교향악과 합창의 밤, 팝 페스티벌 등으로 세분화됐다.

그러나 모든 일이 순탄치만은 않았다. '1991 한여름 밤의 음악축제'를 준비할 때는 수목과 시설물의 파손 우려와 장안공원 재정비 공사를 이유로 공원 사용이 승인되지 않아 수원시와 갈등을 빚기도 했다. 문화원 행사가 인기를 끌자 수원시 당국자의 시샘이 있었을 것이라고 했다. 이렇게 되자 심재덕은 문제를 해결하기 위해 직접 나섰다.

'한여름 밤의 축제 장소 불허에 따른 우리의 입장'이라는 글을 신문에 광고 형식으로 게재했다. 신문을 본 시민들은 분노했다. 이런 분위기를 직감한 당시 이호선 수원시장은 대책회의를 통해 결국 공연을 허락했다. 그해 공연 역시 대성공을 거두었다. 당시 중부일보 문화부장 김우영은 다음과 같은 기사를 썼다.

"시 당국과 장소 문제를 놓고 줄다리기를 한 끝에 공연이 성사됐기 때문인지 시민들이 행사에 보내준 성원과 질서 의식은 매우 인상 깊었다. 장안공원은 담배꽁초 하나, 휴지 한 조각 찾아볼 수 없이 청결했다. 이는 치밀한 준비도 있었으나 시민들의 수준 높은 질서 의식이 이룩한 작은 기적이었다."

이는 심재덕이 뿌린 작은 씨앗이 자라 수원 문화의 알찬 열매를 맺은 것이었다.

심재덕 문화원장은 수원천 복개 중단과 팔달산 터널 백지화, 서호를 시민 품으로 돌

올림픽 개최 기념 한여름 밤의 음악축제(사진 경기도 멀티미디어).

리는 사업에 매진하여 1995년 7월 1일 수원시장에 당선되면서 수원시 중점사업으로 선정하여 모두 마무리 짓는 성과를 보였다.

심재덕 문화원장이 '수원성곽 순례' 행사를 진행하면서 생각한 화성행궁 복원사업은 경기도가 화성행궁 터에 있는 수원의료원 신축계획을 발표하면서 불이 붙었다. 심재덕은 화성행궁 복원을 천명했다.

4. 심재덕 문화원장의 화성행궁 복원

심재덕 문화원장은 1988년 5월 5일 '제1회 수원성곽 순례' 행사를 진행하면서 화성행궁 성곽 연결에 대한 필요성을 더욱 느끼게 된다. 1975~1979년 수원성곽 복원 공사 때 화성행궁과 팔달문 양옆 400m 구간이 복원되지 못한 것을 그는 못내 아쉬워했다. 1989년 수원의료원(경기도립병원) 신축계획이 발표됐다.

심 원장은 행궁 터에 수원의료원이 현대식 건물로 다시 지어지면 화성행궁은 영원히 복원되지 못할 것이라고 생각했다. 그래서 1989년 4월 수원 향토사학자인 이승언

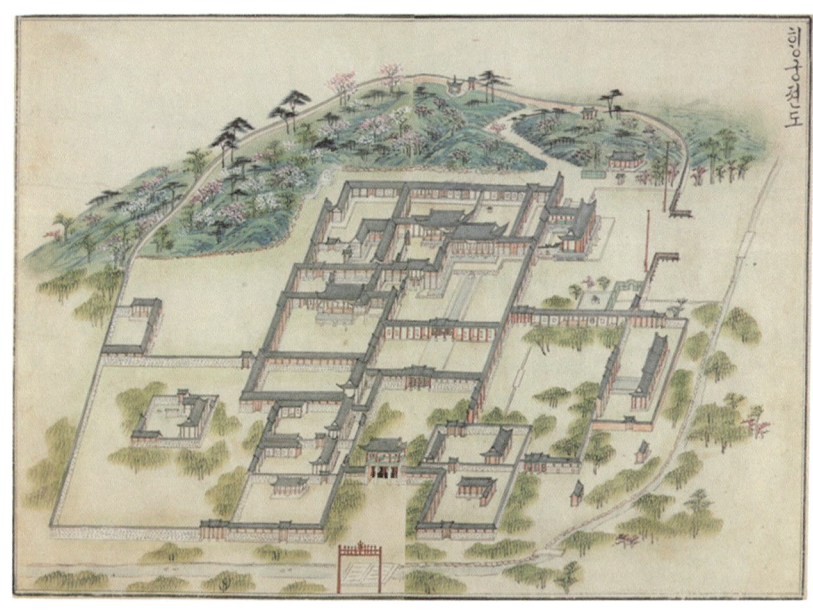

『뎡니의궤』 화성행궁 전도(자료 화성박물관).

에게 수원에 대한 자료를 조사해 달라고 요청했다. 그리고 한 달여가 지난 1989년 5월 말 이승언 씨가 심재덕 문화원장을 찾아왔다.

그는 이승언이 가지고 온 한글 화성행궁도(華城行宮圖)라고 쓰인 사진을 보며 드디어 때가 온 것을 직감했다. 『화성성역의궤』에 있는 화성행궁 그림을 본 적은 있었지만 이처럼 확연한 화성행궁의 존재를 확인하는 것은 처음이었다. 당시만 해도 인터넷이 없던 시절이라 발품을 팔아서 직접 손으로 자료를 뒤져야 했다.

심재덕은 이승언과 문화원 가족들에게 이렇게 말했다. "수원의 효맥(孝脈)은 이것입니다. 행궁 복원만이 효원의 전통을 살리는 길입니다."

일제는 1910년 한일병탄조약을 체결한 뒤 '조선읍성 철거 시행령'을 발동했다. 이 조치로 전국에 있는 300여 곳의 읍성이 철거됐다. 그리고 서울의 5대 궁궐이 훼손됐다.

일제는 화성행궁 역시 같은 맥락에서 의도적으로 철거했다. 심재덕은 화성행궁을 정식으로 복원하겠다는 마음을 굳게 다졌다. 당시 심재덕의 생각에 동조하는 사람은 거의 없었다. 화성행궁 자리에 있던 경기도 수원의료원과 수원경찰서, 여성회관, 신풍초등학교를 옮기고 화성행궁을 복원하는 것이 가능하다고 생각하는 사람은 드물었다.

그러나 심재덕의 의지는 강했다. 그는 자신의 주변부터 설득하기 시작했다. 그의 집요한 설득에 수원의 주류 인사들이 하나둘 동참했다. 심재덕은 '화성행궁복원추진위원회' 발기인을 모집했다. 1989년 6월 17일 수원문화원 2층 회의실에서 '화성행궁복원추진위원회 발기인회'를 개최했다.

이날 선출된 임원은 위원장 김동휘, 부위원장 홍의선·안익승·심재덕, 추진본부장 이홍구, 기획부장 임병호, 총무부장 송철호, 사료편찬부장 이승언, 섭외부장 김상용, 홍보부장 김우영 등이었다. 이와 함께 이종학·김동욱·김학두·리제재·송태옥·이상봉·이완선·이호정·조웅호·최홍규 이사(10명), 이근환·정규호 감사(2명) 등 각계를 대표하는 위원 81명이 선정됐다.

화성행궁복원추진위원회 현판식(사진 해우재 제공).

02. 수원이 기억해야 할 사람들 75

심재덕 본인은 위원장을 맡지 않았다. 위원장은 수원의 문화계 원로인 김동휘 선생을 모셨다. 이는 사업을 추진함에 있어 매우 현명한 선택이었다. 화성행궁복원추진위원회가 결성됐음에도 많은 시민들은 과연 가능하겠냐고 회의적인 시선을 보냈다. 당시 화성행궁 터에 있던 수원의료원의 신축에 대한 건축설계가 끝난 상태였기 때문이다.

1989년 6월 초 심재덕은 김동휘 선생, 이종학 서지학자, 안익승 경기도 유네스코 회장, 이승언 향토사학자 등과 함께 사전 약속도 없이 경기도지사실을 방문했다. 도지사 비서실은 수원 유지들이 오자 약속이 된 줄 알고 도지사실로 안내했다.

당시 임사빈 도지사는 점심 식사 후 휴식 중이라서 당황했다고 한다. 심재덕 문화원장과 일행은 임사빈 도지사에게 "일본 제국주의의 간악한 책동으로 파괴된 화성행궁 터에 수원의료원을 신축하면 영원히 화성행궁을 복원할 수 없습니다. 그러니 수원의료원 신축계획을 철회해주십시오."라고 요청했다.

임사빈 도지사는 심재덕의 이야기를 듣고 수원의료원 증축 담당 국장을 불러 경위를 들었다. 그러고는 그 계획을 유보시킨 후 수원의료원을 연초제조창 옆으로 이전토록 지시했다. 이로써 화성행궁 복원의 단초가 열린 것이다. 화성행궁 복원에 수많은 사람의 노력이 있었지만 임사빈 도지사의 현명한 결단이 없었다면 복원되지 못했을 것이다.

수원의료원 조감도
(사진 수원시).

1989년 12월 7일 화성행궁 복원을 위한 학술대회가 개최됐다. 이 자리에서 화성행궁복원추진위원회는 건의 사항을 발표했다. '수원의료원 소재지, 수원경찰서 소재지, 경기도 여성회관 소재지 등 화성행궁 터 일대를 사적지로 지정할 것. 현재 행궁지에 소재한 공공기관을 점차적으로 이전 조치해 행궁을 복원할 수 있는 기반을 조성할 것. 행궁과 아름답게 조화를 이루는 수원천을 비롯한 자연경관이 옛 모습대로 보존될 수 있도록 행정적인 시책을 수립할 것' 등이었다. 이 같은 시민단체의 건의가 지속되자 1990년 12월 22일 화성행궁에 있던 수원의료원이 이전됐다. 1993년 8월 10일에는 화성행궁 복원이 수원시정의 중점시책으로 선정돼 행궁 복원을 위한 장기계획이 수립됐다.

대부분 무모하다고 생각했던 심재덕의 도전이 결과를 만들어낸 것이다. 이를 계기로 민관이 함께 행궁 복원을 추진하게 됐다. 그해 12월 22일에는 행궁 복원을 위한 시민설명회가 개최됐다. 이후 민관 합동으로 다시 화성행궁복원추진위원회가 정식 출범됐다.

위원장은 심재덕, 부위원장은 김동욱·안익승, 위원은 이종학·조정환·김용규·유재언·최봉수·송후석·남우철·김주태·김동휘·이상해·박언곤·윤규섭·리제재·임택명 등이었다. 당시 심재덕은 한 언론과의 인터뷰에서 이렇게 자신의 결의를 밝혔다.

"병원이나 경찰서를 지을 땅이 다른 곳에 얼마든지 있는데, 행궁 터에 공공기관을

화성행궁 터 발굴 모습
(사진 수원시 포토뱅크).

세운 점으로 미루어 볼 때 일제가 문화 말살 정책의 하나로 계획적으로 행궁을 훼손한 것으로 보인다. 일제 강점이 끝난 지 46년이 지나도록 행궁을 되살리지 못한 것은 문화국민의 수치로 하루빨리 행궁 복원이 이루어져야 한다."

화성행궁 복원사업은 더 진척돼 1994년 3월에는 시비 2억4,800만 원이 투입돼 화성행궁 터에 대한 유구 및 지표조사가 실시됐다. 그해 5월 13일에는 수원의료원 건물이 완전히 철거됐다. 이어 1995년 4월 24일에는 화성행궁 터가 경기도기념물 제65호로 지정되는 성과를 거뒀다.

심재덕이 수원시장에 당선되면서 화성행궁 복원사업은 수원시의 중점사업 제1호가 됐다. 1996년 8월에는 2차 발굴조사를 실시했다. 1차 발굴조사에서는 어도(御道)와 장대석렬(長臺石列) 등이 확인됐다. 2차 발굴조사에서도 어도와 경룡관지, 유여택지, 복내당지와 석누조 등 각종 유구 등이 발굴됐다.

1, 2차 발굴조사를 통해 화성행궁의 주요 전각 위치가 대부분 확인되는 성과를 얻었다. 이를 바탕으로 1996년 4월 25일에는 실시설계가 완료됐고 화성행궁 복원 시점은 『화성성역의궤』에 기록된 1796년으로 설정됐다. 1996년 5월 3일에는 경기도로부터 설계심의를 받았다. 그해 7월 18일 역사적인 화성행궁 복원 기공식이 거행됐다.

1997년 9월 12일에는 화성행궁의 정전(正殿)인 봉수당(奉壽堂)의 상량식을 시작으로 화성행궁 복원에 한걸음 더 나아갔다. 심재덕은 봉수당 상량식을 보며 감격했다. 상량식에서 심재덕은 화성행궁 복원의 역사적 가치를 설명했다.

"화성의 모태인 화성행궁의 복원은 민족문화와 역사를 복원하고 민족정기를 바로 세우는 일입니다. 이제 세계인이 공유하는 문화재로 가꾸어 나가야 할 것입니다."

이러한 결과를 만들어낸 심재덕에게 다음 일이 기다리고 있었다.

수원의 서지학자인 이종학 선생은 행궁 복원 추진위원으로 처음부터 참여했다. 그는 1996년 10월 '수원성 축성 200주년'을 기념하는 정보통신부의 우표 발행을 막는 가처분 신청을 법원에 제출했다. '수원성'이란 이름은 잘못된 것이니 원래 이름 '화성(華城)'으로 변경해서 우표를 발행해야 한다는 취지였다. 그러나 정보통신부는 문화재청이 1963년 사적 제3호 수원성곽으로 지정하여 다른 이름을 쓸 수 없기 때문이라고 주장했다. 법원은 우표 판매 가처분 신청을 받아들이지 않았다.

이종학 선생은 심재덕 시장을 찾아가서 수원성이라는 명칭이 옳지 않으며 원래의 이름인 화성으로 바꾸어야 한다고 주장했다. 이 제안을 들은 심 시장은 그 자리에서 승낙했다. 이는 자신이 하고 싶었던 일이기도 했기 때문이었다. 그리하여 이종학 선생은 문화재청에 '화성 제 이름 찾기' 건의서를 제출하게 된다. 심 시장은 문화재청에 화성 제 이름 찾기에 적극적인 의사 표명을 했다. 그러자 문화재청은 문화재심의위원회의 심의를 통해 '수원성'을 '화성'으로 변경하기로 최종 결정했다.

심재덕 시장은 화성행궁 복원을 추진하면서 다음 사업으로 화성의 세계문화유산 등재 추진 운동을 시작하게 된다.

5. 화성의 세계문화유산 등재

'수원성(水原城)'이 '화성(華城)'으로 제 이름을 찾자 심재덕 시장은 본격적으로 세계문화유산 등재 추진 운동을 시작했다. 이때 문화재청은 1996년 우리나라를 대표하는 성곽과 궁궐을 세계문화유산으로 신청키로 했다. 궁궐 분야에서는 창덕궁을 신청하는 데 이견이 없었다. 그러나 성곽은 광주 남한산성과 보은의 삼년산성을 세계문화유산으로 신청하자는 의견이 나왔다. 하지만 최종 선택은 수원화성이 받았다. 이는 건축역사학자이자 화성에 대한 최고 권위자인 김동욱 경기대학교 건축학과 교수의 강력한 추천 덕분이었다.

김 교수는 화성의 가치와 우수성을 전 세계에 알리고자 했다. 화성은 심재덕, 이종학, 김동욱 이 세 사람의 노력으로 세계문화유산이 되었다고 해도 과언이 아니다.

1997년 6월 21일 외무부로부터 전화가 왔다. 이번 유네스코 이사회에서 화성의 세계문화유산 등재가 유보될 것 같다는 소식이었다. 심재덕 시장의 충격은 컸다. 수원시청 문화재팀장에게 유네스코 이사회가 열리고 있는 프랑스 파리로 출장을 가자고 했다. 평소 화성에 관심이 많은 연합뉴스 박두호 기자에게도 연락해서 같이 가자고 제안했다.

심재덕 시장은 프랑스 파리로 떠나기 전 이종학 선생이 만든 『화성성역의궤』 영인

본과 한국 전통문화의 상징인 '방패연'을 준비했다. 그리고 화성을 반드시 세계문화유산으로 등재시켜야 한다는 의지를 품고 1997년 6월 23일 파리행 비행기에 몸을 실었다. 화성의 세계문화유산 등재 추진은 속전속결로 추진됐다.

『화성성역의궤』
(자료 화성박물관).

유네스코는 신청서만 보고 1차에서 탈락시킬 것인지 아니면 심사단을 보내 실사를 할 것인지를 결정한다. 다행히 창덕궁과 화성 모두 1차 심사를 통과했다. 이듬해인 1997년 3월 초에 국제기념물유적협의회(ICOMOS) 소속인 스리랑카의 실바(Nimal De Silva) 교수가 화성을 실사하기 위해 수원을 방문했다.

실사를 담당하는 심사위원의 판단이 등재 결정에 영향을 미치기에 수원시는 실바 교수에게 최선을 다해 화성의 우수성을 설명했다. 당시 통역은 중앙초등학교 이성철 목사가 담당했다. 그와 더불어 국제박물관협의회 한국위원장이었던 백승길 교수가 통역을 도와주었다.

이런 노력으로 실바 교수는 상당히 긍정적인 의견을 표명하고 돌아갔다. 수원시는 유네스코 이사회의 통과만 기다리고 있었다. 그런데 창덕궁은 세계문화유산 등재 권고를 받았고, 화성은 등재 유보 소식을 들은 것이다.

수원의 미래를 위해 화성의 세계문화유산 등재가 반드시 필요하다고 생각했던 심재덕 시장은 연락을 받은 지 이틀 후 유네스코 본부가 있는 파리로 떠났다. 파리에 도착한 첫날, 일행은 유네스코 한국대표부를 찾았다. 당시 파리를 방문한 박두호 기자의 증언에 의하면 유네스코 한국대표부는 "여기까지 오실 필요 없다니까요. 집행위원들이 안 된다고 했는데…." 하면서, 수원시 일행의 방문에 못마땅한 눈치를 보였다고 한다. 그는 세계문화유산으로 등록되는 것이 뭐 그리 대단한 일이냐는 말도 했다고 한다. 박두호 기자는 분한 마음이 들어 주머니에서 취재수첩을 꺼내 메모를 하는 척했더니 금세 말이 달라졌다고 한다. "그게 아니고…."

유네스코 세계문화유산 등재 심사 모습 오른쪽 3번째 안경쓴 이가 김동욱 교수, 그 옆의 선글라스를 낀 이가 실바 교수이다(사진 수원시).

대사도 자신이 너무 부정적으로 맞이했음을 느낀 듯 했다고 한다. 대사는 대표부 서기관 1명을 심 시장 일행이 유네스코 업무를 보는 동안 보좌하도록 지시했다. 그리고 대사관에 대사 전용 차량 외에 유일하게 한 대 있는 업무용 차량과 운전기사까지 배정했다. 이렇게 하여 전화위복의 상황이 됐다.

당시 유네스코 이사회는 화성 그 자체로는 세계문화유산으로서 충분한 가치가 있지만, 주변 경관이 너무도 좋지 않아 제대로 보존할 수 없다고 판단했다. 특히 한국전쟁 때 파괴된 곳이 많아 화성을 '온전한 유적'으로 인정할 수 있느냐는 논란도 일었다.

그런데 하늘의 도움인지 심 시장은 파리 한복판에서 백승길 교수 부부를 만나게 됐다. 화성 실사를 위해 왔던 실바 교수를 응대한 분을 만난 것이다. 영어에 능통한 전문가가 필요했지만 급하게 떠난 출장이라 전문가를 찾지 못하고 떠난 것이다.

심 시장은 백 교수를 보자마자 "내가 나중에 유럽 여행을 따로 시켜줄 테니 꼭 도와달라"고 부탁했다. 백 교수는 국제적인 박물관 전문가로 활동도 했지만 유네스코에도 인맥이 많고 국제기구의 의전에 대해서도 잘 아는 사람이었다. 백 교수는 심 시장의 부탁을 받아들여 수원시 방문단을 돕고 나섰다.

심재덕 시장은 6월 25일 새벽 기이한 꿈을 꾸었다. 끝없이 높은 계단에서 자신이 매달린 상태로 오르고 있었다. 힘들게 올라가다가 두 계단 아래로 미끄러지기까지 했다. 천신만고 끝에 정상 가까이 갔을 때 누군가 자신을 도와주려고 손을 내밀었다. 심재

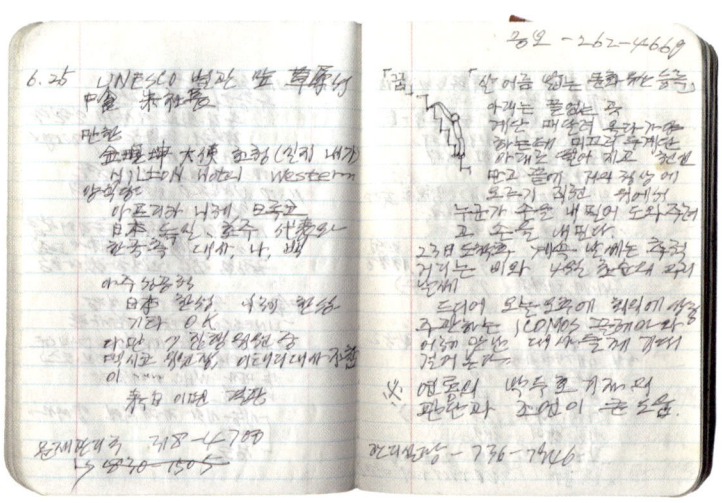

1997년 6월 25일 자
심재덕 시장 업무 일기
(사진 해우재 제공).

덕은 그 손을 잡고 마침내 정상에 올랐다. 이 꿈을 꾼 뒤 화성의 세계문화유산 등재에 좋은 일이 생길 것만 같은 예감이 들었다고 한다.

백승길 교수는 국제기념물유적협의회 조정관을 만나 이사회 7개국 심의위원들과의 미팅 날짜를 잡아주었다. 그날이 바로 6월 25일이었다. 당시 멕시코가 의장국이었는데 수원시 방문단은 호주, 일본, 독일의 심사위원 등과 면담을 했다. 유네스코 임원들은 심재덕 시장의 적극적인 모습에 좋은 인상을 받은 듯 했다. 화성을 세계문화유산에 등재하겠다는 적극적인 의지에 감동한 것이다.

당시 41개 지역에서 세계문화유산 등재 신청을 했는데 유네스코까지 직접 찾아온 사람은 심재덕 시장이 유일했다. 유네스코 집행위원들은 "화성의 문화적 가치는 인정하지만, 성곽 바로 옆에 사람들이 많이 사는 것을 우려했다. 이는 문화유산을 보호하겠다는 의지가 부족한 것으로 판단해 등재를 유보했다."는 것이다.

이러한 지적에 심재덕 시장은 화성을 보호하기 위해 대대적인 정비 사업을 벌이겠다고 약속했다. 심사위원들은 심 시장의 진정성을 느끼고 등재를 위한 몇 가지 보완 사항을 요구했다. 심 시장은 그동안의 문화재보호구역 지정 사례와 도시 계획법에 의해 관리된 사항을 설명했다. 앞으로 화성 주변의 토지를 매입해 성곽과 주거지역을 이격하고, 매입한 토지에는 화성 관련 시설을 유치하겠다고 설득했다. 유네스코 집행위원들은 심 시장의 답변을 긍정적으로 판단하고 화성을 창덕궁과 함께 집행위원회

본안으로 상정했다.

심 시장은 집행위원회의 최종 결정을 앞두고 유네스코 대사에게 부탁해 집행위원 13명과의 만찬을 요청했다. 이런 갑작스러운 회합은 참으로 어려운 일이었다. 유네스코 대사는 심 시장의 열정에 감복해 만찬을 성사시켰다. 만찬은 파리의 한 호텔에서 6월 26일 오후 8시에 시작됐다.

사전에 유네스코 집행위원들을 만났기에 낯이 익었던 심 시장은 화성 보호 프로그램을 다시 한 번 설명했다. 심 시장은 그날 자신이 한 이야기를 술회했다.

"지금 대한민국은 개발 열풍이 불고 있습니다. 수원 시민들도 저에게 개발을 요구하고 있습니다. 특히 화성성곽 안에 사는 사람들의 개발 요구는 너무나도 심합니다. 화성 안은 문화재보호법 때문에 집을 높이 못 짓고, 못 하나 제대로 박을 수 없는 처지입니다. 그래서 만약 여러분들이 화성을 세계문화유산으로 등재하지 않으면 저는 곧바로 수원으로 돌아가 화성을 허물어버릴 것입니다. 화성이 사라지게 되는 것은 저와 시민들 때문이 아니고 바로 당신들 때문이란 것을 알기 바랍니다. 화성은 한국전쟁으로 많은 부분이 파괴됐지만, 『화성성역의궤』를 토대로 복원한 것이기 때문에 원형이나 다름없습니다. 여러분의 현명한 판단을 기대합니다."

심 시장은 위트를 섞어 완곡하게 표현하기는 했지만 사실 무언의 협박이나 다름없었다. 이러한 노력으로 유네스코 임원들은 화성의 가치를 인정하고 세계문화유산으로 등재해야 한다고 생각했다. 만찬 이틀 뒤, 수원 화성은 일본, 호주 대표의 지지발언을 통해 유네스코 이사회에서 세계문화유산으로 '등재 권고'를 받는 쾌거를 이룬다.

'등재 권고'는 사실상의 '등재'나 다름없었다. 만약 심재덕 시장이 파리로 날아가지 않았으면 불가능한 일이었다. 심 시장은 이 소식을 수원과 자매결연한 호주 타운스빌시로 가는 비행기에서 들었다. 심 시장 일행은 비행기에서 샴페인을 터뜨리며 화성의 세계문화유산 등재 권고를 자축했다.

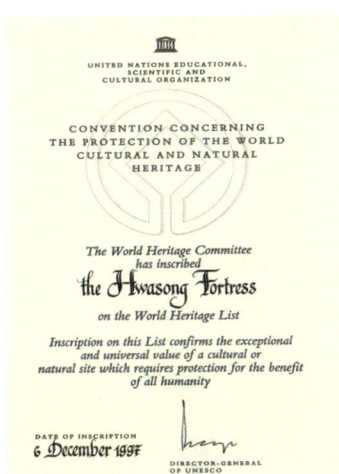

화성 세계문화유산 등재 인증서(사진 화성사업소).

그리고 1997년 12월 6일 이탈리아 나폴리에서 열린 유네스코 세계유산위원회 제21차 총회에서 화성은 창덕궁과 함께 정식으로 통과되어 세계문화유산으로 등재됐다. 이는 심재덕의 혜안과 열정 덕분이었다. 간절히 원하고 포기하지 않으면 꼭 이루어진다는 말이 실현되는 일대 쾌거였다. 언젠가 어느 기자가 나에게 "수원이 수원화성에 수천억 원을 쓰며 올인할 힘은 어디에서 나온 것이냐?"고 물었다. 나는 "그것은 세계문화유산 등록증에서 나온 것"이라고 답했다.

6. 화성 복원의 숨은 일꾼, 임수복

　수원화성 복원의 최대 공로자는 이병희 전 제1무임소장관이고, 유네스코 세계유산으로 등재시킨 인물은 심재덕 전 수원시장이다.

　그리고 시민들에게 잘 알려지지는 않았지만 화성 복원의 숨은 공신이 있다. 바로 임수복 전 경기도지사 권한대행이다.

　1997년 12월 6일 수원 화성이 세계문화유산에 등재된 것은 1973년에 수립된 '화산대효원종합계획'이 있었기에 가능했던 쾌거다.

임수복 전 경기도지사 권한대행(사진 경기도).

　이 방대한 종합계획을 수립하기 위해 뒤에서 묵묵히 불철주야 노력한 사람들 가운데 대표적인 인물이 바로 임수복이었다.

　이에 대해 임수복은 "효심으로 이룩한 화산의 융·건릉과 수원 화성의 복원은 지역의 정체성을 되살리는 것임은 물론, 수원시와 화성군의 귀중한 역사 관광자원을 먹거리 산업으로 발전시키기 위해 반드시 '국방유적 복원사업'에 포함시켜야 한다는 중압감을 갖고 추진했다."고 토로했다.

　한편 임수복 경기도지사 권한대행은 재직기간 동안 수원 지역의 현안을 해결하기 위해 많은 노력을 기울였다.

경기중소기업지원센터 전경(사진 수원시 포토뱅크).

▷1997년 12월 국제통화기금(IMF)의 구제금융을 지원받게 되자 중소기업이 더 큰 어려움에 직면하게 된다. 이를 해결하기 위해 체계적인 지원의 필요성이 제기됨에 따라 경기도는 수원시 이의동 산 111-8번지 일원 3만246평의 부지에 연건평 2만5,402평의 경기중소기업지원센터 건립을 수립하게 된다. 경기중소기업지원센터가 수원에 자리 잡으면서 중소기업 활성화에 많은 기여를 하게 된다.

▷경기도의 만성적인 교통체증 해소를 위해서도 많은 노력을 기울였다. 특히 수원지역 교통난 해소를 위해 1992년 개통된 의왕~고색간 도로의 과천~우면산 구간 병목현상 개선을 위해 558억원을 투입하여 수원 북부지역 교통난 해소에 크게 기여했다.

▷1997년 12월 29일 2002년 한일 월드컵 축구경기 수원 유치가 최종 확정됐다.

월드컵축구경기장 건설은 총 3,107억 원이 소요되었다. 토지 보상은 수원시가 부담하고, 공사는 삼성이 전액 부담하는 조건으로 추진됐다. 그러나 1997년 12월 국제통화기금(IMF)의 구제금융을 받게 되자 삼성은 공사비 부담이 어렵다는 이유로 투자된 토목공사비 280억 원을 끝으로 투자 중단을 통보해왔다. 경기도와 수원시는 월드컵경기의 성공적 개최를 위해 사업비를 60:40으로 부담하는 것에 의견을 모으고 국비 440억원, 삼성부담 280억원을 제외하고 잔여공사비의 60%인 1,430억 원은 경기도가, 40%인 957억 원은 수원시가 부담하여 축구경기장을 완공하여 월드컵축구 경기를 성공적으로 마쳤다.

수원 월드컵경기장 모습. 월드컵이 끝난 후 팔달구청사로 사용되기도 했다(사진 수원시 포토뱅크).

▷1998년 3월 5일 화성행궁 봉수당 준공행사가 개최됐다. 임수복 경기도지사 권한대행은 '봉수당' 준공식 축사에서 화성행궁 철거는 우리 민족문화를 말살하려는 일제의 간악한 정책이었다며, 수원의료원 신축을 백지화하고 4년여 만에 '화성행궁 봉수당'을 복원함은 민족의 자긍심을 높이는 계기로 '효'의 산교육장이 될 것임을 확신한다고 밝혔다. 임수복은 25년 전인 1973년 '화산대효원종합계획'을 '국방유적복원사업'에 포함시키기 위해 불철주야 고심했던 기억을 상기하며 봉수당 복원을 위해 노력한 심재덕 수원시장과 김동휘 화성행궁복원추진위원장 등 관계자들의 노고를 치하했다.

이밖에도 임 도지사 권한대행은 재임시절 경기도의 문화 발전을 위해 경기문화재단 창립과 경기지방공사 창립, 경기도립 팝스오케스트라 창단, 도립국악당 건립, 수원민자역사 추진, 경기방송 유치 등을 통해 경기도가 명실 공히 전국 제1의 광역지자체로 성장하는데 기초를 닦았다.

임 전 지사 직무대행은?

1943년 수원시 곡반정동 임씨 집성촌인 온수골에서 태어났다. 세류초등학교와 수원북중을 졸업하고 서울에 상경하여 중동고등학교를 마치고 연세대학교 교육학과를 졸업하고 ROTC장교로 임관해 중위로 예편했다. 1968년 무임소장관실 사무관에 임명되어 이병희 국회의원/무임소장관을 보좌했다.

무임소장관실 근무를 시작으로 대통령비서실 행정관, 하남시장, 군포시장, 광명시장을 거쳐 내무부 감사관, 국무총리실 제4행정조정실 심의관, 경기도 기획관리실장, 경기도 행정부지사를 역임했다.

1997년 9월 18일 이인제 도지사가 대통령선거에 출마하느라 사임하면서 잔여 임기가 1년이 안 됨에 따라 임수복 행정부지사가 1998년 6월 30일까지 10개월간 경기도지사 권한대행을 수행했다.

공직 퇴임 후에는 연세대 초빙교수, 한국지방자치단체 국제화재단 이사장을 역임했으며, 현재는 2014년 출범한 (사)한국실버경찰봉사대 중앙회장직을 맡아 봉사활동을 하고 있다. (사)한국실버경찰봉사대는 비영리 민간단체로 60세 이상의 직장 은퇴자로 구성돼 인천, 경기도를 중심으로 3천여 명이 시민들의 생활안전을 지키는 일에 앞장서고 있다.

7. 김동욱 "수원화성은 나의 시작이자 마침표"

수원화성의 세계문화유산 등재를 진두지휘한 사람은 민선1기 심재덕 시장이다.

그에 앞서 심재덕 시장에게 수원화성의 세계문화유산 가치를 이론적으로 뒷받침한 사람은 경기대학교 건축학과 김동욱 교수다.

김동욱 교수는 1974년 고려대학교 건축공학과를 졸업하고, 현대건설에 입사했다가 우리 건축을 공부하기 위해 퇴사했다. 고려대 대학원에 진학한 후 아직 복원작업이 시작되지 않은 수원화성에 관심을 갖고 틈틈이 수원화성을 답사하면서 『화성성역의궤』 영인본을 구해 읽기 시작했다. 석사학위 취득 후 고려대와 일본 와세다대 대학원생 교류 프로그램에 의해 와세다대학 연구생이 되었다. 1978년 와세다대 박사과정에 진학했고 이 무렵 고려대 사학과 강만길 교수가 일본 와세다대학에 교환교수로 왔다. 강 교수로부터 『화성성역의궤』 읽기 지도를 받게 되면서 한층 수원화성에 심취했다.

화성행궁 복원현장에서 김동욱 교수(사진 김동욱 교수 제공).

1980년 일본건축학회 춘·추계 학술발표에서 '수

원화성 연구'를 주제로 4편의 논문을 발표했다. 1982년 귀국 후 경기대학교 건축공학과 교수로 부임했다. 수원화성과의 인연은 더욱 깊어졌다. 1982년 '화성성역의궤 연구서

김동욱 교수의 저서 『18세기 건축사상과 실현 – 수원성』.

설' 논문 발표를 시작으로 1983년 '수원성곽 벽돌의 활용에 대하여', '수원 화성행궁의 복원을 위한 기초적 연구' 논문을 발표했다.

　1989년엔 수원 화성(빛깔있는 책) 시리즈에 그가 집필한 '수원 화성'이 출판됨으로써 수원 화성을 알리는데 크게 기여하게 된다. 1989년 화성행궁터에 있던 '경기도립 수원의료원'의 신축 계획이 발표됐다. 낙후된 병원을 헐고 그 자리에 현대화된 병원을 짓겠다는 것이다. 화성행궁 복원을 추진 중이던 심재덕 당시 수원문화원장은 향토사학자인 이승언씨에게 화성행궁에 관한 자료 발굴을 요청했다.

　이승언씨는 1989년 5월 말 서울대 규장각에 '화성행궁도'가 있음을 심재덕 문화원장에게 알림으로써, 화성행궁 복원 추진위원회가 구성됐다.

　당시 행궁복원 추진위원회에는 수원의 문화계, 유지 등 각계를 대표하는 81명이 선정됐는데 학계 전문가로는 김동욱 교수가 유일하게 참여했다. 김 교수는 화성행궁복원 추진위원회 활동을 계기로 더 한층 수원 화성의 연구 및 다양한 일에 참여하게 된다.

　1994년에는 수원 화성 축성에 사용된 자재운반기구 연구, 수원화성의 축성과 도시건설의 의의를 '수원화성 축성 200주년기념사업회' 총회에서 발표했다.

　뿐만 아니라 화성 축성 200주년 기념사업에 즈음하여 '18세기 건축사상과 실천-수원성'의 책자를 발간하여 기념사업에 일조하기도 했다.

　1995년부터는 문화재청 문화재전문위원 자격으로 화성행궁복원 사업 자문위원으로 참여해 고증과 공사 진행 과정을 자문했다. 그의 노력으로 2003년 화성행궁 1단계 복원사업은 성공적으로 추진됐다.

　김 교수는 화성이 세계문화유산으로 등재되는 과정에서도 크게 기여했다.

　1996년 3월 문화재청은 우리나라를 대표하는 성곽과 궁궐을 세계문화유산으로 신청

하기로 했다. 궁궐은 창덕궁으로, 성곽으로는 광주의 남한산성과 충북 보은의 삼년산성을 세계문화유산으로 신청하자는 의견이 나왔다. 하지만 수원화성을 오랫동안 연구해 온 김 교수는 수원화성을 세계문화유산으로 신청해야 한다고 주장했다. 김 교수는 수원화성의 문화적 가치와 우수성, 특히 기록문화의 정수인『화성성역의궤』의 가치를 설명하여 수원화성이 1997년 세계문화유산 후보로 올라가는 데 결정적인 역할을 하게 된다.

김 교수는 수원화성의 세계문화유산 등재 신청서를 작성하는 과정에서도 자문을 하는 등 많은 역할을 했다. 1997년 3월에는 세계문화유산위원회의 현장실사가 있었는데, 실사 담당자는 국제기념물유적협회(ICOMOS)에 소속된 스리랑카의 실바(Nimal De Silva)교수였다. 그가 수원을 방문했을 때 수원화성의 우수성과 가치를 설명한 사람이 김동욱 교수다. 당시 실바 교수는 수원화성이 복원되었다고 문제를 제기하자『화성성역의궤』가 있어 설계도에 입각해 복원했음을 설명했다.

그러나 세계유산회의 위원들이 수원화성은 원형이 아니라는 것을 문제 삼자, 심재덕 시장이 직접 프랑스 파리에『화성성역의궤』를 가지고 가서 설명했다. 심재덕 시장의 열정에 힘입어 수원화성의 가치가 높게 평가됐고 마침내 세계문화유산에 등재됐다.

김동욱 교수는 수원화성에 매료되어 한평생 수원화성과 함께했다. 김 교수는 한국건

화성행궁 복원 기공식
(사진 수원시).

축역사학회, 문화재전문위원으로 활동하면서, 전국의 건축 관련 문화재의 연구와 자문을 했으며, 수원화성과 관련해서는 논문 40여 편과 『수원 화성(빛깔있는 책)』, 『한국건축공장사 연구』, 『18세기 건축사상과 실천-수원성』, 『실학정신으로 세운 조선의 신도시 수원 화성』과 공저로 『18세기 신도시와 20세기 신도시』, 『화령전의 제례의식과 건축특성에 관한 연구』, 『화성성역의궤 용어집』, 『합리적인 의례공간 수원 화령전』 등을 저술했다. 현재는 18세기 수원화성 건설기술이 조선 후기 영건환경에 미친 영향이라는 제목으로 논문을 집필중이다.

김동욱 교수는, "수원화성은 행복한 학자의 길을 걸을 수 있게 한 도반이면서 마르지 않는 샘", "수원화성은 김동욱의 시작이자 마침"이라고 술회하고 있다.

8. 아쉽다! 심재덕의 못 이룬 꿈

민선 1기로 당선된 심재덕 수원시장은 '문화 시장'을 기치로 내세웠다. 심 시장이 화성행궁 복원 추진과 함께 의욕을 보인 사업은 창룡문사거리(동문사거리)에 지하차도를 만드는 것이었다. 당시 수원시 도로과장인 나에게 이 사업을 추진하라고 했다.

성곽을 연결하기 전 창룡문 앞 전경(사진 김충영).

이 사업에는 두 가지 목적이 있었다.

첫째는 파괴된 성곽을 연결하는 일이고, 둘째는 동문사거리 교통체증 해소를 위해 동서 방향인 행궁 쪽에서 성남 방향으로 지하차도를 만들어 소통을 원활하게 하는 일이며, 셋째는 연무대와 창룡문 앞을 가로지르는 도로에 지하차도를 만들어 그 상부를 활용하는 일이었다.

심재덕 시장의 숨은 뜻은 연무대와 창룡문 앞을 연결하여 넓은 마당을 만들고 싶었던 것이다. 다시 말해 창룡문 앞에 세계적인 야외 공연장을 지을 생각이었다. 나는 관련 전문가들과 지하차도를 검토했다. 검토 결과 '동서 방향 지하차도가 불가능하지는 않지만, 해서는 안 된다'는 의견이 많았다.

지하차도를 만들려면 4차선(편도 2차선)으로 해야 하는데 도로가 협소해서 25m 도로를 35m로 확장해야 하므로 예산이 많이 든다는 것이다. 둘째로는 동문사거리에 지하차도를 만든다면 동서 방향이 아니고 남북 방향, 그러니까 경수산업도로에 만들어야 한다는 것이다.

결론은 동서 방향에 지하차도를 만들면 안 된다는 것이었다. 심 시장은 그럼 대안이 없냐고 물었다. 당시 화성은 일제강점기부터 도로를 내면서 성곽이 끊어진 10여 곳을 연차적으로 연결하는 사업을 진행하고 있었다. 그래서 동북공심돈과 동북노대 부분에 박스(BOX)를 만들어 연결하고 그 부분이 높으므로 도로를 2m 정도 낮추고 성곽 연결 박스를 행궁 방향으로 200~300m 연결하면 상부에 광장이 조성된다는 안을 설명하니 그렇게 해보라고 승낙했다.

당시 성곽 유지관리는 화성관리사무소의 업무임에도 불구하고 창룡문 성곽 연결사업을 도로과에서 추진하게 됐다. 이후 폭 25m, 길이 250m의 통로 박스(BOX)를 설계해서 1차로 폭 25m, 길이 10m 성곽 연결공사를 마무리 짓게 됐다.

이 사업을 마치고 나는 1998년 10월 전공인 도시계획과장으로 자리를 옮기게 됐다. 이어서 심재덕 시장이 나에게 주문한 사항은 장기적인 안목에서 화성 주변을 체계적으로 정비해 나가야 한다는 것이었다.

그래서 추진한 것이 화성 주변 정비계획 수립용역이다. 이 계획에는 외부에 주차장을 두고 성안으로는 걸어서 들어오는 구상이 들어 있었다. 화성의 주 통로를 창룡문으

창룡문 앞 다목적 광장 조감도(화성 주변 정비 계획 보고서-수원시).

로 선택했다. 외부에서 올 때는 주로 동수원IC를 이용하고 창용문은 경수산업도로(현 1번 국도) 변에 접하고 있기 때문에 접근이 용이한 장점이 있었다.

그리하여 창룡문 주변에는 두 가지 계획이 수립되었다. 창룡문 밖에는 주차장 조성이라 했으나 정확한 표현은 불량환경 정비와 주차장 조성이었다. 창룡문 밖은 한국전쟁 때부터 형성된 마을인데 1975~79년에 진행된 화성 복원사업 때 성벽에서 20m까지는 정비가 됐다. 20m 밖은 그때까지도 100여 호가 되는 마을에 화장실이 없어 학교 화장실 같은 공중화장실을 이용하던 지역이어서 정비가 시급했다.

우선 창룡문 밖의 정비 사업이 진행됐다. 창룡문 밖에는 주차장과 관광안내소를 제외하고 공원을 조성했다. 이는 후일 화성을 이용하는 주 진입로 역할을 대비한 것이다.

이와 병행해서 창룡문 안쪽의 다목적 광장조성사업(공연장)에 대한 설계용역을 진행했다. 이때가 2001년 민선 3기 시장 선거가 1년여 남은 시기였다. 심 시장은 정치적 모함으로 영어(囹圄)의 몸이 되어 큰 고초를 겪고 있었다.

2002년 4월 민선 3기 시장 선거에서 심재덕 시장은 이 후유증으로 낙선하고 김용서 시장이 당선됐다. 김용서 시장 인수위원회는 이 사업에 관심을 가지고 챙겼다. 창룡문 안쪽에 다목적 광장을 만드는 것은 투자에 비해 효과가 적다는 결론이 났다. 설계가 마무리 단계였지만 부랴부랴 설계를 수정해서 현재와 같은 모습으로 미무리를

성곽이 연결된 현재의 모습(사진 김충영).

짓게 됐다.

나는 가끔 창룡문을 통해 걸어 들어올 때면 환상에 빠지곤 한다. 앞쪽에는 연무대, 이어 동북공심돈(소라각)이 모서리를 지키고 오른쪽으로는 동북노대와 창룡문이 버티고, 주변을 성곽이 병풍을 친 아늑한 객석에서 세계적인 공연을 감상하는 꿈을 꾼다. 과연 심재덕의 꿈은 영원히 사라진 것인가?

9. 팔달산 터널의 백지화

나와 심재덕 시장과의 만남은 심 시장이 1995년 7월 1일 수원시장에 취임하면서부터이다. 당시 나는 건설과 도로계장이었다. 1979년 8월 9일 수원시청 도시과에 발령받은 후 줄곧 도시과에서 근무했다. 1983년 7급 진급을 하면서 나는 건설과를 희망하여 하수계에서 하천·하수 업무를 2년간 하고 1985년 다시 도시과로 복귀하여 1992년까지 근무했다.

당시 수원시청에서는 내가 행정직인 줄 알았다는 사람들이 많았다. 1994년에 들어서 나는 국장에게 '저도 건설 업무를 해야 과장도 하지 않겠냐'고 말했다. 그리하여 나는 민선 1기가 시작되기 1년 전 건설과 도로계장으로 자리를 옮기게 됐다.

팔달산 터널 노선도 (그래픽 김고은).

건설과 도로계는 명칭 그대로 수원시 도로를 책임지는 곳이다. 당시 도로계는 도시계획은 되어있으나 아직 뚫리지 않은 미개설 도로를 건설하는 것이 임무였다. 여기에 특별 과제가 하나 더 있었다. 팔달산 터널 사업이었다. 팔달산 터널은 참으로 뜨거운 감자였다.

팔달산 터널 사업은 당시 김인영 국회의원의 공약사항이었다. 그런데 이 사업이 1992년 김영삼 대통령 공약에도 포함된 것이다. 대통령 공약사업은 분기별로 추진사항을 보고하는 중요업무였다. 특별한 사유 없이 업무를 기피하거나 태만히 할 수 없었다.

정치권에서는 구도심의 교통난을 해소하기 위해 팔달산 터널을 뚫어야 한다고 했다. 심재덕 수원문화원장은 시민운동으로 팔달산 터널 반대운동을 펼쳤다. 신문 기고를 통해 팔달산 터널은 재고되어야 한다고 주장했다. 교통난 해소를 위해서 만

도로가 확장되어야 하는 중동사거리(사진 김충영).

드는 팔달산 터널은 오히려 교통난을 가중시킬 거라고 했다.

　물길을 터놓으면 더 많은 물이 모이듯 좁은 구시가에 터널을 뚫으면 차량이 몰려들어 더욱 혼잡할 것이라고 했다. 당시 수원천 1단계 구간 복개 공사 이후 접속도로가 없어 교통난 해소에 도움이 되지 않음을 역설했다.

　터널 공사에 442억 원이라는 막대한 예산이 들어가는데, 재원은 어떻게 확보할 것인지도 문제라고 했다. 그리고 중동사거리 부분 도로 확장에 따라 건물철거가 발생하는 문제도 제기했다. 이 같은 주장으로 수원시는 타당성 조사 용역과 시민공청회를 개최했다.

　공청회에 앞서 1994년 실시된 타당성 조사 결과 팔달산 중앙을 관통하는 계획은 경제성이 없는 것으로 나타났다. 타당성 용역을 맡은 한국산업개발연구원은 대안을 제시했다. 팔달산을 동서로 관통하는 대신 중동사거리에서 경기도청을 경유하여 고등동 오거리에 접속하는 우회도로를 건설하거나 우회 터널을 건설하는 안을 제시했다.

　수원시는 공청회에서 최종 노선은 중동사거리에서 도청 정문을 경유, 경기도의회 남쪽을 거쳐 고등동사거리에 접속하는 안으로 발표했다. 타당성 조사와 시민공청회에서 제시된 안으로 기본설계가 시작됐다.

　이때 수원시에서는 '팔달산 터널'이란 이름이 부정적인 인상을 준다고 판단하여 명칭을 중동사거리에서 고등동사거리 터널 공사로 변경했다. 팔달산 터널 공사는 터널 460m, 지하차도 210m, 고가 차도 370m, 도로 확장 110m, 연결 램프 190m로, 총

팔달산 전경(사진 화성사업소).

고가차도 종점인 고등동 사거리(사진 김충영).

1,340m의 왕복 2차선 도로 계획이 확정됐다.

이어 1994년 10월 실시설계가 착수된 후 1995년 민선 1기 지자체장 선거 바람이 불었다. 이때 가장 큰 쟁점은 팔달산 터널이었다. 기호 1번 민주자유당의 이호선 후보는 심각한 교통체증 해소를 위해서는 서울의 남산처럼 팔달산에 터널을 뚫어야 한다고 주장했다. 대통령 공약사항이므로 자연훼손과 환경파괴를 최소화하는 범위 내에서 터널을 뚫어야 한다고 했다. 기호 2번 민주당 고재정 후보는 터널 사업으로 교통난을 해소하는 것은 생태계를 위협하는 부적합한 방안이므로 외곽순환도로 등 종합적인 개선대책이 필요하다고 주장했다. 기호 3번 무소속 심재덕 후보는 팔달산 터널 건설에 대해 교통체증 심화와 대기오염 악화 등을 이유로 반대 의사를 분명히 했다.

이윽고 1995년 6월 실시된 민선 1기 지방자치단체장 선거에서 무소속 심재덕 문화원장이 수원시장에 당선됐다. 민선 1기 지방선거는 국회의원 선거와 2년 단위로 치르기 위해 임기를 3년으로 했다.

1995년 7월 6일 업무수첩(자료 김충영).

1995년 7월 1일 민선 1기 수원시장으로 취임한 심재덕 시장은 국 단위로 업무보고를 받았다. 건설국의 업무보고는 1995년 7월 6일에 있었다. 당시 업무수첩에 기록된 내용을 살펴보면 동문 사거리에 단절된 성곽을 복원하고 지하차도를 추진하는 것과 팔달산 터널 사업을 재검토하는 내용이 기록되어 있다.

- 도로는 외곽으로 분산을 유도해야 한다.
- 부도심을 구축하여 도심 집중을 막아야 한다.
- 비상시를 대비하여 수맥도를 만들고 관정 계획을 추진해야 한다.
- 상수도 요금을 연차적으로 현실화해야 한다.
- 수원천에 맑은 물이 흐르게 해야 한다.
- 수원성 축성 200주년 행사를 세계적인 행사로 추진해야 한다.
- 수원의 미래를 예측하여 원대한 계획을 수립하라.
- 형식에 치우치지 말라.
- 시민과 밀접한 생활민원에 역점을 두어라.
- 행정을 도시경영 차원에서 해야 한다.
- 미래를 책임지는 공직자가 되어달라.
- 시민의 인명과 재산에 피해가 없도록 최선을 다해달라.
- 수원시 시정 목표는 정하지 않겠다. 무한책임, 무한 봉사가 수원시 공직자가 해야 할 일이다. 각자의 목표를 설정해서 추진해달라.

　　이것이 심재덕 시장의 당부였다.
　　심 시장은 '팔달산 터널은 교통체증 해소에 도움이 되기는커녕 수백억 원의 공사비를 낭비할 뿐만 아니라 도시경관 저해와 환경공해만 유발할 것'이라고 단언했다. 팔달산 터널 사업의 대안으로 도로망 확충 계획을 수립하여 교통난을 해소하겠다는 방침을 밝혔다. 이로써 대통령 공약인 팔달산 터널은 마침표를 찍었다.
　　팔달산 터널 백지화는 수원의 100년을 내다보는 심재덕 시장의 혜안이었다.
　　심재덕 시장은 재임 7년 동안 취임 후 첫 업무보고 때 했던 지시사항을 어느 것 하나 소홀히 하지 않았다.

10. 되살아난 수원천

수원천과의 인연은 1971년 수원 공고에 입학하면서부터다. 나는 큰누님 댁에서 학교에 다녔는데, 그 땐 인계동 화성역 동쪽의 절벽 아래에 살아서 남문을 나가기 위해서는 현재 구천교 위치에 있던 작은 교량을 건너야 했다. 그래서 나는 수원천을 자주 건너다녔다.

1794년 화성 건설 당시 수원천을 준설한 뒤 북쪽에는 북수문인 화홍문을 축조하고 남쪽에는 구간수인 남수문을 만들었다. 따라서 수원천은 화성의 중심을 흐르는 화성의 일부분인 셈이다. 대한제국 시절인 1908년 8월 1일에는 화홍문이 1원 지폐의 도안 소재로 채택될 정도로 국가적 명소였다.

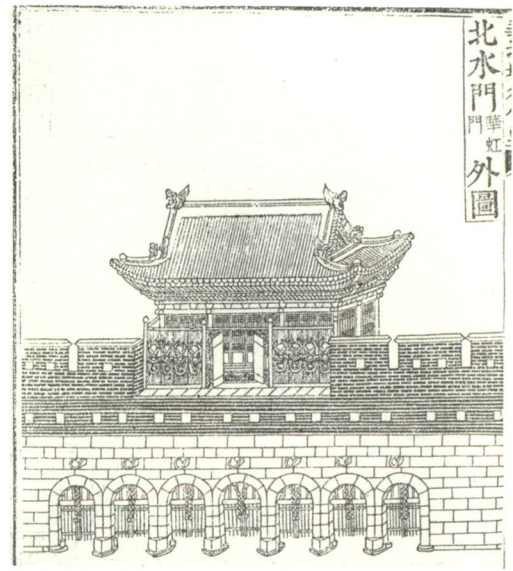

화홍문 내도 모습(『화성성역의궤』, 자료 화성박물관).

1910년 12월 한국은행이 발행한 화홍문이 들어간 1원권 지폐(자료 화성박물관).

그러나 화홍문은 1922년 대홍수 때 문루가 유실됐다. 남수문도 함께 유실되었다. 이를 안타깝게 여기던 수원 유지들은 1932년 수원명소보존회를 결성하고 시민 모금으로 복원했다. 그러나 남수문은 이때 복원되지 못했다.

한국전쟁을 거치면서 피난민들이 모여들어 수원천변에 나무로 기둥을 세우고 그 위에 판잣집을 지었다. 그들은 나무 기둥을 얼기설기 세워 도시 미관을 해치고, 생활 오수를 그대로 방류하여 수원천을 오염시켰다.

당시 수원천의 수질은 오늘날보다 훨씬 오염이 심각한 상태였다. 수원시는 1960~70년대 초까지 여러 차례 무허가 건물을 철거했지만 그 수는 줄어들지 않았고,

한국전쟁 이후 수원천 모습(사진 화성박물관).

수원천 수질 또한 점점 악화됐다.

　1970년대에 들어서면서 수원천 정비 사업이 진행됐다. 정치권은 수원천 복개를 선거공약으로 내걸었다. 수원시는 1970년 수원천 복개 계획을 세우게 된다. 복개를 추진하기 위해서 매교에서 화홍문 아래까지 늘어선 무허가 건물 정비를 추진했다. 무허가 건물 소유자들의 반발이 거세지자 옹벽을 설치하고 천변 양측에 바퀴 달린 가건물을 지어 재입주시키는 조건으로 사업을 추진했다.

　수원천 정화사업은 1972년부터 추진되었다. 사업을 본격적으로 추진하기 위해서 부족 인력을 수원공고에서 실습생으로 충원했다. 이때 고인이 된 친구 장희창과 몇 명이 수원시청 건설과 하수계에서 실습생으로 근무했다. 당시의 사업은 천변에 난립한 무허가 건물을 철거하고 하천에 옹벽을 설치하는 작업이었다.

　1972년 북수동~매교동 구간 1,850m를 폭 30m로 복개하는 사업이 추진됐다. 수원천을 30m 폭으로 복개하기 위해서는 많은 예산이 필요했다. 후일 복개를 위해 옹벽 공사를 추진했다. 수원천 정화사업에 원조사업으로 지원된 밀가루가 인건비로 지급되기도 했다. 이때 재입주한 천변 상가는 수원천 복원공사 때까지 존치됐다.

　1970년대에 복개를 전제로 정비된 수원천은 이후 선거철마다 복개 문제가 재론됐다. '88 서울올림픽을 앞둔 1988년 4월 27일 제13대 국회의원 선거에서 복개가 선거 공약이 되어 재점화됐다. 수원시는 지지부진했던 수원천 복개 사업을 재검토했다. 복개를 전제로 수원천 하천 정비 기본계획을 수립하여 건설부에 승인신청을 했다. 승인권자인 건설부는 수원성(화성)과 관련이 있으므로 문화재관리국에 협의 요청을 보냈다.

문화재관리국이 남수문이 위치한 지동교 윗부분 480m를 제외할 것을 요청하자 건설부는 480m를 제외하고 승인을 해주었다. 우여곡절 끝에 1991년 복개 공사가 시작되었다. 명분은 도심 교통체증 및 주차난 해소였지만 복개의 이유는 따로 있었다. 당시 수원천은 심각한 오염으로 악취가 진동했다. 그래서 수원천을 덮으면 악취 문제가 해결된다고 생각한 것이다.

수원천 복개 공사가 진행되자 복개 찬반 논쟁이 더욱 뜨거워졌다. 그 중심은 수원문화원이었다. 심재덕 문화원장은 수원문화원 소식지『수원사랑』을 통해 수원천 복개의 부당성을 알리기 시작했다.『수원사랑』주간이었던 김우영을 비롯해 김상용, 장기주, 원치성 등 필진들은 복개의 부당성과 국·내외 하천 복원 선진사례를 취재하여 보도함으로써 복개 반대운동을 적극적으로 전개했다.

수원천 1단계 복개 공사가 진행되던 1992년 12월에 제14대 대통령선거가 있었다. 당시 김영삼 후보는 수원천 복개와 팔달산 터널을 선거공약에 넣었고 당선됐다. 이렇게 되자 문화재관리국이 반대하여 누락된 480m 구간에 대한 복개 문제가 다시 시동이 걸리게 됐다. 수원시는 2단계 구간 복개를 추진하기 위해 문화재관리국을 설득했으나 실패했다. 수원시는 백방으로 2단계 구간 추진을 모색했다. 문화재관리국, 건설교통부, 경기도 등을 두드린 결과 묘책을 찾아냈다.

하천법에 의한 복개 사업이 아니라 도시계획에 의한 도로 건설사업으로 방향을 전환한 것이다. 경기도 도시계획위원회는 문화재관리국과의 협의를 조건으로 가결했다. 이후 문화재관리국의 실사단 4명이 나와서 조사를 했다. 당시 3명은 당초대로 부분 복개를 해야 한다는 의견이었고, 1명은 복개 절대 불가 의견이었다. 문화재관리국은 1994년 8월 23일 복개 중지와 원형 정비를 요청했다. 이런 와중에서도 수원천 1단계 복개 공사는 1994년 7월 말에 완공됐다. 경기도는 1994년 10월 12일 수원천 복개를

수원천 2단계 복개 공사 모습(사진 김충영).

위한 도시계획을 결정 고시했다.

　수원시는 도시계획법에 의한 절차를 마치자 즉시 수원천 2단계 복개 공사에 착수했다. 이렇게 되자 수원천 복개 반대 목소리는 더욱 커졌다. 1995년 12월에는 수원환경운동센터 사무국장 염태영(전 수원시장)이 중심이 되어 수원경실련, 경기사학회, 수원YMCA 등 15개 시민단체가 참여하는 '수원천 되살리기 시민운동본부'가 결성됐다.

　수원천 되살리기 시민운동본부는 대대적인 수원천 복개 반대운동을 전개하기 시작했다. 수원천 복개도로는 오히려 도심 교통난을 가중시키고 심각한 대기오염으로 시민들의 건강만 위협할 것이라고 주장했다.

　당시 지방선거를 앞두고 민자당 이호선 후보는 교통난 해소를 위해 시작한 수원천 복개를 지속 추진하겠다고 했다. 반면 수원문화원장 시절부터 수원천 복개 반대운동을 해온 무소속 심재덕 후보는 수원천 복개 중단을 공약으로 내걸었다.

　결국 민선 1기 6.27 지자체장 선거에서 무소속으로 입후보한 심재덕 문화원장이 수원시장으로 당선됐다. 심재덕 시장의 당선은 그동안 정치권이 선거공약으로 추진한 팔달산 터널과 수원천 복개를 시민들이 받아들이지 않았다는 의미도 있다.

11. 수원천 복개 중단은 역사의 복원

복개된 수원천 1단계 구간과 2단계 공사장 모습(왼쪽에는 천변 상가와 남문시장, 사진 김충영).

　심재덕 시장은 수원문화원장 때 그린 수원의 밑그림을 취임 첫 업무보고를 받는 자리에서 하나하나 밝혔다. 그러나 1995년 7월부터 1996년 5월까지의 업무수첩을 살펴보면 수원천에 관한 기록은 그리 많지 않다.

　심재덕 시장에게 1995년 하반기는 민선 1기 시장 재임 기간에 추진해야 할 사업들을 차근차근 준비하는 기간이었다. 수원천 복개 중단과 팔달산 터널 사업 백지화는 당장 발표하고 싶었을 것이다.

　그러나 난제를 어설프게 추진하면 대사를 망칠 수 있으므로 단단히 준비를 한 것이다. 심재덕 시장은 수원천 복개의 문제점과 향후 계획을 만들게 했다. 이는 수원천 복개 중단의 당위성을 확보하는 일이었다. 이때는 행정적인 분야는 당시 기획담당관실 김영규 기획계장이, 기술적인 분야는 도로계장인 필자가 담당했다. 나는 설명 자료를 만들기 위해 건설과에서 가로등 보수 때 사용하는 고소차를 타고 수원천 복개 구간과 2단계 공사가 진행 중인 현장을 촬영하기도 했다.

　심 시장이 수원천 복개 중단에 따른 설명 자료를 나에게 지시했는지 몰랐는데 후일 『미스터 토일렛 심재덕 평전』을 읽어보고 알았다. 공사를 중단할 경우, 행정·재정적인 문제가 발생하기 때문이었다. 계약의 일방적 취소가 어려울 뿐더러 계약을 파기하면 막대한 위약금을 물어야 하기 때문이었다.

수원천 복개 사업은 주목적이 도로를 만드는 것이었기에 수원천 2단계 복개 업무는 하수과에서 건설과 도로계로 이관됐다. 그런 연유로 나는 수원천과 인연을 맺게 됐다. 심 시장은 취임 후 수원시의 행정조직을 일하는 조직으로 만들어야 한다고 역설했다. 1995년 말 수원시는 기구 개편안을 확정했다. 건설과 도로계를 도로과로 승격시키는 안이 발표됐다. 이어 1996년 2월 1일 자 인사가 발표됐는데 도로계장이던 내가 도로과장으로 발령이 났다. 당시 앉은 자리 진급이 두 명 있었는데 그중 한 명이 나였다. 영화 〈기생충〉에 나온 대사처럼 심 시장은 "다 계획이 있었던" 것이다. 수원천 복개 중단에 따른 향후 마무리 업무를 내게 맡기고자 함이었다. 당면 현안 사업은 여러 개가 있었다. 팔달산 터널 백지화와 창룡문 성곽잇기 및 도로 지하화, 도로망 확충, 광교 정비사업 등과 수많은 도로 건설 사업이 나를 기다렸다.

1995년 12월이 되자 수원천 복개 반대운동을 벌인 수원의 15개 단체는 수원천 복개 중단 시민운동본부를 설립하여 활동을 시작했다. 시민운동본부는 1996년 1월 24일 수원천 복개 반대 및 남수문 복원 촉구 성명서를 발표했다. 이어 시민토론회를 개최하여 복개 중단의 당위성을 시민들에게 알렸다. 시민운동본부는 1996년 2월 1일 경기도에 '수원성 내 남수문터 복개 공사 추진 결정 배경 확인'을 요청함과 동시에 문화재관리국에 '수원성 내 남수문터 복개 공사 중지 및 원형복원 촉구 요청'을 했다.

문화재관리국은 시민운동본부에 "귀 본부에서 제기한 수원성 내 남수문터 복개 공사 중지 및 원형복원 촉구에 대해 경기도에 수원천 복개 공사 중지 요구하였음(1996. 2. 15)"이란 회답을 했다. 경기도에서도 2월 13일 시민운동본부에 보낸 공문에 "지동교~매향교 구간은 교통 소통을 위하여 결정고시 했으나, 매향교~영연교 구간은 복개하지 말고 하천을 정비하여 문화재가 보존될 수 있도록 하고, 남수문에 대하여는 문화재 전문가 등의 의견을 들어 정비하도록 심의 의결되었다"는 통보를 받았다. 시민운동본부는 문화재관리국과 경기도의 공문을 통해 복개 책임이 수원시에 있다는 점 등에 대해 법률적 해석을 거치게 된다.

또한 1994년 12월 3일 문화재관리국장이 원형 정비를 지시한 사항을 허가받지 않은 것은 불법행위라고 규정했다. 이를 위반하고 계속해서 복개 공사를 추진한 수원시장과 주무책임자인 국장을 고발했다. 전임 이상용 시장과 백종민 시장, 심재덕 시장, 전임 이유하 건설국장, 남우철 건설국장을 1996년 3월 11일 수원지방검찰청에 고발했다. 시민운동본부는 계속해서 1996년 3월 12일 문화재관리국에 '남수문터의 문화재 여부 확인 및 사적 지정 청원의 건'을 문화재관리국에 요청했다.

1996년 3월 14일 열린 제148회 수원시의회 임시회의 속기록을 살펴보면 수원천 복개 지역 출신 김성겸 시의원은 복개의 당위성을 주장하며 조속히 공사를 재개할 것을 촉구했다. 이에 심재덕 시장은 '복개 찬성과 복개 반대론을 모두 수용해야 하는 입장과 문화재관리국의 복개 중지 지시로 난처한 상황'임을 밝히고 "의회 의견, 시민공청회 등 폭넓게 시민의 의견을 들어 조속히 결정하여 추진하겠다"고 답했다.

그러자 답변이 미흡하다는 이유를 들어 서주성, 박태부, 김광수, 이태호 의원 등이 보충 질문을 통해서 이미 제4대 의회에서 만장일치로 결의된 사항이므로 복개는 속개되어야 한다고 주장했다. 이에 반해 임승태 의원은 1995년 10월 KBS에서 방영된 〈샛강을 살리자〉는 비디오테이프를 틀어주며 "수원천 문제가 시민단체와 의회와의 갈등 요인으로 비쳐서는 안 된다"고 했다. 수원천 복개로 인해 수원화성이 훼손된다면 유네스코의 세계문화유산에 지정될 수 있는지도 고려해야 한다고 했다. 김현철 의원은 수

1907년 매향교(사진 화성박물관, 독일인 헤르만 산더).

원의 미래를 생각해 신중하게 결정해야 한다고 주장했다. 다음날 이어진 시정 질의에서 심재덕 시장은 "수원천 복개 문제를 계속 연구 검토해서 5월이 가기 전에 밝히겠다"고 하고 시정 질의를 마쳤다.

심재덕 시장은 수원천 되살리기 10개년 단기 및 중·장기 계획을 수립하게 했다. 이 계획은 수원시의 여러 부서가 머리를 맞대고 심사숙고해서 계획안을 만들었다. 수원시의회 150회 임시회의가 1996년 5월 21일 개최되는 것으로 발표됐다. 의회와 조율을 거쳐 의장단 사전보고 일정이 1996년 5월 13일로 결정되자 심재덕 시장이 직접 보고했다. 의회에서는 의견 청취만 하고 의견 제시는 하지 않았다. 사안의 중대성을 감안해 상임위원회에서 심층 토론을 거쳐 본회의장에서 입장을 표명하기로 했다는 것이다.

제150회 본회의는 1996년 5월 21일 열렸다. 심재덕 시장은 발표문에서 그동안 시민 토론광장 등 여러 방면으로 수원천 복개와 관련한 의견을 듣고 현실적으로 안고 있는 교통, 지역상권 활성화 문제, 지역의 균형발전과 환경, 문화적 측면에 이르기까지 모든 분야에 대하여 종합적인 검토를 했다고 했다. 시민들로부터 여론을 수렴하는 과정에서 진정한 지방자치 시대의 의미를 느낄 수 있었다고도 했다. 문제를 해결하는 데에 과거, 현재를 바탕으로 미래에 초점을 맞춘 최대공약수를 찾아 결정해야 하는 것을

1960년대 화홍문 풍경
(사진 화성박물관).

다시 한 번 생각하지 않을 수 없었다고 했다.

심재덕 시장의 발표문을 청취한 수원시의회는 다음날인 5월 22일 열린 2차 회의에서 수원천 복개 중단은 받아들일 수 없지만, 소모적인 논쟁을 줄이기 위해서 더 이상 거론하지 않겠다며 마무리했다.

심재덕 시장은 발표문에서 "수원천의 보존은 우리 수원시민의 양심이요, 자존심인 것입니다. 수원천은 우리 시대에 꼭 살려내야 한다고 시장은 확신합니다."라고 힘주어 말했다.

12. 수원천 복개 중단 발표문

존경하는 김재봉 의장님!
그리고 의원 여러분!

수원천 복개는 냄새가 난다고 더러운 것을 덮고 도로를 조성하여 날로 심각해지고 있는 도심 교통난을 해소해야 한다는 현실적인 이론이 있는 반면 이미 복개된 하천을 뜯어내고 자연하천으로 환원시키고 있는 것이 세계적인 추세입니다.

심재덕 수원시장
(사진 이용창).

특히 수원성(화성)과 아주 밀접한 관계가 있는 수원천을 지금 당장 복개해버린다면 가까운 장래에 우리 후손들도 수원천을 다시 뜯어내면서, 복개를 방치한 선조들의 어리석음을 원망하리라는 양 측면을 생각하면서 본인으로서는 수원시가 당면한 현안사항 중 가장 힘들게 고뇌하고 생각해 왔습니다.

이러한 상황에서 2단계 복개 공사에 대한 중단의 경우와 복개 시의 경우를 여러 측면에서 비교·분석하여 최대공약수를 찾아보는 일이 중요하다고 생각했습니다. 물론 수원천 문제는 수원천 관리라는 문제에만 국한된 것이 아니고 수원천을 축으로 한 수원 전체의 균형발전을 모색한다는 차원에서 다뤄져야 한다고 생각했습니다.

지금까지 동수원 개발이다, 북수원 개발이다 하며 중심을 제외하고 바깥에서 문제를 해결하려고 했습니다. 도심의 중심이 슬럼화되고 있는 수원천 양쪽에 대해서는 아무런 대안이 없었습니다.

1. 수원천 문제 중 교통 문제입니다. 단기적으로 복개가 교통소통에 효과는 있겠으나 장기적인 면에서 볼 때 차량의 유입 증폭과 연결도로의 미흡, 많은 신호등으로 인하여 도심의 교통난은 더욱 악화될 우려가 있습니다.

2. 문화 부문입니다. 수원성(화성)이 1997년에 현장실사를 거쳐 세계문화유산으로 등록될 예정에 있습니다. 수원천 2단계 복개는 세계문화유산 등록 결정에 결정적 영향을 줄 것으로 확신합니다. 문화관광 도시로서의 면모를 국내·외에 더욱 홍보하여 우리 수원을 계속 발전시키고 더 나아가 문화관광을 통한 재정적 확충의 기회를 더 만들어야 한다고 생각합니다.

3. 환경과 시민의 정서 부문입니다. 차집관거 시설이 1995년 말에 완료되므로 생활오수는 수원천으로 유입되지 않을 것입니다. 특히 수원천은 다른 하천과는 달리 타지역에서 물이 흘러 들어오지 않습니다. 전량 수원에서 시작되는 물입니다. 우리가 의지를 갖는다면 깨끗한 물이 흘러가는 수원천을 만드는 데 오히려 더 용이할 것으로 판단됩니다.

4. 재정·경제 및 행정 부문입니다. 현재 2단계 복개 공사는 공정이 33% 정도로 이에 집행된 예산은 19억 700만 원입니다. 복개 공사를 전면 중단하면 19억 700만 원에 대한 예산 낭비 문제, 영동시장을 비롯한 재래시장의 활성화 저해 등을 생각할 수 있습니다. 환경 욕구의 변화에 부응하고 수원의 미래 방향을 생각한다는 점에 있어서 문제가 있다고 생각합니다.

5. 수원 도심지역 개발의 필요성입니다. 구도심은 우리 수원의 뿌리입니다. 1980년대 이후 동수원, 북수원 등의 시 외곽지역에 대하여는 도시기반시설과 주거환경 조성 등을 위하여 많은 예산을 투자하여 신도시로서의 면모를 갖춘 현대적 도시로 발전했습니다. 그러나 수원천을 중심으로 한 기존 도심지역과 서수원권에 대하여는 지역상권의 활성화와 지역개발을 소홀히 해왔던 것이 사실입니다. 기존 도심권에 대하여 이제 획기적인 발전대책을 강구하지 않을 수 없습니다.

단순히 수원천 복개로 도심교통난 해소 차원으로는 기존 도심권에 대한 개발이 너무도 미온적인 대책이었습니다. 기존 도심권에 대하여는 수원성 축성 200주년의 의미와 함께 개발의 필요성을 크게 느끼고 있습니다.

복개를 원하는 시민과 복개를 반대하는 시민들 의견의 최대공약수인 대책으로 단기, 중·장기로 수원천을 중심으로 한 도로정비 사업을 10개년 계획으로 추진하고자 합니다. 도심 정비 사업의 주요 내용은 천변 도시계획 도로 확장 개설, 주차시설의 확보, 천변 상가 이주, 하천 정화, 영동시장 등 재래시장의 활성화, 지역개발 사업 등으로 이를 단기, 중·장기로 구분 시행하되 동시성을 갖고 추진하겠습니다.

10개년 사업으로 추진되는 본 사업에는 이미 투자된 169억 원을 포함해서 총 1,512억 원의 예산이 투자될 것입니다.

1. 교통대책 부분은 2단계 구간에 기 설치한 기둥을 이용하여 천변 양측에 5m 내외의 차도를 확보하고, 길이 25m, 폭 12m의 남수교를 2단계 구간 내에 설치하여 차량의 소통에 어려움이 없도록 할 계획입니다.

중·장기적으로는 기존 도심권의 개발과 근본적인 교통소통을 위해서 광교~세류대교 간 천변 양측에 총 길이 11.2㎞, 폭 6~12m의 도시계획도로를 단계적으로 확장 개설할 것입니다. 먼저 1단계는 광교~매향교까지 길이 4.42㎞를 30억600만 원을 투자해서 1998년까지 완공하도록 하겠습니다. 2단계는 매교~세류대교까지 4.24㎞를 63억600만 원을 투자해서 2001년까지 개설하며, 마지막 3단계 구간인 매향교~매교 간 5.24㎞를 105억 원을 투자해서 2002년까지 개설하여 기존 도심지역의 개발과 교통난을 해소하도록 하겠습니다.

2. 도심 주차 공간의 확충입니다. 교동 지역에 360대 규모의 주차 빌딩을 122억 7,200만 원을 투입해서 1997년까지 완공하고, 수원천 인근지역에 560대 규모의 제2주차 빌딩을 223억3,000만 원을 투입, 2004년까지 건립하겠습니다. 천변 도시계획 도로 개설에 따른 기존 1단계 복개 구간을 주차장으로 활용하여 400대 규모의 주차장 시설을 확보할 계획입니다.

3. 천변 상가 이주대책은 현재 1, 2단계 복개 구간 천변의 상가는 426개 점포가 있습니다. 수원천변 인근에 이주단지를 조성해서 지하 3층, 지상 4층, 연건평 1만여 평 규모의 상가시설을 건축, 이전토록 함을 원칙으로 추진하되 택지개발 지구나 유통단

지 조성지역을 희망할 경우 선별적으로 추진하도록 하겠습니다.

　이 사업을 위하여 468억 원의 예산이 소요되며 이주대책 사업에 소요되는 예산은 기채 등을 활용하고 분양금은 조성원가로 상인들이 상환하는 방법을 강구하겠으며 금년에 도시계획 시설 결정을 위한 용역을 실시하고, 1999년까지 보상 등 제반 절차를 이행하여 2000년에 상가건축물이 착공될 수 있도록 할 계획입니다.

　4. 영동시장을 중심으로 한 재래시장의 활성화 방안입니다. 전통적이고 특색 있는 가로경관 조성사업 계획을 별도로 수립하고 20억 5,000만 원의 예산을 투자해서 내년 말까지 정비를 목표로 하여 추진하겠습니다. 앞으로 1단계 구간에 대해서는 도심 속의 옛 정취를 맛볼 수 있는 장날을 개설해서 옛 수원장날 4일과 9일에 복개된 공간에서 장이 설 수 있도록 개설을 추진하도록 하겠습니다.

　5. 수원천 정화 및 건천화 방지대책은 그동안 하천 정화를 위하여 차집관거 시설을 총 13.9㎞에 71억 8,200만 원의 예산을 투입해서 지난해 말 완료 단계로 이달 말에 모두 끝나게 됩니다.

　광교 저수지의 물을 잘 활용하면 우리 수원천에는 맑은 물이 항상 흐를 수 있게 되고 또 부족할 경우 지하수를 개발, 혼용해서 수원천에 공급할 물량을 확보할 계획입니다.

　현재 광교 저수지의 저수 능력은 약 200만t으로 비상 상수원을 제외한 나머지 저수지를 하천수로 이용하고, 2단계 구간 상류에 지하수를 개발, 유량을 확보하여 광교 저수지와 함께 수원천에 맑은 물이 흐르도록 할 계획입니다.

　6. 도심지 재개발사업인 수원천을 중심으로 한 도로개설, 상가 이주, 주차 공간 확보 등의 여러 사항 등은 지역발전과 상권 활성화에 크게 기여함에 틀림없습니다. 앞으로 지동, 구천동 등의 지역은 토지의 이용률을 높이고 도심지로서의 면모와 기능을 갖출 수 있도록 재개발사업을 적극 추진할 계획입니다. 1997년 초 재개발사업의 타당성 조사 후 기본 사업계획을 수립토록 하겠습니다.

　지금까지 수원천을 중심으로 기존 도심 정비사업 계획을 수원천 복개 문제와 관련해서 말씀드렸습니다. 앞으로 본 사업은 현재 추진 중인 광교 주변 정비사업과 연계해서 추진할 것입니다.

오늘은 수원천 문제를 보고하는 자리여서 서수원권에 대한 자료는 배부하지 않았습니다. 수원의 균형개발이라는 차원에서 서수원 개발전략을 말씀드리지 않을 수 없습니다. 장기적으로는 공업지역 재배치와 수원 역세권 개발, 약 18만 평의 신공업지역 개발, 대형 종합 유통단지의 입지 검토, 서울대 농생명과학대학의 이전 후를 겨냥한 개발 문제 등이 포함되겠습니다.

이렇게 함으로써 수원은 수원천을 축으로 하여 구도심, 동수원, 서수원, 북수원의 4개 권역이 서로 보완하며 완전히 자족적인 기능을 가진 다핵도시로서의 균형된 도시로 발전해 나가도록 의지를 갖고 추진해 나가겠습니다.

아무리 좋은 계획이라도 이 자리에 계신 의원님이나 시민 여러분의 관심과 협조 없이는 성공적인 추진이 매우 어렵습니다. 아무쪼록 아낌없는 성원과 협조를 기대하는 바입니다.

항상 의장님과 의원님의 가정에 건강과 행운이 가득하시기를 빕니다.

감사합니다.

(1996년 5월 21일 열린 수원시의회 150회 임시회 속기록 요약본)

13. 다시 불붙은 수원천 복개 논쟁

수원천 복원사업은 심재덕 시장이 수원천 2단계 복개 중지를 선언한 1996년 5월 21일부터 시작됐다고 할 수 있다. 그러나 이보다 앞서 취임 직후 수원천에 맑은 물이 흐르는 사업을 먼저 추진했다. 자연형 하천 복원사업이 시작된 것이다.

첫 번째 사업은 1995년 7월부터 수원천 상류인 경기교에서 경수산업도로의 교량인 영연교 구간을 추진했다. 보를 만들고 자연석을 쌓아 둔치를 만들었고 수생식물을 심는 한편 체육시설과 산책로를 만들어 주민들이 이용하게 했다.

2단계 구간 복원계획은 1996년 3월 14일 수원시의회 시정 질의 답변 이후 시작됐다. 심재덕 시장은 "수원천 복개 문제를 계속 연구 검토해서 5월이 가기 전에 밝혀드리겠다"고 했기 때문이다.

수원시청과 수원시의회 전경(사진 수원시 포토뱅크).

   수원천 복원 구상은 천변 도로개설에 초점을 두었다. 수원천변 도로개설 공사 기본설계용역을 1996년 5월 15일 착수하게 된다. 이는 수원천 복개 중단에 따른 10개년 추진계획을 마련하기 위한 조처였다.

   1996년 5월 21일 심재덕 시장은 수원시의회 150회 임시회의에서 수원천 복개 중단 발표를 하기에 이른다. 그러자 수원천 주변 상인단체와 주민들이 거세게 반발했다. 이에 심 시장은 반발을 무마하기 위해 순회 설명회를 실시했다. 1996년 5월 23일은 남문시장과 팔달시장에서, 5월 25일은 지동시장과 지동 주민을 대상으로, 5월 27일은 남북 상가와 매향동 주민을 대상으로 순회 설명회를 가졌다. 당시 주민들은 도심에 교통이 막히는 것은 수원천 2단계 구간이 복개되지 않아 발생되는 것이므로 반드시 복개되어야 한다고 했다. 남수문을 다른 위치에 이전해서 복원하면 된다고 했다. 오수 차집관거가 설치되면 수원천은 건천이 되기 때문에 복개는 반드시 되어야 한다고 주장하기도 했다. 그러자 심재덕 시장은 시장 활성화와 조속한 천변 도로 개설을 약속하게 된다.

   수원천 종합관리대책 용역으로 추진된 수원천변 도로 개설공사 기본설계는 1996년 9월에 완료됐다. 수원시는 그해 11월 25일 수원시의회에 1997년도 예산 승인을 요청했다. 수원천 복개 중단에 필요한 사업비 17억2,800만 원을 승인 요청한 것이다.

그런데 수원시의회는 전면 복개가 아니면 하지 말라는 뜻으로 예산을 전액 삭감했다.

수원시의회에서 찬반 논쟁이 다시 불붙었다. 2단계 복개 지역인 남수동 출신 유병태 의원은 수원천 복개가 안 될 경우 주민 불편 해소를 위해서 날개달기 사업(천변에 5m 폭의 다리)이라도 하게 해달라고 수원시의회에 수정예산을 요구하게 된다. 그러자 서주성 의원은 "시의원 절대다수가 원하는 수원천 복개는 반드시 이루어져야 한다."고 했다. 이태호 의원은 "차기 수원시장이 어느 분이 될지 모르지만, 그분은 분명 수원천 복개를 선거공약으로 내걸 것"이라고 했다.

심재현 의원은 "5m 다리를 놓는 것조차도 못마땅하다. 이는 교통소통을 위해서 최소한의 절충안"이라면서 수정예산을 반영해야 한다고 주장했다. 김명수 의원은 "수원천 복개 중단이 결정된 마당에 끝없는 논쟁만 할 수 없는 실정이며, 날개달기 사업은 환경측면과 교통측면을 고려한 고육지책에서 나온 (안)이라는 생각이 든다"는 의견을 낸다. 결국 유병태 의원의 수정동의(안)는 표결에 부쳐졌다. 결과는 재적의원 43명 중 찬성 21명, 반대 22명으로 부결되어 수원천 날개달기 사업은 중단된다.

당시 수원천 2단계 복개 공사는 33% 진척된 상태였다. 진행된 사항을 살펴보면 외측 기둥은 전체 계획 245개 중 206개를 설치했다. 내측 기둥은 248개 중 17개를 시공한 상태였다. 그리고 철근을 가공한 것이 34톤이었다.

이미 진행 중인 공사를 일방적으로 중단할 수 없는 상황이었다. 합리적인 방법이 모색되어야 했다. 그래서 찾은 방법이 이미 진척된 공사를 인정하고 정산하는 것이었다. 그리고 새로이 설치되는 사업을 설계변경하는 조건으로 시공사와 합의를 했다. 정산 결과 8억1,000만 원이 남아 1997년도로 이월된 상태였다.

수원시의회의 반대로 예산이 반영되지 않자 계획을 수정하게 된다. 천변 측에 설치한 206개 기둥을 이용하여 보도와 도로를 넓히는 방안이 검토됐다. 하천 가운데에 설치된 기둥 17개는

기둥과 옹벽을 이용하여 만든 보도(사진 김충영).

철거됐다. 복개 중단으로 인하여 불편을 겪는 주민들을 위해 남수교를 건설하는 계획을 추진했다.

당시 매향교에서 지동교 구간에는 224개의 천변 상가가 영업을 하고 있었고, 매교에서 매향1교 구간에는 483개 점포가 영업을 하고 있었다. 주로 서쪽에 상권이 형성되어 있었다. 당시 천변 상가를 정리하기 위해서는 예산이 확보돼야 했고 주민들과의 합의도 필요했다. 상대적으로 상가가 없는 동쪽(포교당 쪽) 구간의 도로개설 공사가 먼저 진행되었다.

1997년 6월 제1회 추경(안)을 수원시의회에 요청했다. 수원천변 상가 보상비 15억 1,600만 원, 천변 도로 개설비 14억 원을 요청했다. 그리고 영연교에서 매향교 구간 자연하천 공사비 14억 8,000만 원을 요청했다.

수원시의회 도시건설위원회는 천변 상가 보상비와 자연하천 공사비는 어차피 해야 할 일이므로 100%를 계상하는 것으로 의결했다. 그리고 천변 도로개설 공사비는 14억 원 중 11억 원을 삭감하고 현장 정리를 위한 3억 원만 반영하는 것으로 의결하여 예산결산특별위원회에 넘겼다.

그러자 수원시는 삭감된 공사비에 대해 수정예산을 편성해서 재요청하기에 이른다. 예산결산위원회는 상임위원회의 심의 사항을 존중한다는 차원에서 수정예산안을 부결시켰다.

현장 정리비만 남기고 삭감됨에 따라 1997년도에는 2단계 복개 구간에 대한 현장 정리와 동쪽 5m 도로 개설, 남수교를 가설하는 것이 고작이었다. 어느덧 민선 1

수원천 복원사업 기공식
(사진 이용창).

복원된 수원천
(사진 김충영).

기 심재덕 시장의 임기가 지나가고 있었다. 민선 1기 지자체장의 임기는 국회의원 선거와 2년의 간극을 조절하기 위해 임기를 3년으로 했기 때문이었다. 민선 2기 선거가 1998년 6월 4일로 결정됐다.

민선 2기 시장 선거는 민선 1기 시장 선거의 연장전이 됐다. 수원천 복개를 공약으로 내세운 자민련 이호선 후보가 재도전했다. 수원천 복개 중단을 공약한 심재덕 시장은 무소속으로 재선에 도전했다. 결과는 무소속 심재덕 후보 56.56%, 자민련 이호선 후보 43.43%로 심재덕 시장이 재선에 성공하면서 수원천 복개 논쟁은 종지부를 찍었다.

수원천 2단계 복원공사는 1999년부터 본격 추진되어 2004년 천변 도로 개설이 마무리됐다. 2단계 구간의 자연하천 복원은 1단계 구간으로 확대됐다. 화성이 세계문화유산으로 등록되면서 추진한 화성성역화사업이 가시적인 성과를 내기 시작했다.

수원천을 자연하천으로 복원해야 한다는 여론이 일자 수원시는 2006년 12월 아주대학교 산학협력단과 전문기관에 의뢰해 수원천 복원 타당성 조사 및 기본계획을 수립했다. 용역 결과를 바탕으로 2009년 7월 수원천 복원공사를 착공, 2012년 6월 9일 수원천과 남수문 복원기념 한마당 축제를 끝으로 40여 년간 논란을 불러일으킨 수원천은 자연하천으로 시민의 품으로 돌아왔다.

수원천 복원은 우리 사회에 값진 교훈을 남겼다. 100억 원을 들여 복개하고 670억 원을 들여 복구하는 우를 범한 사례로 기록됐다.

14. 남수문 복원

수원화성은 1794년 1월 7일 돌 뜨기를 시작으로 1796년 9월 10일 33개월 만에 완성됐다. 남수문은 1794년 2월 28일 터 닦기를 시작하여 한동안 중단되었다가 1795년 11월에 다시 공사가 시작됐다. 이듬해인 1796년 1월 16일 홍예를 완성하고 3월 25일 완료됐다.

1800년 6월 28일 정조의 급작스러운 죽음으로 화성은 위상의 변화를 겪었다. 화성은 이후 국력의 쇠락으로 제대로 관리되지 않아 훼손된다. 1910년 일제의 강제 병합으로 나라를 잃게 되자 일본은 의도적으로 화성과 행궁을 파괴하기에 이른다. 일제가 차량 통행을 이유로 사대문 옆을 헐어 길을 만들면서 팔달문과 장안문은 섬이 됐다. 행궁 또한 학교와 병원, 경찰서가 들어서면서 헐려버린다. 팔달문 양옆은 시장을 열기 위해 성벽을 철거했다.

화성의 훼손은 인위적인 것만은 아니었다. 남수문의 경우 1796년 3월 25일 완성된 후 50년만인 1846년 6월 9일 큰비로 수원천이 범람하여 무너져내렸다. 남수문은 훼손 후 2년 만인 1848년에 복원했다. 이때 기록은 수원부에서 비변사에 보고한 「수원부 계록(水原府啓錄:華營啓錄)」을 통해 확인할 수 있다.

이후 남수문은 1922년 7월 대홍수로 또 무너졌다. 1920년대 중반에는 무너진 남

헤르만 산더의 남수문 사진(사진 화성박물관).

수문과 팔달문 양옆의 성벽을 철거하여 건축 재료로 사용했다. 수원의 옛 그림을 그린 윤한흠 선생의 증언에 의하면 일제는 남수문을 해체한 다음 장안문~팔달문 사이의 도로를 확장하면서 배수로의 우수전 뚜껑을 만들었다고 한다.

남수문을 철거하여 만든 우수전 뚜껑(사진 김충영).

남수문은 수원천 2단계 복개 구간에 위치한다. 수원천 2단계 구간이 복개되었다면 남수문은 영영 복원될 수 없었을 것이다. 또한 화성의 세계문화유산 등록에도 지장을 초래했을 것이다. 종국에는 세계문화유산 등록이 무산될 위험성도 있었다.

그래서 심재덕 시장과 수원의 15개 시민단체는 수원천 2단계 복개를 반대했다. 남수문의 복원은 수원천 2단계 구간의 복개 철회가 결정적이었다. 그동안 남수문 복원이 안 된 이유를 살펴보면 몇 가지로 정리할 수 있다.

첫째는 그동안 남수문은 전설 속에 있었다고 해도 과언이 아니다. 『화성성역의궤』 기록에만 남아 있었을 뿐 후세 사람들의 기억에서 잊혔기 때문이다. 둘째는 남수문을 복원할 만한 예산이 부족했기 때문이다. 셋째는 대홍수 때 2번이나 유실되었기 때문이다. 남수문이 대홍수를 이겨낼 단면이 부족했는데 이를 해결하기 어려웠던 것이다.

수원역사박물관과 수원화성박물관이 문을 열자 화성을 전문적으로 연구하는 학예연구사가 많아졌다. 특히 한동민 학예연구사(현 화성박물관장)는 지금까지 베일에 가려져 있던 남수문과 매향교, 남공심돈 등의 사진 12매를 입수하게 된다. 이 사진은 1907년 독일인 헤르만 산더가 일본에서 외교관으로 근무할 때 조선을 여행하면서 찍은 사진이다.

이 사진을 헤르만 산더의 손자가 국립민속박물관에 기증했다. 기증 자료전 준비를 하는데 마침 담당자가 한동민 관장의 처남이었다. 수원 사진이 12매 정도 되는데 자세한 위치를 몰라 매형에게 묻는 바람에 알게 되었다고 한다.

이 소식이 수원에 알려지면서 수원 사회는 흥분을 감추지 못했다. 이 사진은 결국 수원 사람들의 마음을 움직이는 계기가 됐다. 남수문 복원은 화성사업소가 발족한 후

1년이 지난 2004년 11월 남수문 터 1차 발굴조사로 시작됐다. 이때 발굴은 1911년도에 제작된 지적원도를 근거로 양편에 옹벽이 있는 상태에서 남수문의 실존을 확인하는 작업이었다.

그러나 발굴 결과 남수문의 유구는 확인되지 않았다. 일부 성벽 부분의 유구가 발견되었을 뿐이다. 이는 그동안 여러 차례 하상 정비와 수원천 2단계 복개 공사 과정에서 하상 부분이 훼손되었기 때문이다. 발굴 결과를 토대로 2006년 12월에는 남수문 복원 타당성 조사와 기본계획 수립 용역에 착수했다.

이어 정밀 발굴을 위해 남수문 서쪽에 위치한 사유지를 매입했다. 2009년 4월에는 남수문 2차 발굴을 시작했다. 발굴 결과 남수문 서쪽 부분에서 일부 석렬 유구가 발견되었을 뿐 남수문과 관련된 유구는 확인되지 않았다. 이어 발굴 결과를 바탕으로 남수문 복원 실시설계를 행했다.

실시설계의 핵심은 남수문 구간수(아홉 개의 수문)가 대홍수를 이겨내는 배수단면을 확보하는 것이었다. 하천 폭이 고정되어 있어 수문의 크기를 조정할 수도 없는 일이었다. 대홍수 때 안전하게 배수시키는 방법으로 남수문 하부에 부족한 크기의 배수 박스(BOX)를 설치하는 안이 제시됐다.

설계가 완료되고 문화재청의 문화재 현상변경 허가를 얻었다. 이로써 행정절차가

헤르만 산더의 팔달문 오른편 사진. 남수문과 남공심돈, 남암문과 성벽이 보인다(사진 화성박물관).

마무리됐다. 이어 남수문 복원공사가 발주됐다. 남수문 길이는 95척(29.31m), 폭 19척(5.86m), 높이 32.8척(10.14m)으로 남수문 양측 성곽을 복원하는 공사를 병행했다. 공사비는 122억 원으로 산정됐다.

  공사비 확보가 어려워지자 수원시는 백방으로 사업비 확보에 나섰다. 그때 원군이 나타났다. 그동안 수원역 뒤편에서 슬레이트 공장을 운영하던 주식회사 KCC가 슬레이트 공장을 접고 쇼핑센터와 아파트사업을 추진하고 있었다. 남수문 복원사업비 확보의 어려움을 알게 된 주식회사 KCC 정몽익 대표이사는 복원사업비로 60억 원을 쾌척했다.

  주식회사 KCC의 기부로 남수문 복원사업은 순조롭게 시작될 수 있었다. 2010년 6월 실시설계를 마치고 2010년 9월 10일 남수문 복원공사가 착공됐다. 문화재청은 현상변경 허가 조건으로 관계전문가가 참여하는 기술지도단을 구성하여 시행할 것을 주문했다.

  남수문 복원공사는 착공한 지 1년 9개월이 걸려 2012년 6월 5일 완공됐다. 7차에 걸친 기술지도단의 자문을 받아 공사가 진행됐다. 남수문 복원 준공행사는 2009년 7월 1일부터 시작된 수원천 복원공사가 2012년 3월 16일 완공됨에 따라 함께 진행됐다.

  이 행사는 남수문과 수원천 복원사업의 완공을 축하하는 한마당 축제로 2012년 6

남수문 복원 준공행사
(사진 이용창).

월 9일 남수문 일원에서 열렸다. 이로써 기억의 저편으로 사라질 뻔했던 수원의 역사는 1991년부터 진행된 수원천 1단계 복개 사업과 2단계 복개 사업의 중단을 거쳐 수원천의 완전한 복원과 남수문 복원이라는 결과로 대단원의 막을 내렸다.

15. 수원이 화장실 메카가 된 이야기

1999년 9월 3일 개최된 반딧불이 화장실 준공식(사진 수원시 포토뱅크).

2023년 5월 22일 10시, 수원컨벤션센터에서는 세계화장실협회가 주최하는 제8회 국제화장실문화 컨퍼런스(conference)가 열렸다. 컨퍼런스의 사전적 의미는 공통의 전문적인 주제를 가지고 비교적 긴 시간에 걸쳐 하는 대규모 회의를 말한다. 이 회의는 서울대 유기희 교수의 '물과 위생'이라는 기조강연을 시작으로 세션 1에서는 '대한민국 화장실 정책의 이해', 세션 2에서는 '화장실의 미래', 세션 3에서는 '개도국 화장실을 위한 혁신과 기술'이라는 주제를 가지고 전문가 9명이 주제를 발표했으며 이어 질의응답과 토론이 있었다.

이참에 수원시가 화장실 메카가 된 이야기를 해보려고 한다. 2019년 김준혁이 지은 『미스터토일렛 심재덕 평전, 아름다운 화장실 혁명』에 따르면 1995년 7월 1일 시장에 취임한 심재덕은 '2002년 한·일 월드컵 경기 수원 유치를 위해 여러 기관의 수장들과 회의를 가졌다. 그런데 회의 도중 유엔기관에서 근무하던 한 외국인이 "당신네 나라의 화장실은 어떻게 하실 건가요? 월드컵을 치르려면 수원의 화장실을 꼭 개선해야 합니다"라고 지적했다. 이에 심재덕 시장은 창

2010년 9월 15일 미스터 토일렛 창립총회 모습(사진 수원시 포토뱅크).

피하면서도 너무 놀라 귀까지 빨개지는 것 같았다고 한다.

이날 이후 심 시장은 깨끗한 화장실을 만들어야겠다고 결심했다. 순간의 깨달음이 전 세계 화장실 문화를 바꿀 원동력이 된 것이다. 심 시장은 화장실 문제를 지적한 외국인에게 이렇게 대답했다. "세계에서 가장 아름다운 화장실이 있는 도시를 만들겠습니다."

심 시장은 간부회의를 열어 수원시의 모든 공중화장실을 개선하여 세계 최고로 만드는 것이 수원시의 최우선 정책이라고 선언하고 즉각적으로 화장실 전담 부서를 만들었다. 청소과에 '화장실 문화계'를 만든 것은 전국 지방자치 단체 중에서 처음 있는 일이었다. 담당공무원들의 반응은 예상했던 대로 시큰둥했다.

심 시장은 화장실에서 책을 읽고 음악을 들으며 쉴 수 있는 곳이 되어야 한다고 강조했다. 그러면서 수원에서 가장 지저분한 공중화장실을 골라 최상의 환경을 갖춘 유쾌한 곳으로 개조하고 관리하라고 당부했다.

그러자 시청 직원들은 비교적 잘 만들어진 서울의 타워호텔, 보라매공원, 장충단공원, 남산공원 등을 돌아다니며 화장실 관리 실태를 조사했다. 심 시장은 직원들을 일본, 독일, 프랑스, 스위스, 영국 등으로 출장을 보내 공중화장실을 견학시켰다.

1997년에는 수원역, 수원시외버스터미널, 공원, 전통시장, 주유소 등에 설치된 87개 소의 공중화장실에 대한 예산을 별도로 편성해 보수작업을 실시했다. 또 1997년부터 4억 원의 예산을 들여 화서문 화장실 등 5개의 공중화장실을 만들었다. 1998년에도 6억 원을 들여 화장실 5개 소를 만들었다. 특이점은 장안구에서 광교산 입구에

1999년 10월 9일 『조선일보』에 게재된 아름다운 화장실 대상 심사평(자료 조선일보).

화장실 건립을 추진한 것이다. 당시 윤홍기 장안구청장은 특별한 화장실을 짓기 위해 작품을 공모했는데 5개 작품이 응모했다. 이때 당선된 작품이 진우건축 김동훈 건축가가 설계한 '광교산 반딧불이 화장실'이다.

'광교산 반딧불이 화장실'은 1999년 조선일보사와 월드컵 문화시민협의회가 공동으로 주최한 '아름다운 화장실' 공모전에서 대상을 수상했다.

> "수원시 '반딧불이 화장실은 자연과 융합이 뛰어난 다기능 공간이라는 점에서 높은 점수를 받았다. 실내 유리창을 통해 광교저수지 경관이 보이도록 설계됐으며, 풀벌레 사진과 새소리 음향설비 등을 설치해 풀숲에 있는 것 같은 쾌적함을 준다. 약 3평의 널찍한 규모에 장애인용 화장실을 따로 갖추고, 벤치와 자판기를 설치하고 옥상을 전망대로 활용할 수 있게 했다. 반딧불이라는 이름은 수원시가 시민들을 대상으로 공모한 것, 건물 외벽에는 반딧불이 모형을 붙이고 꽁무니에 전구를 달았다."

이것이 아름다운 화장실 대상 시상 심사평이다.

이 화장실이 '아름다운 화장실' 공모전에서 대상을 받고 국·내외 매스컴의 관심을 받게 되자 수원시의 아름다운 화장실 개선 사업은 더욱 활기를 띠게 됐다. 수원시는 1997년부터 3년간 모두 15개의 화장실 신축을 위해 총 15억 1,000만 원을 투입했다. 당시 1개 소 당 1억 원이 들어간 셈이다. 전국적으로 이름난 화장실은 모두 이때 지은 것이다.

그때만해도 화장실에 대한 인식이 부족해 그렇게 많은 돈을 들여 화장실을 건립하느냐는 비난이 쏟아졌다. 하지만 심 시장은 지저분하기만 했던 배설의 장소를 근심을 해소할 수 있는 '해우(解憂)'의 공간으로 바꾸면 시민의 의식도 자연스레 성숙하리라 믿고 묵묵히 견뎌냈다. 세월이 지나면서 세련된 화장실을 이용해본 시민들은 "예산은 이렇게 쓰는 거야"라고 칭찬했다.

1999년 2월 19일 아름다운 화장실 가꾸기 심포지엄(사진 수원시 포토뱅크).

심 시장은 1999년 2월 19일 경기도문화의전당 국제회의장에서 '아름다운 화장실 가꾸기' 심포지엄을 개최했다. 이때 '공중화장실 개선을 위한 자연 친화적 환경 설계에 관한 연구'라는 제목으로 주제를 발표한 세계화장실연구소장 전영상을 만났다. 심재덕 시장은 전 소장의 발표를 들은 후 국제화장실 세미나 및 심포지엄을 정기적으로 개최해 화장실을 통한 국제 교류를 추진하는 '한국화장실문화협의회'를 만들자고 제안했다. 이 무렵 만난 이득렬 한국관광공사 사장과 화장실을 만드는 회사를 운영하던 이상정 무림교역 대표는 화장실 문화운동의 동지가 되었다.

마침내 1999년 8월 27일 수원에 '한국화장실문화협의회(2003년 한국화장실협회로 개칭)'를 설립했다. 심 시장이 초대회장으로 선출됐고, 『미소공(미소를 짓게 하는 공중화장실)』이란 월간지를 만들어 수원의 깨끗한 화장실을 널리 홍보했다.

2000년 7월 7일에는 한국 화장실문화협의회의 성공사례가 김대중 대통령이 참석한 가운데 '제2회 관광 진흥 확대회의'에서 발표됐다. 이날 심 시장은 김대중 대통령

1999년 10월 8일 한국화장실문화협의회 현판식(사진 수원시 포토뱅크).   2007년 11월 22일 세계화장실협회 창립총회 모습(사진 수원시 포토뱅크).

과 한 테이블에 앉았다. 그가 추진한 수원의 아름다운 화장실문화 운동은 "한국문화 변화 과정에 지방정부가 추진하여 세계 최고의 문화가 된 것"이라는 찬사를 받았다.

심 시장은 민선1기, 2기를 마치고 3기에 도전했으나 모함으로 인한 8개월의 옥고 후유증으로 낙선하고 말았다. 2004년에는 제17대 국회의원에 도전해 당선되어 행정자치위원회 소속으로 활동했으며, 국회지방자치발전위원회 대표의원, 한국화장실협회 회장으로 활동했다. 2006년 11월 21일에는 세계화장실협회 창립총회 조직위원회 위원장으로 선출되어 2007년까지 세계화장실협회 창립을 위해 20개 국을 돌면서 유치활동을 전개했다.

이런 활동 중 2007년 5월 28일 '전립선암 진단'을 받고도 화장실에 대한 열망은 계속되었고 2007년 11월 11일 자신의 집을 변기 모양으로 지은 '해우재'를 준공하게 된다. 2007년 11월 22일엔 세계화장실협회 창립총회에서 초대회장으로 선출되었다. 세계화장실협회장을 수행하던 2008년 9월 전립선암이 악화되었고 2009년 1월 14일 끝내 영면에 들었다.

유가족들은 '해우재'를 수원시에 기증했다. 이후 수원시는 이곳을 '수원시 화장실문화 전시관- 해우재'라는 이름으로 2010년 10월 30일 개관했다.

세계화장실협회는 현재 26개 국이 참가하는 국제 민간기구로 발전했다. 세계화장실협회는 개발도상국 공중화장실 건립 지원사업, 세계화장실 리더스 포럼, 세계화장실총회 및 국제화장실문화컨퍼런스, 국제협력사업, 연구조사 및 학술활동, 세계화장실문화 유스포럼 등 다양한 활동을 하고 있다.

2021년 말 현재 수원시의 공중화장실은 166개에 이르고 있다. 이들 화장실은 '아름다운 화장실' 평가에서 대부분 수상해 화장실 문화도시의 명예를 지키고 있다. 이러한 노력과 함께 수원은 한국화장실협회와 세계화장실협회 본부가 소재하는 명실상부한 세계화장실 메카 도시가 됐다.

03
효원의 도시, 수원

1. 수원은 효원의 도시

수원이 '효원의 도시'라는 별칭을 사용한 것이 언제부터인지는 알 수 없다. 효원(孝園)이라는 단어는 사전에서 찾을 수 없는 단어다. 이는 효(孝)와 전원(田園)을 합성한 단어이다.

수원에서 '효원'이라고 표기한 기록은 1973년 '수원성곽 복원정화계획'이다. 부제를 '화산대효원종합계획'이라고 적었다. 당시 '제1무임소장관 이병희 국회위원'이 김종필 국무총리에게 결재를 얻기 위해 작성한 보고서에 최초로 등장한다. 이 계획서를 작성한 당시 '제1무임소장관실 임수복 사무관(전 경기도지사 권한대행)은 수원을 상징적으로 표현할 수 있는 단어를 찾다보니 가장 적합한 단어가 '효원'이었다고 했다.

이후 '효원'을 본격적으로 사용한 것은 1974년 11월 12일 제13대 수원시장으로 부임한 이재덕 시장이다. 수원화성 복원사업이 1975년부터 1979년까지 본격적으로 추진되자 이재덕 시장은 '1975년 시정기본목표'를 '효원(孝園)의 새 수원'이라고 내걸었다. 시정방침은 성실한 봉사, 엄정한 책임, 착실한 결실이었고, 실시 방향은 유신이념의 생활화, 새마을운동의 가열화, 영세민 생활의 안정화, 대효원 건설, 도시 기반 조성 등이었다.

이후 1978년 8월부터 1980년 5월까지 근무한 제14대 백세현 수원시장 역시 '효원

(왼쪽) 고려의 효자였던 한림원 학사 최루백 효자비. 경기도 화성시 정남면 수기리 소재(사진 화성시).

이고 선생 신도비. 영동 고속도로를 지나 광교 진입로 오른편에 있다 (사진 김충영).

의 새 수원'을 그대로 이어받았다고 한동민 수원박물관 학예팀장(현 화성박물관장)은 논고 「1970~80년대 수원의 변화; 효원의 도시 수원에서 활기찬 수원 건설까지」에서 밝히고 있다.

효원의 도시로 불리게 된 연원을 살펴보면, 수원은 예로부터 효자·효부·열녀가 많은 고장이었다. 고려시대 최루백(崔婁伯)은 수원 최씨 시조 최상저의 아들로 고려시대 문신이었다. 조선 세종 14년에 편찬한 『삼강행실도』에 최루백의 행적이 수록되어 있을 정도로 지극한 효자였다. 15세 때 아버지가 사냥하다가 호랑이에게 물려 죽자 그 호랑이를 죽이고 뼈와 살을 거두어 안장한 후, 여막을 짓고 3년 동안 시묘(侍墓)하였다. 최루백의 효자 비각은 조선 숙종 때 그의 효행을 기리기 위해 건립했다.

이고(李皐) 선생은 고려 말 문신으로 한림학사를 지냈다. 정국이 혼란해지자 관직에서 물러나 수원으로 낙향하여 탑산(塔山)에 은거했는데, 조선을 개국한 태조 이성계가 그를 중용하려 했으나 응하지 않았다. 태조는 그가 사는 곳이 얼마나 아름다운지 화공을 시켜 그림을 그려 올리게 했는데 사통팔달해 거칠 것이 없는 아름다운 산이라며 탑산을 팔달산으로 사명(賜名)했다고 한다. 그는 팔달산 자락에 살다가 적사리(赤寺里)로 이사해서 학당을 열어 '착하게 살아라, 즉 권선징악(勸善懲惡)'을 항상 가르치고 몸소 실천하였다. 그는 정성을 다해 부모를 봉양했고, 부모님이 돌아가신 후에는 여막을 지키고 살았다고 한다. 이때 아침저녁으로 제를 올리며 애통한 마음이 지극해 피눈물이 그치지 아니하니 마침내 한쪽 눈을 잃게 됐다. 세종 때 마을 입구에 '고려 효자 한림학사 이고의 비'를 세웠다. 정조는 그가 살던 집터를 효자가 살던 곳이라 하여 학사대(學士臺)를 세웠고, 고종은 그가 살던 마을에 권선리(勸善里)란 지명을 하사했다.

수원은 정조의 효심으로 현륭원이 조성되고 화성이 건설됐다. 조선시대에는 왕실의 무덤을 능(陵), 원(園), 묘(墓)로 구분했다. 능은 제왕과 왕후의 무덤을 말하며, 원은 왕세자와 왕세자비의 무덤, 묘는 왕족이나 일반인의 무덤을 이르는 것이다.

정조는 1752년(영조 28) 사도세자와 혜경궁 홍씨 사이에서 태어났다. 1762년(영조 38) 아버지 사도세자가 할아버지로부터 비극적인 죽임을 당하는 광경을 보고 11세의 어린 정조는 큰 충격을 받는다. 이때 정조는 마지막까지 아버지를 살려 달라며, 할아버지에게 빌며 애원했으나 영조는 정조를 쫓아냈다. 영조는 교서를 내려 정조를 맏아들 효장세자의 후사로 입적시켜 정조는 더 이상 상복을 입을 수 없었다. 그때 정조의 모습을 두고 "슬퍼 우는 소리가 하늘까지 닿았다"고 기록했다. 1776년 영조가 승하하자 정조는 23세의 나이로 왕위에 올랐다. 정조는 취임 일성으로 "나는 사도세자의 아들이다"라고 천명했다. 정조는 비통하게 숨진 아버지 사도세자의 묘가 흉지로 알려지자 1789년 7월 11일(정조 13)

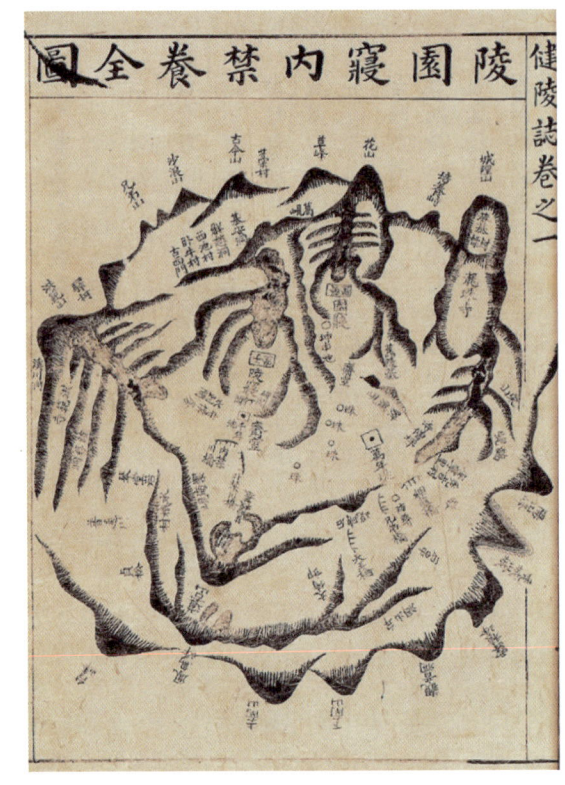

「능원침내금양전도」. 1821년에 작성된 『건릉지』에 삽입된 그림 (자료 수원시).

양주 배봉산에 있던 영우원을 조선 최고의 명당자리인 수원부 읍치 화산으로 이장을 결정했다. 구읍에 있던 319호를 북쪽의 팔달산 자락에 신읍을 건설하여 이주시켰다.

현륭원의 조성은 1789년 7월 12일부터 시작되어 같은 해 10월 7일 천원(遷園, 묘를 옮기다)했다. 그해 가을부터 심기 시작한 나무는 1796년이 돼서야 일단락됐다. 7년간 심은 나무의 숫자와 종류 등의 정리가 필요했다. 정조는 소가 땀을 흘릴 정도로 많은 문서를 간략하게 한 권으로 정리하도록 명했다.

7년간 식재 상황을 기록한 문서는 많은 내용을 담고 있었다. 나무 심은 날짜와 심은 사람, 지원하여 심은 사람, 감독한 사람, 심은 장소, 종류, 심은 나무의 수, 캐온 곳, 캔 사람, 운반한 사람, 가격, 지불한 품삯, 포상 내역, 포상에 빠진 사람 내역까지 기록했다.

『다산시문집』에 따르면 정조는 이들 자료를 일목요연하게 정리한 한 권의 책을 보고자 했다. 이 일을 다산 정약용에게 맡기니 가로·세로로 나누어 표 1장으로 만들어 정조께 보고하자 "한 권이 아니고서는 상세하게 기록할 수 없을 것이라고 여겼는데, 수레에 실으면 소가 땀을 흘릴 정도로 많은 장부와 문서를 너는 종이 한 장으로 정리했구나. 참으로 훌륭하다"라고 칭찬했다. 7년간 현륭원에 심은 나무는 대략 1,200만 그루였다. 이 많은 나무를 현륭원 주변의 산에 심어 화산을 조성했던 것이다.(이 내용은 2022년 수원문화원에서 발간한 김은경의 『역사 속의 수원 나무』라는 책에서 발췌한 내용이다.)

현륭원과 신읍 조성을 마치고 1794년 정월에 성 쌓기를 시작하여 1796년 9월 10일 성역을 모두 마쳤다. 화성성역에 관한 내용은 『화성성역의궤』 재용(財用) 식목편에 자세히 기록되어 있다. 성안 매향동, 팔달산, 모든 성벽 안팎, 대천의 양쪽 가장자리와 성 밖의 용연, 관길야, 영화정 이북에 매년 봄·가을에 7차에 걸친 식목과 파종에 관한 기록이 실려 있다.

왕실에서 내려준 단풍 씨앗 만년지 1봉, 비변사에서 온 솔씨 2석, 탱자 1석, 상심 2석5두, 밤 2석, 상수리 42석13두, 이상의 값 89냥8전, 오얏나무 7,350주, 복숭아, 살구 등 각색 과목 582주, 이상의 값 394냥, 연밥 따는 품삯 8냥3전5푼, 화초와 버드나무를 포함하여 소나무 캐는데 든 품삯 217냥, 파종 품삯 1,080냥, 양미 30석9두3승 값 137냥 7전 9푼, 마소 운임 35냥, 합계 1,961냥9전4푼이 들어갔다고 기록되어 있다.

정조대왕의 효심과 개혁 정신으로 수원의 현륭원과 신도시 화성이 건설됐고 7년에 걸쳐 수목과 꽃이 울창한 전원도시(효원의 도시)가 되었다. 오늘날의 수원에는 정조 시대에 축조된 만석거와 축만제, 성벽을 쌓기 위해 돌을 뜬 팔달산과 숙지산, 여기산이 공원으로 조성됐다. 면면히 이어지는 '효원의 도시 수원'을 더욱 아름다운 도시로 만들어야겠다.

2. 영국 최초 전원도시보다 114년 앞선 '신도시 화성'

전원도시(Garden City)의 등장은 1898년 영국의 도시계획가 에버네저 하워드의 학설에서 시작됐다. 영국이 산업혁명으로 도시로 인구가 집중되자 생활환경이 악화되는

영국의 전원도시 레치워스 시가지 전경. 1903년 런던 북쪽 60km 지점에 건설한 영국 최초의 전원도시(사진 구글 지도).

현상이 발생했다. 그는 해결책으로 도시적인 것과 전원적인 것을 융합한 도시만이 이상적인 삶을 영위케 한다고 생각했다. 가든 시티는 정원이 많은 도시를 일컫는 것이 아니라 전원 속에 건설된 도시이며, 자급자족 도시를 목표로 하는 중요한 특징을 갖는다.

전원도시는 규모가 커지면 도시민의 건강도 공동체도 유지할 수 없다고 판단한 하워드는 전원도시의 조건을 제시했다.

첫째 인구 3만의 자급자족 도시.

둘째 토지는 도시경영 주체가 소유하고, 개인은 임대 사용하는 토지공개념 제도 도입.

셋째 도시의 물리적 확장을 억제하고, 식량의 자급자족, 오픈 스페이스 확보 등을 위해 도시 주변부에 넓은 농업지대를 확보하는 한편 도시 내 충분한 공간 확보.

넷째 시민경제 유지, 즉 경제적 자족성을 위한 산업을 유치.

다섯째 상하수도, 전기, 철도 등을 도시 자체가 해결하고, 도시의 성장과 개발에 따른 이익은 조세감면이나 도시개선을 위해 재투자.

여섯째 시민의 자유와 협동의 권리 향유 등을 제시했다.

이에 따라 전원도시의 규모는 약 400ha(120만 평), 인구는 약 3만2,000명 규모, 시가지는 방사형이며, 중심부에 광장과 공용의 청사 등 공공시설이 있고, 중간지대에 주택과 학교, 외곽지대에 공장과 창고, 철도가 있어야 한다고 했다. 시가지 밖으로는 대농장, 목초지 등 약 2,000ha(600만 평)의 농업지대가 펼쳐져 인근 도시와 공간적 분리

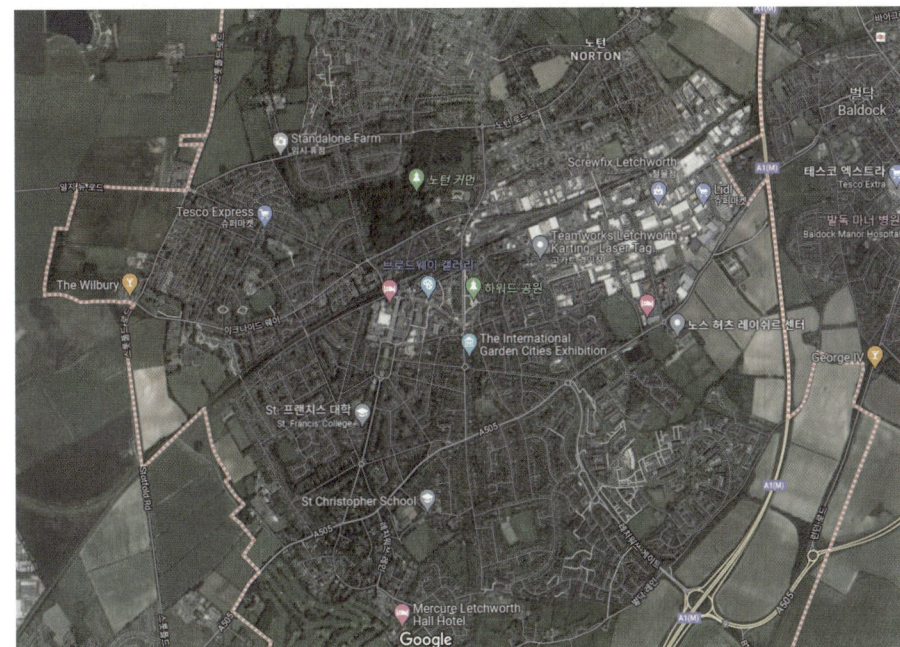

레치워스 지도. 방사형의 도시 모습. 중심지에 광장과 공용의 청사, 성당, 공원이 있고 중간지대에 주택과 학교, 외곽에 공장과 창고, 농경지, 철도가 위치하고 있다(자료 구글지도).

「화성전도」. 한글본 『뎡니의궤』에 수록되어 있다(사진 수원시).

를 유도하고, 도시 간 연결은 철도와 도로를 확보하는 이론을 제시했다.

영국 최초 전원도시는 1903년 런던에서 약 60km 북동쪽 외곽에 위치한 레치워스(Letchworth)다. 레치워스는 1,550ha(465만 평)의 대저택을 사들여 도심 외곽에 그린벨트를 만들었고, 그 과정에서 환경보존을 위하여 기존에 있던 수목을 전혀 훼손하지 않고 주거지역과 상업지역을 설계했다.

수원의 신도시 화성은 영국의 경우와 출발 동기가 다르기는 하나 자족도시를 만들고자 했던 목표와 접근방식은 비슷하다.

반계 유형원(1622~1673)은 1670년에 집필한 『반계수록』에서 "수원부 북쪽 들 가운데 임천의 지세를 보고 생각하건대, 지금의 읍치도 좋기는 하나 북쪽의 들은 산이 크게 굽고 땅이 태평하여 농경지가 깊고 넓으며 규모가 크고 멀어서 성을 읍치로 하게 되면 참으로 대번진이 될 수 있다. 그 땅 내외가 가히 1만 호는 수용할 것이다"라고 수원부 신읍의 입지를 내다봤다.

유형원의 주장은 1789년 사도세자의 묘 이장이 결정되면서 진가를 발휘하게 된다. 사도세자의 묘 이장지가 수원부의 읍 소재지 뒷산에 위치해 구읍을 이전해야 했는데

영국의 전원도시와 수원화성 신도시 비교

(자료 김충영)

구분	하워드의 영국의 전원도시 이론 (1903년)	수원화성 신도시 조성 사례 (1789~1796)
계획동기 및 목표	산업혁명으로 주거환경 악화에 따른 개선책으로 전원도시 제안	사도세자 묘 이장 계기 신읍 건설 (상업도시, 농업도시, 도성방어) 자족도시 구상
면적	도시 면적 4Km² (120만명)	성내 면적 1.3km² (약 40만명)
인구	인구 3만 명, 자족도시	1천 호 거주도시 (1만명)
토지제도	토지 경영 주체 소유, 개인 임대, 토지 공개념 도입	둔전(국영농장) 건설 국가 소유, 주민 소작, 또는 자경
도시경영	도시확장 억제, 식량 자급자족, 도시공간 확보	성곽 내 거주 유도, 둔전과 저수지 건설로 식량생산 확대, 성내 공간 확보
경제 활성화	경제적 자족성 확보를 위한 산업시설 유치	시전과 장시 설치로 경제활성화 유도
도시 기반시설	상하수도, 전기, 철도 확보, 도시개발 이익은 조세감면이나 재투자	주민생활에 필요한 기반시설 설치, 영화역 설치로 교통 시설 확보

이미 유형원이 119년 전에 구읍의 이전지를 지목했기에 신읍 건설이 가능했다.

1789년 팔달산 자락에 신읍을 조성한 후 화성 축성은 4년이 지난 1794년 정월에 시작하여 1796년 9월 10일 완공됐다. 정조와 총리대신 채제공은 신읍의 번영책을 다방면으로 구상하게 된다.

정조는 신도시 화성을 도성 방어와 상업, 농업이 번성한 자족도시로 만들고자 했다. 이를 위해 주민과 상인을 유치하는 여러 가지 방안이 모색됐다. 신읍이 조성된 이후인 정조 14년(1790) 2월 좌의정 채제공의 발의로 신읍에 부자들과 백성을 모아들이는 방안이 논의됐다.

먼저 도회지의 면모를 갖추기 위해 서울의 부자 30여 호에게 무이자로 1,000냥씩 빌려주어 이들이 수원에서 시전을 짓고 장사하는 방안을 제시했다. 그리고 수원과 그 부근에 5일장을 설치해 장시를 상설화하고 세금을 거두지 않는다면 사방에서 상인들이 모여들어 성황을 이룰 것이고 읍치의 면모가 바뀌게 될 것임을 주장했으나 받아들여지지 않았다.

이후 수원부유수 조심태는 구체적인 상업 진흥책을 제시했다. 전국에서 부호를 모아 시전을 설치하는 것은 현실성이 없으므로 수원 사람들 중 여유 있고 장사를 잘 아는 사람을 택해야 한다고 했다. 이들에게 자본금을 빌려주어 이익을 얻어 살게 함이 상책이라고 주장했다. 이 제안이 받아들여져 조정에서 6만5,000냥을 3년 기한으로 지원해주었다. 이러한 노력으로 상업 발전의 토대가 마련되자 수원은 자급자족의 경제 활동이 가능한 상업도시로 발전하게 된다.

신읍 조성 후 3년이 경과한 1792년에 편찬된 『수원부읍지』에 의하면 화성행궁의 정문인 진남루(신풍루) 앞 대로 좌우에 여덟 종류의 시전이 들어섰다고 한다. 도로 북쪽에는 입색전(비단 파는 가게)과 어물전이 있고 도로 남쪽에는 목포전(모시, 무명, 목화를 파는 가게), 상전(소금과 일용잡화 가게)이 개설되었으며 도로 동쪽에는 미곡전, 관곽전(관과 궤인 곽을 파는 가게), 지혜전(종이와 신발 가게), 읍내 북쪽에는 유철전(놋쇠와 쇠를 파는 가게) 등 중심의 네거리 중 행궁 쪽을 제외하고 시전이 설치되어 운영됐다.

또한 1794년(정조 18), 가뭄이 심하여 온 나라가 어렵게 되자 정조는 성역을 중지하면서 생계를 마련하도록 명했다. 그해 11월 정조는 윤음(綸音, 임금이 신하나 백성에게 내리는 말)을 내려 이르기를 북성 밖 척박한 땅을 개간할 것을 명하고 그 공사도 날품으로 하지 말고 일한 양에 따라 품삯을 주는 방안을 택하도록 했다.

화성부유수 조심태는 1795년 윤이월 을묘원행으로 내려온 정조에게 개간 방안을 보고하고 곧 만석거 조성공사 시행에 들어갔다. 1796년 정월에 화성을 들러 만석거를 둘러본 정조는 "수문의 석각은 하늘이 이루어 놓은 것이니 어찌 사람의 힘이 이렇게 만들 수 있겠는가. 하늘로부터 도움이 있었음을 알 수 있도다"하였다.

만석거를 축조한 후 정조 21년과 22년 연이어 발생한 재해에도 수원지방은 극심한 가뭄을 이겨내게 됐다. 이러한 결과를 토대로 만년제와 축만제를 추가로 만들고 순조 대에는 남제를 축조했다. 만석거 주변의 대유둔은 66섬지기(1섬지기는 2천~3천 평), 만년제 주변은 62섬지기, 축만제 주변은 232섬지기라고 19세기 말 『수원부읍지』에 기록되어 있다. 이러한 노력으로 자급자족 도시의 기반이 마련됐다.

신읍 화성의 조성은 사도세자 묘 이장이 발단이었으나 도시를 만들어가는 과정은 영국 전원도시의 기능과 흡사한 점을 알 수 있다. 오늘날 신도시를 건설할 때 신도시 화성의 정신을 이어받아 자족도시를 건설하는 지혜를 본받아야 할 것이다.

3. 수원 공원 이야기

수원의 공원은 오랜 역사를 가지고 있다. 1789년 현륭원 조성으로 구읍을 팔달산 자락으로 옮기면서 쾌적한 환경을 조성하기 위해 자연 친화적인 신읍 화성을 건설했다.

정조는 1800년 6월 1일(정조 24) 만석거와 축만제, 만년제 등을 조성하면서 개간을 많이 한 수원부 판관 김사희 등을 포상하며 수원부유수 서유린에게 전교를 내렸다.

"옛말에 백 가구의 마을과 열 집의 저자라도 반드시 산을 등지고 시냇물을 둘러야 한다는 것이 곧 그것이다. 우선 금년부터 나무를 심되 버드나무·뽕나무·개암나무·밤나무 등 아무것이나 가리지 말고 많이 심어 숲을 만들어서 경관이 크게 달라지도록 하는 것이 또한 먼저 조처해야 할 일이다"라고 했다.

현륭원과 신도시 화성을 건설하면서 7년간에 걸쳐 성 안팎에 씨앗과 나무, 과목, 화초 등을 많이 심었다. 이뿐만이 아니라 북지와 동지, 남지, 용연 등을 조성하면서 연을 심고 정자를 만드는 등 아름다운 경관을 만들었다. 이러한 사업은 『뎡니의궤』에 수록된 「화성전도」와 당시의 능행도 병풍 등에 잘 표현되고 있다.

수원의 공원계획은 1944년 일제강점기에 수립한 최초의 도시계획에서 비롯됐다. 팔달공원과 동공원, 북공원(만석거), 세류공원, 동산공원을 정했고 1967년에 수립된 도시계획은 행정구역 확장에 따라 1944년에 결정된 공원 외에 정자, 일월, 여기산, 인계 1, 2, 3, 4, 5, 매탄, 탑동, 지지대공원 등이 추가됐다.

1969년에 수립된 도시계획에서는 기존 공원 외 영통, 영덕, 청명산, 기흥, 구갈공원 등 18개 공원이 지정됐다. 1960년대까지 결정된 공원은 정조 시대 축조된 만석거와 축만제, 성벽 축조에 사용된 돌을 채취한 팔달산, 숙지산, 여기산 등이 공원으로 계획됐다.

1967년 경기도청의 수원 이전으로 인구가 급격하게 늘자 우선 필요한 도로와 상하수도를 건설해야 했다. 이때 상대적으로 급하지 않은 것은 공원이었다. 이러한 현상은 수원시만이 아니라 전국의 모든 지자체가 비슷한 실정이었다. 1980년대 이전 우리나라는 도시개발에 앞서 도시계획으로 도로, 공원, 유원지, 광장, 녹지 등 도시 기반 시설을 도상(圖上)으로만 계획했다.

1980년대가 되면서 개발사업(토지 구획정리, 택지개발, 아파트 단지 조성)이 추진되기 시작했다. 이 과정에서 사업비가 많이 들어가는 공원용지는 개발구역에 포함시키기를 꺼렸다. 당시 공원은 임상이 양호한 임야와 저수지를 지정했기에 공원을 조성하지 않아도 문제가 되지 않았다.

1990년대가 되어 토지가격이 상승하자 공원에 편입된 토지주들은 공원 지정 이후 30~40년이 지나도록 보상금을 받지 못하고 있는 것에 대해 민원을 거세게 제기했다. 이들은 헌법재판소에 헌법소원을 제기하게 된다.

1999년 10월 21일 헌법재판소는 '도시계획시설(공원) 지정으로 종래의 용도로 사용할 수 없는 토지(나대지)에 대한 보상 규정이 없는 것은 토지소유자의 재산권을 과도하게 침해하는 것'이라고 '헌법 불합치 결정'을 내렸다. 이에 따라 정부는 2000년 1월 28일 도시계획법을 개정하여 실효제도를 도입했다. 2002년 2월 4일 '국토의 계획 및 이용에 관한 법률'의 제정으로 '도시계획시설 결정 고시일로부터 20년 동안 사업을 시행하지 않을 경우 그 결정은 효력을 상실한다'는 조항을 '법률 제48조'로 마련하게 됐다.

이에 따라 실효에 관한 기산일 산정 조항(부칙, 법률 제6655호)이 마련됐다. 2000년 7월 1일 이전

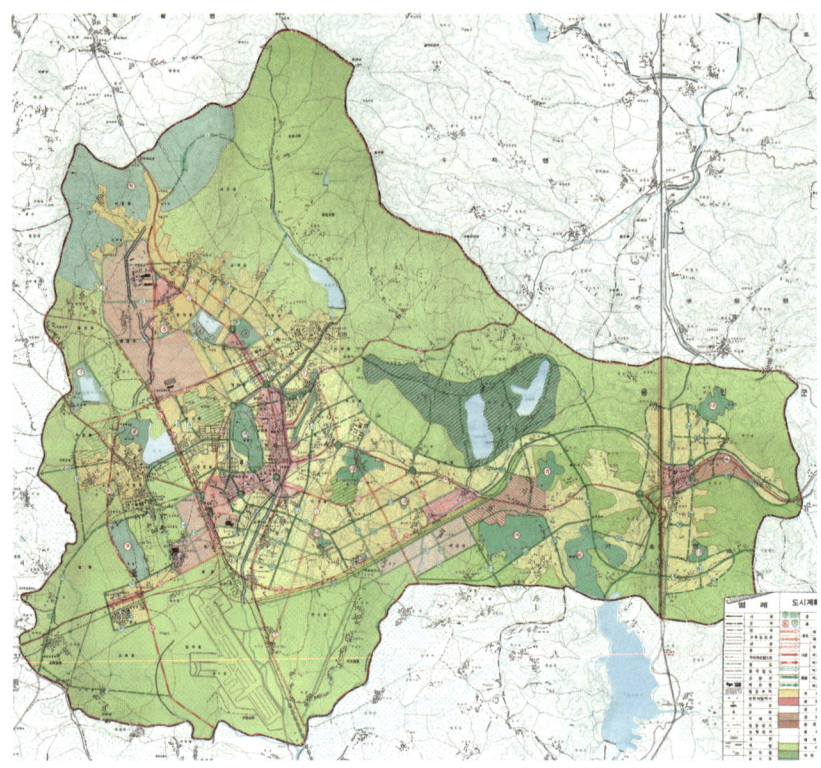

1969년 도시계획도. 제1호 팔달공원을 시작으로 18호 구갈공원까지 표기되었다(자료 수원시).

에 결정 고시된 도시계획시설의 기산일을 2000년 7월 1일로 정했다. 그리하여 2000년 7월 1일 이전에 결정된 도시계획시설(공원)은 2020년 7월 1일까지 사업을 시행하지 않으면 실효(폐지)되게 됐다.

2019년 3월 26일 수원시가 발표한 자료에 의하면 수원시의 공원은 모두 425곳으로 총면적 1,688만㎡에 이른다. 이 가운데 일몰제가 시행되는 2020년 7월 1일까지 실효 예정인 공원은 10곳, 총면적 648만4,000㎡에 이른다. 조성 중인 공원을 제외한 미조성 공원은 8곳으로 총면적 495만1,000㎡다. 2020년 이후 실효 예정인 공원은 69곳(총면적 254만 5,799㎡)이었다.

수원시는 공원 적합성을 평가해 개발적성지역과 이용권지역을 우선 매입하여 도시생태공원을 조성하고, 난개발을 방지한다고 발표했다. 이를 위해 2020년까지 사업비 3,165억 원을 투입하는데 시비(1,815억 원), 지방채 발행(1,350억 원) 등 다양한 방식으로 예산을 조달하는 방침을 발표했다.

수원시 공원 현황

2022. 9. 30. 기준

구분		계		조성 완료		조성 중		미조성	
		개소	면적(m²)	개소	면적(m²)	개소	면적(m²)	개소	면적(m²)
계	계	425	13,147,337.0	338	8,393,133.5	32	1,361,913.5	55	3,392,290.0
	소공원	58	83,234.5	40	48,149.6	5	5,050.7	13	30,034.2
	어린이공원	222	567,606.0	204	512,564.2	6	16,902.5	12	38,139.3
	근린공원	94	10,249,341.9	62	7,075,811.2	16	1,290,260.0	16	1,883,270.7
	역사공원	4	139,210.6	3	136,521.6	-	-	1	2,689.0
	문화공원	16	154,037.5	11	97,960.4	3	15,659.3	2	40,417.8
	수변공원	25	1,778,970.8	14	381,231.8	-	-	11	1,397,739.0
	체육공원	6	174,935.7	4	140,894.7	2	34,041.0	-	-
	도시농업공원	-	-	-	-	-	-	-	-

2022년 9월 말 현황을 살펴보면 2019년 3월에 비해 수원시 공원은 373만2,663㎡가 축소되어 1,314만7,337㎡가 됐다. 이중 839만3,133.5㎡(63.8%)가 조성이 됐다. 현재 136만1,913.5㎡(10.4%)가 진행 중이어서 339만2,290㎡(25.8%)가 미조성 상태이다.

'도시공원 및 녹지 등에 관한 법률' 규정에 의해 도시공원은 소공원과 어린이공원, 근린공원, 역사공원, 문화공원, 수변공원, 체육공원, 도시농업공원으로 구분되고 있다. 수원시 공원은 전체 425개소에 이른다. 소공원은 58개소 8만3,234.5㎡, 어린이공원 222개소 56만7,606㎡, 근린공원 94개소 1,024만9,341.9㎡, 역사공원 4개소 13만9,210.6㎡, 문화공원 16개소 15만4,037.5㎡, 수변공원 25개소 177만8,970.8㎡, 체육공원 6개소 17만4,935.7㎡이다.

2019년에 비해 많은 면적이 축소됐음을 알 수 있다. 그동안 수원시가 일몰제를 앞두고 피나는 노력을 했기 때문이다. 대표적인 사업은 민자 유치를 통해 영흥공원을 조성해 일몰제에 슬기롭게 대처한 것이라 하겠다.

수원시는 2021년 말 현재 공원 결정 면적 대비 63.8%가 공원으로 조성됐다. 시민 1인당 공원 결정 면적은 10.8㎡, 조성 면적은 1인당 6.89㎡의 공원을 보유하고 있다.

정조대왕의 효심과 개혁 정신이 서린 대한민국 1호 계획도시 수원을 쾌적하고 아름답고 살기 좋은 도시를 만들어가야겠다.

4. 올림픽공원

수원의 공원은 일제강점기인 1944년 수원 최초의 도시계획에서 북공원, 동공원, 팔달산공원, 세류공원, 동산동원 등이 지정됐다. 1949년 8월 15일 수원읍이 시로 승격됨에 따라 본격적인 도시개발을 추진해야 했으나 1950년 한국전쟁의 발발로 중단됐다. 이후 전쟁의 상처가 아물 무렵인 1961년 우리 정부 수립 후 최초로

올림픽공원비. 서예가 이수덕 씨의 글씨를 자연석에 새겨 1988년에 세워졌다(사진 김충영).

추진한 도시계획은 행정 미숙으로 실현되지 못했다. 1963년 12월 10일 경기도청 수원 이전이 확정되자 도청 소재지의 면모를 갖추기 위한 도시계획이 다시 추진됐다.

이 시기 박정희 정부는 산림녹화 사업을 본격적으로 추진했다. 광교산과 팔달산, 숙지산, 여기산 등과 수원에 산재한 마을 뒷동산 역시 사방사업을 시행하여 숲이 조성되기 시작했다. 이때 상권선의 마을 뒷동산에 리기다소나무 숲이 조성됐다.

경기도청 수원 이전이 1967년 6월 23일로 가까워지자 도시계획은 속도를 내어 1967년 7월 3일 우리 정부에 의한 수원시 최초의 도시계획이 수립됐다. 이때 도시 전반의 내용이 도시계획에 반영됐다.

1944년 일제강점기에 지정된 5개소의 공원이 받아들여졌고, 신규 공원 12개소가 추가로 지정됐다. 이때 공원에 편입된 곳은 화성 축성 때 조성된 저수지와 성 돌을 채취한 산과 일제강점기에 축조된 저수지, 사방사업으로 형성된 양호한 임상 등이다. 올림픽공원(인계 제1호 공원) 역시 이때 공원이 됐다.

올림픽공원(인계 제1호 공원)은 1980년 5월 29일 권선 토지구획정리사업지구가 지정될 때까지 13년 동안 큰 변화가 없었다. 그곳은 필자가 수원공업고등학교에 입학한 1971년 3월 2일 당시까지 여느 시골과 다름없는 한적한 농촌마을이었다.

이곳은 수원공업고등학교 체육대회 때 상권선마을 소나무 숲을 돌아오는 마라톤코

스였다. 그곳이 반환점이어서 학교에서 출발하여 인계초등학교를 지나 논길을 달려본 추억이 있다. 나는 고교시절 태권도부 활동을 했다. 방학 때면 인계동 화랑체육관에서 태권도 수련을 했다. 이때 짓궂은 친구들이 앞장서서 복숭아 서리, 참외 서리를 함께 한 추억이 있는 곳이다.

필자는 1980년에 2001년 목표의 '수원도시장기종합개발계획' 수립을 담당했다. 이후 '권선 토지구획정리사업 개발계획' 수립에 참여했다. 1983년 8월 20일 토목 8급에서 토목 7급으로 승진해서 도시과 도시계획계에서 건설과 하수계로 자리를 옮기게 됐다. 1984년 문화관광부는 도 단위 문화예술회관 건립 지침을 시달했다.

경기도는 도청 소재지인 수원시에 문화예술회관 건립지침을 시달했다. 그리하여 수원문화예술회관 업무가 건설과로 배당되었는데, 당시 하수계가 업무 여유가 있다고 판단한 이유하 건설과장은 담당 업무를 나에게 배당했다. 내가 문화회관 업무를 맡게 된 이유는 도시계획업무를 오랫동안 담당해서 법제 업무에 능하다는 것이었다.

수원문화예술회관의 최초 부지는 수원에서 흔히 의회 부지라고 불리던 토지구획정리사업의 체비지로 결정됐다. 설계 공모 후 작품심사 과정에서 부지가 협소하다는 의견이 제시됨에 따라 더 넓은 부지를 찾아야 했다. 그래서 결정된 곳이 시청 앞의 인계 제1호 공원(올림픽공원)이었다.

설계자가 선정되면서 수원문화예술회관 실시설계가 진행됐다. 설계가 마무리 단계에 이르자 건축허가를 위해 서류 검토에 들어갔다. 그런데 도시공원법을 확인하는 과정에서 중대한 착오가 발견됐다. 도시공원법에는 건폐율이 대지면적의 10%를 넘을 수 없다는 조항이 있었다. 인계 제1호 공원은 5만8,454㎡(1만7,682평)였다. 도시공원법상 건축물의 바닥 면적은 5,845㎡(1,768평)가 최대 규모였다. 그런데 수원문화예술회관의 건축 면적은 8,817㎡(2,667평), 건축 연면적은 2만2,000㎡(6,655평)여서 건폐율을 넘어서는 규모였다.

이를 숨기고 계속 진행할 수는 없었다. 다행히 필자는 도시계획을 오랫동안 담당했던 터라 수원의 도시계획 진행 상황을 잘 알고 있었다. 한국토지개발공사가 인계 제2호 공원(효원공원)을 매탄1택지개발사업지구에 포함하여 개발하겠다고 나선 것이다.

그간의 문제점과 대안으로 효원공원에 문화회관을 건립할 수 있음을 보고하자 당시계장, 과장, 국장, 부시장, 시장은 나를 크게 나무라지 않고 매탄1택지개발지구 효원공원으로 위치 변경을 허락해 주어서 큰 무리 없이 추진할 수 있었다.

수원시는 1985년 11월 15일 권선 토지구획정리사업지구에 시청사 건립을 추진하여 1987년 1월 22일 개청식을 가진 지 3개월밖에 되지 않았을 무렵이었다. 시청이 허허벌판에 들어서자 시청 맞은편에 수원 올림픽공원 조성이 추진됐다.

88 서울올림픽이 1988년 9월 17일부터 10월 2일까지 16일 동안 서울과 지방에서 개최됐다, 당시 160개 국이 참가한 역대 최대 규모의 올림픽으로 23개 경기종목이 개최됐다. 이때 서울에서 14경기, 경기도에서 8개 종목이 열렸다. 경기도에서 열린 종목은 수원실내체육관 핸드볼, 성남공설운동장 하키, 성남 상무체육관 레슬링, 과천 승마공원 승마, 광주 조정 카누경기장에서 조정과 카누, 고양 파주에서 사이클 단체전과 개인전, 원당 종합마술경기장에서 승마 경기가 개최됐다.

서울은 1986년 아시안게임에 맞춰 올림픽공원을 조성한 상태였다. 김용래 경기도지사는 경기도에서 8개 종목이 개최되는 것을 기념하기 위해 수원에 올림픽공원 조성을 추진했다. 수원 올림픽공원은 88 서울올림픽을 준비하던 1987년 4월 18일 시청 앞 인계 제1호 공원에서 착공식이 개최됐다, 이날 행사에는 김용래 경기도지사, 유석보 수원시장, 경기도 단위 기관장, 공무원과 시민이 참석했다.

올림픽 공원 착공식. 1987년 4월 18일 시청 앞 올림픽공원에서 열렸다(사진 경기도 멀티미디어).

(왼쪽) 1990년 1월 올림픽공원 모습(사진 수원시 항공사진 서비스).

제24회 서울올림픽 개최 기념비. 소형 양근웅 선생의 글씨를 새겼다 (사진 김충영).

  수원시는 1988년 7월 1일 구(區)제가 도입되어 북쪽에는 장안구, 남쪽에는 권선구가 개청했다. 이때 나는 도시과 도시계획계 차석에서 구획정리계장으로 진급하여 이미 시작된 올림픽공원 조성사업을 담당했다. 공원에는 화장실 1동, 노인정, 음수대, 주차장 2개소, 배드민턴장, 농구장, 족구장, 테니스장, 씨름장, 산책로, 잔디광장이 만들어졌고 수목이 식재됐다.

  '올림픽공원' 공원명비와 '제24회 88 서울올림픽 개최 기념비'를 세웠다. '올림픽공원' 제호는 서예가 소당 이수덕 선생이 썼고, '제24회 88 서울올림픽 개최기념비'는 소형 양근웅 선생이 썼다.

  88 서울올림픽이 끝나자 경기도는 1989년 1월 25일 수원 올림픽공원에 '올림픽 기념 조각공원' 조성계획을 발표하고 작품공모를 통하여 14개 작품을 설치했다.

  조각품은 김광우 작가의 '자연+인간+우연', 조재구 작가의 '천공 '89 비상', 유용환 작가의 '꿈속', 홍창기 작가의 '여울', 강대길 작가의 '생명 화(和)', 김신옥 작가의 '대화', 김인겸 작가의 '화합 88', '묵시 공간', 안병철 작가의 '고향의 문', 민혜홍 작가의 '가족', 우무길 작가의 '공간 결합', 안찬주 작가의 '화(和)', 오의석 작가의 '문 1988'이었고 수원 JC(청년회의소)는 올림픽 공원에 김왕현 작가의 작품으로 '난파 홍영후 동상'을 세웠다.

2014년 5월 3일에는 수원시민 1만2,000명의 성금을 모아 평화의 소녀상을 세웠고 2015년 8월 15일에는 수원시가 독립운동가 필동 임면수 선생 동상을 세웠다. 2019년에는 3.1운동 100주년 기념상징물을 세웠다. 그렇게 수원 올림픽공원은 근대 역사 공원이 됐다.

5. 효원공원

효원공원 입구의 상징 조형물. 서북공심돈을 형상화했다. 공원명은 소형 양근웅 선생이 썼다(사진 김충영).

1967년 7월 3일 수립된 도시계획에서 3만9,500㎡가 '인계 제2호 공원'으로 결정됐다. 이후 공원부지는 1980년에 수립한 '수원도시장기종합개발계획' 구상(안)에서 중심상업지역으로 계획됐다. 이어 추진된 20년 단위의 '2001년 수원시 도시기본계획'을 수립하는 과정에서 건설부(국토교통부 전신)는 중심상업지역이 수원시의 여건에 비해 너무 넓다고 축소를 주문했다. 당시 최영길 도시과장은 건설부의 의견을 받아들여 중심상업지역을 축소하여 공원을 계획했다.

이때 권선 토지구획정리사업을 추진한 한국토지개발공사가 권선지구 인접지인 매탄1택지개발지구의 사업 참여를 요청했다. 수원시는 '2001년 도시기본계획'이 확정되지 않았음에도 '인계 제2호 공원'을 '매탄1택지사업지구'에 편입하여 개발할 것을 주문했다.

한국토지개발공사는 수원시의 제안을 받아들였으나 공원 조성은 수원시가 추진한다는 조건을 내세웠다. 한국토지개발공사와 수원시의 합의로 '인계 제2호 공원'은 3만9,500㎡(1만 1,950평)에서 22만5,826㎡(6만 8,312평)로 확장됐다. '매탄1택지개발사업'은 1984년 4월 11일 지구 지정되어 1988년 9월 26일 사업이 완료됨에 따라 '인계 제2호 공원'은 수원시에 인계됐다.

이 과정에서 제일 먼저 추진된 사업은 수원시 문화예술회관(현 경기아트센터)이었다. 당초 시청 옆 의회 부지에 건립하기로 했었지만 부지가 협소하여 올림픽공원으로 위치를 바꾸어 추진했다. 그러나 도시공원법상 부적합해서 불가피하게 '인계 제2호 공원'으로 위치를 바꾸어야 했다. 문화예술회관 건립을 추진하던 1985년에는 매탄1택지개발사업이 미준공되어 수원시에 이관되지 않아 문화회관 건축허가 때는 한국토지개발공사로부터 토지 사용 동의를 얻어야 했다.

'인계 제2호 공원'이 '효원공원'이 된 것은 도시과 이윤희 도시정비계장 때문이었다. 당시 수원시 도시과는 도시행정계, 도시계획계, 구획정리계, 도시정비계가 있었다. 나는 1988년 7월 1일 도시계획계 차석에서 구획정리계장으로 진급했다. 1992년 8월 21일에는 도시계획계장으로 자리를 옮겨 1994년 8월 21일까지 도시과에서 9년을 근무했다.

1988년 7월 1일 수원공업고등학교 동창인 이윤희 계장(전 삼호아트센터 이사장)이 건설과 도로보수계장에서 도시과 도시정비계장으로 자리를 옮겨 나와 함께 근무하게 됐다. 도시정비계에서는 개발행위 허가와 공원조성 업무를 담당했다. 1990년 수원시는 인구 64만5,000명의 도시였으나 번듯한 공원 하나 없었다. 토지구획정리사업에서 어린이공원 부지를 확보했으나 제대로 조성되지 않아 수목 몇 그루와 놀이기구 몇 개가 고작이었다. 대부분의 공원은 공지나 다름없었다.

이윤희 계장은 '인계 제2호 공원'에 관심을 갖기 시작했다. 1988년 매탄1지구택지개발사업이 준공되어 6만 평의 공원 부지를 인계받았기 때문이다. 공원 부지는 임야와 밭이어서 공원 조성을 하지 않을 경우 부지런한 주민들의 텃밭이 될 게 뻔했다.

그는 '인계 제2호 공원'을 어떤 주제로 조성할 것인가를 고심하다가 나라 사랑을 주제로 만들어 보겠다며 옆에 있는 나와 김재기 과장에게 의견을 구했다. 나라 사랑을 테마로 한다는 것은 무궁화동산을 만들어 보겠다는 것이었다. 무궁화를 알기 위해서 서울농대 화훼과 등을 찾아다니면서 무궁화에 대한 지식을 넓혔다. 결론은 무궁화동산을 만들 만큼 수종이 다양하지 않음을 알게 됐다.

다음으로 생각한 것은 수원의 정체성인 효를 상징하는 '효원공원'을 조성해보자는 것이었다. 그는 건설과 도로보수계장 시절, 지지대고개의 시 경계에 '효원의 도시 수원'이라는 표지판을 세울 만큼 수원의 정체성인 효에 대해 관심이 많았다. 효와 관련된 공원을 조성하기 위해서는 수원의 효에 대해 연구해야 했다.

그는 '인계 제2호 공원' 조성 추진계획서를 작성, 당시 이호선 시장에게 보고했다. 그러자 이 시장은 적극 지지해주었다. 당시 우리나라는 민선 시대를 열기 위해 1991년 지방의회가 먼저 출범한 상태였다. 다음 지방선거 때인 1995년 7월 1일에는 민선 지자체장의 출범이 결정된 상태였다. 이호선 시장은 민선 시장에 도전하기 위해 수원시장으로 부임했다는 소문이 돌기도 했다.

민선 수원시장에 꿈이 있던 이호선 시장은 이 계장의 계획(안)을 적극 지지했다. 이 계장은 공원 조성계획을 직접 디자인해서 시장에게 보고했다. 효를 주제로 테마공원을 만드는 것으로 결정이 났다. 이 계장의 의견을 작품으로 만들기 위해서는 전문가의 이론적인 연구와 기본계획이 필요했다.

효원공원 전경. 2012년 3월 9일 이용창 사진작가가 헬기에서 촬영했다. 광장 가운데 어머니상의 조각과 산책로를 따라 조형물이 배치됐다. 왼쪽 상단부는 월화원이 조성되기 전 모습이다(사진 수원시 포토뱅크).

'효원공원 연출 기본계획 및 실시설계'를 경희대학교 부설 조경계획연구소 안봉원 소장이 맡게 됐다. 1992년 초부터 계획 및 실시설계가 시작되어 1992년 12월에 용역이 완료됐다. '효원공원'은 '인계 제2호 공원' 전체 면적 22만5,826㎡(6만8,312평) 중 문화예술회관 부지와 도로 남쪽의 공원 부지를 제외한 7만8,000㎡(2만3,000평)를 효원공원으로 계획했다.

효원공원의 기본방향은 다음과 같았다.

첫째, 가족관계에서 나타나는 효의 내용을 교육적인 이야기 형식으로 연출한다. 둘째, 가정의 중요성 및 가족관계에서 효의 필연성을 주제로 연출한다. 셋째, 어린이 및 청소년을 대상으로 효의 필요성과 부모의 정성을 인식할 수 있도록 연출한다. 넷째, 가정생활과 밀접한 주제를 연출한다. 다섯째, 전통적인 효 관련 이야기를 연출한다.

설치 조형물은 효원공원 건립 취지문 비 1점, 효 권장 시비 5점, 조각품 4점, 효원공원 입구 상징 조형물 4점, 심청전 도자 부조 1점 등 모두 15점이 계획됐다. '효원공원 건립 취지문 비'는 소형 양근웅 선생의 글씨를 새겨 세웠다.

효원공원에 설치된 5점의 효 권장 시비 중 첫째 작품은 양주동 선생의 '어머니 마음'을 서예가 양은진 선생의 글씨로 새겨 세웠다. 두 번째는 정철의 '훈민가' 중에서 효를 권장하는 내용을 도양 김병학 선생의 글씨로 새겼다. 세 번째는 『명심보감』 효행편의 효자비를 동주 이한산 선생의 글씨로 만들었고, 네 번째는 정조대왕의 효 어록비를 세웠다. 다섯 번째는 '효는 백행의 근본' 시비를 한갑수 선생의 글씨로 새겨 세웠다.

심청전 슈퍼 그래픽 도자 부조 작품(사진 김충영).

조각작품은 아버지의 사랑, 어머니의 사랑, 위대한 탄생, 심청전이 도자 부조로 설치됐다. 심청전 내용을 10개 주제로 구성하여 길이 50m, 높이 2.4m의 옹벽에 설치했다. 이 조각품은 서울산업대학교 도예학과 이기원 교수의 작품이다.

효원공원 중앙에는 6층의 원형 단 위에 어머니상을 설치했다. 어머니상은 효원공원 광장에 설치했는데 공원과의 부조화 의견에 따라 공원 재편 과정에서 이전 설치됐다. 효원공원 출입구 양쪽에 서북공심돈을 상징하는 조형물 4점이 설치됐다. 상징 조형물에는 '효원공원'이란 이름을 소형 양근웅 선생의 글씨로 새겼다.

효원공원은 경기아트센터(전 경기도문화예술회관)를 시작으로 1994년에 조성됐고, 1995년 11월에는 삼성전자가 부담하여 수원 야외음악당이 조성됐다. 또 2005년에는 화성 내 매향동에 있던 수원시 현충탑 부지가 협소함에 따라 효원공원 남쪽에 새로이 조성했다.

효원공원에는 매탄파출소(현 매탄지구대)와 민방위교육장, 경기도 자유총연맹, 편의시설인 식당동이 들어섰다. 제일 늦게 들어선 월화원은 경기도와 중국 광동성이 자매결연을 함에 따라 우정의 상징으로 조성된 중국 전통 정원이다. 경비는 광동성이 부담했다.

효원공원에는 각기 다른 9개의 시설이 들어섰다. 나는 1980년대 도시계획 실무자 시절, 매탄파출소(현 매탄지구대)와 자유총연맹, 민방위교육장 등에 대해 입지 반대 의견을 제시했지만 적합한 부지 마련이 어려웠고 시급성을 감안해 이 시설들이 들어섰다.

아무튼 효원공원은 동수원의 중심공원이다. 시민들이 즐겨 찾는 공원으로 발전하기를 기대한다.

효원공원 광장에 조성된 어머니상(사진 수원시 포토뱅크).

6. 청소년문화공원

'인계 제3호 공원'은 수원의 중심에서 동남쪽에 자리 잡은 인계리에 위치했다. 솔숲과 전답, 딸기밭, 화분공장과 1956년에 자리 잡은 수원송신소 진입로가 지나가는 농촌마을이었다. 1967년 7월 3일 정부수립 후 우리 손으로 수립한 최초의 도시계획에서 인계동 300번지 일원 32만1,200㎡가 공원으로 지정됐다.

이 마을엔 작은 동산 3곳이 있었다. 한국전쟁 이후 정부 시책에 발맞춰 사방사업으로 숲을 조성한 곳이다. 수원시는 숲을 보호한다는 이유로 공원으로 지정했다. 이로 인해 토지소유자들은 50년이 넘게 정신적으로, 재산상으로 큰 피해를 보게 됐다.

이때 공원이 된 토지는 인근의 상업지역이나 주거지역에 비해 5분의 1밖에 안 되는 가격이었다. 이 땅의 소유주들은 남보다 고생해 숲을 조성했지만 불이익을 받은 것이다.

내가 도시계획과장 때였다. 지인이 찾아왔는데 '인계 제3호 공원'에 편입된 땅이 경

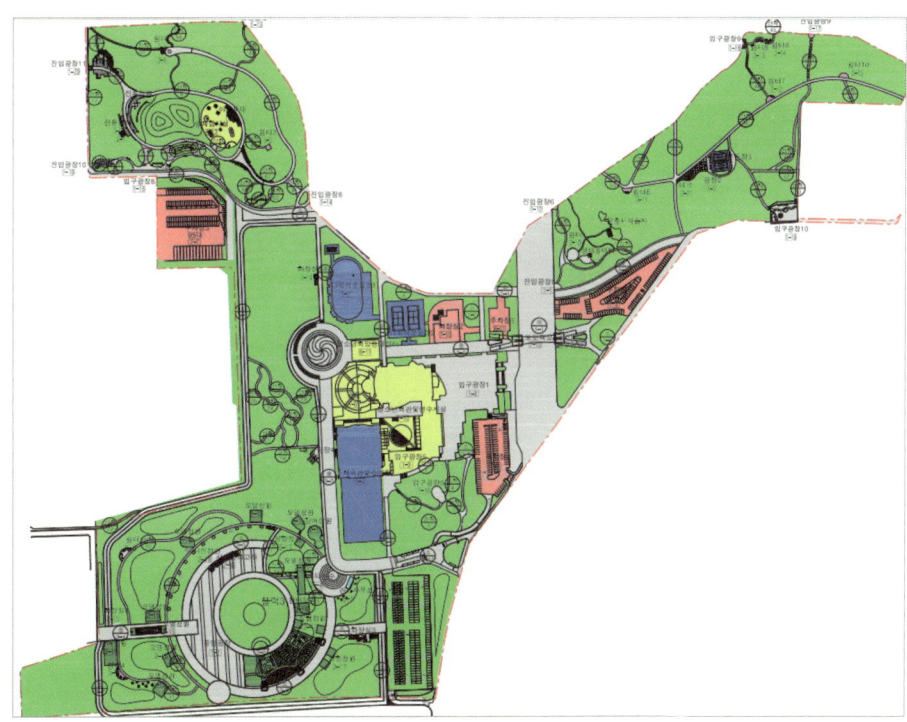

청소년문화공원 조성계획도. 중앙 부분이 청소년문화센터이고 아래 원형은 다목적 광장, 상단 왼쪽 부분은 56년 동안 조성되지 못한 숲, 오른쪽 역시 미조성 됐으나 사각 부분 공원을 축소하고 매화초등학교를 지었다(자료 수원시).

매에 나왔다는 것이다. 그는 이 땅을 사면 언제쯤 보상을 받을 수 있는지와 보상금액은 얼마인지를 물었다. 가격은 감정평가 금액으로 보상이 되고, 보상 시기는 알 수 없다고 일러주었다. 그는 포기하고 말았다.

공원에 편입된 토지가 경매에 나왔다고 녹지공원과에 알려주었다. 녹지공원과는 그때 경매를 통해서 1,000여 평의 토지를 감정가의 절반도 안 되는 가격으로 낙찰받았다. 이 땅이 공원으로 지정되지 않았으면 경매에 넘어가지 않았을 것이다. 담당 직원은 수원시의 예산을 절약했다 하여 성과급을 받기도 했다.

1980년대에 들어서면서 변화가 시작됐다. 동수원 개발 사업이 추진된 것이다. 1986년 12월 3일 시청역사거리에서 '인계 제3호 공원' 중앙을 관통하는 폭 35m의 도로를 낸다는 계획이 결정됐다. 이후 월드컵 경기를 개최하기 위해 월드컵경기장 건설을 추진했다. 그에 따라 동수원IC에서 월드컵경기장을 거쳐 청소년문화센터를 연결하는 도로가 1996년 11월 18일 자로 결정되어 개설됨에 따라 '인계 제3호 공원'을 통과하는 도로는 수원의 중심도로가 됐다.

이 무렵 인계동, 매탄동 지역에는 초등학교가 부족했다. 학부모들이 항의하자 수원시 교육청은 수원시에 초등학교 부지 선정을 요청했다. 당시 심재덕 시장은 학교를 지을 만한 나대지가 없자 보상을 하지 않은 공원 일부를 해제하도록 지시했다. 매화초등학교는 공원 부지 60%, 민가 40%를 편입하는 조건으로 학교 용지를 선정해 2005년 3월 1일 문을 열었다.

1991년 12월 31일 정부는 청소년들의 건전한 학교 밖 생활환경 조성을 위해 청소년기본법을 제정했다. 이즈음 경기도는 수원시에

1986년 12월 3일 도시계획도. 청소년문화공원을 관통하는 35m 도로가 계획됐다(자료 수원시).

청소년시설 건립 지침을 시달했다. 수원시는 청소년시설을 '인계 제3호 공원'에 건립하기로 방침을 정했다.

1990년대까지 수원시에는 청소년 업무를 담당하는 부서가 없었다. 자연스럽게 공원을 담당하는 도시과 이윤희 도시정비계장이 맡게 됐다. 이 계장은 수원시 청소년 수련시설 추진계획을 수립했는데, 청소년기본법에서 정하는 시설기준을 지켜야 했다.

청소년기본법상 청소년시설은 청소년수련관, 청소년수련원, 청소년문화의집, 청소년특화시설, 청소년야영장, 유스호스텔 등으로 분류됐다. 수원시는 청소년시설을 처음 만드는 것이므로 종합기능을 가진 청소년수련관을 건립하고자 했다. 경기도의 지침은 연면적 6,600㎡(2,200평) 크기의 수련시설을 권장했다.

수원시는 전국에서 규모가 가장 큰 청소년종합수련관을 구상했다. 지침의 2.4배가 넘는 청소년종합수련관 계획을 시가 수립하자 경기도는 반대하고 나섰다. 수원시는 당시까지 정규규격의 수영장이 없었다. 공연장 또한 경기도 문화예술회관뿐이었다. 체육관 역시 수원체육관밖에 없어 일반시민이 사용하기에도 턱없이 부족했다. 그러다 보니 청소년 전용 공간이 없었다. 수원시는 경기도를 상대로 청소년과 일반시민이 함께 이용하는 대규모의 청소년문화센터를 건립해야 하는 당위성을 설득했다.

수원시 청소년문화센터는 '인계 제3호 공원' 23만9,696㎡(7만2,508평) 중 35m 도로변에 접한 5만5,661㎡(1만6,837평)을 청소년문화센터 용지로 정했다. 추진계획이 수립되자 작품공모에 들어갔는데 공모 당선자는 진우건축 김동훈 건축사였다.

건축계획은 기능별로 4개의 영역으로 설계됐다. 중심에는 청소년들의 활동 및 연수 기능과 업무 기능을 담당하는 연수동 4,699㎡(1,421평)를 배치했다. 공연장 온누리아트홀은 525석 규모로 4,501㎡(1,361평)이고 수영장은 50m 10레인을 설치했다. 그리고 다목적체육관에 3,173㎡(960평)을 할애하여 청소년들의 체육활동 공간을 제공했다.

수원청소년문화센터는 1993년 시작하여 7년이 지난 2000년에 개관했다. 1990년대 중반 수원시는 인구 70만 명이 넘는 도시였으나 예산은 항상 부족했다. 따라서 200억 원이 들어가는 청소년문화센터에 1년에 30억 원밖에 투자하지 못했기에 7년이 걸릴 수밖에 없었다.

2002년 7월 1일 김용서 시장이 제24대 수원시장으로 취임했다. 김 시장은 드라마센

1999년 완공된 청소년문화센터. 전면 중앙이 연수동, 오른쪽에 온누리아트홀, 뒤편에 꿈의 체육관, 왼쪽에 새천년 수영장, 전면에 광장과 주차장이 조성되어 있다(사진 수원시 포토뱅크).

터에 관심을 가졌다. 청년문화센터가 1999년 말 준공되어 2000년 1월 26일 개관한 그즈음은 미조성된 서측 부분을 조성할 시점이었다.

또한 KBS(한국방송공사)는 1986년 5월 27일 인계동 468번지 일원의 수원송신소 부지 2만여 평과 외곽에 3만여 평을 추가로 매입해 5만 평 규모의 드라마 제작센터를 조성했다. 이 무렵 드라마 제작센터는 일제강점기 거리 오픈세트장을 조성해 관광객들에게 개방했다. 필자는 1980년대 중반 드라마 제작센터가 수원에 자리 잡는데 필요한 도시계획 절차 이행과 용지보상 등의 업무를 담당했다.

김용서 시장은 드라마 제작센터와 일제강점기 거리가 조성됨에 따라 인계 제3호 공원에 방송테마파크를 조성할 것을 KBS에 제안했다. 수원화성과 연계하면 관광도시의 이미지를 높일 수 있다고 판단한 것이다. KBS 박권상 사장이 수원시와의 협력 사업에 동의함에 따라 양 기관은 2002년 11월 참여 의향서를 교환했다. 그러나 2003년 4월 28일 인사 개편으로 정연주 사장이 취임함에 따라 방송테마파크 사업은 백지화되고 말았다.

수원시는 2009년 2월 '청소년문화공원' 조성사업 추진계획을 발표했다. 개발 방향은 4개의 주제가 있는 공원 조성이었다. 첫 번째는 청소년문화센터 6만1,450㎡(1만8,588평)를 중심으로 서쪽 KBS 수원방송센터 뒤편의 9만7,000㎡(2만9,342평)에는 '청

수원시 간부들이 일제강점기 거리 오픈세트장을 견학하고 있다(사진 수원시 포토뱅크).

소년 문화 테마 공원'을 조성하고, 북쪽 방향 동수원병원 맞은편 3만4,585㎡(1만462평)에는 '전통 테마 공원'을 조성하며, 동쪽인 매화초등학교 뒤편의 4만8,055㎡(1만4,536평)에는 '운동 테마 공원'을 조성하는 계획이 수립됐다.

먼저 1단계로 '청소년문화 주제 공원'을 2009년 3월 착공했다. 공원 조성사업은 다목적 광장과 잔디광장, 산책로, 자전거도로, 포토존, 북 가든, 바닥분수, 12별자리 등이 주제였고, 각종 수목 식재 사업을 38억7,100만 원을 투자하여 2010년 12월에 완료했다.

수원시는 2012년 10월 12일부터 14일까지 제2회 경기정원박람회를 서호공원에서 개최할 예정이었다. 그러나 정조 시대에 조성한 축만제(서호)가 2005년 10월에 경기도기념물 제200호로 지정되면서 공원 조성 계획을 변경하려면 문화재심의위원회의 심의를 받아야 하는 상황이 발생했다.

수원시는 정원박람회 개최지를 청소년문화공원으로 변경해 개최했다. 전시 공간의 구성은 전문가가 참여하는 모델정원, 시민·기업이 참여하는 시민정원, 대학생이 참여하는 실험정원이 들어섰고, 판매 및 홍보 공간, 이벤트 공간이 조성됐다.

나는 2013년 3월 공직을 마치고 수원시청소년육성재단 이사장에 취임했다. 청소년문화센터에는 청소년과 일반시민이 활용하는 공연장과 수영장, 야외공연장이 있어 큰

경기정원박람회가 열린 공원 모습(사진 수원시 포토뱅크).

행사가 수시로 개최됐다. 하지만 주차요금제를 시행하지 않아 외지로 관광을 떠나는 여행객들의 출발지가 됨에 따라 주차장이 부족하여 곤욕을 치러야 했다.

나는 도시계획, 도로교통, 화성 사업 등을 담당했던 경험으로 큰 예산을 들이지 않고 개선할 수 있는 방법을 찾게 됐다. 청소년문화센터 104면 주차장과 청소년문화공원 197면 주차장을 통합하여 301면을 단일 주차장으로 운영하는 방안이었다.

이를 위해 연결도로를 만들고 주차요금소를 설치하는데 사업비 5억 원이 들어야 했다. 이 사업의 필요성을 공감하고 사업비를 확보해준 사람은 당시 수원시 기획예산과장 이필근(전 권선구청장, 전 경기도의원)이었다. 이 사업으로 청소년문화센터의 주차 문제는 말끔히 해소됐다.

2022년은 경기도 정원박람회를 개최한 지 10주년이 되는 해이다. 오기영 수원시 녹지공원사업소장은 노후화된 공원시설물 개선방안을 마련하는 간담회를 열어 시설물을 보완한다고 한다. 아무쪼록 잘 정비되어 청소년문화공원의 역할을 다하기를 기원한다.

7. 만석공원

'만석공원'은 1795년 5월 18일 완성된 '만석거'에서 유래했다.

1794년(정조18) 11월 1일 정조는 흉년으로 곤궁한 백성을 염려해 해동기까지 성역 중지를 선언하고 화성 인근에 저수지와 농지개간을 지시했다. "그렇게 하면 10년 후에는 수확이 만 섬(萬石)에 달할 것이니 이것은 '만 명'이 넉넉히 먹을 수 있는 양식이다. 이는 성을 지키는데 일조(一助)가 되리라"고 했다.

1795년(정조19년) 윤2월 14일 원행을 마치고 서울로 돌아가던 정조는 화성부유수 조심태로부터 개간이 가능한 땅에 대한 설명을 듣고 곧 작업에 착수할 것을 지시했다. 공사는 1795년 3월 1일 진목천의 물줄기를 막는 공사를 시작으로 5월 18일 완성했다. 정조는 1796년(정조20) 1월 원행 때 '만석거(萬石渠)'로 명명했다.

만석공원 조성계획도, 광장, 다목적운동장, 축구장, 테니스장, 게이트볼장, 배드민턴장, 족구장, X-게임장, 주차장, 화장실, 정자, 영화정, 어린이도서관, 미술관, 야외음악당, 청솔노인복지관, 기념비, 생태학습장, 수변데크 등이 조성됐다(자료 수원시).

연못에는 작은 섬을 두어 꽃나무를 심고 연꽃을 심었으며, 연못가에 영화정(迎華亭)을 세워 주변을 조망할 수 있도록 했다. 1796년 10월 16일 낙성연 때는 연못에 배를 띄우고 연회를 갖기도 했다.

1925년 7월 '을축대홍수'때 제방이 유실되자 제방으로부터 400m 상류지점에 제방을 새로이 축조하여 오늘날의 저수지가 됐다. 만석거는 일왕면에 있다 하여 일왕저수지로 불리기도 했으며, 조기정 방죽으로 불리기도 했다. 1995년 7월 1일 민선 1기 심재덕 시장은 공원이 완성되자 옛 이름을 취해 '만석거', '만석공원'으로 바로 잡았다.

영화정도, 만석거를 감싸고 있는 옆의 길이 만석거 제방 겸 원행길이다. 북쪽에 영화정, 만석거 표석이 세워져 있다. 만석거에는 놀이배 2척, 남쪽으로 여의교가 위치하고 있다. 『화성성역의궤』 권수에 수록된 그림 (자료 수원시).

만석거가 공원이 된 것은 1967년 7월 3일이다. 정부수립 후 최초로 수립한 도시계획에서 '제4호 공원'으로 32만9004㎡가 지정됐다. 공원조성은 1992년 들어서 추진됐다. 공원으로 지정된지 25년이 지나도록 공원이 조성되지 않아 여러 분야에서 문제가 발생했다.

첫째는 1990년대까지 서호천 유역이 침수피해가 많았다. 서호 여수토(물넘이뚝) 제방과 만석거 여수토 제방이 높아 집중 호우 시 침수 피해가 자주 발생했다.

두 번째는 저수지를 제외하고 전·답과 임야로 형성된 60% 이상의 토지가 사유지여서 보상을 요구하는 민원이 발생했다.

세 번째는 파송1·2지구 토지구획정리사업의 시행으로 거주민이 많아지자 오수가 저수지에 유입되어 심각한 악취가 발생했다.

네 번째는 북수원권 주민들의 여가와 휴식공간 제공을 위해 공원조성이 필요했다.

1988년 7월 1일 구제(區制)가 도입되면서 공원업무는 도시과 도시정비계에서 담당했다. 1992년 8월 21일 필자는 구획정리계장에서 도시계획계장으로 자리를 옮기고, 이윤희 도시정비계장이 건설과 도로계장으로 자리를 옮겼다. 주양원 하수계장(전 수원시 건설국장)이 도시정비계장으로 발령받았다. 주 계장은 이미 하수계장 시절 서호천 침수대책사업을 추진했다.

주 계장은 일왕저수지(만석거)에 대한 문제점을 잘 알고 있던 터라 수원시 '제4호공원 조성사업' 추진계획을 수립하여 제일 먼저 침수대책 사업을 추진하게 된다.

이어 공원조성 계획을 수립하게 됐는데, 당시는 김포쓰레기매립장이 조성되지 않은 시기여서 각 시군은 자체적으로 생활 쓰레기를 처리했다. 수원시는 구릉지대가 없어 쓰레기 처리에 많은 애로가 있었다. 문제는 만석거 제방 아래의 논에 쓰레기를 매립했던 것이다.

주 계장은 그곳이 1796년 만석거 조성 당시의 저수지라는 것을 알고 있었다. 수원팔경의 하나인 북지상련(北池賞蓮)을 복원해 보려고 노력을 했다. 그러나 예산이 많이 들어가서 제방 아래 부분의 쓰레기 처리가 사실상 불가능하다는 수원시 청소부서의 의견에 따라 그곳에 운동장을 조성하는 계획을 수립할 수밖에 없었다. 대안으로 북지상련(北池賞蓮) 표석을 세우는 것으로 만족해야 했다.

공원조성 계획에서 중점을 둔 것은 테니스장이었다. 체육부서에서는 전국단위 행사를 개최하기 위해서는 14면을 확보해야 했다. 광장, 다목적운동장, 축구장, 배드민턴장, 게이트볼장, 족구장, X-게임장, 주차장, 화장실, 정자, 영화정, 어린이도서관, 미술관, 야외음악당, 청솔노인복지관, 기념비, 생태학습장, 수변 데크 등이 조성됐다. 배드민턴장은 이후 실내경기장으로 재조성됐다.

문제는 32만9,004㎡(9만9523평)의 공원부지 중 수원시 땅이 없다는 것이었다. 수원시의 예산형편으론 1년에 20~30억 원씩 확보할 경우 10년 이상 걸려야 했다. 주 계장은 사업추진 기간을 단축하기 위해 해마다 확보되는 예산은 저수지 밖의 토지 보상에 집중했다. 저수지는 수화농지개량조합(현 농어촌공사)의 소유였으므로 사용 동의를 얻어 공원조성을 추진했다. 수원시는 수화농지개량조합에 보상금을 바로 지급하지 못해 빚 독촉을 받아야 했다.

공사가 절반 정도 추진될 즈음인 1995년 7월 1일 심재덕 시장 취임으로 공원조성계획을 부분적으로 수정했다. 심재덕 사장은 만석공원이 이목동의 집에서 출퇴근 길옆에 있어 멋진 건물이 지어지는 것을 보게 됐다. 건물의 용도를 확인해 보니 청소과에서 재활용센터를 짓고 있음을 알게 됐다.

당시 수원시 미술인들은 미술전시관 건립을 당면사항으로 정하고 심 시장에게 지속적으로 주문했다. 심 시장은 당시 설계자인 진우건축 김동훈 건축사에게 미술관으로 사용할 수 없냐고 하여 미술관으로 사용이 불가능하지는 않으나 여러모로 불편한 점이 많을 것이라고 했다. 그 건물은 결국 '재활용센터'가 되지 못하고 '수원미술전시관'이 됐다.

공원조성 계획도 바뀌었다. 당시만 해도 남수문 복원은 요원했다. 그래서 상류지역에 남수문 형상의 교량 설치를 주문했다. 함께 영화정 역시 복원을 주문했다. 만석공원 조성이 완공되자 주양원 계장은 사무관으로 승진하여 장안구 건설과장으로 자리를 옮겼다.

민선 심재덕 시장은 이 무렵 수원시목을 은행나무에서 소나무로 바꾸게 된다. 당시 장안구청장은 심재덕 시장과 수원농림고등학교 동창인 김영철 구청장이었다. 김 구청장은 만석공원과 능행길 등에 시목인 소나무 식재를 적극 추진했다. 만석공원은 시민들의 기증 목으로 추진하는 식재 계획을 수립했다.

공원 외곽에 200주를 심기로 했다. 나무의 규격은 높이 10m 크기로 1주당 80만 원으로 책정했다. 대신 화강석으로 팻말을 세워주는 조건으로 계획을 세웠다. 기증자들에게는 회갑, 칠순, 개업, 자녀출산 등 경사스런 기념일에 맞추어 기념식수 의미를 부

1990년 1월 항공사진, 만석공원 개발 전 사진. 토지구획정리사업 시행으로 가옥이 많이 보인다(사진 수원시 항공사진서비스). | 2022년 6월 항공사진, 만석공원이 완성된 모습. 왼쪽 숲은 예산부족으로 조성하지 못해 현재까지도 숲으로 남아있다(사진 수원시 항공사진서비스).

만석거 연꽃심기 행사 기념사진. 화성연구회 김이환 초대 이사장과 필자 등 회원 15명이 함께 참여했다(사진 수원시 포토뱅크).

여했다. 후일 담당자들은 상급기관으로부터 호된 감사를 받았다고 한다.

만석공원 조성이 완료되자 북지상련(北池賞蓮)이 사라짐을 아쉬워하는 시민들이 많았다. 2000년 4월 16일 용주사 포교당인 수원사가 주관, 수원의 문화단체가 참여하는 연꽃심기 행사가 열렸다. 필자도 화성연구회 회원 15명과 함께 참여했다. 현재 만석공원에는 이때 심은 연꽃이 멋진 풍광을 연출하고 있다.

만석공원에는 수원 발전을 위해 헌신한 7선 국회의원 이병희 전 무임소장관의 동상이 세워져 있다. 이병희 선생 동상건립추진위원회가 2000년 5월 19일에 세워 고인의 수원사랑 뜻을 기리고 있다.

만석거는 2017년 10월 11일 국제관개배수위원회(ICID)가 지정한 '세계 관개(灌漑) 시설물 유산'으로 등재됐다. 만석거는 수갑(水閘)이라는 조선 시대 최고의 수리기술이 반영된 당대 선도적 구조물이고, 백성들의 식량 생산과 농촌 번영에 이바지했으며, 건설 당시 아이디어가 혁신적이고, 가을 풍경이 수원 추팔경(秋八景)의 하나로 불릴 정도로 역사 문화적으로 가치가 있다는 점이 높은 평가를 받았다.

만석공원은 백성을 사랑하는 정조대왕의 애민 정신이 서려있는 공원이다. 북수원권 시민들의 여가와 휴식공원으로 자리 잡았다.

8. 여기산·서호공원

1967년 7월 3일 52만㎡ 여기산이 공원으로 지정됐다. 여기산은 해발 104.8m로 산 정상부에 453m의 테뫼식 산성이 있다. 1979~84년 발굴된 토기 및 철촉, 방추차, 온돌 구조 및 집 자리는 중부지방의 대표적인 청동기시대 및 초기 철기시대의 생활유적지로 확인됐다. 여기산은 화성축성 당시 팔달산과 숙지산, 앵봉과 함께 성돌을 채취한 채석장이었다. 여기산 채석장은 1970년대까지 운영됐다.

이후 1976년 3월 27일 서호가 추가로 편입되어 62만1,994㎡가 됐다. '여기산·서호공원'이 된 것이다.

서호는 축만제(祝萬堤)로써 1799년(정조23) 내탕금 3만 냥을 들여 만들었다. 국토지리정보원 고시(제2020-1130호)에 따라 공식적으로 원래의 축만제라는 이름을 되찾았다.

정조는 1795년 '만석거(萬石渠)' 축조에 이어 1797년 만년제(萬年堤)를 축조하고, 당시 화성부유수 서유린에게 화성 서쪽에 저수지와 둔전인 국영농장 건설을 지시했다. 이것이 축만제, 즉 서호다. 천년만년 '만석(萬石)'의 생산을 축원하는 뜻이 있다.

여기산·서호공원 항공사진(2022년 6월) 여기산과 서호 농촌진흥청 시험답, 왼쪽에 농촌진흥청 건물과 도로변에 농업박물관 건립이 완료된 모습이 보인다(사진 수원시 항공사진서비스).

축만제 표석, 1799년 축만제(서호) 제방에 세운 것이다(사진 수원시 포토뱅크).

'화성지', '수원읍지'를 살펴보면 축만제는 수원부 치소로부터 서5리 북부에 있다고 기록되어 있다. 길이 1246척, 넓이 720척, 높이 8척, 두께 7척5촌, 깊이 7척, 수문2곳, 몽리답 232섬지기라고 기록되어 있다. 저수지 한복판에는 인공섬을 만들었다.

저수지가 축조되자 정조는 '축만제둔'을 조성했다. 오늘날 서둔이란 지명은 여기서 유래한다.

정조는 화성 건설 이후 수원을 경제적 기반이 튼튼한 자립도시로 만들고자 했다. 화성 유지관리 비용을 둔전운영을 통해서 조달하고자 했다. 축만제는 정조시대 농업의 결정판이라고 해도 과언이 아니다.

1831년(순조31) 항미정을 건립하여 서호낙조(西湖落照 : 해질녘 낙조 드리운 서호)의 아름다운 풍광이 탄생했다. 일제 때 만든 '조선명승실기(朝鮮名勝實記)'에는 143곳의 명승지 중 서울과 금강산에 이어 세 번째로 아름다운 곳으로 선정되어 있다.

1906년에는 근대적인 농법을 전파한다는 명분을 내세운 일제의 농업정책 수행기관 '권업모범장'이 이곳에 설치됐다. 1929년 '농사시험장'으로 개편하여 시험·연구 사업을 추진했다. 1944년 5월에는 '농업시험장'으로 개칭하고 농사시험·연구기구를 일원화하고 재배기술을 농촌에 보급하는 일을 담당했다.

1946년 해방 후에는 미 군정청 중앙농사시험장으로 개칭되었다가, 1947년 농사개량원, 1949년 농업기술원, 1957년 농사원으로 개편하고, 1962년 농촌진흥청으로 개편하여 국내 최대 농업 관련 국가기구로 발전했다. 농촌진흥청은 1970년대 부족한 식량자원 확보를 위해 쌀 3천만 석 사업을 전개해 달성했다.

필자와 여기산·서호공원과의 인연은 1973년 10월 수원공업고등학교 3학년 때 농촌진흥청 산하 농업기술연구소(현 국립농업과학원)에 실습을 나가면서부터다. 군에 입대하기 전인 1976년 8월까지 3년 가까이 여기산과 서호 옆에서 지냈다.

가끔 점심을 먹고는 서호 제방을 산책하거나 여기산을 오르기도 했다. 1975년 초겨울에는 저수지가 바닥을 보인 일도 있었다. 얼음판 밑 1m 정도의 가물치를 큰 돌을 내리

1831년(순조31)에 건립된 항미정, 항주의 서호 미목(아름다운 눈썹)에서 따온 이름. 정면 네 칸에 측면 칸 반의 규모로 'ㄱ'자 모습의 43.5㎡ 정자(사진 수원시 포토뱅크).

쳐 잡은 기억이 난다.

이 시절 수원에는 현대식 공원이 하나도 없었다. 시민들이 즐겨 찾는 휴식공간은 자연적으로 형성된 팔달산과 서호, 원천유원지 정도였다.

서호는 농업용수로 사용하기 위해 만든 저수지이지만 1970년대 초까지만 해도 수원 시민들의 휴식 장소이자 놀이터로, 연인들의 데이트 장소로 각광을 받은 곳이다.

1967년 경기도청의 수원 이전으로 서울~수원간 도로 확장이 필요했다. 수원시는 도로건설비를 줄이기 위해 토지구획정리사업을 추진했다. 1968년부터 영화1·2지구와 파송1·2지구가 개발되면서 북수원 서호천 유역에 거주민이 급격하게 증가했다.

당시 수원은 오폐수 처리시설이 되어 있지 않아 오폐수가 하천을 통해 저수지로 유입됐다. 1970년대 말 저수지 오염이 심각한 수준에 이르자 농촌진흥청은 오염방지를 위해 서호 주변에 철조망을 둘러치고 시민들의 출입을 금지했다. 시민을 통제한다고 수질이 좋아지지는 않았다.

당시 오수 차집관거 설치와 하수처리장 건설은 요원했다. 응급조치로 강중폭기조(간이정화시설)를 서호 상류에 설치했으나 오염을 막을 수는 없었다. 수원 시민들은 불만이 쌓이게 됐다.

당시 서호 개방을 처음으로 들고 나와 행동에 나선 사람은 1987년 수원문화원장으로 취임한 심재덕이었다. 심 원장은 수원천 살리기에 앞장서는 한편 서호를 수원 시민에게 돌려주자는 캠페인도 함께 전개했다. 1988년 『수원사랑』 10월호에 죽음의 호수로 변한 서호를 알리는 글을 써서 시민들의 관심을 촉구했다. 이때부터 심재덕 문화원장은 서호를 시민에게 돌려주는 운동을 본격적으로 시작했다.

한신대 김준혁 교수(현 국회의원)가 쓴 『미스터 토일렛 심재덕 평전』에는 다음과 같은 사실이 기록돼 있다.

1990년 서호 주변 서둔동 주민들은 농촌진흥청을 상대로 서호를 개방하라는 요구를 하고 나섰다. 농촌진흥청은 움직이지 않았다. 심원장은 1992년 7월 9일 『경인일보』에 문제를 제기하고 나섰다.

첫째, 항미정은 잘 보존되고 있는가? 옛 선현들이 주변과 조화를 이루어 건축했는데 항미정 옆 동산은 왜 깎여 없어졌는가?

둘째, 서호의 수면은 옛날과 같은 모습인가? 여기산 그림자가 드리워졌던 서쪽의 활처럼 휘여 아름답던 그곳이 직선 운동장이 된 것은 어떤 연유인가?

셋째, 위의 두 가지 형질변경은 합법적으로 이루어진 것인가?

넷째, 서호의 축만교는 무엇인가? 일본인조차 항미정과 여기산을 생각해 아담하고 예쁜 다리를 놓았는데 경관을 무시하고 거대한 콘크리트 다리를 건설한 것은 누구의 의견을 듣고 한 것인가?

다섯째, 서호를 살릴 것인가? 금빛 잉어, 가물치, 온갖 물고기가 노닐던 서호는 사호(死湖)가 됐다.

당시 수원에는 집중폭우 때 서호천 주변의 침수피해가 극심했다. 서호의 수문을 농촌진흥청에서 관리했기에 수원시와 손발이 맞지 않아 수위조절을 제때 하지 않아 수위가 높아져 침수가 발생했기 때문이다. 수원시는 서호 관리권한을 수원시에 위임해 줄 것을 요구했으나 서호는 농사시험 사업에 필요한 관개용수로 활용하기 때문에 관리권을 넘겨줄 수 없다는 한결같은 주장이었다.

1995년 7월 1일 제1기 민선시장으로 당선된 심재덕 시장은 문화원장 시절 추진한 서호 개방 사업을 추진했다. 서호 개방을 위해서는 수질개선이 급선무였기에 호수 바닥에 쌓인 오염토사 준설공사를 하고 상류에 설치된 강중폭기조(정화시설)를 철거, 공원을 조성했다.

1996년은 화성 축성 200주년이 되는 해였다. 이전인 1994년 7월 29일 당시 심재덕 문화원장은 대대적인 기념사업을 제안한 바 있다. 기념사업 일환으로 국제연날리기 행사를 농촌진흥청 운동장에서 개최함으로써 서호 개방 시민운동 사업을 마무리했다. 이 운동장은 서호를 메워 만든 것이었다.

화성 축성 200주년 세계 연날리기 행사 모습. 서호를 메워 조성한 잔디운동장에서 연날리기 행사가 개최됐다(사진 수원시).

축만제는 2016년 국제관개배수위원회(ICID)로부터 '세계 관개시설물 유산'으로 인정받았다. '가뭄에 대비한 구휼 대책과 화성을 지키는 군사들의 식량과 재원을 제공하는 등 백성의 식량 생산과 생계에 기여했고, 화성이라는 신도시 건설의 하나로 조성한다는 아이디어가 혁신적이었고, 항미정 건립으로 관개용수 공급의 단일 목적을 넘어 조선후기 선비들의 풍류와 전통을 즐기는 장소가 됐다'는 평가를 받았다.

서호의 봄 풍경. 서호 주변에 벚꽃이 만개한 아름다운 모습(사진 수원시 포토뱅크).

정조의 애민사상에서 비롯된 농업기반 시설은 우리나라 농업의 본산이 됐다. 나아가 쌀 생산 3천만 석을 달성해 쌀 분야의 자급을 이루었다.

2014년 농촌진흥청은 비록 수원을 떠나 전주로 갔지만 정조시대 이후 수원이 대한민국 농업의 본산지임을 잘 지켜가야 할 것이다.

9. 숙지공원

1967년 7월 3일 수립된 수원도시계획에서 숙지산 일원 273,669㎡가 숙지공원으로 지정됐다.

숙지산(熟知山)은 수원화성 축성과 밀접한 관련이 있다. 1789년 사도세자의 묘인 영우원을 길지인 수원부의 화산으로 옮기기 위해 구읍을 오늘날의 수원으로 이전했다. 이후 정조는 신하들의 건의로 화성축성을 추진하게 된다. 화성축성에 대한 논의가 한

2022년 6월 숙지공원 항공사진. 숙지산은 임야가 대부분이었는데 2003년과 2009년, 농지에 축구장과 다목적체육관, 야외공연장, 산책로, 휴게시설, 주차장이 조성됐다(사진 수원시포토뱅크).

창 진행되던 1793년(정조17) 12월 6일 정조는 화성부유수 조심태를 불러 물었다.

"돌 뜨는 것이 가장 급한 일인데 돌 뜨는 곳이 고을 소재지에서 몇 리나 되는 거리에 있는가?"

하니, 조심태가 아뢰기를, "바로 3리나 7리 정도의 지점인데 길이 평탄하여 운반하기가 쉽습니다." 하니, 채제공이 아뢰기를, "팔달산(八達山) 건너편의 지역은 읍과의 거리가 3리에 지나지 않고 석재(石材)가 많으면서도 좋아서 무진장하다고 이를 수 있습니다. 그곳의 지명이 바로 공석면(空石面)이기에 신은 항상 신명이 이를 감춰두었다가 오늘을 기다린 것은 모두가 전하의 효성이 하늘을 감동시켜서 그렇게 된 것이라고 생각합니다."라고 하였다.

숙지산 부석소(浮石所)의 돌을 뜬 흔적(사진 김충영).

『화성성역의궤-권수』에 이렇게 기록되어 있다.

"돌 캐는 곳은 다섯 군데였는데, 숙지산에 두 군데, 여기산에 두 군데, 권동에 한 군데가 있다. 성을 쌓는 작업을 시작할 무렵까지는, 이 지방에서 돌이 나지 않았으므로 혹은 벽돌을 사용하는 것이 마땅하다고 하기도 하고, 혹은 토성을 쌓는 편이 낫다고 하여 의논이 여러 갈래로 갈려 일치되지 않았다.

수원부의 서쪽 5리쯤에 공석면(空石面)이 있고 여기에 숙지산이 있으며, 또 그 서쪽으로 5리쯤에는 여기산이 있다. 처음에는 이 두 산이 모두 흙으로 덮여서 조막만한 돌도 있는지 없는지 모를 정도였다. 그러다가 돌맥을 찾아서, 이 맥을 따라 파 들어갔다. 그리하여 가로세로 시렁처럼 층층으로 파내자 좋은 돌맥이 나타났다. 이 뒤에 권동에서도 돌맥을 찾았는데, 두 산에 버금가는 좋은 돌맥이었다. 서성의 터 닦던 날에 팔달산의 왼쪽 등성이에서 남으로 용도에 이르기까지 600~700보나 되는 거리가 모두 돌맥으로 꽉 차 있는 것을 알아냈다. 그래서 서성 일면은 모두 이 돌산에서 캐내어 사용했다.

대체로 숙지산의 돌은 강하면서도 결이 곱고, 여기산의 돌은 부드러우면서도 결은 거칠었다. 권동의 돌은 여기산 돌과 비슷하면서도 약간 곱고, 팔달산의 돌은 숙지산의 돌에 비하여 다 강하고, 여기산 것보다 더 거칠었다.

여러 곳에서 떠낸 돌을 통틀어 계산하면 숙지산 돌이 약 8만1,100여 덩어리, 여기산 돌이 약 6만2,400덩어리, 권동이 3만200덩어리, 팔달산이 1만3,900덩어리였다"

화성을 축조하는 데 전체 18만7,600덩어리가 사용됐다. 숙지산에서 떠낸 돌은 화성축성에 들어간 돌의 43.2%에 달했다.

정조는 1796년(정조20) 1월 24일 현륭원을 참배하고 대유평을 지나 만석거에 이르러 화성에 쓰인 돌에 대해 말했다.

"면 이름을 공석(空石)이라 하고 산의 이름을 숙지(熟知)라 하였으니, 이른바 예부터 돌이 없는 땅이라고 일컬어졌는데, 오늘날 갑자기 셀 수 없이 단단한 돌을 내어 성 쌓는 용도가 됨으로써 돌이 비게 될 줄 어찌 알았겠는가!' 암묵 중에 미리 정함이 있었으니 기이하지 아니한가!"

숙지산에서 돌 뜨기는 화성축성 당시 시작되어 1970년대 말까지 이어졌다. 채석장은 2곳이 있었는데 가장 많이 돌을 뜬 곳은 숙지산의 남쪽 부분이다. 이곳은 돌을 많이 떠서 숙지산 정상부분 남쪽에 벼랑이 만들어지기까지 했다. 숙지산은 후방에서 적을 살피는 척후돈대(斥候墩臺)가 있어 화성과는 밀접한 관계였다.

1975년으로 기억된다. 당시 박정희 대통령은 쌀 3천만 석

1966년 11월 숙지산 항공사진. 북쪽 길옆에 하얀 부분이 연초제초창 앞 채석장. 남쪽 하얀 부분이 화성아파트가 있던 채석장(사진 수원시 항공사진서비스).

달성을 독려하기 위해 해마다 농촌진흥청을 방문했다. 필자는 당시 수원 1번 버스가 유일했던 시절 농촌진흥청으로 출근하기 위해서 수원극장 앞에서 버스를 탔다. 하루는 버스를 타고 출근하다가 숙지산을 바라보니 채석장이 푸른색으로 변한 것이 보였다. 나중에 알아보니 박 대통령이 농촌진흥청을 방문하기 때문에 숙지산 석산이 흉해서 시청에서 푸른 그물을 씌웠다는 것이다. 숙지산 석산은 1970년대 말 주공아파트 단지가 건설됐다.

숙지산의 2번째 석산은 연초제조창 앞에 있었다. 이곳 역시 1970년대까지 석산이 운영됐다. 이곳은 돌을 많이 채취하여 석산이 도로보다 깊이 파이게 되면서 흉지로 변했다. 당시 수원시는 쓰레기 처리장이 없어 쓰레기를 버릴 곳이 없게 되자 이곳에 쓰레기를 메우는 우를 범했다.

숙지산은 공원으로 지정됐다. 수원 도심의 근린공원은 대부분 1967년과 1969년에 지정됐는데 대부분 잘 가꾸어진 임야와 저수지였다. 그때는 6.25동란 여파가 가시지 않아서 공원만 지정되고 방치된 상태였다.

수원에서 제일 먼저 공원을 조성한 곳은 장안공원이다. 장안공원은 1975~79년 화성복원사업을 기념하기 위해 관문공원으로 조성됐다. 이후 토지구획정리사업에서 확보된 공원부지에 놀이기구와 수목을 적당히 심어 그늘을 만들어주는 정도였다.

1981년으로 기억된다. 수원시 도시과에는 도시행정계, 도시계획계, 구획정리계가 있었다. 당시 도시행정계장으로 정 모 계장이 근무했다. 정 계장은 가끔 필자에게 숙지산 공원에 조상대대로 내려오는 산과 전답이 있다고 말하곤 했다. 이후 20여 년이 지나 필자가 도시계획과장을 하던 2000년 경에 찾아왔다.

"세상에, 공원으로 지정한지 30년이 지났는데 보상을 안해주면 어떻게 하느냐"고 했다. 주변은 모두 주거지역이 되어서 땅값이 하늘과 땅만큼 차이가 난다는 것이다. 자녀들이 성장해서 집도 마련해줘야 한다고 했다. 본인은 집에서 가장으로서 체면이 안 선다는 것이다. 식구들이 시청에 그리 오래 다녔으면서 그것도 하나 해결하지 못하느냐고 불평한다는 것이다. 그러니 보상을 안해주려면 해제해 달라고 했다.

숙지공원의 변화라면 1987년 수원시는 북서부지역 상수도 공급을 위해 정상부분에 9,846㎡의 부지에 1만 톤 규모의 상수도 배수지를 설치했을 뿐이다.

2003년 11월 8일 숙지공원 조성공사 기공식 모습(사진 수원시 포토뱅크).

2000년대에 들어서면서 주민들의 끈질긴 요구로 일부 농경지를 보상하게 되자 2003년부터 공원 조성이 시작됐다. 2000년 11월 8일 숙지공원 조성공사가 시작됐다. 당시 공원조성은 이미 보상이 완료된 농지에 운동장과 편의시설을 만드는 정도의 사업이었다.

이후 2008년 8월 25일이 되어서 숙지다목적체육관 건립공사가 추진됐다. 체육관은 철골조 샌드위치판넬 1,277㎡(386평)로 배드민턴 6면, 농구 1면, 배구 1면, 관람석 336석과 관리동까지 28억8,640만 원의 예산을 들여 건립됐다.

숙지산은 현재 '孰'자와 '知'를 쓴다. 예전엔 '熟(익힐 숙)'자를 썼다. 그러니까 '익히 알았다'는 뜻이다. 돌이 비워지게(空石) 될지 익히 알았다(熟知)는 뜻이다.

수원은 어디를 가나 화성과 관련된 유적이 있다. 정조대왕의 일화가 있는 도시라는 긍지를 가져야겠다.

10. 수원의 시목(市木), 소나무

우리나라 사람들에게 가장 친밀한 나무는 소나무일 것이다. 소나무는 우리나라 수종 중 가장 넓게 분포되어 있고 개체수 또한 가장 많다. 또 척박한 곳에서 잘 적응하여 습하지 않으면 어디서든 잘 자라고 건축재, 가구재, 생활용품, 관재(棺材), 선박재료 등에 다양하게 쓰인다. 거대하게 자란 노송은 장엄한 모습으로 절개와 의지의 상징이 됐다.

화성 건설 시기 수원에 조성된 소나무 숲은 일제강점기와 한국전쟁으로 무참히 훼손되는 위기를 겪었다. 장안문에서 지지대고개에 이르는 구간에는 그나마 소나무림이 유지됐으나 환경오염과 매연으로 고사하여 1995년의 민선 자치시대에 이르러서는 50여 주밖에 남지 않았다.

수원에 소나무를 다시 심게 된 것은 민선시대와 맞물린다. 당시까지 수원의 시목은 은행나무였다. 은행나무는 수원지방에서 잘 자라서인지 가로수로 플라타너스(버즘나무)와 함께 많이 심어졌다.

1940년대 노송지대 소나무. 지지대 고개에서 이목동으로 들어오는 곳에 제법 많은 노송이 군락을 이루고 있다(사진 수원시).

1995년 7월 1일, 심재덕 수원문화원장은 민선 1기 수원시장으로 취임했다. 그런데 공교롭게 같은 날 수원농고 동창인 김영철 포천군수가 장안구청장으로 부임했다. 김 구청장은 권선구청장을 하다가 포천군수로 가게 됐는데 민선시대가 되면서 고향인 수원 장안구청장으로 다시 부임하게 된 것이다.

당시 심재덕 시장은 노송지대인 이목동에 살고 있어 소나무가 죽어가는 모습을 눈으로 확인하면서 출퇴근했다. 당시에 살아있던 소나무는 53주. 심 시장은 그즈음 1996년이 화성축성 200주년이라 기념사업에 열중하고 있을 때였다. 심 시장은 특별히 김영철 구청장에게 "당신이 권선구청장으로 있을 때부터 소나무에 관심을 보여 왔는데 어디 소나무 한번 심어볼 생각이 없는가?"라고 말을 건넸다고 한다. 김 구청장은 권선구청장 시절 수원시 오목천동 곳집말 입구에 인근 '임목육종연구소'에서 소나무 5그루를 기증받아 심었다는 것을 알고 심 시장이 소나무 심기를 권유했다.

당시 장안구청 건설과장은 주양원, 녹지계장은 임양순, 담당은 차선식 주사였다. 주 건설과장은 장안구청 건설과장으로 승진하기 전 수원시 도시과 도시정비계장으로 근

만석공원 외곽에 식재한 소나무(사진 김충영).

무하면서 만석공원 조성사업을 담당했다. 만석공원을 조성할 때 예산이 부족해 조경 설계가 미흡했고, 공사기간이 길어지면서 어린 나무를 심다보니 처음에는 허허벌판 같았다. 이 때문에 주 과장은 만석공원을 보완하는 차원에서 화성축성 200주년에 맞추어 공원 외곽에 소나무 식재계획을 수립했다.

소나무 식재계획은 첫째 화성축성 200주년 기념사업인 만큼 200주를 목표로 했다.

예산은 시민들이 기증하는 헌수목(獻樹木)으로 하기로 했다. 자녀 출산, 결혼, 회갑, 칠순, 팔순, 졸업, 취업, 승진 등 가정과 회사의 축일을 기념하는 의미로 헌수운동을 추진했다.

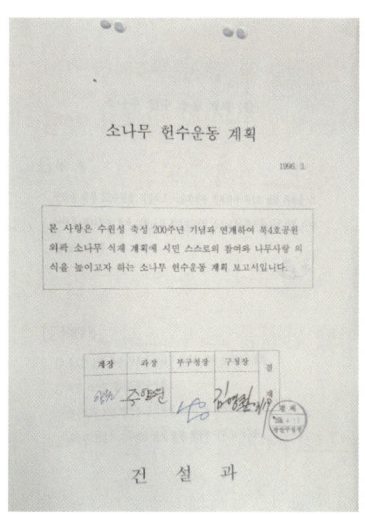

1996년 3월 19일 장안구 건설과에서 수립한 소나무 헌수 계획서(자료 주양원 제공).

둘째 나무 규격은 둘레가 10cm 이상 되는 것으로, 가격은 주당 80만 원 정도로 책정해 기증자를 소개하는 표석을 세우기로 했다.

장안구 녹지팀은 식재할 소나무를 선정하기 위해 주양원 과장과 임양순 녹지팀장, 2개 업체 대표까지 4명이 전국을 돌면서 적합한 소나무를 찾았다. 최종적으로 경남 산청군의 소나무가 선정됐다. 지방자치가 시작된 지 1년밖에 안 된 시점이라 당시엔 기부금품 모집에 관한 법적인 제도가 마련되지 않았다. 그래서 장안구 녹지팀은 기부금을 직접 받지 않는 방법을 택했다. 즉, 수원시에서 조경업에 종사하는 모범업체로 하여금 기부금을 받는 방법을 적용하기로 한 것이다. 그래서 A업체와 B업체가 대행업체로 지정되어 수원시와 장안구청이 후원하는 소나무심기 모금운동을 벌이기 시작했다.

만석공원 소나무 심기 현장 모습. 왼쪽에 최운용 송죽동장, 오른쪽으로 김종기 수원문화원장, 다음으로 김영철 장안구청장, 중앙에 심재덕 시장, 오른쪽으로 주양원 건설과장, 오른쪽에 임양순 녹지계장이 보인다(사진 주양원 제공).

당초 200주를 계획했는데 뜻이 있는 행사여서 많은 시민들이 참여했다. 그래서 모두 488주를 심을 수 있었다. 시민과 기업이 기증한 312주, 임목육종연구소 24주, 수원시 152주 등이었다.

필자는 이 글을 쓰기 위해 주양원 과장(전 수원시 건설국장)과 차선식 주사(현 수원시 공원녹지사업소 녹지경관과장)와 통화를 했다. 며칠이 지나자 주 과장으로부터 전화가 왔다. 김영철 구청장을 모시는 식사자리를 만들었다는 것이다. 구체적인 당시 사정을 듣고 싶으면 참석하라고 했다. 필자도 김영철 구청장과도 친분이 있었기에 동석하게 됐다.

식사는 장안문 인근 OO음식점에서 2시간 가까이 이어졌는데 당시 못다 한 이야기가 나왔다. 일을 추진하면서 기부 금품을 직접 처리하는 방법이 없어 위에서 밝힌 대로 대행업체를 지정해서 추진했는데 거기에 참여하지 못한 조경회사와 일부 시민들이 불만을 토로했다. 그러자 검찰은 A와 B업체 대표를 불러 공무원에게 뇌물을 준 것 아니냐며 며칠 동안 조사를 했고 그래도 나오는 게 없자 무혐의 처리했다. 담당인 주양원 과장도 불려가서 호되게 수사를 받았고 A업체는 이때 환멸을 느껴 '조경업 면허'를 스스로 반납했다고 한다.

주 과장은 숨은 미담도 소개했다. 당시 자민련 소속으로 1996년 4월 1일 제15대 국회의원에 당선된 이병희 국회의원은 지병으로 1997년 1월 13일 임기 중 유명을 달리

1996년 만석공원과 능행길에 소나무 심기를 추진했던 역전의 용사들. 오른쪽 뒤 김영철 장안구청장, 왼쪽 앞 주양원 건설과장, 오른쪽 앞 차선식 주사, 왼쪽 뒤 필자.

했는데, 그 전에 그는 마지막 세비를 수원 만석공원 소나무 심기에 쾌척하여 4그루를 심었다고 한다.

주양원 과장은 능행길인 정자동 백조아파트(현 경남아너스빌 아파트)에서 파장동 선경합섬 정문 앞인 파장파출소 구간에 소나무를 심은 이야기도 했다. 당시 이 구간에는 플라타너스가 심어져 있었는데 수령이 오래되어 썩어가는 나무도 많았고 나무 상태도 불량하여 도로변 상가 주민들로부터 민원이 여러 차례 제기됐다고 한다. 주 과장은 이 구간을 소나무 길로 만들기로 하고 구청장에게 보고했다. 구청장은 "심 시장이 수원에 100만 그루 나무 심기 사업을 전개하고 있는데 동의를 할까?"라고 우려했다. 결론적으로 구청에서는 심 시장에게 보고하지 않고 주말을 이용해 50여 주가 넘는 플라타너스를 야간작업으로 정리했다. 그러자 출근길에 플라타너스가 없어진 것을 보게 된 심 시장이 주 과장을 불렀다. 주 과장이 그 자리에 소나무를 심을 계획이라고 말하자 "그래 잘해봐"라고 했다고 한다.

북문파출소 앞 송정로 옛 능행길 현재 모습 (사진 김충영).

03. 효원의 도시, 수원 171

백조아파트~파장파출소까지는 수원시 예산으로 소나무를 식재했다. 문제는 북문파출소에서 백조아파트 구간이 문제였다. 당시 LG건설은 금곡동에 4,200여 세대를 조성하면서 수원시에 일정 정도 기부금을 내겠다는 의사를 표명했다. 그러자 장안구청장은 북문파출소~백조아파트 구간에 소나무를 심으라고 권유했고 LG가 수락하여 약 2km 구간에 소나무를 심을 수 있었다.

이렇게 하여 만석공원 외곽과 북문파출소에서 파장파출소 구간에 소나무 가로수 심기가 완료됐다. 장안구는 소나무 가로수 심기 사업을 기념하기 위해 1997년 11월 11

소나무 심기 기념표석. 1997년 11월 11일 장안구 정자동 동신아파트 1단지 입구에 기념표석을 세웠다(사진 김충영).

일 장안구 정자동 '동신아파트 1단지' 입구에 기념표석을 세웠다.

당시에는 큰 소나무를 이식하는 경우가 드물어 장안구가 추진한 소나무 가로수 심기 사업은 모범사례가 되어 전국에서 견학을 오는 유명세를 탔다. 이렇게 시작된 수원시 가로수 심기 사업은 성공적으로 진행됐다.

1999년 12월 29일엔 수원시 상징물 조례를 제정하면서 수원시 시목(市木)이 은행나무에서 소나무로 바뀌게 된다.

04
수원의 길

1. 모든 길은 한양으로 통했다

서양 속담에 '모든 길은 로마로 통한다(All roads lead to Rome)'는 말이 있다. 오랫동안 세계의 중심이었던 로마는 바닥에 네모난 돌을 반듯하게 깔아 길을 냈다. 로마는 세월이 흘러 이탈리아반도 전체를 통일하게 됐는데 통일된 곳에는 어김없이 로마의 길이 만들어졌다. 이 길은 그리스, 프랑스, 독일, 북유럽과 스페인까지 뻗어나갔다. 그래서 '모든 길은 로마로 통한다'는 말이 생겼다. 이러한 현상은 어느 나라에서든 마찬가지였다. 고구려, 백제, 신라가 활동하던 삼국시대에는 세 나라가 오늘날의 서울에서 각축을 벌였다. 그리하여 서울 인근에는 많은 도로망이 형성되어 다양한 문화의 전파로가 됐다.

삼국을 통일한 신라는 한반도의 중앙을 행정구역에 편입시켰을 뿐, 정치·경제·문화의 거점은 여전히 경주에 두었다. 고대국가의 수도는 간선도로망이 중심부에 위치하여 국내외의 모든 정보를 총괄할 수 있어야 함에도 그러지 못했다. 결국 변경에서 벌어진 각종 민란에 대한 대응이 늦어지면서 후삼국시대로 돌입하고 말았다.

후삼국을 거쳐 고려가 개국하여 고구려의 수도인 평양을 서경으로, 백제의 수도였던 오늘의 서울을 남경으로, 신라의 수도를 동경으로 삼고, 한반도 중앙에 있는 개경을 수도로 삼았다. 이렇게 고려의 도로망은 개경을 중심으로 형성되었다.

고려가 개국 474년 만에 국운이 쇠하자 태조 이성계는 1392년 개경에서 조선을 개국했다. 태조는 개국과 함께 새 도읍의 건설을 강력히 추진했다. 이는 구 왕조와의 보이지 않는 끈을 끊어 버리기 위함이었다. 태조 2년(1393)에 계룡산 새 도읍 현장을 답사했다.

이는 하륜의 모악주산론(母岳主山論)이 나옴에 따른 행차였으나 계룡산이 왕도로 만족스럽지 않자 태조는 발길을 되돌렸다. 귀경길에 고려 남경(南京)의 옛 궁터를 살펴보고는 정도전의 백악주산론(白岳主山論)을 받아들여 한양으로 천도할 것을 결심하고 태조 3년(1394) 10월 한양 천도를 단행했다.

이후 1차 왕자의 난으로 태조는 정종에게 양위하게 된다. 정종은 즉위 후 개경으로 돌아갈 뜻을 밝혔다. 이윽고 정종 1년(1399) 개경으로 돌아가게 된다. 2차 왕자의 난

이후 정종은 태종에게 양위했다. 3대 임금으로 즉위한 태종은 창덕궁을 건립하여 태종 5년(1405) 한양으로 다시 천도하게 된다. 한양은 정종의 개경 환도로 인하여 6년 동안 관리되지 않아 많은 부분이 퇴락했다.

그러자 태종 7년(1407년) 4월 20일 한성부(漢城府)에서 도성(都城)에 대한 정비계획을 올린 기사가 『태종실록』에 실려 있다. 도성 5부의 방(坊) 이름, 교량 이름, 가로 이름 등의 표시가 모두 퇴락하였으니 다시 써 붙이겠다고 건의한다.

"도로는 곧아서 거량(車輛)의 출입(出入)을 편리하게 하였었는데, 지금 무식(無識)한 사람들이 자기의 주거(住居)를 넓히려고 길을 침로해 울타리를 만들어서 길이 좁고 구불구불해졌으며, 혹은 툭 튀어나오게 집을 짓고, 심한 자는 길을 막아서 다니기에 불편하고, 화기(火氣)가 두렵사오니, 비옵건대, 도로(道路)를 다시 살펴보아서 전과 같이 닦아 넓히소서. 이미 토지(土地)를 받아 집을 짓고 사는 자가 또 친족(親族)의 이름으로 속여서 다시 터를 받아, 채소와 삼[麻]을 심는 자가 있사오니, 비옵건대, 조사하여 다른 사람이 진고(陳告)하는 것을 허락하여 집을 짓게 하소서. 신도(新都)의 가사(家舍)가 모두 띠[茅]로 덮였고, 민가(民家)가 조밀하여 화재가 두려우니, 비옵건대, 각방(各坊)에 한 관령(管領)마다 물독[水甕] 두 곳을 설치하여 화재에 대비하소서. 길옆의 각 호(各戶)는 모두 나무를 심게 하고, 냇가의 각 호는 각각 두 양안(兩岸)에 제방(堤防)을 쌓고 나무를 심게 하소서."

또한 태종 15년(1415년 8월) 한성부에서 도로 제도 정비의 필요성을 역설한다.

"나라 안의 도로가 예전에는 9궤(軌)·7궤의 설이 있었는데, 지금은 정한 제도가 없어 길옆에 사는 백성들이 침삭(侵削)함이 없지 않으니, 빌건대, 예조로 하여금 옛것을 상고하고 마땅한 것을 참작하여 넓고 좁은 것을 정하고, 또 개천 양쪽 언덕이 날로 줄어드니 아울러 제도를 정하게 하고, 또 성 아래 안팎의 길을 열고 성을 맡은 관리로 하여금 성곽의 무너진 곳을 순찰하여 그때 즉시 이지러진 곳을 보수하게 하소서."

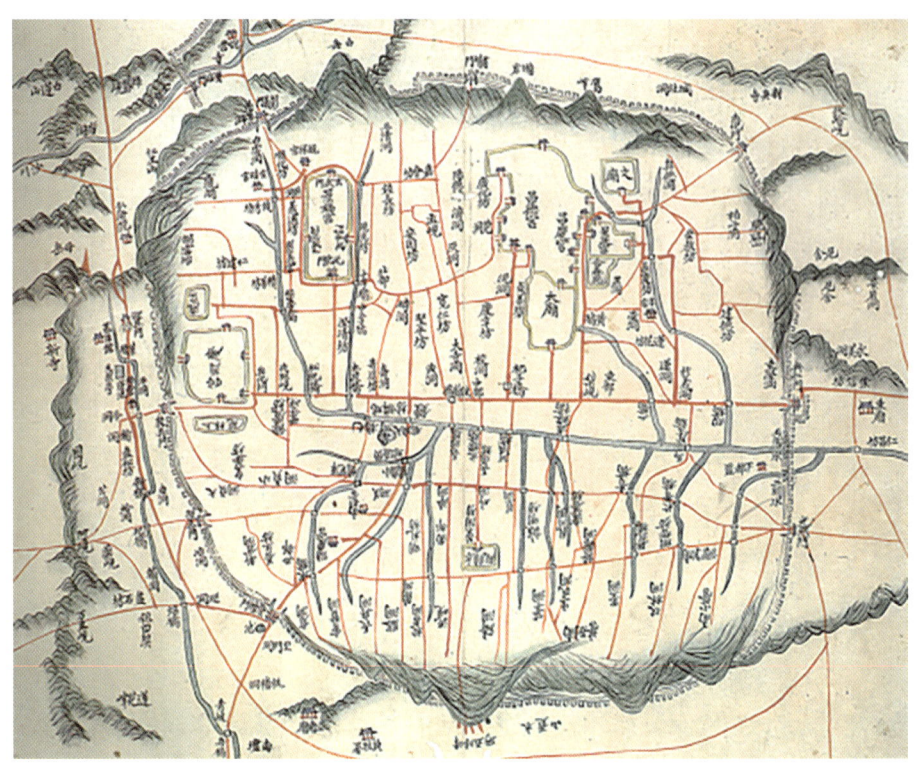

「도성도(동여도)」, 1860년대 김정호 제작(자료 서울대학교 규장각).

 세월이 지나면서 도로를 침탈하는 일이 심화되자, 세종 8년(1426)에 한성부에서 도로 정비를 다시 건의하기에 이른다. 그러자 세종이 "이 일은 큰일이므로 인가를 부수어 철거하고 도로를 고칠 때, 사정(私情)에 용납되는 폐단이 없지 않을 것이니, 한성부에서 호조·공조의 당상관과 함께 일동이 계량하여 도로를 개통하도록 하라."고 명하였다.

 그러나 한양의 도로 정비는 필수불가결한 것이었으므로 지속적으로 추진하여 마침내 대·중·소로 가로망이 정비됐다. 『경국대전』에 의하면 수도 한성의 도로는 대로·중로·소로로 구분하였다. 대로는 56척(尺), 중로는 16척, 소로는 11척 그리고 길 양쪽에 도랑은 2척으로 정했다. 1척을 31.21cm로 계산하면 대로는 17.8m, 중로는 5m, 소로는 3.43m이고 도랑은 62cm 정도가 된다. 『주례고공기(周禮考工記)』에는 황제의 도성 내 대로는 9궤, 제후의 도성 내는 7궤로 정해져 있다.

 도로의 형태를 살펴보면, 주요 간선도로는 이미 개국 초기에 정해졌다. 동서 주요 간선도로는 홍인문(동대문)에서 시작되어 종묘 앞과 종루를 지나 경희궁 앞에서 약간 굽어져 돈의문(서대문)에 이르러 한성을 남북으로 구분했다.

남북 간선도로는 숭례문(남대문)에서 시작되어 곡선을 이루며 종루에 연결되어 T자형의 3교차를 형성하고, 북쪽은 경복궁 앞에서 광화문 네거리까지와 창덕궁 앞에서 종로 3가 네거리까지 2개의 간선로가 3교차로를 형성하여 동서 간의 주축 도로(종로)에 연결됐다.

또한 주요 도로의 끝에는 경복궁·창덕궁·경희궁·남대문·동대문 등의 웅장한 건물들이 노단(路端)을 이루었고, 주요 간선도로의 좌우에는 연달아서 계속된 행랑건축(行廊建築)이 이채를 띠었다. 그러나 일반 주택가는 도로 형태가 불규칙하여 매우 무질서하게 시가지가 형성됐다.

조선의 도로망이 전국적으로 파악된 것은 1770년(영조 46) 여암(旅庵) 신경준(申景濬)이 편찬한 『도로고(道路考)』이다. 신경준은 조선의 도로망을 6개의 간선 가로망으로 분류하여 6대로 체계를 정립했다.

제1대로는 조선이 중국과 교류를 위해 가장 중시했던 도로로 '서울~의주로'로 불린다. 주요 경유지는 홍제원에서 출발하여 파주, 개성, 서흥, 평양, 청천강을 거쳐 의주에 이르렀다.

제2대로는 여진족 등 북방 경비의 필요성에 의해 발달된 '서울~경흥로'이다. 수유리, 금화, 신안, 원산, 함흥, 명천, 경성, 회령을 거쳐 경흥 및 서수라까지 이어진 길이다.

제3대로는 서울에서 망우리 쪽으로 향하여 평구, 양근, 원주와 대관령을 넘어 강릉을 거쳐 동해안을 따라 삼척, 울진, 평해에 이르는 '서울~평해로'다.

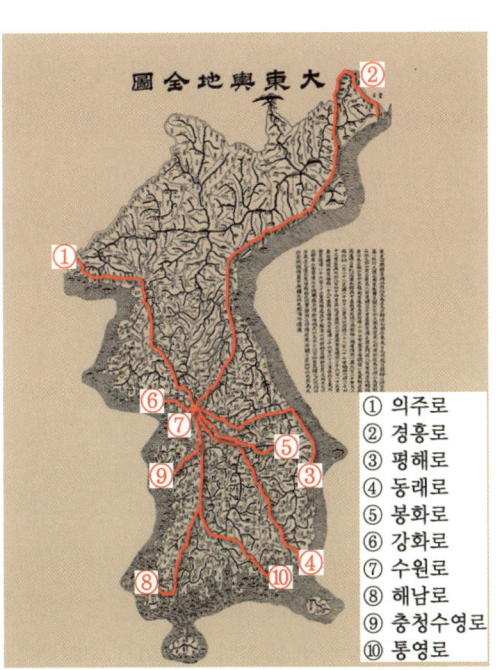

조선 6대로가 표기된 「대동여지전도」(자료 김충영).

① 의주로
② 경흥로
③ 평해로
④ 동래로
⑤ 봉화로
⑥ 강화로
⑦ 수원로
⑧ 해남로
⑨ 충청수영로
⑩ 통영로

제4대로는 일본사행로(日本使行路)인 '서울~동래로'다. 한강을 건너 진천, 충주를 거쳐 문경새재를 넘어 대구, 양산, 동래에 이르는 길이다.

제5대로는 서울에서 노량진, 남태령, 인덕원, 수원을 지나 충청, 전라도 해남을 거쳐 제주도에 이르는 '서울~제주로'다.

제6대로는 서울에서 김포를 거쳐 강화에 이르는 노선으로 '서울~강화로'다. 강화유수부와 연결된 길이다.

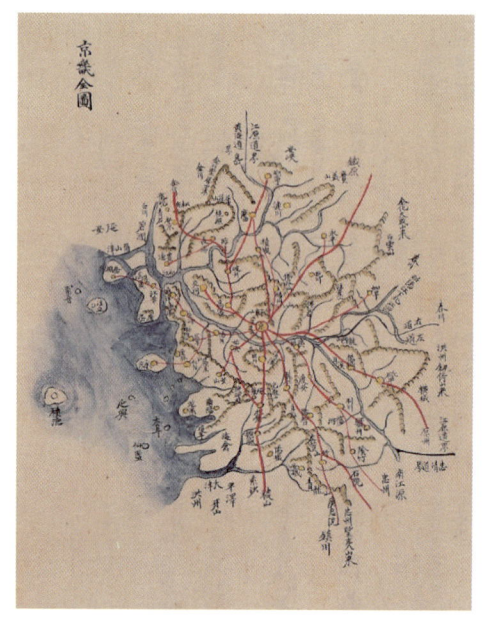

「경기전도」. 한양에서 전국으로 연결된 6대로가 경기도를 경유하는 노선이 나타나 있다(자료 고려대학교 박물관).

6대로는 서울을 기점으로 방사형으로 각 지역으로 연결됐다. 이렇게 나누게 된 근거를 제시하지는 않았으나 제1대로인 의주로는 개성유수부와 평양감영을 통과했다. 제2대로인 경흥로는 함경감영을 통과했다. 제3대로인 평해로는 강원감영을 통과했다. 그리고 제4대로인 동래로는 경상감영을 통과했고, 제5대로인 제주로는 충청과 전라감영을 통과했다. 제6대로는 강화유수부를 연결하는 노선이었다. 이는 지방행정기관과 서울을 잇는 중요 노선으로 조선의 길은 한양으로 통했다. 오늘날 국도와 고속도로 기능을 담당하는 노선이다.

이렇게 유지되던 조선의 간선 가로망은 사도세자 묘를 수원 화산으로 이장함에 따라 화성 건설과 능행차, 을묘년 혜경궁 홍씨의 회갑연 개최 등으로 원행길 건설의 필요성이 대두됐다.

2. 원행길 시흥로의 건설

정조는 1789년 10월 사도세자의 무덤을 수원으로 옮기고 매년 1~2월에는 아버지의 묘소를 참배했다. 이때 원행길은 지금의 남태령을 넘어 과천과 인덕원을 거쳐 가는

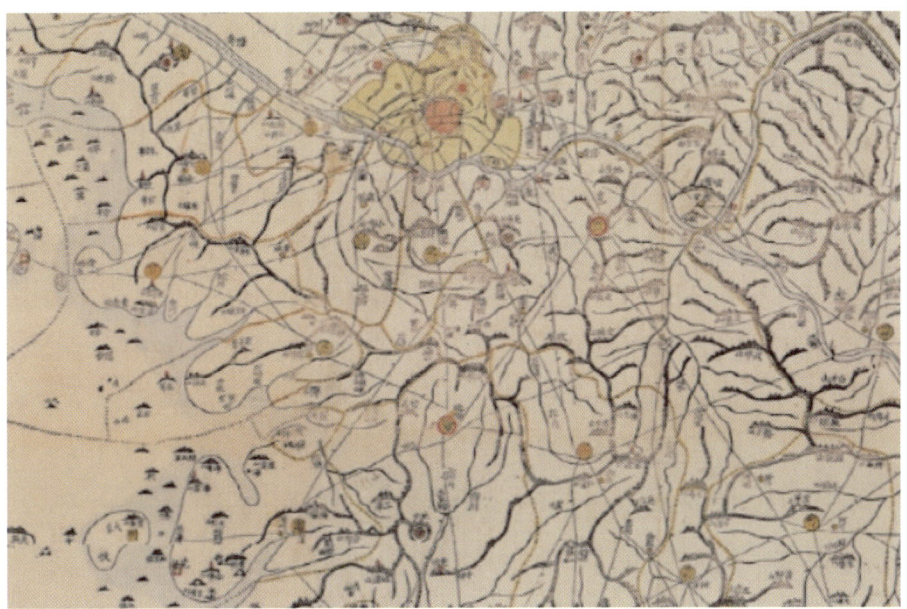

「대동여지도」. 과천길과 시흥길이 표시되어 있다 (자료 국립중앙도서관).

길이었다. 이를 좀 더 자세히 설명하면 창덕궁을 나서서 노량의 배다리(주교)를 건너 용양봉저정－만안고개－금불암－금불고개(지금의 숭실대학 부근)－사당리－남태령－과천행궁－찬우물점－인덕원교－갈산점－원동점－사근평행궁－지지대고개－화성행궁에 이르는 길이다.

이 길은 조선의 6대로 중 제5대로인 제주대로의 구간이었다. 이때 숙소 혹은 주정소(晝停所, 낮에 머무는 곳)는 과천행궁인 온온사였다.『원행정례(園幸定例)』에는 "서울에서 현륭원에 이르는 길은 85리요, 교량은 21개"라고 적혀 있다.

수원 행차의 기회가 잦아지자 정조는 남태령을 관리하는 과천 백성들의 고생을 측은하게 생각했다. 그리하여 정조는 과천길 유지에 따른 폐단을 없앨 방도를 비변사에 지시했다. 비변사는 1790년 10월 24일(정조 14)『비변사등록』에 아래와 같이 적고 있다.

"과천 신작로의 길 닦는 일은 역(役)은 크고 공(工)은 번거로웠는데 하물며 겨울철이니 그 어깨를 쉬고 폐단을 없앨 방도를 자세히 묻고 두루 자문하여 논리하여 초기하라고 명하셨습니다. 외읍(外邑)의 민정(民情)은 멀리 헤아리기에는 어려움이 있으나 관문(關文)을 보내 도백에게 물어 민원과 읍정(邑情)을 찾아 살펴, 논리하여 첩보(牒報)하게 하였습니다. 경기감사 김희가 보고한 바를 보니 과천현감 홍대영의 첩보를 낱낱이 들고 '본 현의 신작로는 거의 20리에 가까운데 일하는 곳이 산을 깎고 돌을 치우거나 돌을 쌓아 흙을 보태지 않는 곳이 없으나 지금은 남은 것이 단지 교량과 은구(隱溝: 땅속의 수채)뿐이고, 그 밖의 일하는 곳은 3~4일 안에 거의 마칠 수 있으니 민정이 모두 마침내 오로지 담당하기를 원하지만 남태령에 만든 길은 비록 이미 완성되었으나 본래 석산(石山)으로 한 번 장맛비가 지나면 필시 모양이 없어져버려 해마다 수치(修治)해야 할 테니 영원히 과천 백성으로 하여금 오로지 담당하게 하면 참으로 치우쳐 노고하는 탄식이 있을 것이므로, 내년부터 이후로 남태령에 길을 만들 때에는 예대로 이웃 읍에 나눠 정해주고 힘을 합쳐서 수치하는 일을 영원히 정식으로 삼는다면 폐단을 없애는 방도라 할 수 있겠으며, 아직 일을 마치지 못한 곳과 교량·은구를 아울러 모군례(募軍例)로 값을 주어 사역하면 또한 어깨를 쉬게 하는 방도가 될 것입니다."

그리하여 정조는 품삯을 주어 남태령을 관리할 수 있도록 허락했다. 이후에도 원행은 남태령이 있는 과천길로 이어졌다. 을묘년 혜경궁 홍씨 회갑연이 화성에서 열리기 전까지 정조는 여섯 차례에 걸쳐 과천길로 원행을 했다.

화성 건설이 본격적으로 시행되자 경기감사 서용보가 정조에게 시흥길 건설과 시흥행궁 건설계획을 보고한다. 1794년 4월 2일(정조 18) 자 『정조실록』은 '금천행궁을 짓다'라는 제목으로 아래와 같이 기록하고 있다.

『정조실록』 1794년 4월 2일 자 기사(자료 국사편찬위원회).

"현륭원에 거둥할 때의 연도에 있는 지방 가운데 과천지역은 고갯길이 험준하고 다리도 많기 때문에 매번 거둥할 때를 당하면 황송하고 안타까운 마음을 누를 길이 없습니다. 또 길을 닦을 때에 백성들의 노력이 곱절이나 들어가므로 상께서 이런 폐단을 깊이 염려하여 여러 차례 편리한 방도를 생각해보라는 명이 있었기에 전후의 도신(道臣, 경기감사)들이 모두 금천으로 오는 길이 편하다는 내용을 이미 전달했습니다. 신이 이번에 살펴본 바로는 비단 거리의 멀고 가까움에 현저한 차이가 없을 뿐 아니라 지대가 평탄하고 길이 또한 평평하고 넓으니 이 길로 정하는 것은 다시 의논할 필요가 없습니다. 내년 거둥 때에 거행할 여러 절차에 대한 문제는 이미 전교를 받았으므로 관아의 수리와 길을 닦는 등의 일은 지금 당장 착수하지 않을 수 없습니다. 관서(關西)의 남당성(南塘城)을 쌓고 남은 돈이 아직 1만3천여 냥이 남았다고 하니 우선 가져다가 쓰게 하소서. 하니, 따랐다."

그동안 정조가 원행할 때는 당일에 수원에 올 수 없으므로 과천행궁에서 유숙을 했다. 시흥길을 만들 경우 창덕궁과 화성행궁의 중간지점인 시흥에 시흥로 건설과 시흥행궁 건설을 동시에 추진해야 함을 주장한 것이다.

1795년 윤이월 혜경궁 홍씨의 회갑연 때 연로한 어머니의 무리한 행차를 염려한 정조의 배려도 시흥로가 건설된 배경이다. 야사에 전해지고 있는 이

1871년에 제작된 시흥현 지도. 만안교와 시흥행궁이 표기되어 있다 (자료 서울대 규장각).

04. 수원의 길　181

이야기가 안양 만안교 설명판에 기재되어 있다.

"원래 서울에서 수원 가는 길은 노량진과 동작을 거쳐 과천으로 통하는 길이었다. 그러나 그 길에는 다리가 많고 고갯길이 있어서 행차하는 데 어려움이 많았다. 또한 과천에는 사도세자의 처벌에 적극 참여한 김상로(金尙魯)의 형 김약로(金若魯)의 묘를 지나게 되므로 정조가 이를 불쾌히 여겨 시흥~수원 쪽으로 길을 바꾸면서 안양천을 지나게 되었다."

만안교와 설명판
(사진 김충영).

시흥로 건설은 1794년 4월 2일 정조의 허락으로 경기감사 서용보가 책임을 맡아 추진했다. 평안도의 남당성 축성공사에 쓰고 남은 돈 1만3천 냥을 투자하여 완성했다. 이 길에도 안양천을 비롯하여 많은 개울이 있어서 크고 작은 교량을 세워야 했다. 그래서 많은 교량이 건설되었는데 『원행정례』에 의하면 서울에서 현륭원까지의 거리 83리(당시는 10리가 지금의 5.4km에 해당)에 24개의 다리가 건설되었다. 지금의 안양시 석수동에 있는 아름다운 돌다리 만안교는 1795년 9월에 경기감사 서유방에 의해 완성되었다.

또한 1796년에는 안양에 만안제가 건설됐다. 이는 비단 농업용수 공급을 위한 것만은 아니었다. 10리에 걸친 도로 건설도 이유 중 하나였다. 시흥로는 1,700여 명의 인원이 말을 타고 5행(行) 혹은 많은 경우에는 11행으로 열을 지어 행진하는 까닭에 연로의 폭이 넓어야 했다. 연로의 폭은 24척이었는데 대략 10m 정도이다. 그래서 이 도로는 순조 때에도 지속해서 확장되어 정조 때보다 더욱 넓어지게 됐다. 마침내 이 길은 조선 후기 7대로인 '수원별로'라고 부르기도 했다. 이 길은 과천을 지나가던 제주대로의 노선이 변경된 것이다.

정조는 재임 기간 13회에 걸쳐 현륭원을 참배했는데 7회는 과천길을 이용했고, 6회는 시흥길을 이용했다. 이렇게 건설된 시흥로엔 1905년 경부철도가 놓이게 되었다. 시흥로를 포함한 제주대로는 일제강점기인 1938년 1번 국도가 됐다. 원행길인 시흥로는 1968년 경부고속도로가 건설되기 전까지 우리나라 중심도로 기능을 담당했다.

3. 경수산업도로 확장이 무산된 사연

수원은 역사 이래로 한반도 서쪽에 위치한 삼남지방을 연결하는 간선도로가 통과되는 곳이었다. 고려시대에는 개성으로 연결되었고 조선시대에도 한양으로 연결되는 도로였다. 1770년 신경준은 조선의 간선 도로망을 6대로 체계로 정립하여 수원을 통하여 삼남지방으로 이어지는 도로를 '제주로'라고 했다.

유형원은 『반계수록』 군현제 첫머리에 읍지를 설치하려면 "산천의 형세, 전야(田野)와 인민, 관방과 성지, 도로의 요해 등을 일일이 참작해서 마땅히 정해야 한다"고 적고 있다. 그러나 구 수원읍은 간선도로에서 벗어난 곳에 있었다. 그리하여 정조는 교통의 요충지이며 넓은 평야지인 팔달산 자락에 신읍 터를 정했다.

화성 축성을 추진하면서 정조는 1795년 윤이월 어머니 혜경궁 홍씨 회갑연을 수원에서 열기 위한 계획을 추진했다. 화성으로 가는 1,700여 명의 행렬은 과천의 남태령을 넘어야 했다. 정조는 남태령 산길이 험해 이를 정비해야 하는 과천 주민들의 고생이 많음을 알고 상대적으로 평탄지인 '시흥길' 건설을 지시하게 된다.

시흥길이 건설되면서 삼남지방을 연결하는 제주로는 새로운 길로 바뀌게 된다. 이 길은 일제강점기에도 간선도로 역할을 했다. 일제 통감부는 1906년 '7개년 도로 개수 계획'을 세워 추진했다. 그에 따라 1908년 수원에서 이천까지 도로가 건설됐다.

조선총독부는 1911년 '도로 규칙'을 공포하고 '제1기 치도공사 5개년 계획'을 추진했다가 다시 2년을 연장하여 1917년까지 시행했다. 이때 수원에서 연기군 소정리까지 제주로가 1등 도로(7.3m)로 정비됐다. 이때 서울에서 수원까지 도로를 개수한 기록이 없는데 이는 정조 시대 시흥로가 대로로 만들어졌기 때문일 것이다.

이후 조선총독부 도로 규칙이 1938년 12월 1일 '조선도로령'으로 바뀌면서 제주로는 국도 1호선이 됐다. 1962년 1월 1일 조선도로령이 폐지되고 도로법이 새로이 제정되어 새로운 도로체계가 마련됐다. 새로운 도로법에서도 목포에서 수원을 거쳐 서울까지 연결되는 노선은 국도 1호선으로 유지됐다.

1945년 해방 이후 한국은 그야말로 격변기였다. 6.25와 5·16 이후 한국은 경제발전이 절실히 필요한 시기였다. 박정희 정부는 1962년 1월 13일 경공업을 중심으로 '제1차 경제개발 5개년 계획'을 발표했다. 이은 2차 경제개발 5개년 계획에서는 중공업을 활성화하는 정책이 추진됐다.

서울을 중심으로 인천과 안양, 수원에 공단 조성이 추진되자 물동량의 원활한 수송이 필요했다. 1968년 2월에 경인고속도로와 경부고속도로 공사를 착수하게 된다. 경인고속도로는 1968년 12월 21일, 경부고속도로 서울~오산 구간은 1968년 12월 30일 개통됐다.

한편 서울 광화문에 있던 경기도청이 1967년 6월 23일 수원으로 이전됨에 따라 수원은 경기도의 행정 중심이 됐다. 아울러 삼성전자, 한일합섬, 대한방직, 선경합섬과 연초제조창 등이 들어섬에 따라 서울~수원 간의 교통량이 증가하여 경수산업도로의 필요성이 제기됐다.

수원은 1965년 경기도의 수부도시 기능을 수용하기 위한 도시계획을 수립한다. 이때 장안문~팔달문~중동사거리~수원역~서문삼거리~장안문에 이르는 '제1내부순환도로'가 계획되었다. 그리고 성곽 밖으로 '제2순환도로'가 계획되었고, 도시 외곽으로 '제3순환도로'가 제안됐다.

이때 수립된 도시계획은 1967년 도시계획 재정비에서 수정 확정됐다. 제1순환도로는 1965년의 계획이 반영되었고, 성곽 밖으로 계획된 제2순환도로와 제3순환도로가 재조정되어 도심 우회도로가 계획에 반영됐다. 이렇게 하여 지지대고개~장안구청 사

안양에서 수원까지 건설된 경수산업도로 장안구청 사거리 부분(사진 수원시 항공사진 서비스).

거리~창룡문 사거리~동수원사거리~비행장사거리~병점에 이르는 경수산업도로 계획이 확정됐다.

중앙정부는 서울 영등포~안양 구간 국도 1호선인 시흥로 확장공사를 1963년 착공해서 1968년에 마쳤다. 뒤이어 안양에서 수원 구간인 현재 종합운동장이 위치한 장안구청 사거리 구간을 1973년 착공해서 1976년 완공했다. 경수산업도로가 장안구청 사거리까지 연결되자 당시 수원의 교통 여건은 크게 향상됐다. 그런데 이도 잠시였다.

경수산업도로가 장안구청 사거리에서 멈추자 장안문에서 팔달문에 이르는 도심구간은 교통체증이 심화됐다. 1962년 수원시 인구는 11만3,910명이었다. 경수산업도로가 개통되던 1974년에는 21만258명으로 늘어났다. 1980년에는 31만9,968명으로 급격하게 증가하게 된다. 이렇게 되자 수원시는 장안구청 사거리에서 수원비행장까지 산업도로 건설계획을 추진하기에 이른다.

그런데 당시만 해도 수원시의 예산은 열악하기 그지없었다. 부족한 재원을 충당하기 위해 수원시는 산업도로가 지나가는 곳에 토지구획정리사업을 시행하여 시비 투자를 줄이고자 했다. 그렇게 하면 토지와 공사비를 토지구획정리사업에 부담시킬 수 있

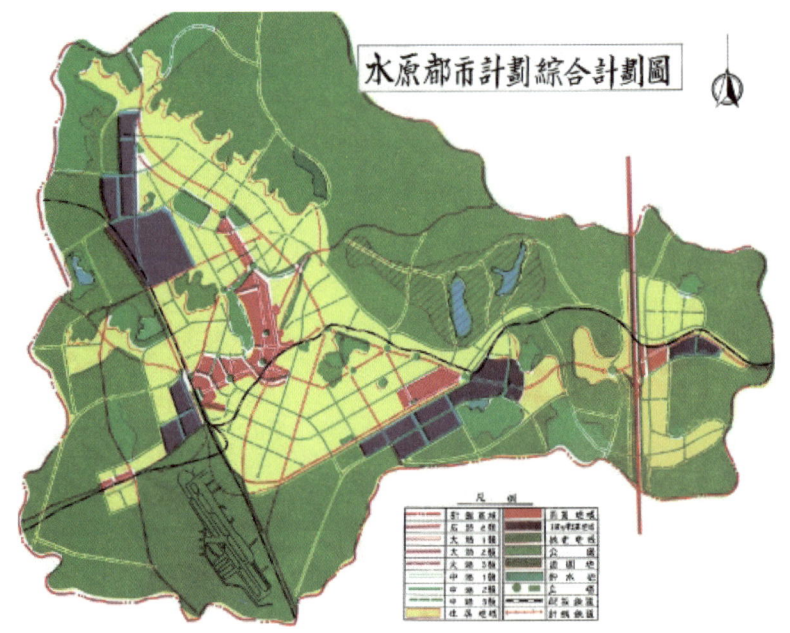

1967년 수원시 장기발전구상도. 1965년에 구상되어 법적인 효력을 지니게 된 도시계획도이다. 오른편에 경부고속도로와 신갈 일원이 수원 도시계획구역으로 편입되었다. 신갈지구가 편입된 것은 경부고속도로 건설에 따른 인터체인지 주변의 개발과 민속촌을 만들기 위한 계획이었다(자료 수원시).

었기 때문이었다. 2019년 수원시정연구원이 발간한 『70년 수원시 도시공간의 역사 데이터북』에 아래와 같이 소개하고 있다.

"경수산업도로 1공구는 장안구청 사거리에서 창룡문 사거리까지 1.9km 구간을 35m 폭으로 1979년에 시행하여 1980년에 완공했다. 이 구간에는 파송 1, 2지구 토지구획정리사업이 병행 시행됐다. 경수산업도로 2공구는 창룡문 사거리에서 동수원사거리까지 1.3km 구간을 35m 폭으로 1980년부터 1981년까지 지만인계 토지구획정리사업지구가 지정되어 병행 추진됐다.

경수산업도로 3공구는 동수원사거리에서 세류동 비행장사거리까지 4.3km 구간을 폭 35m로 추진해야 했다. 1980년대는 경기 침체로 토지매각이 어려워지자 경수산업도로 건설에 필요한 재원 조달을 위해서 권선 토지구획정리사업을 한국토지공사에 위탁하게 된다. 그리하여 택지조성 이전인 1982년 6월에 경수산업도로 3공구를 개통하게 됐다. 경수산업도로 도시계획이 수립된 지 15년 만의 개통이었다.

지지대고개에서 비행장사거리에 이르는 경수산업도로 건설 전·후 사진. 왼쪽 사진은 경수산업도로가 장안구청까지 건설된 모습이고 오른쪽은 경수산업도로가 비행장사거리까지 건설된 모습이다. 산업도로 주변으로 북쪽으로부터 파송2, 파송1, 지만인계, 권선 토지구획정리사업이 진행되고 있다(사진 수원시 항공사진 서비스).

경수산업도로 3공구 준공식. 11.5km 전 구간 개통 준공식이 1982년 6월 동수원사거리에서 개최됐다(사진 수원시).

    당시 권선지구 단지계획을 추진하면서 미래 교통량 증가에 대비하여 동수원사거리에서 비행장사거리까지 4.3km 구간을 35m 도로 양측에 완충녹지 10m를 지정하여 55m의 도로 폭을 확보했다. 이후 서울시와 안양시, 의왕시는 경수산업도로 폭을 35m에서 50m로 확장했다.

수원시도 이에 발맞추어 35m 폭을 50m 폭으로 확장할 계획을 세웠다. 이미 동수원사거리에서 비행장사거리 구간은 55m를 확보해서 지지대고개에서 동수원사거리 구간만 확장하면 됐다. 1980년대 중반은 대부분 미개발지여서 도로를 확장하는 데 큰 어려움이 없던 시절이었다.

1986년 도시계획 재정비 때 경수산업도로 확장계획을 수립하여 경기도를 경유, 건설부에 신청했다. 그런데 건설부로부터 경수산업도로 확장 근거를 제출하라는 공문이 내려왔다. 수원시는 경수산업도로 확장의 필요성을 설명하는 기획안을 작성하여 제출했는데 확장의 필요성이 미비하다는 것이었다.

얼마쯤 시간이 지나 당시 남우철 도시과장이 건설부 도시계획과를 찾아가 경수산업도로 확장 반대 이유를 묻자 담당자는 1979년 12·12 사태의 주역 중 한 사람(토지대장에 본인 명의 확인)이 동수원사거리에 진선미예식장을 가지고 있는데 이 건물이 50m 확장에 편입되자 반대를 한다는 것이었다. 그리하여 건설부는 경수산업도로 지지대고개에서 동수원사거리 구간 확장계획을 수용하지 않았다."

동수원사거리 고가도로 건설 전후 사진. 고가도로 건설을 위해서 경기도 노동복지회관 등 5개 건물과 15m 폭을 추가로 매입했다 (사진 수원시 항공사진서비스).

그 무렵 한일합섬에서 북쪽으로 500여m 지점 오른쪽에 미개발지 1만여 평의 전답이 있었다. 그곳에 한국토지공사가 대지조성 사업을 하겠다고 했다. 수원시는 현재 경수산업도로 확장계획이 있으니 확장 부분을 후퇴해서 개발하고 사업이 완공되면 15m 구간을 시에 기부체납하라는 조건을 제시하자 한국토지공사가 조건을 수용하여 사업이 추진됐다.

이런 가운데 경수산업도로 확장이 무산되자 한국토지공사가 파장동 대지조성 공사 구간만 확장하는 것은 의미가 없다고 문제를 제기하여 무산되고 말았다. 이후 2002년 민선 3기 지자체장 선거에서 김용서 시장이 당선되었다. 수원시 교통난 해소 대책을 공약으로 내걸었던 김 시장이 제일 먼저 추진한 사업은 동수원사거리 입체화 계획이었다.

동수원사거리에 고가도로를 만들기 위해서는 양측이 추가로 확장되어야 했다. 당시 동쪽에 있던 경기도 노동복지회관과 5개의 건물을 보상해야 했다.

나는 요즘 아침저녁으로 경수산업도로를 지나고 있다. 한 사람의 재산 지키기로 시작된 문제는 수원 시민들에게 실로 엄청난 피해를 주었다고 생각한다.

4. 서부우회도로는 삼성 이병철에서 비롯됐다

'수원시의 도로망 계획은 1965년 수원 도시계획 수립 용역(안)'에서 제기됐다. '제1순환도로'는 장안문~팔달문~교동 사거리~수원역~서문 교차로~장안문에 이르는 도심 노선이고, '제2순환도로'는 수원화성과 일정한 거리를 둔 노선이다. '제3순환도로'는 우측으로 1번 국도 대체 노선인 경수산업도로가 계획되었으며, 서쪽으로는 현재 서부우회도로 노선이 제시됐다.

1967년 도시계획 재정비에서는 제1순환도로인 도심 순환도로가 계획됐다. 제2순환도로는 일부 구간만 반영됐다. 제3순환도로 역시 재조정되어 서부우회도로는 구운 사거리~고색 사거리~화성시 경계까지만 반영됐다. 동쪽은 경수산업도로 전 구간이 반영됐다.

1967년 삼성 이병철 회장은 삼성전자 입지를 수원시 천천동, 현재 성균관대학교 자리로 결정했다. 수원 출신 이병희 국회의원의 권유였다. 그리고 30만 평의 부지 매입에 들어갔다고 언론인 이창식이 2020년 저술한 『마당발 정치인 이병희 평전』에서 밝히고 있다. 토지 매입이 완료될 무렵 이병철 회장이 현장을 방문해서 주변을 살펴보았다.

이후 이병철 회장은 "공장 용지로 쓰려면 계곡을 메워야 하는데 그 비용이 만만치 않아. 다른 땅을 구하시오"라고 퇴짜를 놓았다고 한다. 그

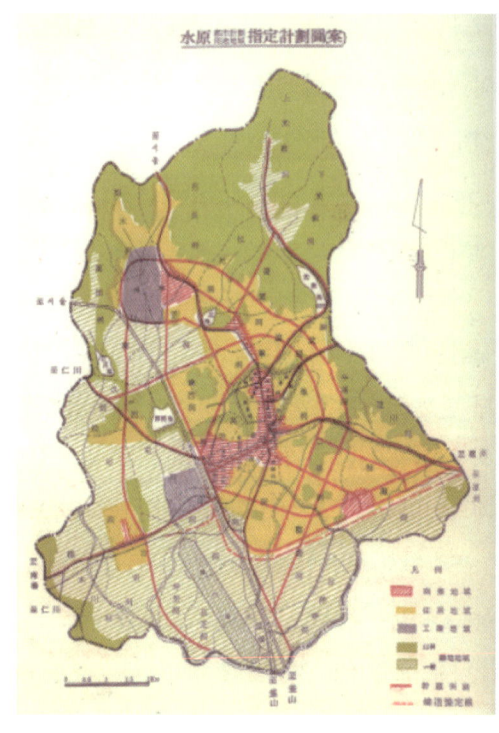

'수원 도시계획(용도지역 지정계획) 수립 용역(안)'. 1965년 수립한 계획(안). 용도지역과 간선도로가 계획되어 있다. 제1순환도로(도심선), 제2순환도로(성곽 밖), 제3순환도로(서부우회도로와 경수산업도로)가 계획되어 있다(자료 수원시).

뒤 이 회장과 이병희 의원은 승용차에 동승하여 수원의 변두리를 한 바퀴 돌아보게 되었는데 원천동 일대의 전답을 보더니 이 회장은 "이 일대 땅 30만 평을 사주시오"라고 뜻밖의 말을 했다고 한다. 그래서 삼성전자를 수원시 원천동에 건립하게 됐다.

그런데 문제는 이미 매입한 천천동 30만 평의 부지 활용이었다. 당시 삼성은 성균관대학교를 인수한 상태였다. 이 소식을 들은 이병희 의원은 이병철 회장을 찾아가 "천천동 땅에 성균관대학교 캠퍼스를 옮기면 어떨까요?"라고 제안하자 이병철 회장이 "아, 그런 방법도 있었다" 하면서 대학 전부를 옮길 수는 없겠지만 일부만이라도 이전하는 계획을 세워보라고 참모에게 지시함으로써 천천동 땅에 성균관대학을 건립하게 됐다.

여기에도 문제는 있었다. 학교 진입도로가 없는 것이었다. 수원시와 성균관대학은 구운사거리에서 학교 정문까지 서부우회도로 일부 구간을 뚫기로 합의했다. 그리하여 서부우회도로를 1972년 지지대고개에서 고색 사거리까지 폭 25m, 길이 8.25km의 도로로 도시계획을 추진했다. 그리고 구운사거리에서 성균관대학교 정문까지 도로를

1977년 성균관대학교 공사 모습. 구운사거리에서 학교 정문까지 도로 공사가 진행되고 있다(사진 수원시 항공사진 서비스).

1995년 천천택지개발 공사 현장. 지지대고개에서 성대역 방향으로 서부우회도로를 만들고 있다. 성대역 북쪽 서부우회도로가 멈춘 곳에 천천택지개발사업 공사가 진행 중이다(사진 수원시 항공사진 서비스).

개설했다.

성균관대학교는 행정절차를 마친 후, 1976년 2월 6일 수원 제2캠퍼스 착공식을 가졌다. 1979년 학교 건립공사가 완료되자 수원에는 자연계열 캠퍼스가 자리 잡게 됐다. 이후 수원시는 성대역에서 대학 정문까지 남은 구간 도로를 완성했다. 이런 모습은 1980년대 말까지 변하지 않았다.

1989년 4월 22일 한국토지공사는 장안구 천천동 서부우회도로 주변 24만7,556㎡ (7만4,900평)에 천천지구 택지개발사업을 추진했다. 수원시는 한국토지개발공사로 하여금 성대역부터 택지개발사업지구까지 서부우회도로(35m 폭 360m) 구간의 도로를 개설하는 조건을 제시하여 서부우회도로 일부 구간 도로개설이 추진됐다.

이렇게 되자 수원시는 그동안 미루어 왔던 서부우회도로 추진계획을 세우게 된다. 서부우회도로는 1991년 제1공구에 대한 실시설계를 시작했다. 지지대고개에서 고색초등학교까지 전체 길이 8.25km 구간을 4개 공구로 나누었다. 제1공구는 지지대고개에서 천천택지개발지구까지 2.35km, 폭 35m이고. 제2공구는 천천택지개발지구 0.36km 구간을 한국토지개발공사가 맡아서 추진하기로 했다. 제3공구는 성대역에서

04. 수원의 길   191

성대역 공사 전후 모습. 왼쪽은 1990년도 사진이다. 구운사거리에서 성대역까지 도로가 개설되어 있다. 오른쪽은 2021년 성대역 주변 지역이 개발 완료된 모습이다(사진 수원시 항공사진 서비스).

수인국도 구간 1.64km이고, 제4공구는 구운사거리에서 고색 사거리까지 3.9km로 정했다.

  1, 2공구는 큰 문제 없이 추진됐다. 그러나 3공구가 문제였다. 성균관대학교 정문에서 성대역까지 수원시에서 25m 폭으로 공사한 것을 35m 폭으로 확장해야 했다. 그런데 성대역 지점의 지형이 문제였다. 도로선형도 기준에 맞지 않았고, 지형 또한 고저 차가 10m 이상 발생해서 고저 차이를 해결하기 위해서는 고가차도를 설치해야 했다.

  큰 문제가 하나 더 있었다. 성대역 고가차도를 만들기 위해서는 도로를 50m 폭으로 확장해야 했다. 확장구역에는 당시 성대역 부근에서 유일하게 형성된 상가건물 7동이 있었다. 여기에 50여 세대의 상인들이 영업을 하고 있었는데, 이들은 철거민대책협의회를 결성하여 상가 이주대책을 주장하고 나섰다.

  당시 공공사업으로 주택이 철거되는 경우 아파트 분양권을 알선해주는 것이 고작이었다. 그러므로 도로사업으로 철거되는 상가는 보상금과 이주비, 영업보상이 적용될

뿐이었다. 이들 50여 상가주민들은 1년 동안 영업을 전폐하고 시청에서 집단 농성을 벌였다. 결국 법적인 근거가 없어 이주대책을 못해주자 각자 다른 곳에 둥지를 마련해야 했다.

제4공구는 수인국도에서 고색초등학교까지 3.9km 구간이다. 이곳은 대부분 농경지여서 1970년대에 경지정리사업을 시행하면서 25m 폭을 확보한 곳이 많았다. 1986년 12월, 25m 폭을 35m로 확장하는 도시계획이 확정되었는데 이때 도로선형을 직선으로 계획하지 않은 것이 문제였다.

또한 금곡·호매실동이 수원에 편입됨에 따라 아파트가 들어설 경우를 대비하여 탑동 사거리에 지하차도를 설치해야 했다. 이곳 역시 성대역 지점과 같이 지하차도를 만들기 위해서는 직선이 되어야 했으며 도로 폭 또한 확장이 필요했다.

도로계획선이 바뀌자 도로에 새로이 편입된 토지주들은 심하게 반발했다. 이곳은 다행히 건물이 없어서 성대역만큼 주민들과 갈등을 겪지는 않았다. 도로에 편입된 토

탑동 사거리 지하차도 공사 전후 모습. 왼쪽은 1995년 탑동 사거리 공사가 진행되고 있다. 오른쪽은 2021년 탑동 지하차도가 건설된 모습. 지하차도가 새로이 계획된 것이고 오른쪽이 구길이다(사진 수원시 항공사진 서비스).

지주 중 민원을 가장 격하게 제기했던 한 분은 나중에 "그때 김충영 과장이 잘 계획한 것"이라고 말하기도 했다. 이런 인연으로 지금까지 그 분과 친분을 맺고 있다. 특히 화성연구회원이 되어 함께 활동하고 있다.

수원 서부우회도로는 1991년 선배 공무원들이 시작했다. 나는 1994년 건설과 도로계장으로 발령받아 서부우회도로를 담당했다. 1995년 2월 도로과장으로 승진하여 1998년 10월 고색 사거리까지 1단계 사업 8.25km를 완성했다.

이후 서부우회도로 2단계 사업은 고색공단을 조성하면서 추진됐다. 나머지 구간은 화성시에서 담당해서 서부우회도로 전 구간이 완성됐다. 서부우회도로는 1번 국도를 우회하는 수원의 주요 간선도로가 됐다.

5. 덕영대로와 북수원 쪼개기 개발

덕영대로는 2014년 1월 1일 확정된 신지번 사업에서 부여된 도로명이다. 경희대 삼거리에서 의왕시 부곡IC 입구 교차로까지 연결된 도로다. 덕영대로는 용인시와 수원시, 의왕시에 걸쳐 연결됐다. 덕영대로를 건설한 이야기는 편의상 수원 구간을 위주로 소개한다.

오늘날 수원의 남북 간 간선도로는 경수산업도로(경수대로)와 서부우회도로(서부로), 덕영대로를 들 수 있다. 덕영대로의 최초 도시계획은 1972년 8월 도시계획 재정비 때 결정됐다. 덕영대로는 경부선 철도 북쪽인 수원시 율전동과 의왕시 월암동의 경계 지점에서 시작하여 남쪽으로 경부철도를 따라 성대역~화서역~수원역~세류 사거리~터미널 사거리~경희대 정문에 이른다.

1988년 88 서울올림픽을 앞둔 시절, 시중 자금이 부동산으로 몰리면서 집값이 급등하기 시작했다. 그러자 노태우 정부는 전격적으로 주택 200만 호 건설계획을 발표하게 된다. 이때 분당, 일산, 평촌, 산본, 중동 등 5대 신도시가 발표됐다. 수원은 이 계획에 포함되지 못했다. 당시 북수원에는 100만여 평의 미개발지가 있었다.

1989년 4월 22일 정부는 1차로 수원에 천천택지개발지구(7만4,000평)를 지정하게

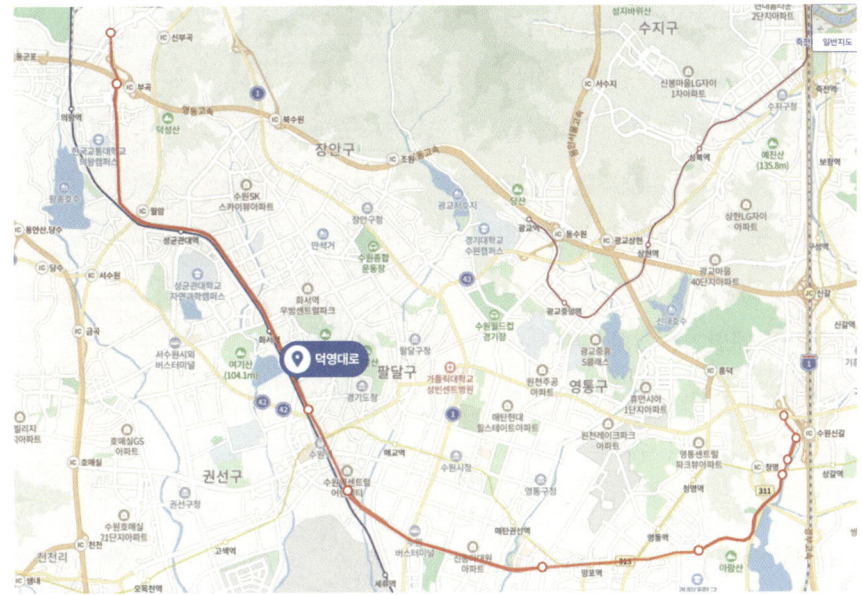

덕영대로 신지번 지도. 경희대삼거리~경희대 정문~영통~버스터미널~세류사거리~세류지하차도~세화로~화서지하차도~화서역~성대역~월암IC~의왕시 부곡IC 입구 교차로까지 연결되는 노선이다(자료 네이버 지도).

된다. 뒤이어 5대 신도시로는 200만 호 건립이 어렵게 되자 1989년 10월 27일 수원 영통지구 100만 평을 택지개발예정지구로 지정했다. 이것도 부족하자 정부는 북수원의 미개발지를 소규모(쪼개기)로 택지개발사업 지구로 지정했다.

한국토지공사, 대한주택공사, 수원시가 각각 미개발지를 경쟁적으로 선점했기 때문이다. 이때 지구 지정된 사업지구는 천천지구, 천천2지구, 정자지구, 정자2지구, 화서지구, 일월지구, 탑동지구 등 7개 지구 356만2,000㎡(107만7,500평)이었다. 그리고 1995년 1월 수원시 율전동과 의왕시 월암동 경계를 통과하는 의왕~봉담 간 고속도로 사업이 착공됐다.

수원시는 북수원권에서 일어나는 일련의 개발사업에 대한 심각성을 인식하기 시작했다. 107만7,000평을 7개 지구로 나누어 개발할 경우, 단지 간의 부조화는 물론 전체적인 개념의 단지 조성이 결여된다는 것과 도로와 하수도 등의 연결성이 미흡한 것은 자명한 현실이었다.

수원시는 7개 단지를 아우르는 개발구상을 하게 된다. 3개 기관이 종합계획을 수립하고 수원시는 7개 지구 기본계획수립 용역비를 부담하겠다고 제안했다. 이 계획에서 제시되는 사업은 각 사업지구에서 부담 시행하기로 했다.

공동으로 설치하는 시설은 사업지구 면적에 비례하여 부담키로 하는 협약서를 체결했다. 나는 이 사업들이 한창 진행 중이던 1994년 6월 3일 도시과 도시계획계장에서 건설과 도로계장으로 자리를 옮기게 된다.

북수원권 개발기본계획 수립용역은 수원시 도시과 도시계획계에서 담당했다. 이 업무의 주무는 최호운 박사(현 화성연구회 이사장)가 담당했다. 1993년에 이미 2011년을 목표로 하는 수원시 도시기본계획이 수립됐다. 이때 덕영대로의 중요성을 감안하여 25m 폭의 도로를 35m 폭으로 확장하는 계획을 세웠다.

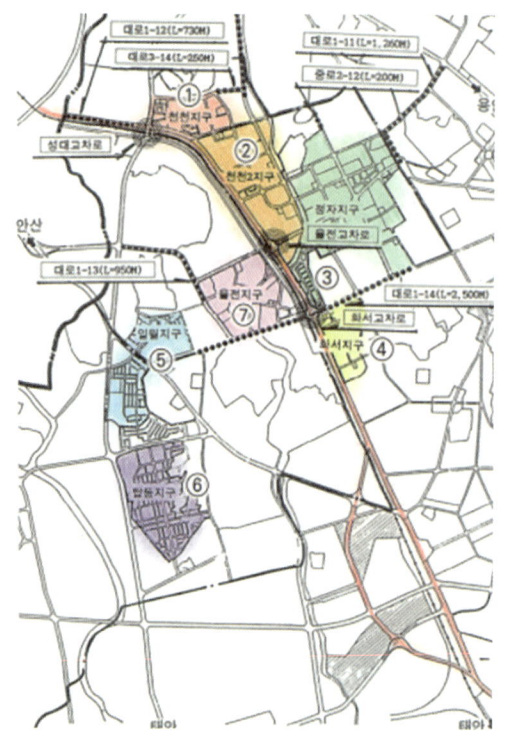

북수원 택지개발사업 위치도. 북쪽 서부우회도로와 덕영대로가 만나는 곳에 천천1지구가 보인다. 경부철도를 따라 남쪽으로 천천2지구가 지정되었다. 남쪽에 연초제조창 위쪽은 정자지구이다. 그리고 화서역 동쪽으로 화서지구가 보인다. 덕영대로는 4개 지구를 통과하고 있다. 그리고 서쪽으로 정자2지구, 일월지구, 탑동지구가 위치한다(자료 수원시).

도로 폭을 확장했음에도 수원역 통과 교통에 대한 처리대책이 어려웠다. 계획 과정에서 최호운 박사가 수원역 우회도로의 필요성을 제안했다. 이 도로를 제안한 또 다른 이유는 덕영대로가 수원역 앞을 통과할 경우, 교통체증을 해결하기 위해서는 수원역 앞에 입체시설물을 설치해야 하기 때문이었다. 그런데 이미 수원역 광장에는 지하상가가 있어 지하차도 설치가 어려웠다. 또 다른 방법으로 고가도로를 설치할 경우, 수원역의 경관을 해칠 수 있다고 판단했다. 그래서 수원역 우회도로를 대안으로 구상한 것이다. 나는 도로계장으로 자리를 옮기고 덕영대로 설계에 들어갔다.

율전동 수원시 경계 지점에서 시작하여 수원역에 이르는 구간의 설계가 진행됐다. 당시 수원역 우회도로까지 함께 설계를 해야 했다. 그러나 수원시 예산 형편상 도로 건설 시기를 예측하기 어려워 수원역 우회도로의 설계는 미루기로 했다. 사업비는 북쪽의 시점에서 성대역이 위치한 서부우회도로 교차 구간까지는 수원시 일반회계에서 부담하기로 했다.

북수원 택지개발사업지구 현황

순번	지구명	면적(m²)	위치	지정일자	시행자
①	천천지구	247,000	천천동 일원	1989.04.22	토지공사
②	천천2지구	830,000	천천동 일원	1994.03.10	토지공사
③	정자지구	952,000	정자동 일원	1993.12.28	수원시
④	화서지구	235,000	화서동 일원	1989.06.10	주택공사
⑤	일원지구	426,000	구운동 일원	1996.06.05	수원시
⑥	탑동지구	500,000	탑동 일원	1995.06.05	수원시
⑦	정자2지구	372,000	정자동 일원	1994.10.05	토지공사
	계	3,562,000			

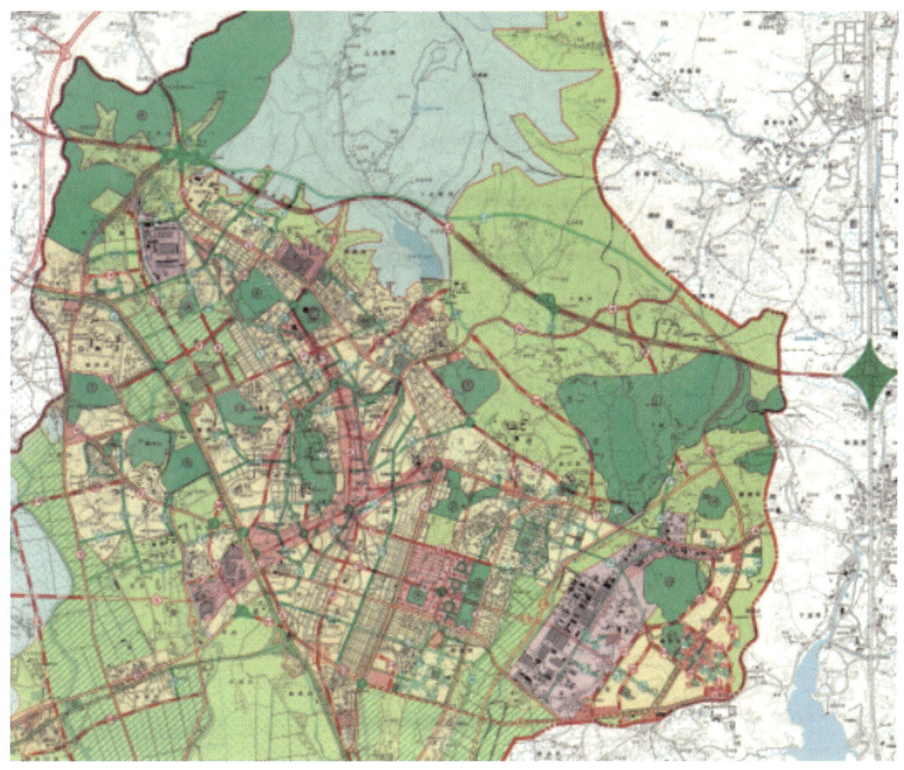

수원역 우회도로 도시계획 결정 도면. 1994년 10월 5일 도시계획재정비에서 수원역 우회도로를 35m 폭으로 결정했다 (자료 수원시).

2008년 7월 2일 수원역 우회도로 개통식. 2001년 착공해서 7년 만에 개통됐다(사진 수원시 포토뱅크).

　성대역부터 천천지구까지는 한국토지개발공사에서 부담하고 천천지구 경계부터 영화천 꽃뫼버들교까지는 천천2지구에서 부담하기로 했다. 영화천 꽃뫼버들교부터 화서지구까지는 정자지구에서 부담하고 화서역에서 화서지구 경계까지는 한국주택공사가 부담키로 했다. 화서지구 경계부터 수원역 육교까지는 수원시가 부담했다. 그런데 이 구간 흙파기 작업을 시행하자 화강암 돌맥이 나타났다. 이곳의 돌은 단단하여 부딪치면 쇳소리가 날 정도였다. 이곳에서 엄청난 양의 돌이 나왔다.

　『화성성역의궤』에 의하면 화서동 앵봉에서도 돌을 뜬 적이 있었다. 특별히 의미를 부여하는 차원에서 덕영대로에서 발생한 화강석을 창룡문 성곽 연결공사의 성벽 돌로 사용했다. 그리고 남은 돌은 행궁 광장 진입로 부분의 박석포장 재료로 사용했다.

　이후 수원역 우회도로는 화서 지하차도와 세류 지하차도가 건설되어 세화로라는 이름을 가진 도로가 됐다. 그리고 세류 사거리와 터미널 사거리에 고가차도가 건설되어 2008년 7월 2일 덕영대로 건설이 완료되면서 수원의 남북과 동서를 잇는 또 하나의 중요 간선도로가 탄생했다.

6. 나혜석거리

나혜석거리는 동수원의 중심 상업지역인 인계동에 위치하고 있다. 이곳은 1980년대까지 '인도래'라 불렸다. 인도래는 현재의 시청 부근 상업지역의 과거 지명이다. 1967년 수원 구도심을 통과했던 국도 1호선의 차량을 우회시키기 위해 경수산업도로가 계획됐다. 동수원 개발은 경수산업도로를 건설하기 위해 추진됐다고 할 수 있다.

1978년 동수원 개발을 위한 도시계획이 시작됐다. 이어 1980년 5월 29일 인계동과 권선동, 세류동 일원이 권선 토지구획정리사업지구로 결정됐다. 1981년 11월 17일부터 시작되어 권선 토지구획정리사업이 완료된 1997년 1월 수원시청이 인계동 현 청사로 이전함에 따라 동수원 개발이 본격 추진됐다. 1984년 매탄1 택지개발사업지구가 결정됐다. 이 사업은 한국토지개발공사가 시행자로 지정됐다. 이후 개발계획 수립과정에서 시청 앞길 북쪽과 남쪽에 보행자 전용도로를 만들 필요성이 대두됐다.

이때 보행자 전용도로와 효원공원이 개발계획에 포함됐다. 보행자 전용도로는 효원공원에서 샤르망오피스텔(구 농조예식장)까지 20m 폭의 440m로 계획됐다. 처음에 조성한 보행자도로는 산책공원 차원의 도로였다. 당시 동수원은 시가지 형성이 늦어지고 있었고 도시 기반시설이 없는 곳에 택지만 조성되다 보니 일어난 현상이었다.

나혜석거리 전경(사진 수원시 포토뱅크).

1990년 1월 매탄1지구 보행자 전용도로(사진 수원시 항공사진 서비스).

수원시청 뒤 상업지역에는 1990년대 중반까지도 건축이 이루어지지 않아 사람들이 자동차 운전연습을 하곤 했다. 매탄1지구 보행자도로 역시 시가지 형성이 되지 않았다. 당시 한국토지개발공사는 2년 이내에 건물을 짓는 조건으로 토지를 분양했다.

그러다 보니 매탄1지구에는 기현상이 벌어졌다. 100평이나 되는 땅에 30~40평 단층 건물이 들어선 것이다. 1990년대 중반이 되자 시청 뒤편은 제법 시가지가 형성됐지만 매탄1지구는 단층의 임시 건물이 즐비했고 상권 형성이 이루어지지 않았다. 이런 상황이 벌어지자 보행자도로는 수목과 잡초만 무성한 우범지대로 전락했다. 1994년 6월 나는 도시과 도시계획계장에서 건설과 도로계장으로 자리를 옮겼다. 당시 나는 경기도문화예술회관과 얼마 떨어지지 않은 임광아파트에 살았기 때문에 걸어서 출퇴근할 때마다 보행자도로가 제대로 확보되지 않은 것에 문제를 느꼈다.

도로계장으로 근무하던 1995년 7월 1일 민선 시대가 되면서 심재덕 시장이 취임했다. 심재덕 시장은 나에게 많은 과제를 주었다. 1996년에는 도로계를 도로과로 승격시켜서 도로과장으로 발령을 냈다. 그리고 1년이 지난 1997년 심 시장에게 보행자도로 정비계획을 건의했더니 허락해 주었다. 보행자도로를 리모델링하여 명소를 만들고자 하는 사업이므로 무엇보다 설계가 잘 돼야 했다. 당시 우리나라는 도로의 경관보다 기능만 충족하는 수준이었다.

어느 날 사무실에 젊은 사람이 찾아왔다. 그는 자기가 일본에서 경관디자인 공부를 하고 일본 경관설계 사무실에서 5년 정도 근무했다고 했다. 한국에 돌아와서 경관설계사무소를 개업한 이레환경 대표 여상현이라고 했다. 당시 나는 도로와 교량 등을 건설하면서 경관이 멋진 디자인을 갈망하고 있었다. 그의 말을 듣고 있자니 관심이 가기 시작했다. 그래서 인계동 보행자도로 개선사업 이야기를 꺼냈더니 자기가 해보겠다고 했다. 설계비는 수의계약 금액만큼만 받겠다고 했다.

설계가 시작됐다. 설계과정에서 주변 상가 주민들의 의견을 들었다. 주민들은 보행자전용도로보다 차도를 만들어 달라고 강하게 주장했다. 주민들에게 보행자전용도로의 장점을 설명해야 했다. 이곳은 수원에서 유일한 곳이라는 것을 설명했다. 차도가 되면 활성화는 빠를지 모르나 길게 보면 보행자전용도로의 장점이 더 많다고 했다. 그러면서 상인 모임이 있어야 공사하는 과정에서 대화를 할 수 있으니 상가번영회를 결성해달라고 주문했다. 그렇게 하여 나혜석거리 상가번영회가 결성됐다.

설계과정에서 나는 일본을 견학하고 싶었다. 당시는 외국에 나가는 것이 어려운 시절이어서 시청과 구청 담당자에게 자부담 일본 견학 계획을 알렸다. 그러자 구청 과장과 계장, 용역사 직원 14명이 참여했다. 일본 도쿄와 요코하마, 나고야를 3박 4일로 다녀오게 됐다. 일본은 도로를 건설할 때 경관계획을 반영하여 설계하고 있었다. 나는 이후 수원시에서도 도로공사를 추진하면서 경관설계를 반영했다. 이러한 노력은 한국도로공사와 전국 지자체에 전파되어 우리나라에서도 경관설계가 의무화되는 계기가 됐다.

1998년 가을, 보행자도로 설계를 완료했다. 인계동 보행자 전용도로는 길이가 400m, 폭은 20m였다. 광장이 1개소, 분수대가 2개소, 바닥은 화강석과 타일로 포장했다. 수목은 계수나무와 벚나무를 심기로 하고 조명과 음향시설을 계획에 반영했다. 공사비는 30억 원이 들어갔다.

그 무렵 나는 도로과장에서 도시계획과장으로 발령이 났다. 이는 내게 도시계획은 물론이고 화성 성역화 사업을 맡기고자 하는 뜻이었다. 당시 남우철 건설국장은 "보행자 전용도로 정비사업은 당신이 관심을 가지고 추진한 사업이니 도시계획과로 가지고 가서 마무리하라"고 했다. 이종구 도시계획국장과는 합의를 보았다고 했다.

그런 연유로 도시계획과에서 보행자 전용도로 사업을 추진하게 됐다. 심재덕 시장이 어느 날 나를 불렀다. 보행자도로 이름을 '나혜석거리'로 하자는 것이었다. 그리고

일본 출장 중 도쿄 경관 거리에서(사진 김충영).

남쪽에는 '난파거리'를 만들자고 했다. 아마도 이즈음 결성된 나혜석기념사업회의 건의가 있었던 듯했다.

그래서 도시계획과에서 나혜석거리를 만들었고 이후 문화관광과에서 나혜석 동상과 조형물 등을 설치했다. 그리고 얼마 안 있어 수원에서도 2002 월드컵 경기가 열리게 되었다. 심재덕 시장이 나혜석거리 중간지점인 사거리에 화장실을 만들자고 해서 여윳돈으로 화장실 설계를 마쳤다. 1989년 하반기가 되자 1990년도 예산에 나혜석거리 화장실 사업비를 반영했다. 그런데 의회심의 과정에서 반대에 부딪혔다. 아무리 화장실이 필요하다고 하나 나혜석거리 중간 지점 사거리에 화장실을 만드는 것은 득보다 실이 많다고 해 결국 예산이 삭감되고 말았다.

나혜석거리는 이제 수원의 명소가 됐다. 무더위가 기승을 부리는 여름이 되면 수원의 젊은이들이 삼삼오오 모여들어 이야기꽃을 피우는 명소가 됐다. 그리고 가을에는 환경위생과에서 나혜석거리 음식 축제를 개최한다. 그러나 문제도 있었다. 나혜석의 생가터가 신풍동에 있었음이 밝혀진 것이다. 이후 행궁동에서도 나혜석 생가터 축제가 개최되고 있다.

일부에서는 나혜석거리 명칭이 잘못된 것 아니냐고 한다. 어쨌거나 나혜석 축제가 나혜석거리와 행궁동 생가터에서 벌어지는 것이 잘못된 것은 아니라는 생각도 해본다.

나혜석 동상 제막(사진 수원시 포토뱅크).

2002 월드컵 경기 한국 대 포르투갈 16강전 나혜석거리에서 응원전이 펼쳐졌다(사진 수원시 포토뱅크).

05
수원의 도시계획

1. 도시발전은 도시계획으로부터

1961년 수원시 도시계획 재정비계획도(1기 도시계획). 일제강점기에 수립된 내용을 보완한 계획으로 해방 이후 수원시가 만든 최초의 도시계획. 경기도의 반려로 법적인 계획으로 인정받지 못했다(자료 수원시).

도시계획은 도시를 성장시킨다. 도시계획은 '도시의 청사진'이라는 말로 표현되기도 한다. 청사진은 무엇인가? 대형 복사기가 나오기 전까지는 각종 계획도면이나 설계도를 청사진으로 인화해서 만들었다. '청사진' 하면 도시계획이라는 표현이 통용되기도 했다.

도시계획의 사전적 의미는 "도시 생활에 필요한 교통·주택·위생·보안·행정 따위에 관하여 주민의 복리를 증진하고 공공의 안녕을 유지하도록 능률적·효과적으로 공간에 배치하는 계획"이다. 도시계획은 도시의 장래 발전 수준을 예측하여 사전에 바람직한 형태를 미리 상정해두고 이에 필요한 규제나 유도정책, 혹은 정비 수단 등을 통하여 도시를 건전하고 적정하게 관리해 나가기 위한 기획이다. 그러므로 도시계획은 참으로 중요한 행위이다. 한 도시의 미래를 담고 있기 때문이다.

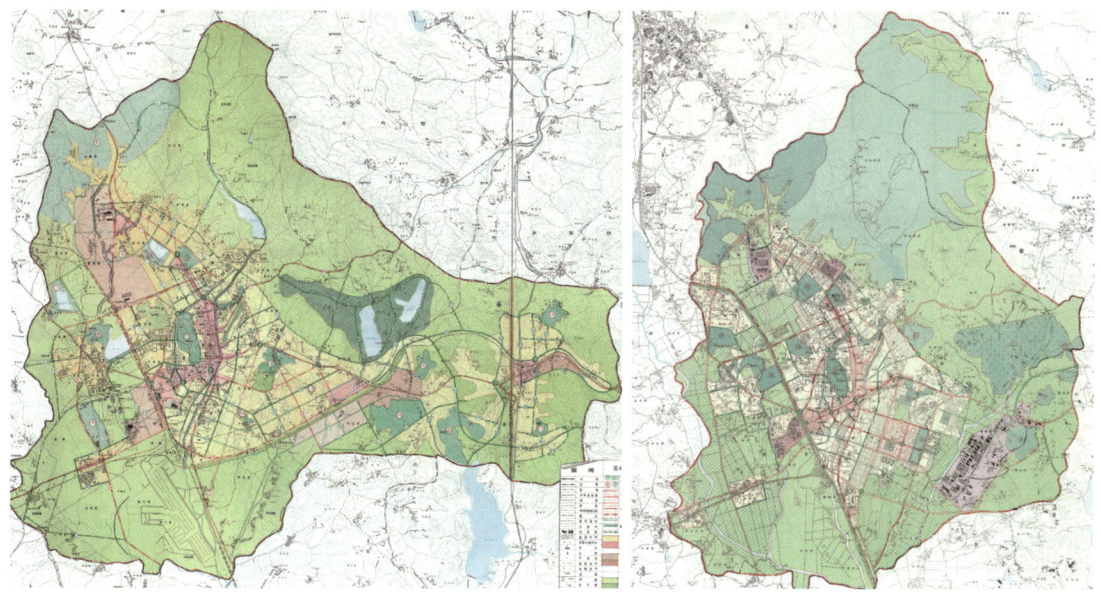

1969년 수원시 도시계획도(2기 도시계획).
1967에 수립된 도시계획도는 소실되었다(자료 수원시).

1986년 수원시 도시계획도(3기 도시계획).
동수원 지역의 도로망이 격자형으로 변경됐다(자료 수원시).

　수원의 제1기 도시계획은 일제강점기에서 1960년대 초까지이고 제2기 도시계획은 1963년 경기도청 수원 유치에 따른 도청 소재지로서의 면모를 쇄신하는 시기이다. 제3기 도시계획은 1980년대 동수원 건설과 더불어 경수산업도로 건설을 위한 시기이다. 제4기 도시계획은 1992년 노태우 정부가 추진한 주택 200만 호 건설 시기로 구분할 수 있다. 이후 시기는 김대중 정부 때 개발제한구역을 해제하여 추진한 호매실지구 개발시기와 광교택지 개발시기로 구분할 수 있겠다. 이후의 도시계획은 외곽에 대규모 택지개발 사업을 시행하여 시가지를 확장한 시기라고 보아야 할 것이다.

05. 수원의 도시계획

1993년 수원시 도시계획도(4기 도시계획). 1992년 200만 호 건립 계획으로 추진된 영통지구가 도시계획에 반영됐다(자료 수원시).

　수원의 1기 도시계획 시기는 일제강점기에서 1960년대 초까지이다. 이 시기를 일제강점기와 해방 이후 한국전쟁 복구시기로 나눌 수 있다. 일제강점기에는 화성행궁을 파괴하고 학교와 병원, 경찰서, 토목관구 등을 설치하여 화성행궁을 말살하는 정책을 추진했다. 그리고 4대문 옆을 철거하고 도로가 없던 곳에 새로이 도로를 건설하여 도심의 기능을 개선했다. 이는 결국 화성의 역사성을 말살하는 정책이었다.

　우리나라의 도시계획은 일제강점기인 1934년 6월 20일 '조선시가지계획령' 제정으로 시작됐다. 1934년 11월에는 나진 시가지 계획이, 1944년에는 전국의 43개 도시의 시가지 계획이 시작됐다. 수원 또한 1944년 8월 10일 최초로 도시계획이 수립됐다. 이 계획은 30년 후인 1974년을 목표로 인구 10만 명을 수용하는 계획이었다.

1940년 말 수원읍의 인구가 3만282명이었음을 고려할 때 계획인구 10만 명을 수용하는 것은 미온적인 계획이었다. 실제로 1974년 수원시 인구는 21만258명이었으므로 11만258명이나 적게 책정한 것이다.

수원 도시계획 구역은 수원읍과 일왕면 일부를 포함하여 29.39㎢였다. 이중 주택이 있는 9.793㎢를 주거지역으로 계획했고, 8.358㎢를 토지구획정리 지구로 지정했다. 녹지역 14.71㎢, 풍치지구 7.558㎢가 지정됐다.

이 계획에서 흥미로운 것은 공지(空地)를 계획한 것이다. '수원시가지계획'이 수립된 시기는 일제가 태평양전쟁을 수행하던 때여서 전시에 공습이나 화재 등을 대비해 방화선(防火線)을 구축하려는 의도였다.

녹지지역과 공원을 지정하는 설명에도 전시 공습에 대비해 "유사시 방화선이 되어 불이 옮겨 붙는 것을 방지하고, 안전한 피난 장소의 확보가 필요한 곳"이라 되어 있다. 공지 개념의 시설로 7개 소의 광장(수원역, 팔달문, 장안문 등)과 5개소의 공원(북공원, 동공원, 팔달산공원, 세류공원, 동산공원) 등은 해방 이후 우리 정부가 도시계획을 수립할 때까지 유지됐다.

해방 이후부터 1950년대까지 우리나라는 분단과 한국전쟁 등 정치적 혼란으로 법령 정비는 물론 전문 인력도 부족하여 체계적인 도시계획 수립이 어려웠다. 관련법 표기도 일제강점기는 '조선 총독', 미군정 시절에는 '군정청 장관', 대한민국 정부수립 후에는 '내무부 장관'으로 명칭을 달리했을 뿐이다.

수원은 해방과 미군정, 한국전쟁의 격변기를 지나자 폐허가 된 도시기능을 복구해야 했다. 특히 시가지 중심의 시장 재건이 필요했다. 1944년 일제가 수립한 도시계획에 토지구획정리사업지구를 지정만 하고 추진하지 못한 팔달문 일원 9만6,987㎡(2만9,338평)의 팔달 토지구획정리사업을 제일 먼저 추진했다.

팔달문 일원에 토지구획정리 지구를 지정한 이유는 1789년 신읍 조성 당시의 시가지로는 현대 도시의 도심기능을 담당하지 못하기 때문이다. 3~4m의 좁은 골목길은 물론이고 토지 역시 부정형이어서 산업화 시기 도심기능을 담당하기 어려웠다.

팔달지구 토지구획정리사업은 1954년 3월 13일에 착수해 1965년 4월 19일 완료됐다. 팔달지구 토지구획정리사업 시행으로 3만 평의 도심이 형성되자 한계에 봉착했

팔달 토지구획정리사업
지구. 1974년 항공사진
(사진 수원시 항공사진
서비스).

던 시장이 활기를 띠게 되었다. 수원이 경기도 남부권의 중심 상권으로 발전하는 데도 큰 도움이 됐다.

1960년대가 되자 수원시는 전후 복구사업을 추진하기 위해 도시계획을 수립하기에 이른다. 당시 도시계획의 대상은 1944년 일제가 수립한 도시계획을 보완하는 계획이었다. 수원시는 1961년 8월 8일 수원시 도시계획 재정비(안)를 마련하여 경기도에 승인을 요청했다. 그러나 경기도는 제출 다음날인 1961년 8월 9일 여러 사유를 들어 반려했다. 반려 사유를 살펴보면, 도면 작성에 있어 기정 계획과 변경 계획(안)을 구분하지 않았고, 변경을 요하는 부분은 개별적으로 이유서를 첨부하지 않은 것 등이었다. 결국 1961년도에 추진한 수원시 도시계획 재정비(안)는 성사되지 못했다.

5·16 군사정변 후 출범한 국가재건최고회의에서 '구법령 정리에 관한 특별조치법'이 1961년 7월 15일 제정됐다. 이때까지 적용되던 '조선시가지계획령'이 폐지되고 '도시계획법'이 새로이 제정됨에 따른 조치였다고 판단된다. 일제강점기에 수립된 수원의 도시계획은 경기도청의 수원 이전 시기까지 유지됐다.

수원의 2기 도시계획은 1960년대 후반부터 시작된다. 1961년부터 시작된 도시계획 재정비가 7년 동안 여러 차례 검토된 결과를 반영한 도시계획 재정비(안)가 1967년 7월 3일(건설부 고시 제478호) 자로 결정됐다. 수원시는 1967년에 결정된 도시계획에 대한 실행계획을 1970년대 말까지 추진하게 된다.

2. 수원시의 발전은 제2기 도시계획에서 시작됐다

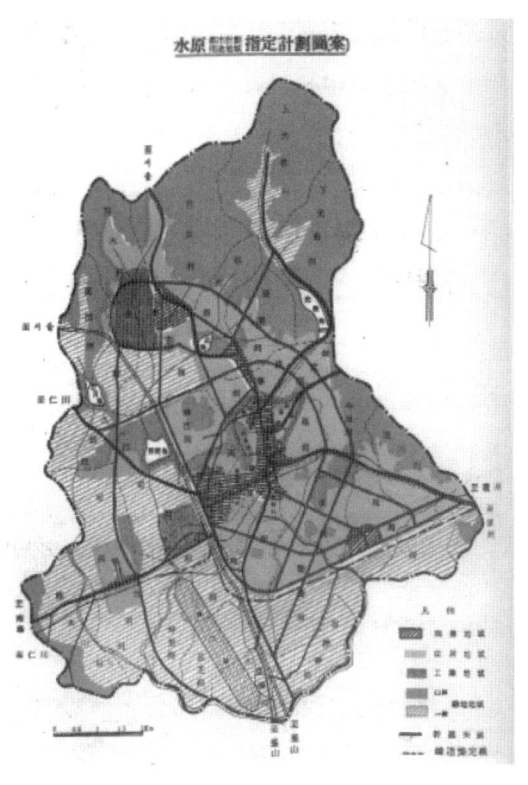

1965년 '수원 도시계획 용도지역 지정계획도(안)'(자료 수원시).

수원의 제2기 도시계획은 경기도청의 수원 유치 시기에 추진됐다. 박정희 정권은 1934년 6월 20일 제정된 '조선시가지계획령'을 1962년 1월 20일 폐지하고 도시계획법을 새로 제정했다.

수원 도시계획은 1944년에 수원읍 지역과 일왕면 일부 지역 29.39㎢를 대상으로 수립됐다. 1963년 경기도청이 유치되자 수원은 도청 소재지로서의 면모를 갖추어야 했다. 그에 따라 수원은 정부수립 이후 최초로 도시계획 수립을 시도했으나 경기도로부터 서류 미비로 반려됐다. 그런데 제3공화국 정부는 전국의 행정구역을 조정하기 위해서 1962년 11월 21일 '시군 관할 구역 변경 및 면의 폐치에 관한 법률'을 제정하여 수원의 행정구역을 23.35㎢에서 83.67㎢로 확장했다. 수원은 확장된 전 행정구역을 대상으로 도시계획을 수립해야 했다.

1964년 수원시는 도시계획 수립을 위한 조사에 착수하여 이듬해인 1965년 2월 조사 결과를 담은 「수원 도시계획 재정비 기본자료 조사서」를 간행했다. 이를 토대로 1965년 12월 '수원 도시계획 재정비보고서'를 작성했다. 마침내 1967년 7월 3일, 해방 이후 우리 정부에 의한 첫 도시계획이 수립됐다.

1967년에 고시된 도시계획의 내용을 살펴보면, 도시계획구역은 전체 행정구역 83.67㎢를 대상으로 했다. 주거지역 1만9.358㎢, 상업지역 2.773㎢, 공업지역 3.150

㎢, 녹지지역 5만8.386㎢, 도로 191.02km(대로 21개 노선, 중로 65개 노선), 공원 7.827㎢(17개소), 광장 13개 소가 지정됐다.

이때 1번 국도인 경수산업도로가 동수원을 우회하는 계획이 수립됐다. 현재와 같은 모습은 아니었으나 동수원 시가지 계획이 수립된 것이다. 그러나 아쉽게도 이때의 도시계획 도면이 소실되어 실제 도시계획은 확인할 수 없다.

1967년 4월 29일 박정희 대통령은 서울~부산 간 고속도로 건설 구상을 발표했다. 뒤이어 설계와 건설공사 사무소 등 준비 작업을 마치고 1968년 2월 1일 서울~수원 간 32.2km에 대한 고속도로 착공식을 가졌다. 서울~수원 구간은 공사가 시작된 지 11개월 만인 1968년 12월 21일 개통됐다.

수원까지 경부고속도로가 개통되자 수원(신갈)IC 주변의 난개발을 우려하는 목소리가 나오기 시작했다. 수원시는 1967년에 수립한 도시계획을 수원(신갈)IC 주변의 용인군 수지면과 기흥면, 화성군 태안면의 3만7.996㎢를 확장하여 12만1.663㎢를 대상으로 1969년 6월 11일 도시계획을 수립하게 된다.

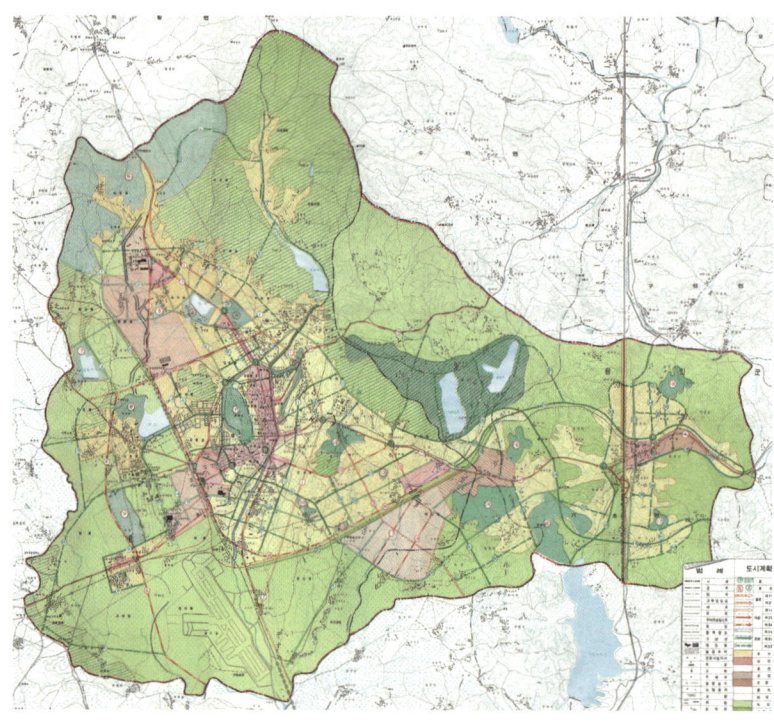

1969년 10월 15일 도시계획 도면(자료 수원시).

이 무렵 삼성 이병철 회장은 삼성전자를 설립하기 위해서 수원시 천천동(현 성균관대학교 부지) 토지를 매입했다. 그러나 최종단계에서 공장용지로는 부적격하다고 결론났다. 이에 수원시와 삼성은 현재의 매탄동 일원을 공장용지로 선정하고 1969년 10월 15일 화성군 태안면의 3.23㎢를 확장하여 매탄동에 공업지역을 결정하게 된다.

1960~90년대 우리나라의 도시계획은 요원한 일이었다. 도시계획이 요원하다는 표현은 실행 예측이 어렵다는 말이다. 오늘날에도 기간시설인 도로 등의 사업비를 확보하는 것은 어려운 일이다. 그러하니 한국전쟁 이후 어렵던 시기의 예산은 항상 부족했다.

시가지를 조성하기 위해서는 주거, 상업, 공업 등 용도지역을 지정해야 택지개발사업을 추진할 수 있다. 그러나 당시에는 도로, 공원, 유원지, 학교 등 편의시설을 계획해 놓고 예산에 맞추어 기반시설을 조성하는 방식으로 도시계획을 추진했다.

1960~70년대의 시가지는 기반시설이 부족해 낙후지역이었다. 2000년대에 들어서면서 도심의 낙후지역은 재개발사업이 한창 진행 중이다.

그러다 보니 경기도청과 삼성전자, 연초제조창, 선경합섬, 금강스레트 등이 수원에 자리 잡아도 택지는 물론 간선도로가 부족했다.

수원시는 경기도청이 입지한 팔달산 서쪽의 교통 여건을 개선하기 위해 도심 순환도로 건설계획을 세웠다. 수원역~화서동~화서문~장안문을 잇는 팔달로(옛 유신로)를 건설하기 위해서는 막대한 예산이 필요했다. 수원시는 부족한 예산을 극복하기 위한 방편으로 팔달로가 통과하는 지역에 토지구획정리사업을 추진하기로 방침을 정했다.

토지구획정리사업은 토지소유자가 추진하는 방식이라 할 수 있다. 예를 들면 택지를 조성하기 전 1,000㎡의 토지가 있다면 도로, 공원 등 기반시설을 확보하는 데 50%인 500㎡가 들어간다. 그리고 택지조성비로 토지의 10% 정도가 들어가게 된다. 토지구획정리사업이 추진되면 토지소유자에게는 기반시설에 들어간 토지와 공사비 60%를 제외하고 40%를 지급하게 된다. 토지소유자에게 40%만 지급되어도 택지로 받기 때문에 토지의 가치가 상승된다. 따라서 지자체와 토지소유자 모두 득이 된다. 토지구획정리사업을 추진하면 정부가 돈 한 푼 안 들이고 시가지를 조성할 수 있기 때문에 1990년대까지 도시를 개발하는 데 유용한 사업방식이었다.

그러나 한국토지개발공사와 대한주택공사가 설립되면서 한국토지개발공사는 택지개발촉진법을 제정했고, 대한주택공사는 주택건설촉진법을 제정하여 사업을 추진했다. 이들 공사에게 촉진법이라는 우월적인 법을 쥐어줌으로써 토지구획정리사업은 활력을 잃어 2000년대에 와서는 소멸되고 말았다.

토지구획정리사업이 최초로 추진된 곳은 경기도청 주변의 매산로1, 2가와 서쪽의 고등동, 화서동의 팔달로(옛 유신로)가 통과하는 고화 토지구획정리사업지구다. 70만 5,115㎡가 지정됐고 1968년 2월 22일 착공, 1972년 7월 27일 완공됐다.

다음으로는 장안문 북쪽의 영화동과 정자동, 조원동, 송죽동 일원 34만 8,200㎡가 영화1 토지구획정리사업지구로 지정됐다. 다음으로는 영화동, 정자동, 조원동, 송죽동 일원 118만9,807㎡가 영화2지구로 지정되어 1969년 7월 30일 시작돼 1978년 4월 7일 단지 내 도로는 물론 택지조성이 완료됐다.

뒤이어 세류동과 고등동, 매산로1, 2가 수원역 주변에 역전1, 2지구 71만 8,906㎡가 토지구획정리사업지구로 지정됐다. 1971년 7월 16일부터 1978년 4월 7일까지 시행되어 단지 내 도로와

제2기 추진 토지구획정리사업 위치도(자료 수원시).

제2기 추진 토지구획정리사업

구분	위치	면적(㎡)	시행기간
고화지구	매산로1,2가, 고등, 화서동 각 일부	705,115	1968. 2. 22. ~ 1972. 7. 26.
영화1지구	영화, 정자, 조원, 송죽동 각 일부	348,200	1969. 7. 30. ~ 1972. 7. 26.
영화2지구	영화, 정자, 조원, 송죽동 각 일부	1,189,807	1971. 7. 16. ~ 1978. 4. 7.
역전1,2지구	세류, 고등, 매산로1,2가 각 일부	718,906	1971. 7. 16. ~ 1978. 4. 7.
계	4개 지구	2,962,028	-

1954년 4월 수원 도심 항공사진(사진 수원시 항공사진 서비스). 　　1985년 5월 수원 도심 항공사진(사진 수원시 항공사진 서비스).

택지가 조성되었다. 도심 순환도로 건설을 완료하고 도청 주변 지역의 모습이 개선되어 수원이 도청 소재지로 발전하는 초석이 마련됐다.

3. 50년 넘은 수원의 그린벨트

수원에서 그린벨트(개발제한구역)가 지정된 것은 수원 도시계획 2기인 1972년 8월 11일이었다. 도시계획 재정비 때 도시계획에 반영된 것이다. 우리나라에서 그린벨트의 필요성이 처음 제기된 것은 1962년이다. 이때부터 세 차례에 걸친 경제개발 5개년 계획으로 나라 살림과 국민의 생활 수준이 향상됐다. 농촌 사람들은 새로운 일터를 찾아 도시로 모여들기 시작했다.

도시의 인구는 팽창했다. 서울시의 경우 해방 전만 해도 100만 명이 채 안 됐는데 1972년에는 600만 명이 됐다. 당시 인구의 5분의 1이 서울에 몰림으로써 과밀도시가 됐다. 이러한 현상은 서울뿐만 아니라 부산, 대구 등 주요 도시도 마찬가지였다. 도시에 많은 인구가 모이면 교통난과 학교, 주택, 상수도, 환경 등 많은 문제가 발생하게 된다. 특히 서울의 경우 휴전선과 가까워 전쟁에 대비해 인구와 산업시설의 집중을 막

수도권(서울, 경기, 인천)
개발제한구역 현황도
(자료 국토해양부).

을 필요가 있었다.

　우리나라에서 그린벨트는 1971년 6월 12일 박정희 대통령이 주관한 회의에서 처음 제시됐다. 서울시와 경기도의 경계지점에서 서울은 도로 폭이 30m로 넓은데 경기도는 7m로 좁아지는 문제를 조속히 해결하도록 수도권 도로망 외곽에 두 줄로 그린벨트를 쳐보라고 건설부에 지시했다.

　이에 앞서 1971년 1월 19일 도시계획법이 개정되면서 개발제한구역 제도가 도입됐다. 누가 개발제한구역을 제안했는지 알려지지 않았으나 이미 박정희 대통령은 이에 대한 플랜을 준비했을 거라고 생각된다.

　이후 실무진들의 준비를 거쳐 1971년 7월 30일 서울 종로구 세종로 사거리 반경 15km를 따라 2~10km 지역의 454.2㎢가 우리나라의 첫 그린벨트로 지정됐다. 이어 1972년 8월 11일 수도권 개발제한구역이 2배로 확대됐다. 서울의 광화문 네거리를 중심으로 반지름 30km 이내의 6개 위성도시권까지 추진됐다. 이때 수원도 포함됐다. 1977년 4월 여수권역까지 8차에 걸쳐 14개 도시가 지정되어 전 국토의 5.4%에 해당하는 엄청난 면적의 땅이 개발제한구역으로 지정됐다.

1972년 8월 11일 수원 도시계획 재정비 도면. 1970년 12월 3일 도시계획 도면에서 변경된 도면이다. 용인군 수지면, 기흥면, 구성면 일부와 화성군 태안면 일부가 수원 도시계획 구역에 편입됐다. 특이점은 신갈저수지가 유원지로 결정됐다는 것이다(자료 수원시).

개발제한구역 지정 후 후속 작업을 했는데 2만 5,000분의 1 지형도에 표시된 경계선을 현장에 표시하기 위해 100m 간격으로 경계표석을 세우고 감시가 용이한 곳에 감시초소를 설치해 그린벨트 훼손을 철저히 단속했다.

감시초소에 근무하는 그린벨트 감시원이 상시 단속을 실시했다. 그리고 시장, 군수는 월 1회 단속, 시도지사는 3개월마다 1회 단속, 건설부는 연 1회 합동단속과 청와대 특명반, 경찰의 암행감찰 등으로 물샐틈없는 단속을 실시했다. 이렇게 중첩된 단속은 주민 생활을 간섭하기도 하고 과도한 단속으로 사생활을 침해하는 측면도 있어 민원을 초래했다. 일례로 송아지를 낳아서 비닐로 외양간을 넓혔는데 그린벨트 단속원이 적발하여 철거하는 과잉단속도 비일비재했다.

시장과 군수는 건축물마다 건축물관리대장을 작성해 증개축 여부를 점검했다. 시군에서는 불법행위를 효율적으로 단속하기 위해 매년 항공사진을 촬영했다.

당시 개발제한구역의 위법행위 점검 결과를 대통령에게까지 보고함에 따라 관계공무원들의 징계가 많아지자 그린벨트 업무를 기피하는 사례가 발생하기도 했다. 아무튼 그린벨트의 지정은 좋은 취지에서 시작됐으나 80%가 사유지여서 문제가 발생하는 경우가 많았다.

또한 사전조사도 없이 급작스럽게 추진됨에 따라 시가지나 취락지역이 개발제한구역에 포함되는 등 사유재산 침해 논란이 일었다. 박정희 대통령 재임 시절에는 단 한 건도 그린벨트 해제지역이 없었지만, 박정희 대통령 서거 이후에는 선거 때마다 그린벨트 제도개선이 공약으로 제시되기 시작했다. 1990년 10월에는 '도시계획법(현 개발제한구역의 지정 및 관리에 관한 특별조치법) 시행규칙' 개정안을 마련하고, 개발제한구역

2003년 수원 서부지역 그린벨트 해제 전 모습(사진 수원시 항공사진 서비스).   2021년 7월 수원 서부지역. 칠보산 앞쪽에 호매실 공공주택지구 조성사업이 완료된 모습. 사진 상단 왼쪽은 당수 공공주택지구 조성사업이 진행 중이다 (사진 수원시 항공사진 서비스).

내에 공공건물·체육시설 설치와 건축물의 신·증축을 허용하는 등 규제를 대폭 완화했다. 그리고 1999년 6월에는 개발제한구역에 근린시설 신축을 허용해 건폐율 20%, 용적률 100% 범위 안에서 3층 이하의 단독주택은 물론 약국과 독서실 등 26개 유형의 근린생활시설을 신축할 수 있도록 완화했다.

김대중 대통령은 그린벨트 전면 해제를 선거공약으로 내걸었다. 집권 이후인 1998년 각계 전문가들로 구성된 '개발제한구역 제도개선협의회'를 만들어 개발제한구역의 전면 조정에 들어갔다. 1999년 7월 전국 개발제한구역 가운데 춘천, 청주, 전주, 여수, 진주, 통영, 제주권 등 7개 중소도시권역을 전면 해제키로 방침이 정해졌다.

그 결과 2001년 8월 처음으로 제주권이, 2002년 12월에는 강원 춘천시, 충북 청주시, 전남 여수·여천권 등 4곳이 개발제한구역에서 전면 해제됐다. 2003년 6월 전주에 이어 진주, 통영 지역의 그린벨트가 해제됨으로써 7개 중소도시의 그린벨트가 해제됐다.

전면 해제에서 제외된 수도권 지역은 시군별로 그린벨트 면적 등이 고려되어 해제 면적이 시달됐다. 수원은 북쪽에 36.5㎢가 지정된 것을 감안해 호매실, 금곡동에 '수원 호매실 공공주택지구 조성사업' 추진을 목적으로 2005년 12월 26일 298만㎡가 해제됐다.

더불어 서수원권 중 20가구 이상 거주하는 6개 집단 취락마을인 금곡동의 상촌마을(2만8,000㎡), 중촌마을(5만3,000㎡), 호매실동의 가리미마을(3만2,000㎡), 원호매실마을(8만6,000㎡), 자목마을(7만1,000㎡)이 포함됐다. 또 입북동은 벌터마을(6만3,000㎡)도 해제되어 모두 10만 평(33만㎡)이 개발제한구역에서 해제됐다.

이후 2017년 3월 8일 추진된 '수원 당수공공주택지구 조성사업'은 96만7,832㎡(29만2,768평)가 2018년 1월 4일 국토교통부로부터 '공공주택지구 지정(변경) 및 지구계획 승인'을 얻으면서 그린벨트가 해제되어 2025년 말까지 개발 사업이 추진 중이다. 또 '당수2공공주택지구'의 684,949㎡(20만7천 평)는 2023년 6월, 그린벨트가 해제되어 2026년 말까지 완료계획으로 추진 중이다.

우리나라의 그린벨트 제도는 이제 50년이 넘었다. 그린벨트 제도 도입으로 도시의 무질서한 개발을 막고 자연을 보호한다는 명제를 달성했다. 그린벨트 50년이 넘은 지금 그린벨트 제도에 대한 적절한 대안이 필요하지 않을까 싶다.

4. 1970년대의 성장 억제 도시계획

1962년부터 추진한 '경제개발 5개년 계획'의 효과로 1970년대가 되자 전쟁 복구 단계를 넘어 산업입국을 향해 갔다. 따라서 대도시로의 인구 집중과 무질서한 개발을 억제하기 위한 정책이 시행됐다.

첫 번째 규제는 1971년 1월 19일 도시계획법을 개정해 '그린벨트(개발제한구역)' 제도를 도입한 것이다. 1971년 7월 30일 서울 주변에 그린벨트가 설정된 후 1972년 8월 11일 수도권에 그린벨트가 추가로 지정되면서 본격적인 수도권 규제가 시작됐다. 이는 국가적으로는 획기적인 정책이었으나 그린벨트에 편입된 주민들에게는 횡액이나 다름없는 과도한 규제였다.

두 번째 규제로는 식량 자급자족을 실현하기 위해 농지의 훼손을 억제하는 정책이

수원시 도시계획도

1972년 8월 11일 수원 도시계획도. 북쪽 광교산을 중심으로 그린벨트가 설정됐다. 경부고속도로를 넘어 구성면과 신갈저수지까지 수원 도시계획구역으로 편입됐고 삼성단지를 제외하고 공업지역이 해제됐다(자료 수원시).

추진됐다. 이때 과도한 농지 훼손을 방지하기 위해 공업지역을 축소해 녹지지역으로 환원했다. 가동 중인 선경합섬, 선경직물, 금강스레트, 태평양화학 등 공장도 녹지지역으로 변경됨에 따라 공장 증축이 불가능해졌다.

공업지역이 녹지지역으로 변경되면서 100억 불 수출을 어렵게 한다는 비판이 일자 1974년 10월 30일 공업지역을 재차 지정하는 사례가 발생하기도 했다. 이어 정부는 1972년 12월 18일 '농지 보존 및 이용에 관한 법률'을 제정해 농지 보존을 위한 법적 장치를 마련했다.

세 번째 규제로는 도시계획 구역을 확장해 도시계획법으로 관리하는 규제 방법이 도입됐다.

그린벨트 제도를 도입하고, 농지 보존 및 이용에 관한 법률을 제정해 농지 보존 제도가 마련됐어도 도시계획으로 수도권의 도시 연담화를 막아야 한다고 판단했다.

당시 수원시 외곽의 용인군 수지면, 기흥면, 구성면과 화성군 태안면 일부 지역은 연담화까지는 아니나 건축행위가 증가하고 있었다. 1974년 이미 서울~천안 구간에는 연담화 현상이 발생하기 시작했다.

네 번째로는 수도권 도시의 연담화를 방지하기 위해서 도시계획 구역을 최소로 축소하는 정책이 시행됐다. 이를 실현하기 위해 1974년 10월 26일 서울~천안을 통과하는 9개 도시에 정부의 '도시계획 구역 축소 조정 지침'이 시달됐다.

1972년과 1973년 확장됐던 용인군과 화성군 행정구역 중 기흥면, 수지면과 화성군 태안면 일부 지역을 제외하고 대부분의 지역을 수원시 도시계획구역에서 축소하는 수원 도시계획 재정비가 1975년 1월 13일 이뤄졌다. 이때 도시계획 구역이 202.994㎢에서 120.394㎢로 축소 조정됐다.

해제된 지역은 국토이용계획 구역으로 환원되면서 '국토 계획 및 이용에 관한 법률'

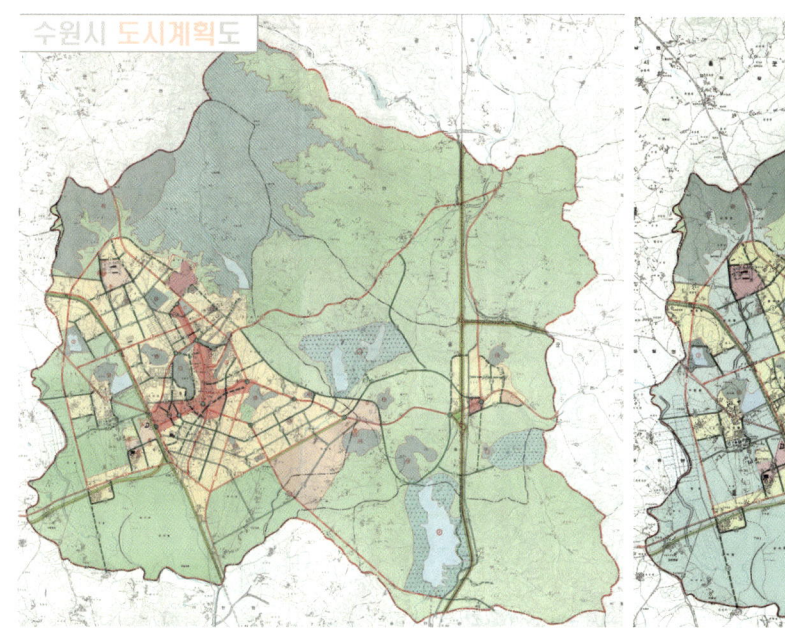

1974년 12월 7일의 수원 도시계획도. 수원 도시계획 역사에서 가장 넓은 도시계획 구역의 마지막 도면이다(사진 수원시).

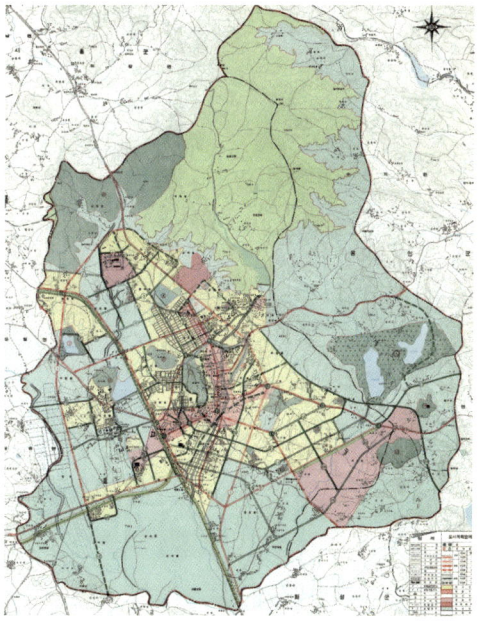

1975년 1월 13일 수원 도시계획. 경부고속도로 부분 82.6㎢가 축소됐다. 이때 수원시 인구가 22만4,177명. 1990년 인구를 56만 명으로 계획했으나 실제 인구는 64만4,968명이어서 8만4,968명이나 많은 인구가 거주했다(사진 수원시).

을 적용받는 지역이 됐다. 이로 인해 오히려 도시계획법의 적용을 받을 때보다 자유로운 건축행위가 행해지는 결과를 낳았다. 1980년대 중반이 되자 난개발이 발생하기 시작했다. 특히 한국민속촌 주변에 제일 먼저 건물이 들어서기 시작했다.

수원 도시계획 구역에서 제외된 용인시 수지읍과 기흥읍에서 난개발이 본격적으로 시작된 것은 1989년 노태우 대통령이 대선공약으로 제시한 '주택 200만 호 건립사업' 때문이었다. 당시 5대 신도시로는 200만 호 건립이 어렵자 정부는 국토 이용계획 구역 내에서도 아파트 건립을 허용하는 법령을 마련하게 된다.

그 결과 용인시 수지읍 일원에 1만㎡(3천 평) 미만으로 아파트를 지을 수 있도록 했다. 따라서 1999~2004년까지 수지지역에는 기간시설(도로, 상수도, 하수도, 공원, 학교 등)이 부족한 곳임에도 아파트가 들어섰고 이 지역은 우리나라 난개발의 대명사가 되기도 했다.

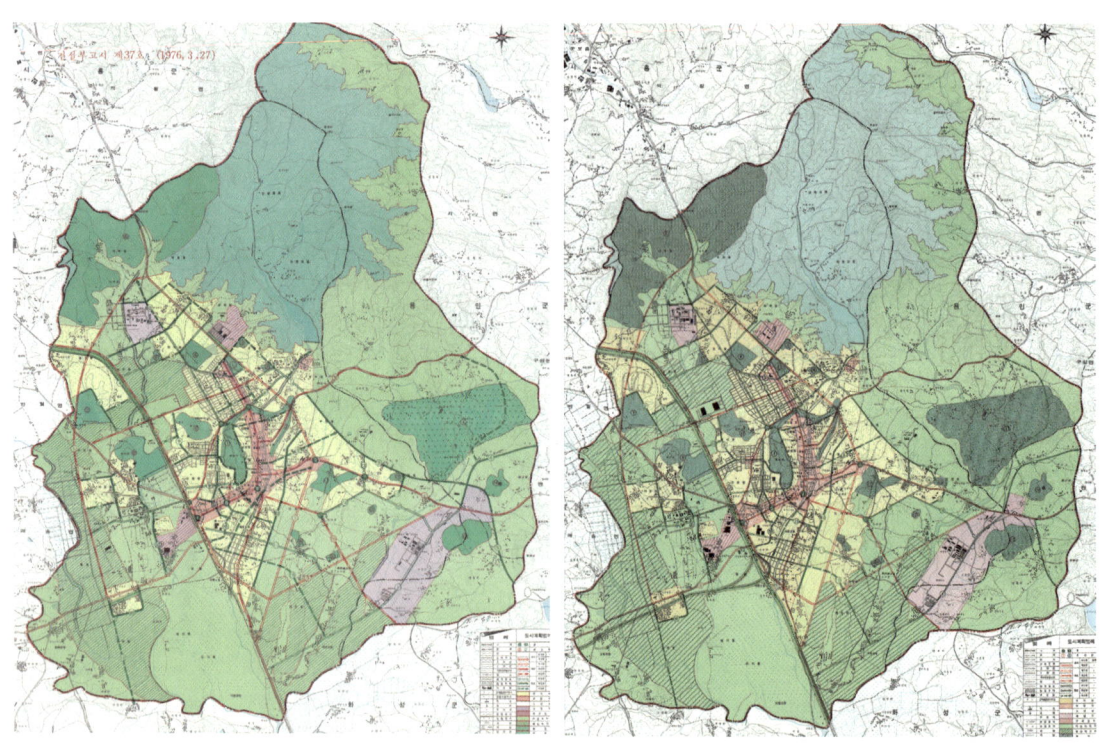

1976년 3월 27일 수원시 도시계획도. 시가화 구역(주거, 상업, 공업지역)이 최소로 축소됐다(사진 수원시).

1979년 11월 18일 수원시 도시계획도. 1976년 권선지구 일원의 주거지역에서 축소된 부분이 동수원 개발을 위해 주거지역으로 변경되었다(사진 수원시).

1975년 7월 19일에는 대통령 지시로 '도시계획 구역 내 농지 보존을 위한 도시계획 재정비 지침'이 시달됨에 따라 수원시는 1976년 3월 27일 도시계획 재정비 계획을 수립하게 된다.

시가화 지역(주거, 상업, 공업지역) 중 우량농지가 편입된 이목, 영화, 평동, 인계, 매탄, 원천동 등 지역은 생산녹지와 자연녹지지역으로 전환됐다.

한편 이병희 국회의원의 주도로 추진된 수원화성 복원사업은 1973년 12월 박정희 대통령의 재가를 얻게 됐다. 1974년 행정절차와 실시설계를 마치고 1975년 6월 7일 기공식을 가진 이래 당시 예산 32억8,700만 원이 투자됐다. 1979년 11월 29일 화성 복원 정비사업이 마무리됨에 따라 1997년 화성이 세계문화유산으로 등재되는 발판이 됐다.

정조 시대인 1979년에 만들어진 구시가지가 한계에 이르자 동수원 신시가지 조성을 위해 권선지구 232만㎡(70만 평)을 자연녹지지역에서 주거지역으로 용도 변경했다. 이는 1980년대 동수원 개발의 신호탄이 됐다.

5. 수원의 제3기 도시계획은 10·26사태가 제공했다

수원의 제3기 도시계획은 1979년에 수립된 '수원 도시장기종합개발계획'에서 시작됐다.

우리나라에 '종합계획' 제도가 도입된 것은 1967년 내무부가 서울특별시를 제외한 31개 시급 도시를 대상으로 '도시종합계획'을 수립한 것이 시초였다. 수원은 1969년 '제1차 도시종합계획'에 이어 1972년 '제2차 도시종합계획'을 수립했다.

내무부는 1979년 기존 명칭을 '지방도시 장기종합개발계획'으로 명칭을 변경하고 대상을 38개 '시급 도시'와 169개 '읍급 도시'로 정했으며 계획기간을 20년으로 확대했다. 수원시는 1979년 말까지 '수원 도시장기종합개발계획' 수립을 완료하기 위한 준비에 들어갔다. 그런데 1979년 10·26사태가 발생하는 바람에 혼란기를 맞게 되었고 신군부가 정권을 잡은 1980년 말에 가서야 마무리됐다.

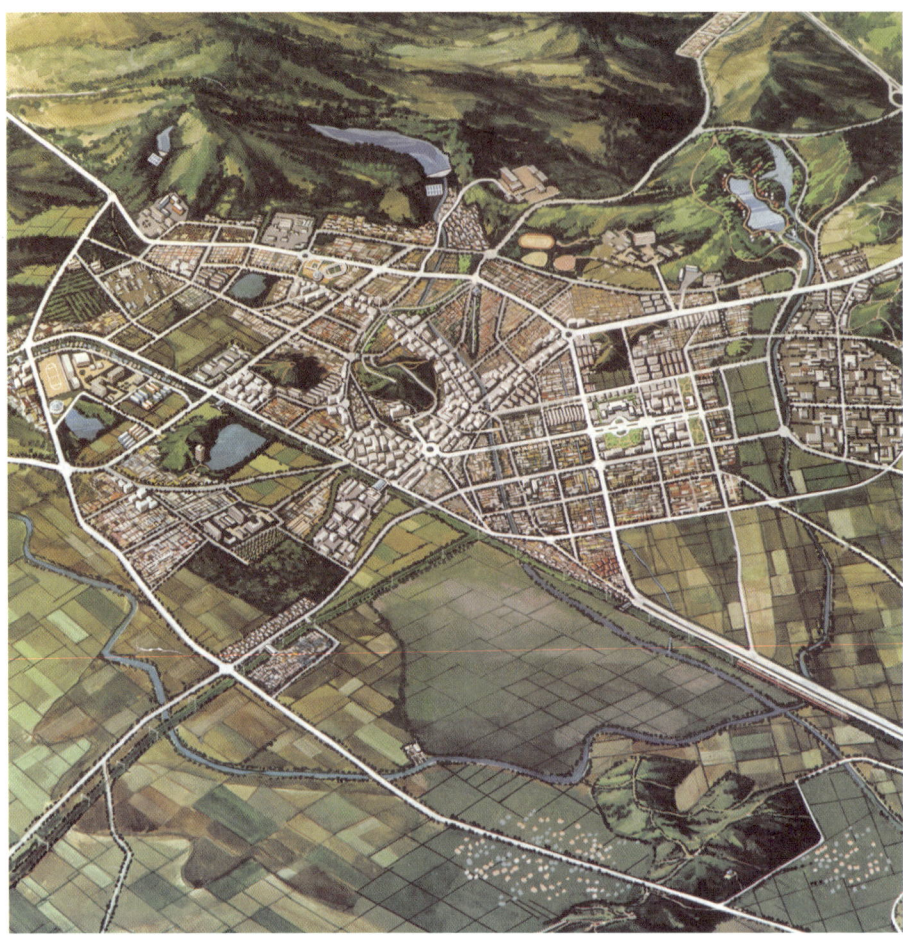

수원 도시장기종합개발계획 조감도. 1980년에 제작된 2001년 수원의 발전상 조감도. 42년 전 예측이 오늘날과 비슷한 모습이다(자료 수원시).

수원 도시장기종합개발계획은 경부고속도로 서쪽을 경계로 196.961㎢를 대상으로 1980년에서 2001년을 목표로 다섯 가지 시정목표를 제시했다.

첫째는 경기도의 중추관리 역할을 담당하는 인구 80만의 수부도시, 둘째는 역사자원을 보전 정비한 고적 문화도시, 셋째는 자연경관 및 녹지공간을 지닌 공원도시, 넷째는 질적인 지적개발로 정화된 교육도시, 다섯째는 전국 유일한 농업연구도시를 제시했다.

이는 수원시의 틀을 새로 짜는 계획이었으며 오늘날 수원시의 도시 형태를 이 계획에서 제시했다. 동수원의 가로망을 현재와 같이 격자형으로 계획했다. 또한 영통과 융·건릉 지역의 토지이용계획을 함께 제시했다.

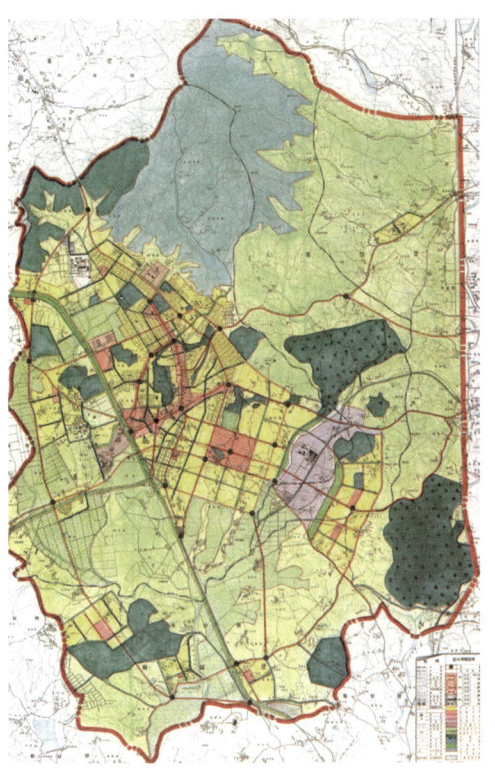

수원 도시장기종합개발계획도. 경부고속도로까지 계획됐고 영통과 수원대 주변의 계획이 포함되어있다(자료 수원시).

당시 도시계획 업무는 건설부(현 국토해양부)의 소관이었다. 그러나 지방도시를 관장하는 내무부가 비법정업무로 '지방도시 장기종합개발계획'을 추진하게 됨에 따라 실현성이 없는 계획을 수립하고 있었다. 그런데 뜻하지 않은 곳에서 해결의 실마리가 발생했다. 1979년 10월 26일 박정희 대통령의 서거로 혼돈에 빠졌다. 이후 발생한 1979년 12·12는 신군부가 국정을 장악하는 계기가 됐다. 신군부의 '국가보위입법회의'는 1961년 5·16 이후 설치된 '국가재건최고국민회의'에서 제정된 도시계획법을 전면 개정했다.

내무부에서 추진한 '도시 장기종합개발계획'을 20년 단위의 '도시기본계획'으로 받아들였다. 또한 '공청회 개최'를 의무화하여 주민 참여를 확대했다. 전문가의 참여를 확대하기 위해 '도시계획 상임기획단'을 설치했으며, 도시계획으로 묶은 사업에 대하여 '연차별 집행계획' 수립을 의무화했다.

1980년에 수립된 '수원 도시장기발전종합계획'은 주민 의견 청취와 공청회 등 법적 절차를 거쳐 1984년 12월 31일 건설부의 승인을 받았다. 이는 2001년을 목표로 하는 수원시 최초의 '도시기본계획'이었다.

수원시 도시기본계획은 5년이 경과되어 확정됐다. 1982년 12월 31일 '수도권정비계획법'이 제정되었기 때문이다. 이 법은 수도권(서울특별시, 인천광역시, 경기도 전역)에 인구 및 산업이 과도하게 집중하는 것을 억제하고 기능의 선별적 분산으로 국토의 균형발전을 유도한다는 취지에서 제정됐다.

'제1차 수도권 정비계획'은 1984년 7월 11일 확정됐다. 계획기간은 1982년에서

1996년까지 15년이었다. 이 계획의 기본전략은 수도권을 5개의 권역으로 구분하여 관리하는 것이었다.

첫째는 '이전 촉진권역'이다. 서울시가 해당되었는데, 집중규제를 기본으로 했다.

둘째는 '제한 정비권역'이다. 과밀을 억제하는 권역으로 인천, 김포, 부천, 광명, 안양, 군포, 의왕, 성남, 수원이 포함됐다.

셋째는 '개발 유도권역'이다. 이전 촉진권역의 시설을 이전 수용하기 위한 권역으로 화성, 오산, 평택, 안성 등 경기도 남부지역이 해당됐다.

넷째는 '자연 보전권역'이다. 한강 수질을 보전하기 위한 권역으로 경기 북부의 파주, 연천, 고양이 해당됐다.

다섯째는 '개발 유보권역'이다. 경기도 동부지역으로 가평, 양평, 여주, 이천, 용인 지역이 해당됐다.

수원은 '제한 정비권역'에 포함되어 산업시설은 기존 시설만 제한적으로 증설이 허용되고, 인구 집중 유발시설의 신규입지는 규제됐다. 도시 정비 분야에서는 공업지역의 규모를 하향 정비하고 도로, 공원, 녹지 등 도시의 녹지공간을 확대하는 도시계획을 정비토록 했다. 교육 분야는 전문대학 이상의 고등교육기관의 신설금지와 학생정원을 억제하는 시책이 추진됐다.

수원시 최초의 도시기본계획은 기존의 120.394㎢를 대상으로 2001년 57만 명을 수용하는 것이었다. 도시의 미래상은 장기종합개발계획에서 제시한 경기도의 수부도시, 고적문화 도시, 교육도시, 농업연구 도시, 공원도시 등의 내용이 반영됐다.

도시의 구조를 2핵 도시로 구성했다. 구시가지를 서부 생활권으로 설정하고 상업 및 서비스, 유통기능을 부여했다. 신시가지를 동부 생활권으로 설정하여

제1차 수도권 정비계획도. 1982~96년까지 15년간을 목표로 했다(자료 수원시).

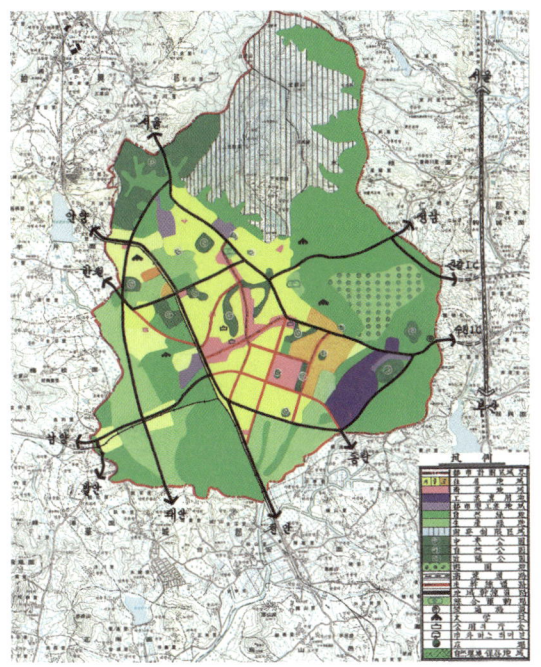

2001년 목표 수원시 도시기본계획. 1980~2001년을 목표로 계획됐다. 간선가로망과 시가화 구역(주거, 상업, 공업, 녹지지역)과 공원, 그린벨트가 표기되어 있다(자료 수원시).

중심 상업 및 업무 기능을 부여했다.

가로망 체계는 시가지를 격자형으로 조성하고, 지역 간 연결도로는 방사형으로 계획하는 한편, 외부와 연결되는 간선도로는 우회도로를 계획했다. 시외버스터미널은 구운동과 인계동으로 방향별로 분리했다.

1980년의 수원 도시장기종합개발계획과 1985년의 수원 도시기본계획을 비교하면 도시계획 구역과 인구 수용계획에서 많은 차이가 있었다. 장기종합개발계획에서는 2001년 인구를 80만 명으로 추정했는데 도시기본계획에서는 57만 명으로 설정했다. 그러나 2001년의 수원시 인구는 98만 명이어서 도시기본계획에서 제시한 57만 명보다 41만 명이 많은 숫자였다. 장기종합개발에서 제시한 80만 명보다도 18만 명이 넘는 숫자였다. 도시기본계획에서 57만 명으로 추정한 것은 수도권정비계획법에서 수도권의 인구를 억제하기 위해 제시된 숫자였다.

수원을 비롯한 수도권에 대한 정책은 1970년대 이후 현재까지 성장 억제 정책을 취했다. 이러한 억제 정책은 과도한 인구밀도를 발생시켰고, 도시기반시설의 부족 현상으로 나타났다.

웃지 못할 예를 한 가지 들어보면 '제한정비권역'에서는 전문대학 이상 대학의 신설이 불가했다. 그래서 원천동 구법원 북쪽에 있는 '합동신학대학원대학'이 탄생했다. 수도권정비계획법에 대학원을 불허하는 조항은 없어서 '대학원대학'이라는 명칭으로 학교 설립을 승인받을 수 있었기 때문이다.

수원에 공장이 없는 것도 같은 맥락이다. 수도권정비계획법에서 공업지역이 증설되지 않도록 했기 때문에 공장이 부족한 것이다. 그나마 고색공단이 만들어진 것은 한일합섬과 선경직물, 금강스레트가 문을 닫으면서 공업지역을 재배치했기에 가능한 것이었다.

1979년부터 추진된 수원 도시장기종합개발계획과 이어 진행된 도시기본

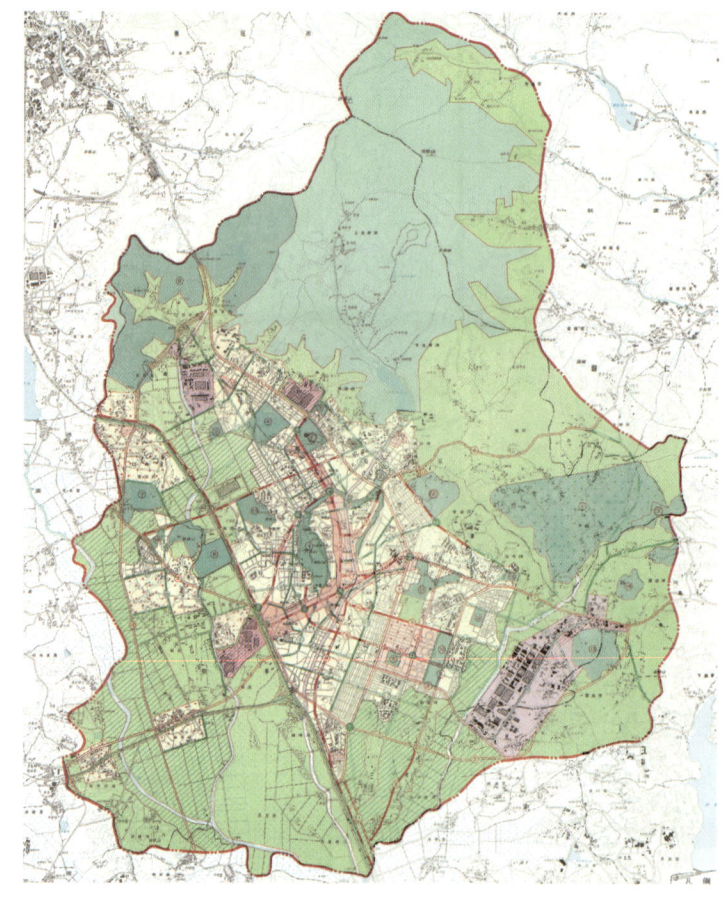

1986년 12월 3일자 수원시 도시계획. 2001년에서 2010년에 해당하는 개발계획이 담겨있는 도면. 동수원 중심상업지구와 매탄동 택지개발지구가 주거지역으로 표시되어 있다(자료 수원시).

계획은 1986년 12월 3일에서야 도시계획에 반영됐다. 1985년 수립한 수원시 도시기본계획 중 전반부 10년(2001~2010년)에 해당하는 내용이 도시계획에 반영됐다.

나는 이 계획을 제3기 수원 도시계획으로 구분했다. 이 계획에서 중점적으로 추진된 내용은 한계에 봉착한 구시가지를 보완하는 동수원 신시가지 계획을 도시계획에 반영했다는 것이다.

당시 수원시의 당면사항은 도심 교통체증을 해결하기 위해 경수산업도로를 뚫는 일이었다. 한일합섬까지 건설된 경수산업도로를 동문사거리~동수원사거리~비행장까지 연결하는 사업이 절실했던 시기였다.

6. 제3기 수원 도시계획 중점사업은 동수원 개발

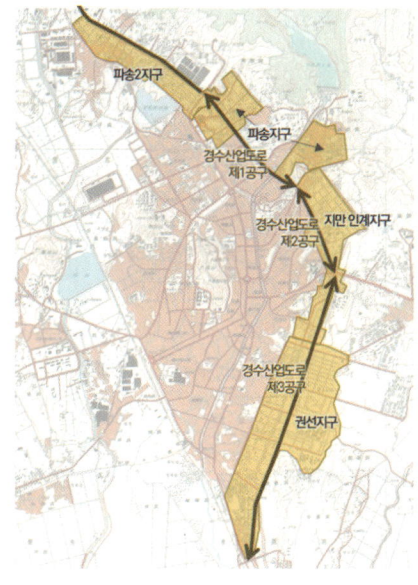

제3기 추진 토지구획정리사업 위치도. 경수산업도로 1공구는 파송지구, 2공구는 지만인계지구, 3공구는 권선지구. 당시 전체 사업비 152억400만 원 중 72.6%인 110억 3,800만 원을 토지구획정리사업에 들였다 (자료 수원시).

영등포구 시흥2동에서 수원공설운동장까지 이어지는 19.74㎞ 도로가 1973년 11월 21일 확장개통됐다. 1970년대 말이 되자 수원은 29만272명이 거주하는 도시로 성장했다. 화성 중심의 구시가지로는 한계에 봉착했다. 이즈음 내무부에서 2001년을 목표로 한 '지방도시 장기종합개발계획' 수립 지침이 시달됐다. 이 계획에서 최초로 동수원 신시가지 조성 계획이 나왔다.

동수원을 개발하기 위해서는 경수산업도로 연결이 급선무였다. 한일합섬에서 세류동 수원비행장까지 길이 7.5km, 폭 35m 도로를 건설하기 위해서는 150억 원이 넘는 막대한 예산이 필요했다. 수원시가 부족한 재원을 해결하기 위해 찾아낸 묘수가 토지구획정리사업을 추진하는 것이었다.

수원시는 경수산업도로변에 위치한 주거지역 중 도시화가 진행되지 않은 미개발지 4개 지구를 토지구획정리 지구로 선정했다. 첫 번째 지구는 조원동, 연무동에 위치한 파송지구이다. 두 번째 지구는 파장동, 송죽동, 조원동, 정자동 일부가 편입되는 파송2지구다. 세 번째 지구는 지동, 우만동, 인계동 일부가 편입된 지만인계지구다. 네 번

제3기 수원 도시계획 토지구획정리사업 현황

(자료 수원시).

구분	위치	면적(m²)	시행기간
파송지구	조원, 연무, 우만동 각 일부	977,152	1977. 2. 28. ~ 1990. 5. 31.
파송2지구	파장, 송죽, 조원, 정자동 각 일부	716,972	1981. 7. 1. ~ 1990. 5. 31.
지민인계지구	지동, 우만, 연무, 인계동 각 일부	1,126,979	1981. 7. 1. ~ 1989. 5. 31.
권선지구	인계, 권선, 세류, 장지동 각 일부	2,403,111	1981. 11. 17. ~ 1989. 11. 11.
계	4개 지구	5,224,214	-

지지대고개에서 한일합섬사거리까지의 1974년 8월 모습. 경수산업도로가 20m 4차선으로 뚫려있다(사진 수원시 항공사진 서비스).

공사 중인 파송 토지구획정리사업지구의 1981년 4월 모습, 공설운동장 동쪽의 조원동과 하단의 연무동 지역에 공사가 한창 진행 중이다(사진 수원시 항공사진 서비스).

째 지구는 인계동, 권선동, 세류동 일부가 편입된 권선지구이다.

1974년 8월 경수산업도로를 살펴보면 지지대고개에서 한일합섬까지 구간은 35m로 계획되었으나 20m 4차선만 건설된 상태였다. 추가로 15m를 확장하기 위해서는 막대한 예산이 필요했다. 그리하여 내무부 연수원(현 경기도공무원교육원)에서 한일합섬 사거리에 위치한 파장동, 송죽동, 조원동, 정자동 일부 지역 71만6,972㎡를 1979년 5월 10일 '파송2 토지구획정리사업' 지구로 지정했다. 파송2지구는 1981년 7월 1일 착공해 1990년 5월 31일 완료됐다.

경수산업도로 1공구(한일합섬~창룡문사거리)는 '파송 토지구획정리사업' 지구가 통과하는 구간이다. 1971년 5월 12일 사업지구가 결정됐다. 이즈음 한일합섬 사거리까지 경수산업도로 공사가 한창 진행 중이었다. 또한 수원공설운동장 공사도 진행되고 있어 산업도로 부지와 운동장 부지의 추가확보가 필요했다.

'파송 토지구획정리사업지구'는 조원동과 연무동 2개 단지로 분리되어 1971년 5월 12일 97만7,152㎡가 지구 지정됐다. '경수산업도로 제1공구'(연장 1,900m, 폭 35m)를 건설하기 위해서 산업도로변 미개발지를 선정했다. 파송지구는 지구 지정 6년 만인 1977년 2월 28일에야 착공했는데, 동수원으로 이어지는 경수산업도로 건설계획이 지연되었기 때문인 것으로 판단된다.

다음은 '지만인계 토지구획정리사업' 지구이다. 면적은 112만6,979㎡로 연무동과 우만동, 지동, 인계동 일부가 편입됐다. 이곳은 '경수산업도로 2공구'(창룡문사거리~동수원사거리, 연장 1,300m, 폭 35m)가 지나가는 곳이다.

1979년 5월 10일 '지만인계지구 토지구획정리사업'이 결정됐다. 지만인계지구는 미개발지였다. 우만동은 임야와 구릉지였으며, 지동·인계동은 농경지가 대부분이었다. 1981년 7월 1일 착공해 1989년 5월 31일 토지구획정리사업을 완료했다.

가장 늦게 추진된 곳이 '권선 토지구획정리사업' 지구이다. 권선지구를 추진하기 위해서는 먼저 자연녹지지역을 주거지역으로 변경해야 했다. 수원 도시장기종합개발계획에서 제시한 동수원 신도시 조성을 위해서 1979년 11월 18일 권선지구 232만㎡(70만 평)이 주거지역으로 용도변경됐다.

1980년 5월 29일엔 '권선 토지구획정리사업지구'가 결정됐다. 권선지구는 '경수산업도로 제3공구'(연장 4,300m, 도로 폭 35m)인 동수원사거리에서 세류동 수원비행장까지의 구간으로 인계동, 권선동, 세류동, 장지동의 일부가 편입됐다.

당시 파송지구, 파송2지구, 지만인계지구는 수원시가 사업을 추진했으나 권선지구

지만인계 토지구획정리사업 모습. 1981년 4월 경수산업도로가 완공되었고 택지조성공사가 한창 진행 중이다(사진 수원시 항공사진 서비스).

권선 토지구획정리 지구 모습. 1985년 5월 단지 조성이 한창이다. 경수산업도로가 완공되었으나 수원시청은 아직 들어서지 않았다.

는 추진하지 못했다. 설계 및 각종 행정절차를 마치고 1981년 11월 17일 사업이 승인되어 공사를 추진할 수 있었으나 당시 형편은 녹록지 않았다.

1979년, 1980년은 10·26, 12·12, 5·18 등이 발생하여 혼란을 겪던 시절이었다.

수원시는 당시 현안 사업인 경수산업도로 건설과 시청사 신축 등 산적한 문제를 해결하기 위해서 권선지구를 조속히 추진해야 했다. 그러나 정국의 혼란으로 경기침체가 발생했다. 체비지(替費地:토지구획정리사업의 시행자가 그 사업에 필요한 경비를 충당하기 위해 환지계획에서 유보한 땅)의 매각이 어렵게 되자 수원시는 사업비 조달을 위해 권선지구 토지구획정리사업을 한국토지개발공사에 위탁하게 됐다. 위탁조건은 수원시가 공사비로 확보한 체비지를 한국토지개발공사에 넘겨주는 대신 한국토지개발공사는

경수산업도로 건설현황

공구	공사기간	기종점	시행기간			
			도비	시비	토지구획정리	합계
제1공구	1979	한일합섬~창룡문	1,000	774	800	2,574
제2공구	1980	창룡문~인계동	500	346	4,673	5,519
제3공구	1981~1982	인계동~세류동	0	1,546	5,565	7,111
계	1979~1982	한일합섬~세류동	1,500 (9.9%)	2,666 (17.5%)	11,038 (72.6%)	15,204 (100%)

권선지구의 공사를 수행하는 조건이었다.

당시로서는 현명한 방법이었다. 한국토지개발공사의 경비 부담으로 경수산업도로 3공구를 계획대로 건설할 수 있었다. 경수산업도로는 35m 폭의 7.5km 구간을 1979년 착수하여 1982년 완공했다. 전체 사업비는 152억400만 원이 들었다. 경기도가 15억 원(9.9%)을 부담했고, 수원시가 26억6,600만 원(17.5%)을 부담했다. 토지구획정리사업에서는 110억3,800만 원(72.6%)을 부담했다.

문제는 수원시청사 건설 과정에서 발생했다. 당시 수원시는 권선지구의 체비지를 평당 13만 원 정도에 넘겨주었다. 그런데 시청사 부지를 남겨두지 않아 1985년에는 평당 50만 원이 넘는 가격으로 매수해야 하는 상황이 발생했다.

수원시는 한국토지개발공사와 재협상을 벌여 1985년 말 시점으로 잔여 공사를 수

원시에서 추진하는 조건으로 정산했다. 당시 80% 정도 공사가 진행되어 남은 20%에 해당하는 금액만큼의 수원시청사 부지와 의회 부지, 홈플러스 부지를 수원시가 되찾아오게 됐다. 이후 홈플러스 부지를 매각하여 잔여 공사를 마무리하고 남은 예산으로 권선지구와 연결되는 도로 등을 건설하는 데 사용했다.

수원시는 토지구획정리사업을 효율적으로 추진하여 경수산업도로를 조기에 개통했다. 이는 동수원 시대를 여는 촉매 역할을 했다.

7. 동수원 신시가지는 택지개발사업으로 완성

제3기 수원 도시계획 '동수원'이 조성되기까지 3차례의 개발과정이 있었다.

첫 번째 시기에는 구시가지의 한계를 극복하기 위해 '권선 토지구획정리사업'을 시행하고 경수산업도로를 건설했다.

두 번째 시기는 1980년 '택지개발촉진법'과 '주택건설촉진법'의 제정으로 한국토지개발공사와 대한주택공사가 참여해 택지개발사업을 진행했다.

세 번째 시기는 1990년대 노태우 정권의 200만 호 주택건설 계획의 일환으로 경기도와 수원시가 참여해 동수원은 4개 기관이 경쟁적으로 쪼개기 개발을 추진했다.

동수원의 본격적인 개발은 1980년 12월 31일 '택지개발촉진법'이 제정되면서부터라고 할 수 있다.

현재 우리나라에는 셀 수 없을 만큼 많은 법이 있다. 그중에서 촉진법은 다른 법에 우선한다. '토지구획정리사업법'이 절차가 복잡한 것은 물론 사유재산권을 과도하게 침해한다는 여론이 많

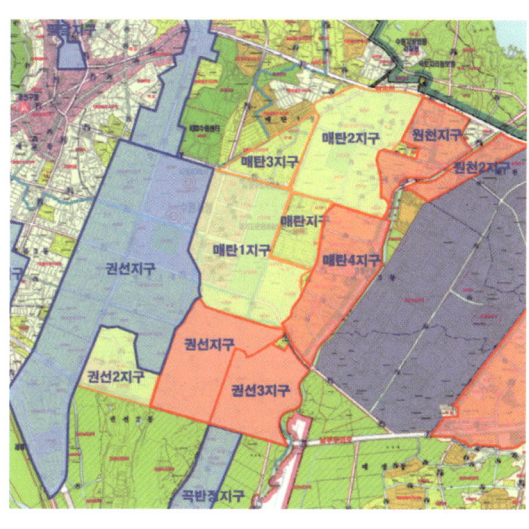

동수원 택지개발사업장 위치도. 동수원은 1980년에 시작되어 2002년에 완성됐다. 대한주택공사, 한국토지개발공사, 경기도, 수원시 등 4개 단체가 13개 단지, 225만 평을 개발했다 (자료 수원시).

았다. 그에 따라 '토지구획정리사업법'을 보완하는 차원에서 '택지개발촉진법'과 '주택건설촉진법'이 제정됐다. '택지개발촉진법'은 주로 '한국토지개발공사'의 택지조성 사업에서 유리하게 적용됐다. '주택건설촉진법'은 '대한주택공사'의 아파트 건설 사업에 유리한 법이었다.

1980년 '수원 도시장기종합개발계획'이 마무리될 무렵인 1980년 12월 31일 택지개발촉진법이 제정됐다. 이어 1981년 3월 31일 도시계획법이 개정됨에 따라 '수원 도시장기종합개발계획' 내용을 중심으로 '수원시 도시기본계획'을 수립 중이었다. 이즈음 대한주택공사와 한국토지개발공사는 동수원 개발에 관심을 갖기 시작했다.

대한주택공사는 동수원에 아파트 단지를 조성하겠다는 구상을 가지고 찾아왔다. '권선 토지구획정리사업지구' 인접지를 개발한다는 것이다. 그곳이 '수원 도시장기종합개발계획'에서 중심업무 상업지구로 계획되어 있음을 설명하자 주택공사는 택지개발이 가능한 위치를 선정해줄 것을 요청했다.

동수원 택지개발사업 현황 (자료 수원시)

순번	지구명	면적(m²)	지구지정일	준공일	시행자
1	매탄지구	211,255	1981.4.11	1983.12.30	주택공사
2	매탄1지구	954,431	1984.4.11	1988.9.26	토지공사
3	매탄2지구	767,000	1984.4.11	1989.12.31	토지공사
4	매탄3지구	245,621	1983.6.28	1988.7.30	주택공사
5	매탄4지구	634,305	1994.6.15	2002.6.30	주택공사
6	원천지구	420,000	1989.4.24	1993.6.30	토지공사
7	원천2지구	171,462	1994.10.5	2000.6.30	주택공사
8	권선1지구	622,921	1989.6.10	1996.9.30	경기도
9	권선2지구	326,000	1989.10.27	1993.6.11	수원시
10	권선3지구	485,474	1994.6.15	1999.12.30	경기도
계		4,838,459			

수원시는 진입도로조차 없는 '중심업무 상업지구' 외곽 매탄동 구릉지를 추천했다. 주택공사는 수원시가 추천한 곳을 수용함에 따라 '매탄택지개발사업지구(신매탄아파트단지)'가 지정됐다. 문제는 권선지구에서 1km가량의 2차선 도로를 뚫어야 하는 것이

었다. 그런데 권선지구 인접지에 있는 오래된 집이 불응하여 2천 세대가 넘는 주민들이 1차선 길을 불편하게 다녀야 했다.

이어 대한주택공사는 권선 토지구획정리사업지구에 2개의 아파트 단지를 건립했다. 권선동 1330번지 일원에 권선주공아파트 단지를 조성하고, 권선동 1036번지 일원에 권선2차아파트 단지를 조성했다. 그리고 인계동 드라마제작센터 옆 주거지역에

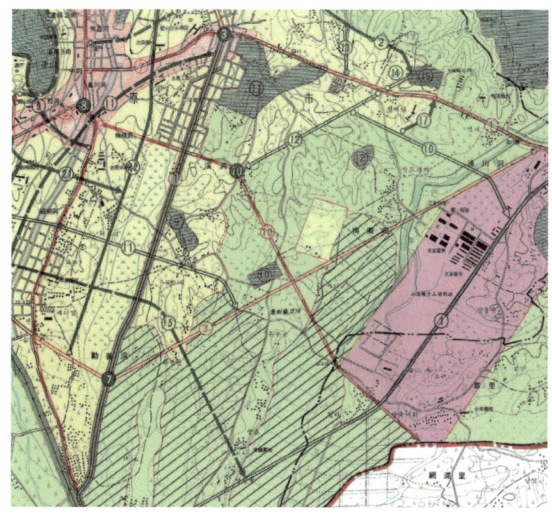
1981년 12월 1일 자 매탄택지개발사업 지구 지정 도시계획도. 중앙의 사각으로 표기된 부분이 매탄택지개발지구이다. 도시계획이 재정비되지 않은 상태에서 추진됐다(자료 수원시).

1985년 5월 동수원 항공사진. 권선지구가 공사 중이다. 북쪽으로 인계아파트 단지, 매탄4·5아파트 단지, 신매탄아파트 단지, 권선1·2차아파트 단지가 보인다. 매탄1지구 택지.

1990년 1월 동수원 항공사진. 효원공원과 나혜석거리, 국제자매도시거리가 보인다. 매탄2지구 개발이 완료되어 동남, 현대, 삼성, 성일아파트 단지가 보인다(사진 수원시 항공사진 서비스).

1993년 11월 원천지구. 중앙에 국가기관이 자리 잡고 있다. 이 기관은 2000년대 초 광교로 이전했다(사진 수원시 항공사진 서비스).

주택건설촉진법으로 인계아파트 단지를 조성했다. 이어 주공은 매탄3지구(매탄4·5단지)를 택지개발지구로 지정하여 아파트 단지를 건설했다.

이즈음 '한국토지개발공사' 또한 동수원 개발사업에 참여 의사를 밝혔다. 수원시는 당시 '건설부(현 국토교통부)'와 '수원시 도시기본계획'을 협의하고 있을 때였다. 수원시는 권선 토지구획정리사업지구를 포함, 4개 블록을 '중심업무 상업지구'로 조성하고자 했다. 그런데 건설부는 수원시 여건상 '중심업무 상업지구'가 과도하게 크니 축소하라는 것이었다.

수원시는 '중심업무 상업지구'를 축소하여 공원을 조성하는 구상을 하고 있었다. 이러한 여건을 설명하자 한국토지개발공사는 공원용지를 포함 개발하는 의견을 수용하겠다고 했다. 그리하여 매탄1지구는 1984년 4월 11일 지구 지정되어 1988년 9월 26일 완성됐다.

당시 수원시는 '중심업무 상업지구'의 토지 용도를 지정할 것을 주문했다. 그러자 한국토지개발공사는 토지이용 제한 규정이 없다는 이유로 난색을 표했다. 이후 찾아낸 묘책은 토지를 분양할 때 매각조건으로 토지 용도를 명시하는 것이었다. 그리하여 대로변에 판매, 금융, 문화, 공공시설 등을 유치할 수 있었다. 특히 '효원공원' 22만 5,903㎡(6만 8,335평)와 보행자도로인 '나혜석거리'와 '국제자매도시거리'를 확보할 수 있었다.

다음으로 추진된 단지는 매탄2택지개발지구이다. 매탄4, 5단지와 매탄택지개발지구(신매탄아파트 단지)를 경계로 원천동과 매탄동이 편입된 76만7,000㎡를 1984년 4월 11일 지구 지정하여 1989년 12월 31일 완성한 지역이다. 이곳은 삼성전자와 북쪽에 법원·검찰청 등이 인근에 있는 농경지와 집단부락이 있었다.

그중 씨쪽마을이 택지개발사업지구에 편입됨에 따라 사업추진을 반대하자 집단부락을 존치시키게 됐다. 이곳은 시간이 지나면서 낙후지역으로 변하게 되자 택지개발지구에 편입시킬 것을 요청하기도 했다.

이후 토지공사는 매탄2지구 동쪽의 원천동 지역 42만㎡를 '원천택지개발사업지구'로 지구 지정했다. 1989년 4월 24일 지구 지정하여 1992년 완공했는데 사연이 많은 곳이다. 택지개발지구 지정 후 국가기관이 토지를 구입함에 따라 택지지구에서 제외

2021년 7월 동수원의 모습(사진 수원시 항공사진 서비스).

시킨 것은 물론 국가기관 주변에 공원을 계획하고 주변에 저층 아파트 단지가 들어서게 했다. '원천지구'는 사업시행자인 한국토지개발공사에게는 어려운 단지였으나 원천지구 주민들에게는 쾌적한 단지가 됐다.

동수원의 세 번째 개발 시기는 노태우 정부 시절 주택 200만 호 건설 사업 때였다. 이때 한국토지개발공사, 대한주택공사는 물론이고 민간 건설사와 지자체에게까지 아파트 건설을 종용했다. 수원시와 경기도에서도 '공영개발사업단'을 설립하여 권선1, 3지구는 경기도가 시행했다. 수원시는 '버스종합터미널'이 한계에 이르자 터미널 이전과 '시영아파트 건립'을 위해 권선2지구 택지개발사업을 '수원시공영개발사업소'에서 추진했다.

동수원에서 가장 늦게 개발된 곳은 매탄4지구이다. 삼성전자와 인접한 지역으로 우량 농지였으나 잦은 수해로 개발을 서두르게 됐다. 특히 삼성전자가 공장용지로 개발을 희망했으나 수도권정비계획법과 공업배치법의 강력한 규제로 공단 조성이 불가함에 따라 아파트 단지로 개발됐다.

동수원 개발은 1980년 '수원 도시장기종합개발계획'에서 제안되어 경수산업도로를 조기에 건설하기 위해 '권선 토지구획정리사업'을 추진한 것이 시작이 됐다. 동수원 최초로 개발이 된 곳은 '구매탄아파트 단지' 9만6,000㎡를 시작으로, '인계아파트 단지' 9만8,000㎡, '권선 토지구획정리사업' 240만3,000㎡와 10개 단지의 택지개발사업 483만8,459㎡ 등 모두 13개 단지 743만5,459㎡(224만9,216평)를 1981년 11월 17일부터 2002년 6월 30일까지 무려 21년 동안 조성했다.

동수원은 수원시청, 영통구청, 경기아트센터, 효원공원, 올림픽공원, 제1야외음악당, 수원시외버스터미널, 농수산물도매시장, 분당선 수원시청역 등 도시 기반이 잘 갖춰진 수원의 중심이다. 중앙정부의 수도권 집중 억제정책으로 종합개발을 하지 못한 아쉬움은 있으나 명실상부한 수원의 중심지가 됐다. 자부심을 가지고 발전시켜 나가야겠다.

8. 수원의 정체성 지키지 못한 북수원 개발

2019년 수립한 '2030년 수원 도시기본계획'에서 수원 전체를 1개 '대 생활권'으로 설정했다. 그리고 방향별로 5개 '중 생활권'으로 구분했는데, 구도심을 '화성 생활권'으로 설정했다. 경수산업도로 동쪽을 '동수원 생

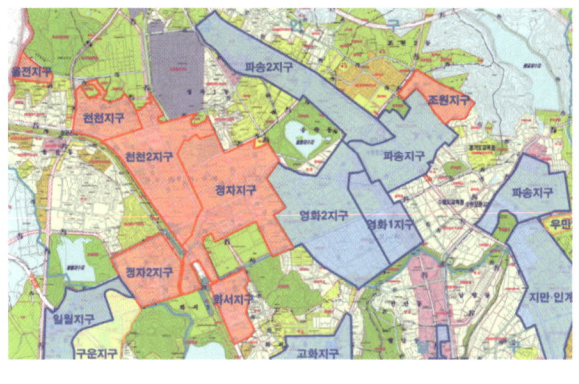

북수원 개발사업 위치도. 1968년 영화1지구를 시작으로 2002년 3월 31일 조원지구를 끝으로 34년에 걸쳐 10개 단지를 개발했다(자료 수원시).

활권', 장안문 북쪽을 '북수원 생활권', 경부철도 서쪽을 '서수원 생활권' 그리고 남쪽을 '남수원 생활권'으로 설정했다.

북수원의 개발은 경기도청 수원 이전 시기와 노태우 정부의 주택 200만 호 건립 시기로 나눌 수 있다. 북수원이 개발되기 시작한 것은 경기도청이 수원으로 이전한 시기부터다. 1968년에 착공한 서울~수원 간 경수산업도로는 1973년 한일합섬 사거리까지 개통됐다. 이어 수원에서도 한일합섬부터 장안문까지 도로 확장공사를 추진했다.

이때 예산을 적게 들이는 방편으로 도로가 지나가는 영화동, 정자동, 조원동, 송죽동의 일부 지역 34만8,200㎡(10만5,330평)을 1968년 8월 2일 영화1 토지구획정리 사업지구로 지정, 1972년 7월 26일 완공하면서 서울에서 장안문까지 도로가 완성됐다.

이어 영화1지구 서쪽 부분에 영화2지구 토지구획정리사업지구를 지정했다. 당시

부족한 택지를 확보하고 수원역~화서사거리~화서문교차로를 거쳐 장안문에 이르는 팔달로(옛 유신로)를 건설하기 위해 영화2지구 토지구획정리사업이 추진됐다.

영화2지구는 영화동, 정자동, 조원동, 송죽동 지역 평야지 118만9,806㎡(35만 9,915평)를 1969년 1월 29일 지구 지정하여 1978년 4월 7일 준공하고 택지로 전환했다. 영화2지구는 대부분 전·답으로 정조 시대에 조성된 대유둔(대유평)이 택지로 변했다.

이후에 추진된 파송 토지구획정리사업과 파송2 토지구획정리사업은 수원 도시계획 제3기 중점사업이었다. 간단히 소개하면 파송지구는 한일합섬 사거리에서 창룡문 사거리까지 경수산업도로 1공구 건설을 위해서 1971년 5월 12일 97만7,152㎡(29만 5,587평)를 지구 지정하여 1990년 5월 31일 준공했다. 파송2지구는 경기도공무원교육원 앞부터 한일합섬 사거리까지 확장을 위해 1979년 5월 10일 71만6,972㎡(21만6,883평)를 지구 지정하여 1990년 5월 31일 준공했다.

북수원의 4개 지구 323만2,131㎡(97만7,715평)에 대한 토지구획정리사업은 모두 수원시가 추진했다.

북수원의 개발사업은 파송2 토지구획정리사업을 끝으로 잠시 멈춘 듯했다.

북수원에서 추진된 택지개발사업은 정조 시대에 조성된 만석거 하류의 대유둔이 모두 사라지게 하는 계기가 됐다. 대유둔에서 첫 번째 사업은 1971년 4월 '수원연초제

1974년 8월 연초제조창과 영화1·2지구 개발사업 모습(사진 수원시 항공사진 서비스).

1998년 12월 북수원 택지개발 모습, 이미 여러 곳에 아파트가 보인다. 천천2지구와 정자2지구의 공사가 한창이다(사진 수원시 항공사진 서비스).

조창' 건립으로 30만5,000㎡(9만2,262평)의 농경지가 사라진 것을 시작으로 1978년 '영화2 토지구획정리사업'으로 118만9,807㎡(35만9,915평)가 사라졌다.

북수원의 본격적인 개발은 서부우회도로가 통과하는 성대역 인접지가 '천천1택지개발사업' 지구로 지정되면서부터였다. 장안구 천천동, 율전동, 정자동 일원 24만6,556㎡(7만4,583평)를 한국토지공사가 1989년 4월 22일 지구 지정하여 1997년 12월 31일 준공했다. 천천1지구는 구릉지에 택지개발사업을 추진함에 따라 농지는 많이 훼손되지 않았다.

다음으로 추진된 곳이 화서역 맞은편의 화서지구이다. 대한주택공사가 1989년 6월 10일 23만3,676㎡(7만687평)의 전·답에 택지개발사업을 시행하여 아파트 2,860호를 건립, 1998년 2월 28일 준공했다. 화서지구 개발로 대유둔이 택지로 변했다.

정자지구는 장안구 정자동, 화서동 일원을 수원시 공영개발사업소가 추진한 택지개발사업이다. 95만2,508㎡(28만8,132평)가 1993년 12월 28일 지구 지정되어 2000년 6월 11일 준공했다. 정자지구는 만석거와 인접한 농경지가 개발됨으로써 만석거만 공원으로 남게 됐다. 정조 시대에 농업 발전을 위해 조성한 유적이 사라지고 만 것이다.

천천2지구는 천천동과 정자동의 경부철도와 서호천 사이에 위치한 곳이다. 정자지구 서쪽에 있는 대유둔의 농경지이다. 한국토지개발공사가 82만8,644㎡(25만664평)를 1994년 3월 10일 지구 지정하여 2001년 7월 31일 준공함으로써 대유둔이 택지로 변했다.

다음은 장안구 천천동, 정자동, 서둔동의 일부가 편입된 정자2택지개발사업지구이다. 한국토지개발공사가 37만569㎡(11만2,097평)를 1994년 3월 10일 지구 지정하여 1999년 6월 30일 준공했다. 이곳 역시 대유둔이 택지로 바뀌었다.

그리고 마지막으로 장안구 조원동의 구릉지에 추진한 조원택지개발지구이다. 대한주택공사가 1994년 10월 5일 18만9,069㎡(5만7,193평)를 지구 지정하여 2002년 3월 31일 준공했다. 택지개발사업은 1989년에 시작되어 2002년 완료됐다. 이곳은 광교산 자락의 구릉지를 개발함에 따라 농경지는 적게 편입됐다.

북수원은 1968년에 영화1지구 토지구획정리사업 추진을 시작으로 2002년 3월 31

북수원 토지구획정리사업 지구별 개요

(자료 수원시)

순번	지구명	면적(m^2)	지구지정일	준공일	시행자
1	영화1지구	348,200	1968.8.2	1972.7.26	수원시
2	영화2지구	1,189,807	1969.1.29	1978.4.7	수원시
3	파송지구	977,152	1971.5.12	1990.5.31	수원시
4	파송2지구	716,972	1979.5.10	1990.5.31	수원시
계		3,232,131			수원시

북수원 택지개발사업 지구별 개요

(자료 수원시)

순번	지구명	면적(m^2)	지구지정일	준공일	시행자
1	천천1지구	245,889	1989.4.22	1998.5.6	토지공사
2	화서지구	233,676	1989.6.10	1998.6.30	주택공사
3	정자지구	952,508	1993.12.28	2000.6.11	수원시
4	천천2지구	828,644	1994.3.10	2001.7.31	토지공사
5	정자2지구	370,569	1994.3.10	2001.7.31	토지공사
6	조원지구	189,069	1994.10.5	2002.3.31	주택공사
계		2,820,355			3개기관

일 조원지구를 준공하여 34년에 걸쳐 10개 단지 605만2,486㎡(183만868평)를 개발했다. 북수원 역시 수원시와 한국토지개발공사, 대한주택공사가 경쟁적으로 쪼개기 개발사업을 추진했다.

북수원 지역의 개발은 화서지구, 정자지구, 천천2지구, 정자2지구, 조원지구 등이 지구 지정됨에 따라 수원시는 쪼개기 개발의 문제점을 개선하기 위해 '북수원권 개발 기본계획'을 수립했다. 이 계획에서 도로와 하수도, 상수도, 하수처리 등의 문제점 개선방안을 제시하여 개선할 수 있었다. 그러나 대유둔은 보존할 수 없었다.

북수원은 정조대왕이 현륭원을 참배하기 위해 지지대고개를 넘어 장안문을 통해 수원을 13차례나 행차했던 곳이다. 정조는 1795년 윤이월 9일부터 시작된 혜경궁 홍씨 회갑연 때에는 지지대고개부터 현륭원까지 20개의 표석을 세웠다.

그중에서 북수원 지역에는 지지대고개, 지지대, 괴목정교, 여의교, 만석거, 영화정, 대유평, 영화역, 관길야 등 9개 소에 표석을 세웠다. 현재 표석은 지지대와 괴목정교

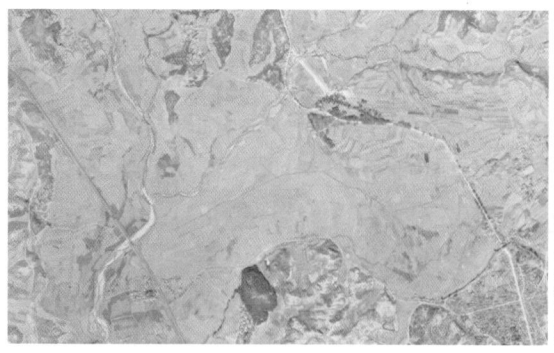
1947년 북수원 지역(사진 수원시 항공사진 서비스).

2002년 3월 개발이 완료된 북수원(사진 수원시 항공사진 서비스).

만 남았다. 그리고 유적은 지지대비각과 만석거만 남아 있다. 만석거 하류의 대유둔은 북수원 개발로 모두 사라지고 한 평도 남지 않았다.

9. 서수원 개발

1904년 12월 27일 건설된 경부철도로 수원은 둘로 나뉘었다. 그로 인해 서수원은 중심 시가지와 분리되면서 불편을 겪었다. 여기에 1938년 수원비행장이 들어서면서 비행 소음은 물론 비행안 전구역에 들어가게 됨에 따라 건축행위가 규제되어 발전을 가로막았다. 서수원은 동쪽의 도심에 비해 제약이 많았다.

나는 1980년대에 서수원 지역 오목천동에서 10여 년을 살았다. 당시 서수원 주민들은 동수원에 버금가는 발전을 갈망했

1985년 서수원 항공사진. 성균관대학, 금강스레트가 들어섰고, 구운택지지구와 천천아파트단지 공사가 한창이다 (사진 수원시 항공사진 서비스).

다. 지역의 일꾼이 되겠다고 입후보한 선출직들은 호기롭게 많은 공약을 내걸었다. 그러나 까다로운 지역 여건으로 공약을 이행하지 못했고 시의원, 도의원, 국회의원은 대부분 단명하고 말았다.

서수원 지역에서 제일 먼저 자리를 잡은 것은 1906년 문을 연 권업모범장(농촌진흥청의 옛 이름)과 1907년 설립된 농림학교(서울농대의 옛 이름)이다. 선경직물은 일제강점기인 1942년에 설립됐으나 일제의 패망으로 국가에 귀속된 것을 최종건이 불하받아 1953년 창업했다. 그리고 1940년에 설립된 조선농기구공장 정도가 있었다.

이후 1970년대에 폭발적으로 늘어나는 건축 수요에 발맞추어 적벽돌을 생산하기 위해 동보연와와 영신연와가 설립됐다. 이후 현대 계열사에서 1969년 수원역 뒤편에 '금강스레트' 공장을 건립한 것까지가 서수원 산업시설의 전부였다. 서수원은 지리적 입지 문제로 1980년대까지 큰 변화가 없었다.

1967년 삼성 이병철 회장은 삼성전자를 건립하기 위해 수원시 천천동에 30만 평의 부지를 매입했다. 이후 공장용지로 부적합하다는 결론이 나자 매탄동 지역에 공장용지를 매입하여 삼성전자를 설립했다. 그러자 천천동 토지의 활용도를 찾은 것이 성균관대학교 제2캠퍼스를 짓는 것이었다. 성균관대학교 자연계열 캠퍼스는 1979년 문을 열었다.

1980년 택지개발촉진법의 제정으로 한국토지개발공사는 수원시 최초로 1981년 6월 11일 53만1,459㎡(16만766평)를 '구운택지개발사업' 지구로 지정하여 1987년 12월 21일 준공했다. 이는 서수원 지역 최초의 개발사업이었다. 서수원 지역에 강남아파트, 선경아파트, 동남아파트 등의 아파트 단지가 들어섰다.

그리고 대한주택공사는 천천동에 천천주공아파트 단지를 건설했다. 천천주공아파트는 이후 재건축이 추진되어 현재는 '화서역 푸르지오 더에듀포레아 아파트'가 됐다.

서수원 지역은 2차례에 걸쳐 행정구역 확장이 추진됐다. 첫 번째는 1987년 1월 1일 화성군 매송면 금곡동과 호매실동이 수원에 편입됐다. 두 번째는 1994년 12월 26일 화성군 반월면 입북동과 당수동이 수원시에 편입됐다. 당시 금곡동, 호매실동, 입북동, 당수동은 집단부락을 제외하고 모두 그린벨트로 묶여 있어 개발이 불가능한 지역이었다.

서부우회도로의 건설은 1976년 2월 6일 '성균관대학교'의 수원 이전이 결정되면서 시작되었다. 당시에는 도시계획만 결정된 상태였다. 학교를 건립하기 위해서는 진입도로가 있어야 했으므로 구운사거리에서 학교 정문까지 20m 폭으로 1km가량의 서부우회도로가 건설됐다.

2000년 서수원 항공사진. 구운지구, 천천아파트가 들어섰고, 서부우회도로와 봉담~과천 고속도로가 완성된 모습이 보인대(사진 수원시 항공사진 서비스).

서부우회도로를 본격적으로 건설한 것은 1989년 4월 22일 천천지구 택지개발사업을 추진하면서 단지에 포함된 도로 360m를 건설하면서부터였다. 수원시는 1991년 지지대고개에서 고색동까지 8.25km 구간에 대한 서부우회도로 건설계획을 추진하여 1998년 10월 고색동사거리 구간을 완성했다. 이 시기에 '봉담~과천 고속도로'가 건설되면서 서수원의 교통 여건이 크게 개선됐다.

서수원 지역이 본격적인 개발이 이루어진 것은 1990년대 노태우 정부의 '주택 200만 호 건설사업' 때문이었다. 처음 사업이 추진된 곳은 '정자2지구 택지개발사업'으로 '한국토지개발공사'가 추진했다. 1994년 3월 10일 37만1,906㎡(11만2,501평)를 지구 지정하여 1999년 6월 30일 준공했다.

이어 수원시는 '일월 토지구획정리사업'으로 1995년 6월 5일 42만5,683㎡(12만8,768평)를 지구 지정하여 2001년 12월 31일 완공했다. '탑동 토지구획정리지구' 또한 1995년 6월 5일 50만3,219㎡(15만2,223평)를 지구 지정하여 2003년 11월 15일 준공했다.

서부지역에 수원산업단지가 조성된 것은 2003년 2월 제1단지 조성사업을 시작하면서부터였다. 1975년 수원에서 문을 열었던 한일합섬은 1990년대에 와서 섬유산업이 사양길에 접어들자 공장을 외국으로 이전했다. 따라서 공장이 있던 곳에 아파트를 건설하고자 했다.

수원시는 수도권정비계획법상 제한정비권역에 포함되어 공업지역의 증설이 불가능했다. 그리하여 한일합섬 부지를 주거지역으로 변경하는 대신 고색동 지역에 공업지역을 재배치하는 방침을 정했다. 수원시는 한일합섬에 아파트를 짓게 해주는 대신 당시 현안 사항인 장안구 청사부지 1만 평을 기부채납 받는 조건으로 추진했다. 2003년 2월 고색동을 공업지역으로 지정하고 공단 조성을 추진하여 2006년 7월 1단지 조성사업을 완료했다.

2단지, 3단지는 선경직물의 공장 폐쇄와 '금강스레트'의 공장 폐쇄에 맞추어 추진됐다. 고색동 수원산업단지 조성은 2003년 2월에 시작됐으며 2016년 6월까지 125만7,511㎡(38만395평)의 농지가 산업단지로 탈바꿈했다.

수원시는 1988년 7월 1일 구청 시대를 맞이했다. 수원시청은 오랫동안 교동에 있었는데, 청사가 협소했다. 따라서 동수원 개발사업으로 확보된 인계동 땅에 청사를 건립하여 1987년 1월 22일 새 청사로 이전하고 구청사는 농촌지도소가 잠시 사용했다.

이러한 상황에서 1988년 7월 1일 구청 제도가 도입되자 '장안구청사'와 '권선구청사'를 마련해야 했다. 장안구청사는 야구장 1층 라커룸을 개조하여 개청했고 권선구

2012년 서수원 항공사진. 호매실지구 택지조성이 한창 진행 중이다. 1차, 2차 고색산업단지가 완공되고 3차 단지가 조성되고 있다(사진 수원시 항공사진 서비스).

2006년 서수원 항공사진. 권선행정타운이 조성 중이고, 권선구청은 이미 입주한 상태이다(사진 수원시 항공사진 서비스).

05. 수원의 도시계획   245

청사는 구 '수원시청사'를 사용했다. 이후 수원시의 인구 증가로 '팔달구청'과 '영통구청'이 개청했다. 권선구청사가 위치한 교동이 팔달구로 편제됨에 따라 구청을 불가피하게 이전해야 했다.

수원시는 권선구 탑동에 권선행정타운 조성계획을 수립하고 2010년 1월에 시작하여 2016년 12월에 33만5,620㎡(10만1,524평)를 조성했다. 권선구청사는 2005년 9월 13일 착공하여 2006년 3월 28일 입주했다. 권선행정타운에는 권선보건소와 서부경찰서 등 7개 기관이 입주했다.

금곡동, 호매실동, 입북동, 당수동이 그린벨트라서 개발이 어려웠던 서부지역은 2005년 12월 26일 김대중 대통령의 그린벨트 해제 선거공약으로 지방도시는 전면 해제하였으나 수도권은 일부 지역을 해제하기에 이른다. 그리하여 '수원 호매실 공공주택지구 조성사업'이 추진됐다.

서수원의 공공주택지구 조성사업은 2006년 1월 6일부터 시행된 '수원 호매실 공공주택지구 조성사업'에 이어 2016년 8월부터 시행된 '수원 당수 공공주택지구 조성사업'과 2020년부터 시행 중인 '수원 당수2 공공주택지구사업'이 있다. 서수원은 3개 사업에 476만9,648㎡(144만2,812평)의 그린벨트가 해제되어 전체 3만3,349세대 8만

수원 호매실 공공주택지구 사업 토지이용계획도(자료 수원시).

수원 당수 1, 2지구 공공주택 조성사업 위치도(자료 수원시).

서수원 개발사업 목록

(자료 수원시)

순번	지구명	면적(m²)	지구지정일	준공일	시행자
1	구운택지지구	531,459	1991.6.11	1987.12.21	토지공사
2	정자2택지지구	371,906	1994.3.10	1999.6.30	토지공사
3	일월구획정리지구	425,683	1995.6.5	2001.12.31	수원시
4	탑동구획정리지구	503,219	1995.6.5	2003.11.5	수원시
5	수원산업1단지	287,246	2003.2.	2006.7.	수원시
6	수원산업2단지	122,855	2005.5.	2009.2.	수원시
7	수원산업3단지	1,046,515	2007.8.	2016.6	수원시
8	호매실공공주택지구	3,116,000	2006.1.6.	2012.12.31	토지공사
9	당수공공주택지구	969,648	2016.8.	2021.12	토지공사
10	당수2공공주택지구	684,000	2020	2025	토지공사
11	종전부동산(효행지구)	455,205	2016	2028	농어촌공사
12	탑동도시개발사업	335,620	2010.1.	2016.12.	수원시
계		2,820,355			3개기관

6,544명이 거주하는 사업이 진행되고 있다. 서수원은 구운택지개발사업을 시작으로 12개의 개발사업 중 10개 사업 771만151㎡(233만2,310평)가 완료됐고 2개 사업 113만9,205㎡(34만4,608평)가 진행 중이다.

그리고 1906년에 문을 연 농촌진흥청(구 권업모범장)이 전북 완주로 이전함에 따라 서수원은 종전 토지에 대한 개발계획이 수립되어 현재 진행 중이다. 또한 수원비행장 이전계획이 추진 중이다.

수원에는 정조 시대 농업 관련 유적인 축만제와 서둔, 구한말에 설립된 농촌진흥청(구 권업모범장)이 있다. 또한 서울농대 부지와 수목원 등이 많이 남아 있다. 철저한 고증으로 농업유적을 잘 보존해야겠다.

수원은 행정구역이 협소하고 일찍 도시화가 시작되어 잔여지가 없는 도시이다. 마지막 남은 서수원을 백년대계를 위한 공간으로 활용하는 지혜가 필요하다.

06
나와 화성사업

1. 화성행궁 광장1

화성행궁 복원사업은 심재덕 전 수원시장이 수원문화원장으로 있던 1989년 초부터 시작됐다 할 수 있다. 향토사학자 고 이승언(본명 이한기, 당시 시흥군지 상임편찬위원) 씨가 서울대 규장각에서 원색「화성행궁도」를 발견한 후 시민운동으로 시작했고 경기도립병원 신축계획이 발표되면서 본격적으로 진행됐다. 우선은 도립병원을 행궁 터에 짓지 못하도록 하는 것이 과제였다.

화성행궁 복원 추진위원회는 도립병원을 정자동 연초제조창 옆으로 옮기는데 결정적인 역할을 했다. 심재덕 원장은 행궁 터에 위치한 신풍초등학교 출신이어서인지 화성행궁 복원에 애착을 가졌다. 이후 민선 1기 수원시장에 당선된 심재덕 시장은 본격적으로 화성행궁 복원사업에 매진한다.

1995년 화성행궁 복원사업이 첫 삽을 뜬 후 화성을 세계문화유산으로 등록하는데 전념했다. 그리고 1997년 12월 6일 화성은 유네스코 세계문화유산으로 등재됐다. 화성행궁 복원을 시작한 지 7년이 경과한 2002년 1단계 복원사업이 완성 단계에 이르자 화성행궁의 위용이 드러났다.

그러나 구 국도였던 장안문~팔달문 도로에서는 화성행궁을 볼 수 없었다. 이는 종로사거리에서 행궁 사이의 150m 구간에 4~5층의 빌딩 숲이 있었기 때문이었다. 이렇게 되자 시민들, 특히 화성을 연구하는 모임인 (사)화성연구회 회원들의 염려가 컸다.

광장에 편입된 정조로와 행궁길 (사진 김충영).

첫째는 큰길인 구 국도를 지날 때 화성행궁이 보이도록 했으면 좋겠다는 의견이었다. 둘째는 앞으로 많은 관광객이 찾아올 것이고 행사 또한 많아질 텐데 이러한 수요에 대비해야 한다는 의견이 많았다. 이 무렵 화성행궁 앞에 광장을 만들어야 한다는 의견이 나오기 시작했다. 그러나 광장을 만들 때 부작용 또한 간과할 수 없는 일이었다.

첫째는 조선시대엔 광장문화가 없었다는 점이다. 둘째는 화성행궁 진입도로가 없어지게 되면 사거리가 삼거리로 되어 화성행궁의 원형이 왜곡되는 것이다. 셋째는 광장을 만들 경우, 화성행궁이 왜소해진다는 것이다. 넷째, 광장이 만들어지면 시위장소가 될 거라고 걱정하는 사람도 많았다.

그리고 더 중요한 것은 정조 때 팔달산 아래에 신도시가 조성된 후 광교면이 남리(南里), 북리(北里)로 바뀐 것을 시작으로 화성행궁의 앞길이 일곱 번이나 행정구역이 변동되는 격변의 1번지가 없어진다는 것이다.

화성행궁 앞길에 관한 기록은 그리 많지 않았다. 1795년 윤이월 9일부터 행해진 정조의 8일간의 수원 행차 때 기록인 『원행을묘정리의궤(園行乙卯整理儀軌)』에는 "대가(大駕)가 장안문으로 들어가 종가(鍾街)를 지나 좌우 군영의 앞길과 신풍루 좌익문을 지나 중앙문(中陽門)으로 들어서서 봉수당에 이르렀다"라고 적혀 있다.

1796년 축성이 끝나고 1801년(순조 1)에 출간(出刊)한 『화성성역의궤(華城城役儀軌)』에 당시 화성의 모습을 담고 있는 「화성전도」가 있다. 이 자료와 1911년에 작성된 측량원도 등을 보면 일본인들이 화성행궁을 훼손하기 이전의 행궁 주변 모습을 어느 정도 추정할 수 있다.

조선시대 도성의 궁궐 앞에는 6조(六曹) 거리가 형성되고, 지방고을 관아 앞에는 시전(市廛)이 형성되었다. 화성행궁 앞길에는 당시 화성을 지키던 장용영(壯勇營)과 관련된 관청들이 들어섰다. 한신대학교 유봉학 교수는 화성행궁 앞에 초관청(哨官廳), 토포청(討捕廳), 방영청(防營廳), 별효사청(別驍士廳), 별군관청(別軍官廳)이 들어섰다고 주장했다.

정조 사후 장용영이 혁파됨에 따라 군영은 다른 용도로 전환되었을 것으로 보인다. 이후 일제강점기에 화성행궁 봉수당은 자혜의원으로 사용되다가 후일 경기도립

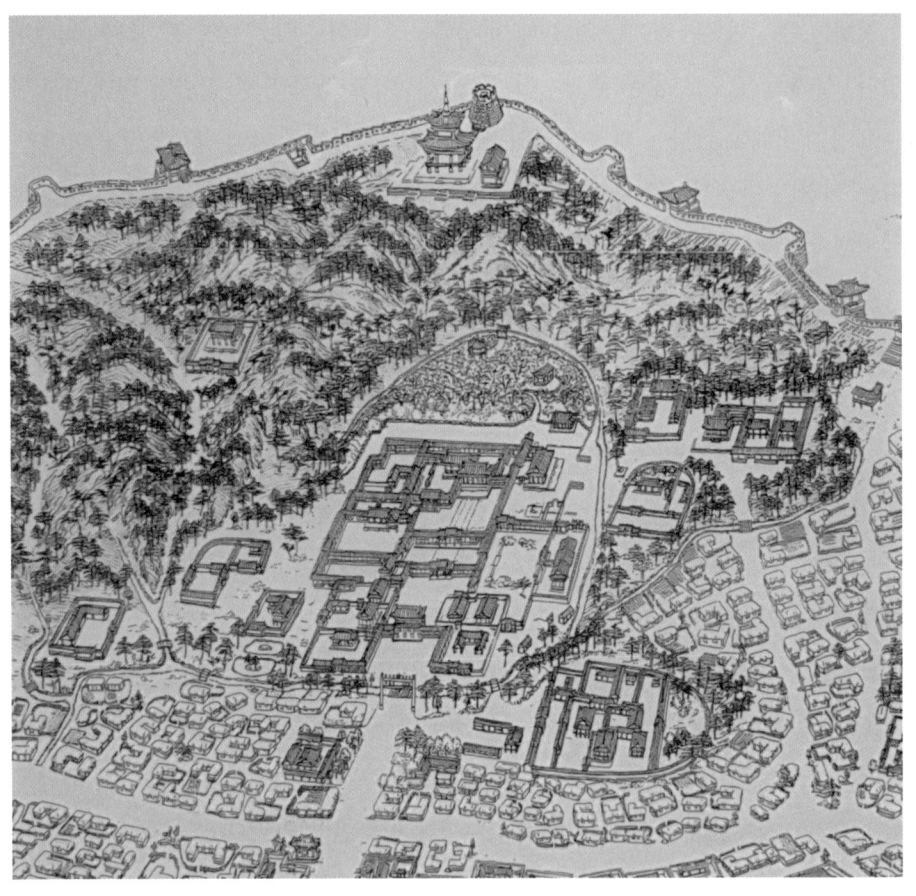

「화성전도」 2000년 모사본(자료 화성박물관).

병원이 됐다. 우화관인 객사에는 수원공립학교가 들어섰고, 북군영에는 수원경찰서가 들어섰다. 또 남군영에는 토목관구가 들어서면서 모두 헐리게 된다.

인근 이아(貳衙) 자리에는 경성지방법원 수원지청이 들어섰다. 그리고 종각 맞은편 중영 자리에 수원군청이 자리 잡았다. 이후 법원, 검찰청은 선경도서관 자리로 옮겼다가 원천동에 새 청사를 지어 이전하고 인천에 있던 경기도 경찰국이 옮겨왔다.

행궁과 이아, 군영에 행정기관이 들어서면서 행궁길에는 자연스럽게 관청과 관련 있는 대서소와 식당, 병원, 여관 등이 들어섰고 뒤편에는 주택가가 형성됐다. 2002년에 수립된 화성 주변 정비계획에 행궁 앞 광장 계획이 반영되었다. 2003년 10월에는 광장 조성 기본계획 수립을 시작으로 광장 조성을 위한 행정절차에 들어갔다.

이윽고 2004년 7월 손실보상에 착수했다. 보상 대상은 54동의 건물과 7천 평의

(왼쪽) 광장을 만들기 전 행궁 주변 항공사진 (사진 화성사업소).

수원우체국 100주년 표석(사진 김충영).

토지였다. 화성행궁 안팎은 문화재보호구역으로 묶여 있어 불이익을 많이 받았다. 그런데도 광장에 편입된 주민들은 수원시가 추진하는 화성 사업에 묵묵히 협조했다.

몇 사람은 보상가격이 낮다는 이유로 협의 매수에 불응하여 토지 수용 절차를 거치기도 했으나 대체로 순조롭게 보상이 추진됐다.

광장 부지에는 수원우체국이 자리하고 있었다. 수원우체국은 1895년 9월 25일 한성우체국 수원지사로 개국하여 광장사업을 추진하던 2005년까지 110년을 이어온 우체국이다. 그런데 느닷없이 수원시에서 행궁 앞에 광장을 조성한다는 계획을 발표한 것이다. 수원우체국에게는 청천벽력이나 다름없었을 것이다.

당시 수원우체국에서 소포실장을 했던 김석규 씨는 『경인일보』에 기고한 '아! 수원우체국 수원우체국이여!'라는 기고문을 통해 안타깝고 속상하고 허탈한 심정을 적고 있다. 우체국은 단순한 정부기관을 넘어 사람과 사람을 연결해주는 통로였다고 했다. "오직 글로 마음을 전할 수밖에 없던 시절, 사랑과 그리움, 때로는 애련함과 비통함을 확인할 수 있는 유일한 수단"이었다고 적고 있다.

당시 화성사업소장이었던 내가 우체국장을 만나러 가도 자리에 없다고 만나주지 않을 정도로 우체국 측은 섭섭해 했다. 우여곡절 끝에 수원우체국은 2007년 천천동으로 청사를 지어 이전했다.

2. 화성행궁 광장2

행궁 광장을 조성하기 위해 행정절차를 세 분야로 나누어서 진행했다.
첫째는 행정 분야이다.
둘째는 토지와 건물 보상 그리고 철거작업이다.
셋째는 광장 조성공사였다.

행정절차를 진행하기 위해서는 사업계획이 확정되어야 했다. 사업 면적은 6,900평, 이중 광장 면적이 5,300평이다. 건물 54동이 편입됐다.

광장 보상은 2004년 7월에 시작되어 13개월 만인 2005년 8월 수원우체국을 제외하고 끝났다. 건물 또한 2005년 9월 철거가 완료되었다. 이런 상황에서 수원의 중심 축제인 화성문화제가 수원우체국이 남아 있는 흙 마당에서 2005~2007년 3년간 열렸다.

특히 2006년 화성문화제 때 비가 많이 와서 진흙 마당에서 축제를 한 것이 기억에 생생하다. 광장 공사가 답보상태를 거듭하자 주변 상가에 손님이 오지 않았다.

행궁 광장 조감도(자료 화성사업소).

주민들은 2007년 2월 생업에 문제가 발생하자 민원을 제기하고 나섰다. 보상비에 대한 불만이 있어도 광장을 빨리 만들어야 한다는 데 공감하고 협조했는데 국가기관인 수원우체국이 협조를 안 하면 되겠느냐고 했다.

그리고 행궁 앞 도로가 막히자 행궁 뒷동네 진출입이 불편했다. 주민들은 화성사업소와 우체국, 경찰서에 민원을 제기하고 나섰다. 그러자 수원우체국은 수원시 천천동에 부지를 마련하여 2007년 말까지 이전하겠다는 계획을 밝혔다.

행궁 앞 사거리가 삼거리로 바뀌면서 교통이 불편해지자 교통체계를 바꾸어 달라고 수원경찰서에 민원을 제기했다. 불편을 해소하기 위해서는 도로를 넓혀야 U턴 체계로 바꿀 수 있었다. 그곳에 한전 변전 BOX가 있어 시공이 어렵자 경찰서장은 한전에 직접 전화를 걸어 민원을 적극적으로 해결해주었다.

화성사업소에는 행궁 앞 도로가 폐쇄됨에 따라 대체노선인 한데우물길 정비를 요구했다. 2007년 마을 만들기 사업이 시작되기 전이었다. 나는 주민 대표인 이용학, 이구림, 장병익, 백낙현 씨 등에게 주민협의체 결성을 요청했다.

화성사업소가 설립된 이후 여러 해 동안 사업을 진행하고 있음에도 주민협의체가 없어 아쉬워하고 있던 참이었다. 나의 요청에 행궁길발전위원회가 결성되었다. 행궁길발전위원회는 팔달문에서 행궁으로 이어지는 한데우물길의 정비사업을 앞장서서 추진했다. 한데우물길 정비사업은 수원시 마을만들기 1호 사업으로 평가받을 만한 사업이었다.

이후 행궁길발전위원회는 빈집미술관사업, 공방거리 조성사업, 행궁동 레지던시 사업, 생태교통사업 등 다양한 활동을 전개했다. 이런 노력은 행궁동이 수원시 마을만들기 1번지가 되는 계기가 됐다.

한편으로는 행정절차를 진행해 나갔다. 이 과정에서 문화재위원들은 광장 조성계획안을 놓고 갑론을박 의견이 많았다. '광장이 행궁과 어울리지 않으니 광장보다 공원 개념으로 조성할 것'을 주문했다. '현 단계에서 확정하기보다 최소한의 시설만 하는 것이 바람직하다', '한옥 형태는 행궁에 저해되므로 지양해야 한다', '명당수와 홍살문을 복원하라', '지하공간을 활용하고 지상은 가급적 유보공간으로 두어야 한다', '중앙통로는 판석포장을 하여 자연스럽게 조성해야 한다'는 등의 의견이 제시됐다. 당시 사정은 수원우체국의 처분만 지켜볼 수밖에 없는 상황이어서 화성사업소장인 나로서는 참으로 답답했다.

나는 직원들에게 수원우체국 신축공사장을 방문하여 관계자들을 격려하자는 제안을 했다. 떡을 가지고 가서 공사장 인부들을 격려하기로 했다. 한편으로는 우체국 이전이 지연되는 것을 다행으로 생각했다. 왜냐하면 시간적 여유를 가지고 광장 계획을 진행할 수 있었기 때문이다.

2006년 6월 광장 조성사업이 답보상태에 빠지자 (사)화성연구회로부터 광장 조성 아이디어 공모전을 열겠다는 건의가 들어왔다. 당시 많은 작품이 접수되었다. 수원우체국은 1년 넘은 공사를 마치고 2007년 11월 말 장안구 천천동으로 이전했다. 즉시 철거공사가 진행됐다.

그 무렵 김용서 시장이 나를 불렀다. 광장 바닥이 밋밋하니 화성의 이미지를 나타낼 수 있는 도자판을 깔자고 했다. 나는 참으로 난감했다. 마당은 마당이어야 하는데 도자판을 깔면 활용에 제약이 있는 것은 당연한 일이었다. 시장의 의견에 이의를 제기했으나 시장의 의지는 확고했다.

해가 지나 2008년 2월 자문회의를 다시 열었다. 자문위원들은 도자판 시공을 반대하지는 않으나 파손 문제와 안전상 문제가 없도록 하라는 의견을 제시했다. 대안으로 도자판 두께를 5cm로 할 것을 주문했다.

광장 공사는 2008년 봄이 되어서야 시작됐다. 1911년 지적원도의 지적선을 강

수원우체국만 남은 모습(사진 김충영).

우체국 철거가 완료된 모습(사진 김충영).

화토(소일콘)로 광장 바닥에 새겨 넣었다. 광장 진입부에는 능행도 병풍에 그려진 「진찬연도」와 「사미도」, 「낙성연도」, 「야조도」 등의 그림을 도자기 타일로 제작하여 모자이크식으로 시공했다.

광장 앞부분에는 화성에 주둔한 장용영 군사들이 익히던 무예24기 동작을 제작하여 배치했다. 왼편 물길 옆에는 능행차 모습을 그린 「반차도」를 배치했다. 그리고 전면에는 석재로 된 신풍교를 복원했다. 행궁과 광장의 경계에는 발굴과정에서 찾아낸 명당수를 복원했다. 광장 공사는 2008년 10월 화성문화제 개최에 앞서 마무리됐다.

또 여민각 공사와 화성홍보관, 서장대가 같은 시기에 마무리되어 2008년 화성문화제는 행궁 광장과 여민각 준공식을 겸해 열렸다. 행궁 광장이 만들어지자 수원시의 각 부서는 행궁 광장에서 행사를 경쟁적으로 개최하여 겨울과 한여름을 제외하고는 매주 행사가 열렸다. 당초 우려했던 시위는 한 번도 열리지 않았다. 행궁에는 정조대왕도 수원시장도 없기 때문이다.

3. 화성행궁 광장3

행궁 광장 조성사업은 광장 구역을 정하는 일부터 시작됐다. 행궁길을 중심으로

광장에 시공된 야간 군사 훈련 도자판(사진 화성사업소).

완성된 행궁 광장(사진 화성사업소).

북쪽은 신풍초등학교 정문 앞 도시계획도로까지 정했다. 남쪽은 수원우체국 뒷골목까지 구획해서 2002년 화성 주변 정비계획에 기본안을 담았다.

2003년 10월 광장 기본계획을 수립하는 과정에서 행궁 진입로를 중심에 두고 검토한 결과 대칭이 되지 않아 남쪽을 북쪽의 거리와 같게 확장했다. 이렇게 한 것은 한옥거리를 광장 외곽에 배치하여 관광객 편의시설을 조성하고 광장을 아늑하게 만들겠다는 의도였다.

이 안을 가지고 문화재청 현상변경허가를 받는 과정에서 배가 산으로 갔다. 문화재위원들은 광장 조성계획안을 놓고 갑론을박 주문이 많았다. 당시는 예산이 많이 들고 시간도 많이 걸려 훗날 보완할 수 있는 여지를 남겨두고자 지하 공간 활용을 유보했다. 원래 용역회사와 실무진은 강화토(소일콘)로 광장을 포장하고자 했다.

김용서 시장의 의견에 따라 광장 바닥에는 모두 4개의 그림이 설치되었다. 「서장대 성조도」 17m×39m, 「신풍루 사미도」 16m×22m, 「낙성연도」 16m×22m, 「봉수당 진찬도」 18m×39m의 도자판이 설치되었다. 광장 바닥에 운동장만한 그림이 설치되어 한눈에 감상이 어려웠다. 특히 평지에 설치하다보니 그림을 조망할 수 없었다.

그리고 그림을 양각으로 볼록하게 만들다 보니 굴곡이 생겨서 걷기에도 불편했다. 무엇보다도 광장 이용에 제약이 많았다. 광장 조성 초기에는 도자판 그림을 그야말로 신주단지 모시듯이 했다. 그나마 도자판이 떨어져 굴러다니지 않은 것은 두께를 5cm로 하여 보도블록 역할을 하였기 때문이다.

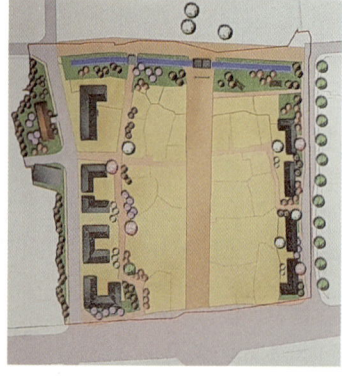

(왼쪽) 화성 정비계획에 반영된 조감도(자료 화성사업소).

문화재 현상변경 허가 때 계획된 조감도.

광장에 건물을 지을 수 없게 되자 광장이 너무 넓어 행궁과 부조화를 보였다. 그리고 광장과 접한 부분은 불량 그 자체였다. 무엇보다도 광장 옆에 기념품점 하나 없는 모습은 황량하기까지 했다. 그래서 나는 광장에 조성하지 못한 관광객 편의시설을 광장 옆 단지에 조성하겠다는 구상을 했다.

그래서 광장 남북에 도시개발사업을 추진했다. 시장에게 나의 이런 생각을 말했다. 시장은 예산을 조달할 방법이 있느냐고 물었다. 나는 도시계획과에서 오랫동안 일했기 때문에 도시개발 특별회계에 여유자금이 있다는 것을 잘 알고 있었으므로 그 예산을 사용하면 된다고 답했다.

그래서 도시개발 특별회계 예산을 투입하기로 결정했다. 이 사업은 돈을 잠시 빌려 사업을 한 뒤 토지를 재매각해서 원금을 갚는 방식이다. 이렇게 행궁 광장 남쪽과 북쪽 3천여 평을 도시개발구역으로 지정해 토지와 건물 보상을 한 후 대지 조성사업을 완료했다.

대지 조성사업을 추진하던 2007년과 2008년은 그동안 추진했던 여러 사업들이 마무리되는 시기였다. 여민각 중건사업, 서장대 복원사업, 광장 조성사업, 화성홍보관(관광센터), 수원호스텔이 마무리되어 화성 사업의 전성기를 이뤘다. 그러면서 한편에서는 악재도 밀려왔다. 첫째는 대한주택공사와 협약을 체결하여 추진하던 화성 내 재개발사업이 무산된 것이다.

두 번째는 서장대 주변의 소나무를 정리한 사업이었다. 이 두 가지 사업은 많은 민원이 발생하여 나를 힘들게 했다. 화성 사업에 발을 들여놓은 지 12년 만에 화성과 결별하기로 결심했다. 그리고는 화성 사업의 아쉬움을 남겨두고 2009년 7월 1일 화성사업소장에서 시청 건설교통국장으로 자리를 옮겼다.

언젠가 로마 바티칸에 갔을 때다. 시스티나 성당 천장에 미켈란젤로가 그린 「천지창조」 그림이 있었다. 그런데 한쪽 귀퉁이에서 누군가 작업을 하고 있었다. 몇 백 년이 되어 그을리고 퇴색된 부분에 원형복원 작업을 하고 있었다. 복원 기간이 5년이 걸리는 사업이라 복원사업은 천장 전체를 가리지 않고 작업하는 것을 보았다.

이유는 아주 작은 범위로 세밀한 작업을 하는 탓에, 구태여 가리지 않아도 되기 때문이라고 했다. 작품의 원형을 최대한 살리는 작업이라는 것이다. 나는 생각해 보았다. 화성은 누구의 작품인가? 화성은 두말할 것도 없이 정조대왕의 작품이다. 그렇다면 화성을 복원하고 정비하면서 원작자의 의도를 배려했는가?

행궁 광장의 계획부터 완성에 이르기까지 6년이 걸렸다. 나는 한시도 행궁 광장에서 떠나지 않았다. 하지만 나는 정조대왕이 만든 도시를 더 잘 만들겠다고 지우개로 지우고 엉뚱한 그림을 그리게 했다. 나의 한계였다.

화성사업소를 떠난 뒤 많은 사람들과 화성에 관한 이야기를 나눌 기회가 있었다. '광장이 너무 커서 황량하다', '미술관도 꼭 그 자리에 있어야 했느냐'는 이야기도 자주 듣는다.

이제 광장이 조성된 지 13년이 됐다. 광장 조성 20년이 될 즈음에는 주변과 잘 어울리는 광장 모습을 기대해본다.

4. 화성열차 제작1

'화성열차' 도입이 거론되기 시작한 것은 화성이 세계문화유산으로 등재된 지 4년 차가 되던 2001년이었다. 아이디어는 (사)화성연구회에서 비롯되었다. 화성이

화서문 앞을 통과하는 '화성열차'(사진 이용창).

세계유산이 되자 국민들의 관심이 많아지면서 관광객이 늘어났다. 관광객 중에는 젊은 사람도 많았지만 노약자도 많았다.

화성은 평산성으로 이루어진 데다가 성곽의 둘레는 5.7km여서 노약자들에게는 부담이 되는 거리였다. 성곽 또한 순례하기에는 멀고 지루한 거리였다. 그래서 노약자를 편하게 모시고 청소년층에게 흥밋거리를 주는 방법은 없을까 하고 구상한 것이 바로 화성 주변에 일명 '코끼리차'를 운행하는 것이었다.

당시 우리나라에서 운행 중인 코끼리차를 조회해보니 아홉 곳이었다. 그중에서 수원과 여건이 비슷한 곳을 따져보니 독립기념관과 여수 오동도, 과천 서울랜드, 인천대공원, 부산 태종대였다. 도시계획과장인 나는 최준호 도시시설팀장, 박표화 주무관과 함께 그곳에 출장을 다녀왔다.

직원들의 출장 소감을 종합한 결과 부산 태종대에서 운행 중인 부비열차가 우리가 도입할 수 있는 모델이었다. 부산 부비열차 관련 서류를 이미 부산 출장 때 모두 협조를 받았기에 즉시 추진할 수 있었다.

사실 화성열차를 도입하자는 의욕만 앞섰지 실제로 준비된 것은 전무한 실정이었다. 우선적으로 내부 방침이 정해져야 진행이 가능했다. 부산의 사례를 참고해 계획서를 만들었는데 4량짜리 차량 2대에 7억 원, 도로 3.2km를 정비하는데 8억 원, 모두 15억 원이 드는 사업이었다.

당시 심재덕 시장이 정치적 모함으로 영어(囹圄)의 몸인 상태여서 수원시장 직무대행 이무광 부시장에게 보고하니 "시장님도 안 계시는데 어려운 사업을 진행할 수 있겠느냐"고 몇 번을 되묻다가 실무진의 의지를 파악하고 결재를 했다.

문제는 돈이었다. 관공서의 예산은 전년도 10월경에 마무리되어 의회 승인을 얻어야 사업이 진행되는 것이 기본이다. 그런데 화성열차는 2001년 중반쯤 시작하였으니 2002년 예산에 반영해서 추진해야 했다.

그래서 방법을 찾은 것이 경기도에서 예산을 보조받아 이러한 절차를 뛰어넘는 것이었다. 도청의 어떤 루트를 택할까 고민을 하고 있던 차에 몇 년 전에 퇴직한 김홍진 선배가 나를 찾아왔다.

이런저런 이야기를 하다가 화성열차 이야기를 하게 됐다. 김홍진 선배는 당시 경기도 홍승표 문화정책과장(용인시 부시장, 경기관광공사 사장 역임)을 소개해 주었다. 사업계획서를 만들어서 홍 과장에게 설명하니 "100% 공감한다"고 해, 가벼운 마음으로 내려왔다. 그로부터 1주일 쯤 지났는데 7억 원을 보조해 주라는 도지사의 결재를 받았다는 전화가 왔다. 참으로 하늘로 나는 기분이었다.

다음으로 급한 것은 2002년 예산에 나머지 8억 원을 확보하는 것이었다. 시비를 확보하기 위해선 수원시 내부의 예산심의도 받아야 했지만 의회의 승인을 받아야 했다. 그러다 보니 화성열차 사업에 시민단체와 언론의 관심도 커지게 됐다.

그중에서 수원YMCA와 수원경실련이 환경과 예산 문제를 제기하면서 사업 설명을 요구했다. 수원YMCA 서정근 이사와 이상명 간사는 화성열차 노선 3.2km 구간을 직접 답사하면서 확인하는 열의를 보이기도 했다.

질의응답 과정에서 당시 수원시의회 모 의원이 차량 제작비는 물론이고 도로 건설비로 돈이 너무 많이 들어간다고 문제 제기를 하고 나섰다. 설명을 하던 나는 이 사업이 국·도비를 확보해서 추진하는 소규모 사업이라고 답변했다. 그러자 경실련 회원이던 시의원은 '과장님은 어디에 사시나요?' 하기에 아파트에 산다고 대답했는데 '그러면 아파트값은 얼마나 나가냐'고 물었다. 1억5천만 원쯤 할 것이라고 대답했는데 느닷없이 '화성열차 사업이 과장님 집 10채 값이 들어가는데 얼마 안 되냐'고 해서 해명하느라 진땀을 흘리기도 했다.

우여곡절 끝에 시비 8억 원을 확보했다. 예산이 모두 확보되자 화성열차 도입사

공사 중인 화성열차 길(사진 김충영).

화성열차 제작 모습(사진 화성사업소).

업을 본격적으로 추진해야 했다. 사업은 세 분야로 나뉘어 진행됐다. 차량을 제작하는 일, 화성열차 전용도로를 만드는 일과 행정 분야였다.

차량 제작을 위해서 차량 모델 선정 작업에 착수했다. 차량의 형태는 여러 가지 안이 있었으나 정조대왕을 상징화하자는 데 의견이 모아졌다. 화성열차의 머리는 임금을 상징하는 용머리를 형상화하기로 했고, 객차 3량은 정조대왕의 어가(가마)를 표현하기로 했다. 용이 끄는 어가인 셈이다. 화성열차를 타는 손님에게 임금님 대접을 해드리겠다는 컨셉이었다.

화성열차 도입사업의 관건은 전용도로를 확보하는 것이었다. 노선 선정 조건을 세웠다. 첫째는 가급적이면 공원을 이용한다. 둘째는 공원이 아닌 경우 전용도로를 설치한다는 조건이었다.

화성열차 노선은 팔달산 당시 강감찬 장군 동상에서 출발하여 팔달산 회주도로를 따라 북쪽 도지사 관사 뒤편을 통과하여 화서공원~화서문 앞 도로횡단~장안공원~장안문농협 앞~1번 국도 횡단~장안문~동북성곽 경유~화홍문~천변길~매향1교 횡단~화홍문 옆~북암문~삼일고 정문~동북암문~연무대를 종점으로 하는 3.2km 구간을 선정했다.

화성열차 노선 선정 과정에서 교통 관련 부서 협의 결과 화서문과 장안문을 통과하는 것에 우려를 나타냈다.

이런 상황에서 화성열차 차량 제작은 순조롭게 진행됐다. 차량의 규격은 이미 상용화된 모델을 기본으로 했다.

5. 화성열차 제작2

2002년이 되자 도비 7억 원과 시비 8억 원이 확보됐다. 열차 2대를 만들게 되었는데 차량 제작비는 1대당 약 3억 원, 두 대를 만드는 데 6억 원이 소요됐다. 화성열차 노선을 정비하는 데는 약 9억 원이 필요했다.

2002 FIFA 월드컵이 얼마 안 남은 2002년 2월 경이었다. 행정자치부는 월드컵

화성문화제에 참가한 외국 손님들(사진 이용창).

이 열리는 시·군에 국비 지원 사업을 공모했다. 당시 경기도의 담당부서는 경제항만과였는데 박제향 과장(후일 경기도 자치행정국장 역임)이 직접 공문을 가지고 찾아왔다.

나는 '밑져봐야 본전'이라고 생각하고 화성열차 사업을 제출했다. 참으로 하늘은 스스로 돕는 자를 돕는다고 화성열차 사업이 국비 지원 사업에 선정됨에 따라 8억 원을 지원받게 됐다. 화성열차 도입사업은 수원시 예산 1원도 없이 추진하게 됐다. 당시 경기도 홍승표 문화정책과장과 박제향 경제항만과장께 감사드린다.

행정사항 또한 화성열차와 전용도로를 만들면서 병행됐다. 이미 부산의 부비열차 관련 서류 일체를 가져왔기에 수원시의 여건만 적용하면 됐다. 그러나 준비할 사항이 한둘이 아니었다. 노선은 선정되었다고 하나 시·종착역과 중간 정류장을 선정하는 일, 차량을 운전하고 관리할 직원 10여 명을 채용하는 일, 매표소를 만드는 일, 요금을 결정하는 일, 차고를 만드는 일과 차량 사용 승인을 얻는 일 등 수많은 일들이 산적해 있었다.

다음으로 남은 일은 차량을 운행하기 위해 팔달구청으로부터 유기시설업 허가를 얻는 것이었다. 그러나 팔달구 담당 직원들은 허가에 난색을 보였다. 화성열차 도입을 검토한 초기부터 제기된 문제였다. 화성열차는 차량이 아니고 유원지나 공원 경내에서 놀이시설로 운영되는 유기시설이기 때문이었다.

화성열차 운행이 얼마 안 남은 2002년 5월경 진행 상황을 부시장에게 보고하자 시청, 구청 관계자들이 참석하는 대책회의를 하자고 했다. 부시장은 다소 문제가 있는 것을 인정하고 안전사고를 철저히 예방하는 차원에서 안전요원을 배치하는 조건으로 허가를 하자고 권고했고 팔달구는 울며 겨자 먹기로 허가를 해주었다.

화성열차는 수많은 절차를 걸쳐 2002년 6월 FIFA 월드컵 개최 기간에 운행을 시작할 수 있었다. 다음으로는 화성열차의 운영을 어디서 할 거냐는 문제가 남아 있었다. 해당 부서라면 화성관리사무소와 수원시 시설관리공단이 있었다. 이들 부서와 인수인계 논의를 해보았으나 자기들이 만들어 놓고 떠넘기냐고 인수하는 것에 난색을 표했다. 결국 도시계획과 도시행정팀에서 운행을 담당하기로 했다.

화성열차 운행이 시작된 지 얼마 지나지 않았을 때다. 시의회 의장이 나를 보자고 해서 갔더니 의회의 분위기를 말해주었다. 인건비도 안 나오는 화성열차를 왜 만들었냐는 것이다. 그래서 나는 화성이 세계문화유산으로 등록됐는데 화성 말고는 관광 요소가 없지 않냐고 했다. 화성열차를 통해서 관광수요를 창출해야 관광객이 많이 오지 않겠냐는 논리로 설명을 했다. 이후 운행과정에서 언론사들은 수원시가 불법 운행에 앞장서고 있다는 기사를 수시로 쓰기도 했다. 수원시는 화성열차를 차동차로 인정해줄 것을 관계기관에 지속적으로 요구했으나 관철되지 않았다.

2003년에 경기도 종합감사가 있었다. 감사관은 화성열차 추진사항에 대해 집요하게 문제를 제기했다. 5년 후쯤 했으면 관광객이 많이 늘어서 운영상 적자를 보지 않았을 것인데 너무 빨리 도입했다는 것이 그의 견해였다.

감사가 끝나고 며칠 지나 경기도 감사실의 호출이 있었다. 소위 문답을 하자는 것이다. 감사를 받는 경우 문답을 하면 100% 징계라는 것을 나는 잘 알고 있었다. 대책 없이 문답을 하고 내려오는 길에 당시 경기도 박제향 감사관(감사실 국장, 2002년 국비 8억 원을 주선해 준 과장)을 만났다. 그동안 일어난 일을 말하니 "상은 못 줄망정 징계를 하면 되는가?"라고 했다. 그 후 징계 소식은 없었다.

화성사업소에서 근무하던 2005년의 일이다. 부산시에서 손님이 찾아왔다. 태종대 부비열차가 1998년에 운행이 개시됐는데 부산경찰청이 도로에 다닐 수 없다고 판정을 내려 2001년 12월 운행을 중지했다고 했다. 이 과정에서 관계 서류를 폐기해 서류가 남아 있지 않아 혹시 부산시 서류가 있을까 해서 왔다는 것이다. 이후 부산시는 태종대에 대한 전면적인 개선계획을 수립해 일반차량의 통행을 제한하는 조건으로 '다누비열차'를 다시 도입했다.

수원시 또한 2016년 화성 축성 220주년을 맞아 수원 방문의 해를 준비하는 과정에서 화성열차의 자동차 등록 특례인정을 받아 등록기준에 적합한 차량(화성어차)을 제작, 합법화를 추진했다. 그동안 불법 운행이라는 오명을 벗고 합법적으로 운행을 하게 된 것은 담당자들의 꾸준한 노력이 있었기 때문이었다.

화성열차는 수원에서 열리는 월드컵 기간에 시험운행에 들어갔다. 2002년 6월 24일 시험운행을 마치고 정식 운행을 시작했다. 처음의 반응은 부정적이었다. 차량 색깔이 빨간 것이 이유였다.

한국식이 아니고 중국 냄새가 너무 난다는 것이다. 그런데 월드컵에서 한국팀이 연승을 거두면서 4강까지 진출하자 붉은악마 부대가 거리를 메우면서 빨간색의 거부감은 사라졌다.

6. 여민각의 탄생1

서울에서 학교 다닐 때의 일이다. 수원에 종로가 있다고 하면 서울 친구들은 수원에 무슨 종로가 있느냐고 비아냥댔다. 우리나라에서 종로라는 지명을 가진 도시는 서울과 강화도, 남한산성, 수원이다. 이 네 도시에는 당연히 종각이 있었다.

이 도시들은 수도였거나 왕들이 피신을 해서 살았던 곳이다. 그러나 수원은 다른 특성을 가졌다. 정조는 아들 순조가 15세가 되면 임금 자리를 물려주고 상왕으로 화성에 머물고자 했다. 그래서 화성의 종각은 한성과 같은 도성 체계로 운영하기 위해 만든 것이었다.

그러나 종각에 관한 기록은 거의 없다. 1795년 윤이월 9일부터 행해진 혜경궁 회갑연에 관한 기록인 『원행을묘정리의궤(園行乙卯整理儀軌)』에 기록이 있을 뿐이다. 윤이월 10일 '대가(大駕)가 장안문으로 들어가 종가(鐘街) 좌우 군영 앞길과 신풍루, 좌익문을 지나 중양문으로 들어섰다.' 또 혜경궁 회갑연에 참여한 이희평이 쓴 『화성일기(華城日記)』에서 "종루 십자가(十字街)에 시정이 문을 열고 앉은 모습이 서울 종루와 같더라. 나가 거닐어 보니 시정여항(閭巷)의 번화함에 비할 데 없다"는 내용을 통해 화성에 종루가 있었음을 알 수 있다.

이를 통해 1795년에 이미 종각이 존재한 것을 짐작할 수 있지만 종각에 관한 정확한 기록은 확인되지 않고 있다. 1911년에 작성된 지적원도에 표시된 동남쪽 모퉁이의 작은 필지에 종각이 위치했을 것으로 추정된다.

종각에 대한 기록이 없어 위치와 규모 등은 확인이 어려우나 종로라는 거리 명칭과 옛 어른들의 증언에 의하여 종로사거리 동남방 모퉁이 일대로 추정할 수 있다. 이를 뒷받침할 수 있는 것은 고 윤한흠 선생이 그린 수원의 옛 모습 그림 중 '종로'라는 풍경화다.

선생의 종로 그림에는 정면, 측면 1칸으로 된 종각이 그려져 있다. 그러나 종로사거리의 종각은 어느 때 어떻게 만들어졌는지 기록이 없다. 그리고 종각을 어떻게

윤한흠 선생의 종로 그림. 종각과 중영이 보인다.(사진 화성박물관).

관리했는지에 대해서도 기록이 없다. 다만 팔달문에 종이 걸려있는데 이 종이 화성시 동탄에 있는 만의사의 범종이라는 것만 알려진 사실이다. 종루를 그린 윤한흠 선생은 1970년대 초 수원의 옛 그림을 고증해준 원로들의 증언을 통해 팔달문의 범종은 종로 사거리의 종이었다고 말했다. 도로가 확장되면서 종각이 헐리게 되자 종을 팔달문에 가져다 걸었다는 말을 듣고 그는 종로 그림을 그렸다고 했다.

팔달산의 효원의 종은 1991년 18대 수원시장으로 부임한 이호선 시장 때 만들었다. 이 당시 우리나라는 지자체장을 선거로 뽑는 제도의 시행이 무르익어갈 무렵이었다. 이호선 시장은 관선 시대가 끝나면 민선 시장에 도전해보겠다는 마음을 먹고 수원시장에 부임하지 않았나 생각된다.

당시 수원에서는 제야의 종 타종 행사는 하지 않았지만, 수원 시민의 날 행사를 화홍문화제(민선 시대에 화성문화제로 변경)와 겸하여 개최했다. 이때 이호선 시장은 화홍문화제 전야 행사로 팔달문에서 타종식을 했다. 아마도 이때 종각을 만들려는 생각을 하지 않았을까 싶다.

이호선 시장은 새로운 사업을 많이 벌였다. 그중 하나가 팔달산에 효원의 종각을

1911년 지적도. 종로사거리 동남쪽 모퉁이에 작은 필지가 종각 자리로 추정된다(사진 김충영).

만든 것이다. 당시 마음이 급했던지 수원에 엄연히 종로라는 지명과 구전으로 전해 오는 종각자리가 있었음에도 팔달산에 효원의 종각을 설치한 것이다.

지자체장을 선거로 뽑는 제도가 1995년 전격적으로 시행되었다. 민선 1기 수원 시장에 이호선 씨도 후보로 출마했다. 결과는 수원문화원장 출신 심재덕 씨가 무소속으로 출마하여 당선됐다. 심재덕 시장은 효원의 종을 일반 시민이 타종할 수 있도록 개방했다.

1999년 초 윤한흠 선생의 수원 옛 그림을 수원시가 인수했고 같은 해 12월 29일 수원미술전시관이 새로이 문을 열었다. 개관기념으로 윤 선생의 수원 옛 그림을 전시하여 큰 관심을 끌었다.

내가 윤 선생을 만나는 데는 많은 분들의 도움이 있었다. 그중 이해왕 씨가 우만2동장(전 권선구청장)으로 근무할 때 양종천 의원의 부탁으로 장안구 시민과 호적계에 의뢰하여 윤한흠 선생의 주소와 전화번호를 확인해 주었다. 그래서 윤 선생의 그림이 세상에 빛을 보게 됐다.

윤한흠 선생의 그림을 본 시민들은 이때부터 종각의 복원을 기원했던 것 같다. 화성이 세계문화유산으로 등재된 이후 시작된 화성 주변 정비계획은 1999년에 수립됐다. 2002년 6월 민선 3기 김용서 시장이 당선됐다. 그해 12월에는 기존에 수립된 화성 정비계획의 미비점을 보완해 구체적인 계획을 수립하는데 종각 복원 계획

팔달루 2층에서 김인영 국회의원과 이호선 시장, 심재덕 문화원장 등이 타종하는 모습(사진 수원박물관).

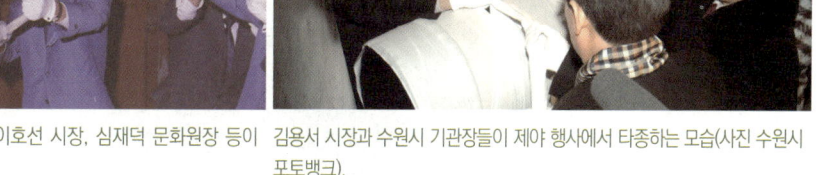

김용서 시장과 수원시 기관장들이 제야 행사에서 타종하는 모습(사진 수원시 포토뱅크).

도 반영했다.

행궁 광장 보상은 2004년부터 시작되어 2005년 8월까지 수원우체국을 제외하고 완료됐다. 2005년 화성문화제 음식문화축제장을 건물만 철거된 행궁 앞 광장에 설치했다. 당시 김용서 시장이 화성문화제 준비 현장을 찾았을 때 나는 종로 사거리 동남쪽 모퉁이를 가리키며 저기가 종각이 있던 자리라고 설명했다. 그러면서 광장이 만들어지면 타종 행사를 광장에서 하는 것이 좋지 않겠냐고 건의했다. 아마 이때 김용서 시장은 종각을 종로 사거리에 짓는 것을 결심한 듯하다.

이후 김용서 시장이 화성행궁을 찾았을 때 나에게 종로 사거리에 종각을 만들자고 했다. 예산은 김문수 도지사에게 부탁한다는 것이다. 당시 경기도는 수원시에 예산을 많이 지원하지 않았다. 시간이 지나 2007년 2월 27일 김문수 도지사가 취임 이후 처음으로 화성 투어를 하겠다고 연락이 왔다.

당시 김용서 시장은 재선이었고 김문수 도지사는 초선이었다. 도지사가 된 지 8개월이 지난 시점에서 수원화성에 관심이 생긴 것이다. 경기도지사가 화성 투어를 한다고 하자 경기도 간부 공무원과 도의원, 국회의원, 시의원, 김용서 시장 등 50명 정도가 함께했다.

안내는 화성사업소장인 내가 맡았다. 보충설명은 함께 근무하는 김태한 학예사가 도왔다. 이때 나는 수원시가 추진하는 화성 복원정비 사업을 설명했다. 중·단기 사업계획으로 약 3,000억 원이 들어가야 하는데 국·도비 지원이 부족해서 사업추진에 어려움이 많다고 말했다.

당시 화성 사업의 예산은 수원시가 80%, 국비가 15%, 도비가 5% 정도였다. 나는 화성 사업 중 현안 사업은 광장 조성과 종각 복원 사업임을 강조했다. 김용서 시장은 김문수 도지사에게 종각을 복원하는 데 100억

화홍문 이주석(이무기) 앞에서 해설하는 필자 (사진 경기데일리 박익희 기자).

원이 소요되는데 종각을 지어 수원시민들에게 선물해달라고 건의했다.

김 시장은 그 자리에서 "지사님께 우리의 건의를 받아주시도록 큰 박수를 쳐드리자"라고 하여 박수를 끌어내기도 했다. 김 지사는 그 자리에서 적극 검토해보겠다고 대답하고, 가서는 답이 없었다. 이후 도지사가 행궁에 올 때마다 김 시장은 시민들에게 "도지사님께서 종로 사거리에 종각을 선물해 주실 수 있도록 박수를 보내드리자"라며 시민들의 박수를 끌어내곤 했다.

결국 김문수 지사는 100억 원이 들어가는 종각 건립비로 65억 원을 지원해주었다. 수원시가 35억 원을 부담하여 종각을 짓고 2008년 10월 8일 화성문화제 전야 행사 때 타종식을 함으로써 여민각은 수원의 새 명물로 탄생했다.

7. 여민각의 탄생2

수원 종로 사거리의 종각 여민각(與民閣) 중건(重建)사업은 윤한흠 선생의 종로 그림이 결정적인 역할을 했다. 윤한흠 선생의 그림이 수원시 관계자들과 김용서 시장,

수원 종로 사거리에 세워진 여민각(사진 김충영).

김문수 경기도지사, 문화재위원 등의 마음을 움직인 것이다.

종각 건립 장소는 옛 지적도에 표기된 동남쪽 모퉁이에 종각이 있었던 것으로 추정되는 곳이었다. 하지만 규모 등을 고려할 때 그곳에 지을 수가 없었다. 하여 동남쪽의 건물 부지를 매입하기로 결정했다.

종은 팔달산에 있는 효원의 종을 가져오는 것이 좋지 않겠냐고 제안했지만, 김용서 시장은 효원의 종은 그곳에 두어 체험용으로 하고 의전용으로 새로 만들자고 했다.

종각 복원사업은 정확히 표현하면 종각을 새로이 짓는 일이므로 종각 중건(重建)사업이다. 종각 중건사업을 위해서는 토지와 건물을 보상하는 일과 문화재 현상변경허가를 받는 일이 첫 번째였다. 종각 부지는 1,013㎡(306평)로 결정되었다. 토지주가 보상금이 적다는 이유로 협의 매수에 불응하여 토지수용재결을 받아야 했다.

종각은 정면 3칸, 측면 3칸 70㎡(21.2평)의 규모에 2익공(二翼工) 사모지붕 겹처마 양식이 채택되었다. 윤한흠 선생이 그린 그림이 맞는다고 하여도 당초 위치인 도로에 종각을 지을 수는 없는 형편이었다. 그리고 규모 또한 시대적인 여건을 감안하면 1칸짜리 종각을 건립하는 것은 맞지 않았다.

또 서울 보신각의 경우 너무 체모를 중시한 나머지 종각을 2층으로 세웠지만 종각은 종을 걸 수 있는 집을 짓는 것이다. 첫째가 종소리가 잘나도록 하는 것이 기본이다. 보신각종은 2층으로 짓다 보니 종 하단에 울림통을 만들 수 없었다. 그래서 종소리의 울림이 부족하다.

수원의 종각은 단층으로 하면서 체모를 높이는 방법을 찾았다. 2단을 조성하여 종각을 높이는 방법을 채택했다. 건축양식 또한 건물의 체모를 살리기 위하여 외1출목 2익공 사모지붕 양식을 채택했다. 건축물은 바닥

종각 부지(사진 김충영).

면적 70.6㎡(21평), 처마 높이 5.5m, 건물 높이 13.3m로 설계했다.

건축설계는 ㈜삼풍엔지니어링이 했고 시공은 금세기종합건설㈜에서 맡았다. 종각의 주인공은 종이다. 좋은 종이 만들어져야 종각이 빛나는 것이다. 종 제작은 중요무형문화재 제112호 주철장 원광식 성종사 대표가 했다.

종의 바깥지름은 약 2.2m, 종의 어깨높이는 2.8m, 종 하대 두께 0.2m, 종 몸체 높이 3.02m, 종 무게 21.5톤(5,733관)으로 설계되었다. 종의 형태는 1790년에 제작된 용주사 범종을 모델로 하였다. 종의 네 방향에 새기는 명문은 '인인화락(人人和樂), 호호부실(戶戶富實), 수원위본(水原爲本), 세방창화(世邦昌華)'로 결정되었다. "수원시민 모두가 화합하여 즐거워하고, 수원의 모든 가정마다 부유하여 충만하니, 수원시를 근본으로 하여, 세계화로 지방이 창성하고 번화하게 되리라" 하는 의미이다.

'호호부실 인인화락'은 정조대왕이 1795년 화성행차 때 한 말이다. '수원위본 세방창화'는 당시 김준혁 학예사(전 한신대교수)가 제안하여 채택된 문구이다. 종각 공사는 건물 철거가 완료되는 2008년 6월에 시작됐다. 이어 종각 명칭 공모에 들어갔다. 시민들을 대상으로 종각의 이름을 공모하였는데 많은 명칭이 제안되었다. 최종적으로 "더불어 사는 행복한 도시"의 의미인 여민각(與民閣)이 선정되었다. 이 또한 김준혁 교수의 제안이었다. 김 교수는 상량문도 썼다.

종각 중건공사의 시작을 알리는 고유제는 2008년 6월 12일 국가의 중대한 역사(役事)가 있을 때 올리는 전통의례로 거행했다. 화성사업소장이었던 내가 제관이 되어 분향을 했다.

상량식(上樑式)은 2008년 8월 21일 김문수 경기도시사와 김용서 수원시장이 헌주가 되어 수원종각중건상량기원문(水原鐘閣重建上樑祈願文)을 올리는 행사로 지역 국회의원, 도의원, 시의원과 시공사 대표 등 많은 관계자가 참석한 가운데 성대하고 정성스럽게 거행됐다.

준공행사는 2008년 10월 8일 화성문화제 전야제 행사로 치러졌다. 이날 행사에는 경기도와 수원시 관계자, 국회의원, 지방의회의원, 시공사 대표, 자매도시 관계자와 일반시민 수천 명이 참여했다.

연말에는 종각 중건공사에 참여한 분들의 노고를 위로하는 작은 자리를 준비했

여민각 공사 시작을 알리는 고유제에서 김충영 화성사업소장(필자)이 분향 하는 모습(사진 화성사업소).   김문수 도지사, 김용서 시장이 상량문을 올리는 모습(사진 이용창).

다. 20명이 참석해서 타종식도 가졌다. 초청자들에게 한 가지 조건을 제시했다. 여민각 중건공사에 참여했던 소회를 한 장씩 써오라는 것이었다. 위로연에서 각자 소회를 낭독하는 시간도 가졌다. 건축설계를 담당했던 김관수 현재 여유당건축사사무소 소장은 "종각의 자료가 없고 지적도에만 남아 있는 상황에서 설계가 어려웠다. 추정복원이 아니라 현시점에서 전통적 종각을 만드는 개념으로 설계에 임했다"고 말했다.

건축공사를 담당했던 금세기종합건설㈜ 이낙천 현장소장은 "자재를 고르기 위해서 전국의 산지를 찾아다니며 좋은 육송을 구했을 때의 감회가 생각난다. 역사에 남을 종각을 짓기 위해 최선을 다했다. 후세에 어떤 평가를 받을지 걱정이 앞선다"고 했다.

여민각 현판 글은 근당 양택동 선생이 썼다. 현판 판각은 경기도 무형문화재 각자장 이규남 선생이 했는데 "영원히 부끄럽지 않은 작품으로 간직될 수 있도록 정신의 도(到)로 한 점 한 획에 열과 성을 다했다"고 회고했다.

여민각 중건공사 준공비는 조각가인 이윤숙 대안공간 눈 대표가 제작했다. "세계문화유산 화성의 중심에 위치한 여민각의 중건을 온 천하에 알리는 의미로 방이 펼쳐지는 형태를 입체감이 나도록 구성했다"라고 밝혔다.

"여민각 종이 완성되어 장중한 종소리가 울려 퍼지는 순간 무언가 해냈다는 기쁨과 안도감에 가슴이 뭉클했다. 여민각 종이 대한민국 근대 범종사에 길이 남을 걸작

여민각 중건에 참여했던 관계자 기념사진(사진 화성사업소).

임을 자부한다"던 종 제작 장인 중요무형문화재 원광식 주철장의 말이 아직도 기억에 남는다.

8. 화성 성신사의 복원1

화성행궁은 세계문화유산 등재 후 관심의 대상이 됐다. 화성연구회 또한 화성에 관심이 많은 사람들이 모여 설립한 단체로, 이 단체 사람들이 제일 먼저 관심을 가진 것은 성신사(城神祠)였다.

'성신사는 팔달산 오른쪽 기슭 병풍바위[屏巖] 앞 유좌묘향(酉坐卯向), 서쪽을 등지고 동쪽을 향해 자리 잡고 있다. 병진년(1796년) 봄 특교(特敎)로 집터를 잡으라는 명령이 계셔 택일하여 사당을 지었다.'라고 『화성성역의궤』는 기록하고 있다.

정조대왕은 화성의 준공을 앞두고 제일 먼저 해야 할 일이 좋은 날을 가려 성신묘(城神廟)를 세우는 것이라고 했다. 때에 맞추어 제사를 지냄으로써 '나에게 수(壽)를 주고 복(福)을 주며 화성이 만세토록 흔들리지 않을 것'이라 생각했다. 정조가 제문(祭文)을 직접 짓고 향을 내릴 만큼 대단히 중요하게 생각했던 곳이 성신사였다.

『화성성역의궤』「화성전도」에서 행궁 뒤 작은 건물이 성신사(자료 수원시).

성신사는 기록에만 있을 뿐이었다. 그런데 성신사에 큰 관심을 가진 사람이 있었다. 당시 '늘푸른수원' 김우영 편집주간(현 화성연구회 이사, 수원일보 논설위원)이었다. 그는 성신사가 「화성전도」에 화성행궁 뒤편 팔달산 왼편 기슭에 위치하며 병풍바위 앞에 있다고 했는데 흔적을 찾을 수 없는 것을 안타까워했다.

우리는 유좌묘향(酉坐卯向)을 그려볼 때 성신사의 위치로 추정되는 곳은 강감찬 장군 동상 위치밖에 없다고 생각했다. 그에 따라 화성연구회는 2001년 신년 행사로 성신사 복원을 위한 고유제를 올리기로 했다. 장소는 강감찬 장군 동상 옆 잔디밭이었고 약식으로 진행됐다. 이후 화성연구회는 매년 첫 모임 때 팔달산 강감찬 장군 동상 옆 잔디밭에서 고유제를 올렸다.

2004년에는 화성연구회가 주축이 되어 강감찬 장군 동상 주변의 지표조사를 실시했다. 조사는 당시 기전문화재연구원에서 매장문화재 발굴을 담당하던 정해

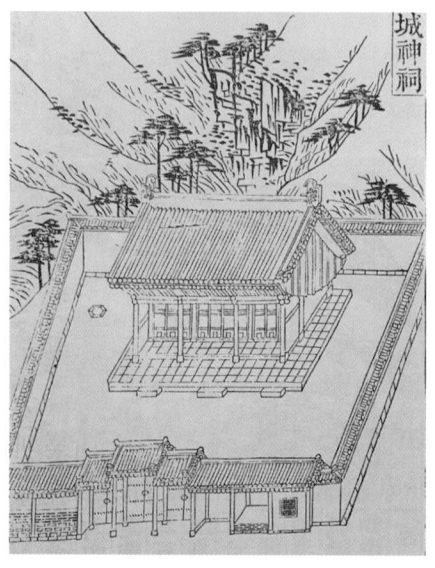

『화성성역의궤』 성신사 전도(자료 수원시).

득 박사(현 한신대 교수)가 주관했다. 김우영 늘푸른수원 편집주간, 이달호 학예사, 김충영 화성사업소 시설과장(필자), 최호운 박사, 이용창 수원시 사진 담당이 함께 참여했다. 여러 사람이 흩어져 성신사 흔적 찾기에 나섰다. 일행은 '왕(王)' 자가 새겨진 기와 파편 몇 점을 수거하는 쾌거를 올리기도 하였다.

이를 계기로 화성연구회는 2005년을 '성신사의 중건 원년'으로 정했다. 고유제는 2005년 4월 9일 강감찬 장군 동상 옆에서 화성연구회 김이환 초대 이사장이 주관했다.

고유제 이후 화성연구회 김이환 이사장은 김용서 수원시장에게 면담을 요청했다. 그 자리에서 김이환 이사장은 김용서 시장에게 성신사 복원의 당위성을 설명하면서 복원사업비를 시민 모금운동으로 마련할 것을 건의하기도 했다. 성신사를 다시 세워야 한다는 화성연구회의 건의에 시장은 학술적 근거와 시민홍보를 요청했다. 화성연구회는 김 시장의 관심에 고무되어 우선 성신사 터를 알리는 「화성전도」 푯말을 세우는 것을 시작으로 범시민 운동으로 확대해 나갔다.

그리고 성신사 관련 문헌들을 찾아내고 관련 책자를 발간했다. 한편 김용서 시장은 수원시 금고를 맡고 있는 중소기업은행을 설득, 성신사 건립비용 전액을 담당하겠다는 약속을 받아냄으로써 성신사 복원사업은 본격적으로 진행되었다.

성신사 터를 알리는 푯말 앞 기념사진(사진 이용창).

그러자 강감찬 장군 동상이 걸림돌이 되었다. 1971년 박정희 전 대통령이 애국조상건립위원회를 만들어 각 도에 위인의 동상을 만들도록 했다. 수원에는 '귀주대첩'을 이끈 강감찬 장군이 '배정'되었다.

강감찬 장군 동상 이안 고유제, 김충영 화성사업소장이 집전했다(사진 이용창).

강감찬 장군은 948년 낙성대에서 태어났다. 낙성대가 있는 신림동은 1963년 경기도 시흥군 동면 신림리에서 서울시 영등포구 신림동으로 편입되었다가 1973년엔 관악구 신림동으로 바뀌었다. 강감찬 장군과 수원은 인연이 없었다. 그래서 강감찬 장군 동상을 낙성대에 옮겨주는 것은 어떨까 하고 서울시 관악구에 공문을 보냈다. 낙성대에는 이미 관악구청에서 강감찬 장군 기마 동상을 건립했기 때문에 동상을 받을 수 없다는 회신이 왔다. 그래서 불가피하

강감찬 장군 동상을 이안하는 모습. 강감찬 장군 동상은 광교공원 입구에 옮겨 세웠다(사진 이용창).

게 수원에서 이전지를 찾을 수밖에 없었다. 이전지로 여러 곳이 거론되었으나 거란(대륙)을 바라보는 광교공원 입구 서향으로 결정되었다. 2007년 10월 27일엔 강감찬 장군 동상 이안(移案) 고유제를 화성사업소장인 김충영이 주관해서 올렸다.

9. 화성 성신사의 복원2

강감찬 장군 동상이 이전되자 성신사 중건공사 진행이 활기를 띠기 시작했다. 이

완공된 성신사 모습(사진 이용창).

읶고 발굴조사가 진행되었다. 동상 이전지에서는 성신사 흔적이 나오지 않았다. 오히려 원지형이 나왔다. 참으로 난감했다. 성신사 유구가 확인되지 않았으나 성신사는 주변의 지세를 종합해 볼 때 동상 위치에 짓는 것으로 결정됐다. 문화재청은 문화재 현상변경허가 조건으로 자문위원회를 구성하여 추진할 것을 제시했다.

자문위원회는 2008년 5월 12일 부처님 오신 날 현장에서 개최되었다. 성신사를 짓기 위해서는 동상 오른편 화성열차 회차지까지 평탄작업이 되어야 했기에 회차지 철거작업을 하고 있었다. 그곳은 강감찬 장군 동상을 건립할 때 팔각정을 지어 1층은 매점으로 사용했고 2층은 탁구대 2개를 놓고 운영하던 곳이다. 수원시는 팔각정 운영에 문제가 발생하자 팔각정을 철거하고 잔디밭을 만들었다가 2002년 그곳에 화성열차 회차지를 조성했다. '왕(王)'자가 새겨진 기와 파편 몇 점을 수거한 곳이다.

문화재 위원 중 한 분이 화성열차 회차지를 깊게 파보라고 주문했다. 굴삭기로 몇 번을 파내자 메운 흙층이 나오기 시작했다. 계속 흙을 파자 담장 기초가 나오기 시작했다. 참으로 흥분되는 순간이었다. 굴착작업을 중단하고 이 사실을 문화재청에 알렸고 2008년 12월 추가 발굴조사에 착수해 2009년 3월에 완료되었다. 성신사는 지표에서 4~5m 깊이에서 담장과 주초석 바닥에 깔아놓은 방전, 경사면에 쌓은 석축 등 실체가 확인되었다.

성신사 발굴 모습(사진 화성사업소).

일제는 조선을 강제 병합한 후 성신사 위치에 일본의 신사(神社)를 건립하고자 했다. 당시 수원 사람들의 반대로 신사는 팔달산 남쪽인 시민회관 자리에 세웠다. 이후 일제는 성신사 아랫부분에 회주도로를 4~5m 높게 건설하여 성신사를 도로보다 낮은 곳에 가두는 모양을 만들었다. 그래서 성신사는 헐리게 됐다.

성신사 유구가 발견된 만큼 성신사를 어디에 건축할 것인가를 고민하게 되었다. 성신사 중건 자문위원들은 이미 지형이 변동된 만큼 원래의 위치에는 건립이 불가능한 상태라고 했다. 따라서 당초 설계한 대로 강감찬 장군 동상 위치에 건립하는 것으로 의견이 모아졌다.

이 무렵 김용서 시장으로부터 전화가 왔다. 수원지역 개신교 목사 모임인 목회자연합회에서 성신사 건립 반대운동을 한다고 했다. 이유인즉 수원시가 앞장서 미신을 섬기는 '굿당' 짓는 것을 막아야 한다는 것이다. 그래서 내가 목회자 모임에 나가서 화성과 성신사의 의미를 설명했다. 성신사는 화성행궁과 함께 화성에서 가장 중요한 시설임을 설명하자, 그제야 사람들이 이해를 했다.

성신사는 행정절차를 마치고 2009년 5월 공사에 들어갔다. 사당은 정면 3칸에 측면 2칸, 'ㅡ'자형 맞배지붕의 건물로 38.44㎡의 크기이다. 삼문은 정면 8칸, 측면

성신사 상량식(사진 이용창).

성신사 준공행사인 현판 제막식 모습(사진 이용창).

1칸에 '一'자형으로 맞배지붕의 전사청, 삼문, 재실 등 45.35㎡로 설계했고 상량식은 2009년 7월 10일 진행됐다.

성신사 건립에는 13억8,000만 원이 들어갔다. 이중 12억 원은 기업은행에서 기부했고 나머지 주변 정비에 들어간 돈은 수원시에서 부담했다. 성신사 준공 및 위패 봉안 고유제는 2009년 10월 8일에 열렸다. 고유제에는 수원시장과 수원시의회 의장, 중소기업은행 경기지역본부장과 시공사 대표 등 200여 명이 참여했다. 현판 글과 '화성성신신위(華城城神神位)' 위패는 근당 양택동 선생이 썼다.

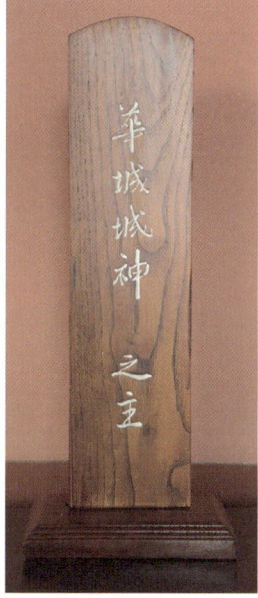
화성 성신사 위패. 2009년 화성 성신사 중건 당시 화성성신신위(華城成神神位) 위패를 봉안했다. 2018년 화성연구회 한정규 회원이 한글정리의궤에 화성성신지위(華城成神之位)로 표기됨을 밝혀내 필자가 2018년 새로이 제작 봉안했다.(사진 김충영).

화성연구회는 2002년부터 새해 첫 모임을 성신사 고유제로 시작했다. 2009년 성신사 중건 이후에는 『화성성역의궤』의 예에 준해 고유제를 올렸다. 2018년 고유제 때는 화성연구회 한정규 회원이 '화성성신신위(華城城神神位)' 위패에 오류가 있다고 지적했다. 1796년 9월 19일 기록인 한글 『뎡니의궤』에 화성성신지주(華城城神之主) 위패를 봉안했다는 내용이 나온다. 그리하여 화성연구회는 위패를 다시 만들기로 했다. 위패 글은 근당 양택동 선생이 쓰고 위패는 당시 화성연구회 이사장인 필자(김충영)가 새겼다. 2019년엔 새로이 만든 위패를 봉안하고 고유제를 지냈다.

　성신사가 복원(重建)된 것도 벌써 12년이 되었다. 성신사는 화성이 만세(萬歲)토록 흔들림 없이 이어지도록 만든 화성의 상징이다. 이에 준하는 의식(儀式)이 있어야 하지 않을까 생각해본다.

　화성연구회에는 문인들이 몇 분 있는데 김우영 시인이 당시 고유제문을 짓고 서예가이기도 한 김애자 시인이 글씨를 썼다. 그리고 정수자 시인이 시를 지어 낭독했다. 그 시가 그때 분위기를 더욱 살려주었기에 여기에 소개한다.

성신사 중건을 꿈꾸며

정수자

성신이여
화성을 지켜온 신이시여
성 안팎 사람살이도 온전히 살피는 신이시여
이 자리에 다시금 모시고자
한 마음 한 뜻으로 화성연구회 큰절을 올립니다
가끔은 옛터 찾아와 서성거려 보시는지
기와조각 밟다가 허전해 헛기침도 하시는지
집 잃은 깊은 시름을 감히 헤아리면서
오늘 여기 엎드려 푯말을 세웁니다
화성의 정신인 성신이시여
새물로 지은 정성 고이고이 올리노니
이제는 그림이 아닌 땅 위에 정정히 임하시길
하여 날로 거듭나는 화성의 늠름한 위용을
굽이굽이 늠실대는 성벽의 든든한 어깨를
이백 성상 시간을 꽃으로 피워내는 성돌들의 가슴을
그날같이 한결같이 어루만지며 거니시길

사통팔달 팔달산의 명당인 이곳에서
성벽을 타고 노는 푸른 바람이며 구름이며 햇살을
화성을 찾는 사람들의 자랑 실린 웃음을
모두의 노래 삼아 누리시길 비노니

화성의 혼이신 성신이여
봄빛 속에 높이 기린 이 자리의 소망을
숨죽이며 깊이 새긴 이 순간의 간절함을
첫 마음 그대로 오롯이 간직한 채
더운 손 더운 가슴 뜻을 모아 가리니
성신사에 드시는 그날까지 가리니

성신이시여
부디 예와 같이 거하시며
화성과 안팎을 두루 환히 비추소서
세계 속의 으뜸으로 눈부시게 하소서

10. 화서공원 조성1

   한국전쟁으로 집을 잃은 피난민들이 대도시로 몰려들었다. 수원도 예외는 아니었다. 피난민들은 거처를 마련해야 했다. 전쟁 후에는 집들이 많이 파손되어 남의 집을 얻어 사는 것이 쉽지 않았다. 그래서 선택한 것이 판잣집을 짓는 것이었다. 집을 짓기 위해서는 땅이 있어야 했는데 국유지에 짓는 것이 제일 쉬운 방법이었다.
   성벽에 붙여서 지으면 한쪽 벽은 거저 얻게 되는 것이므로 성벽에 판잣집이 많았

이방인이 본 수원화성. 연무동 피난민촌 모습 (사진 화성박물관).

다. 1960년대 말쯤 전쟁의 상처가 아물어 갈 무렵 서울을 시작으로 판자촌 정비사업이 시작됐다. 서울시는 1965년부터 마포에 철거민 수용을 위한 아파트를 짓기 시작했다. 수원에서도 성벽 옆 판잣집을 정리해야 했는데 대책 없이 철거할 수는 없는 일이었다.

돈이 적게 드는 방법이 국유지에 아파트를 짓는 것이었다. 당시 아파트를 지을 만한 곳이 화서문 밖 서북각루 북쪽의 유휴지였다. 1969년에 시작해서 1972년까지 3층 아파트 4개 동 144세대가 지어졌다. 입주자들의 부담을 덜기 위해 골조 공사는 수원시에서 하고 실내는 입주자가 마무리하는 방식이었다.

당시 내부 공사비는 20~25만 원이 들었다. 80kg 쌀 한 가마니에 1만 원 정도였다고 하니 큰돈이 들어야 했다. 그러자 형편이 어려운 사람들은 입주권을 팔기도 했다.

아파트는 10평형으로 방 2개, 거실과 주방으로 구성되었고 화장실은 건물 양옆에 공동화장실을 사용하는 형식이었다. 연탄아궁이를 주방에 설치해 난방과 취사를 해결했다. 욕실이 따로 없어 물을 연탄아궁이에서 데워 부엌에서 목욕과 세면을 해결했다. 당시는 아파트 생활이 익숙하지 않아 불편이 많았다.

그나마 1층의 경우에는 지혜롭게 사는 방법이 동원되었다. 거실 바닥을 파낸 후 마루판을 설치하고 들어 올리는 출입문을 만들어 다용도실로 사용했다. 심한 경우 바닥 전체를 파내고 지하실을 만들어 침실, 창고로 사용하기도 했다. 1층은 이런 방법을 활용할 수 있었으나 2, 3층은 옹색하게 살 수밖에 없었다. 더러는 주방 앞의 창문을 뜯어내고 바닥을 만들어 작으나마 다용도실로 사용하는 집도 있었다.

장독대 역시 1층은 출입문 양편을 사용했다. 빨래를 널 곳이 없자 조경수에 줄을 매어 빨래건조대로 사용하기도 했다. 2, 3층은 공간이 없어 좁은 통로에서 빨래를 말렸다고 한다. 서문아파트 3개 층 중 가장 인기가 있는 층은 2층이었다. 1층은 겨울이면 화장실이 자주 막혀 고생을 많이 했고, 3층은 단열이 제대로 되지 않아 여름에는 덥고 겨울에는 추웠다.

서문아파트 사람들은 이러한 애환을 가지고 살았다. 입주한 지 20년이 지나자 아파트는 물이 새고 노후도가 심각했다. 특히 붕괴위험 건물 판정을 받은 곳도 있었다. 무엇보다도 협소하고 살기 불편하여 주민들은 재건축을 주장하는 민원을 내기 시작했다.

수원시는 참으로 난감한 입장이었다. 20년 전에 철거민들의 부담을 줄여주려고 국유지에 아파트를 지은 것이 오히려 화근이 되고 말았다. 건물은 개인소유인데 땅은 국유지여서 아파트값이 얼마 나가지 않아 재건축을 할 수 없는 실정이었다. 또 한 가지는 성곽과 20m 밖에 떨어져 있지 않아 아파트를 지을 수 없는 점이 문제였다.

이방인이 본 옛 수원화성. 방화수류정 앞 판잣집(사진 화성박물관).

이방인이 본 옛 수원화성, 팔달산에서 본 화서문 일원 모습(사진 화성박물관).

당시 주민들은 여러 차례 민원을 제기했다. 수원시는 보상을 해주는 방향으로 가닥을 잡았다. 그러기 위해서 1994년 12월 주거지역이던 서문아파트 부지를 팔달공원으로 도시계

서문아파트(사진 이용창).

획을 확정했다. 서문아파트 부지가 팔달공원에 편입된 것을 알게 된 주민들은 재건축을 요구하는 집단민원을 강하게 제기하고 나섰다.

1995년 7월 1일 민선 1기 수원시장으로 심재덕 수원문화원장이 당선되면서 재건축 문제 해결은 활기를 띠기 시작했다. 'e수원뉴스'에 게재된 김우영 논설위원의 칼럼에 의하면 1996년 화성 축성 200주년 기념사업으로 추진한 수원화성국제연극제가 열릴 때였다고 한다.

"심재덕 시장도 매일 현장에 나와 연극을 관람하고 관계자들을 격려했다. 하루는 공연장에 1시간쯤 일찍 나와서 이곳저곳을 살피다가 나를 부르더니 서북각루를 가리키며 저기 함께 올라가 보자고 했다. 서북각루 위에서 서문아파트를 한참 바라보다가 '김 주간, 아무래도 하루빨리 철거해야겠지?'라고 물었다. 나는 이 건물이 성벽을 가리고 있어 흉물스럽게 보인다. 하루빨리 대책을 마련해 주민들을 이주시키는 것이 좋을 것 같다고 대답했다."

이때 심재덕 시장은 이미 서문아파트 철거를 결심한 듯했다. 당시 서문아파트 주민들은 정자택지개발지구에 시영아파트를 동일 평수로 지어 무상 입주를 요구하는가 하면, 무상 입주가 불가능한 경우 아파트 평당 분양가격과 보상가격을 동일하게 해달라는 요구를 하고 나섰다.

수원시에서는 정자지구에 시영아파트 건설을 추진하고 있었다. 심재덕 시장은 당시 김지완 공원녹지과장(후일 권선구청장)에게 서문아파트 이주계획 수립을 지시했다. 이주계획서를 살펴보면 1999년 12월 정자지구에 건설하는 시영아파트 특별분양일이 12월 말일이라고 나와 있다. 이들에게 아파트를 분양하기 위해서는 보상이 시급하게 이루어져야 했다.

이때 144가구에 대한 보상비가 50억7,500만 원으로 예상되었다. 이 금액을 144가구로 나누면 가구당 3,520만 원밖에 되지 않았다. 이 금액으로는 새로 짓는 아파트를 분양받을 수 없었다. 주민들은 더욱 강하게 민원을 제기하고 나섰다. 2000년도에 수립한 아파트 분양계획을 살펴보면 2개 평형을 서문아파트 주민에게 제시했다.

첫 번째는 86㎡(26평형)로 A형은 방 2개, C형은 방 3개가 있다. 보증금은 3,300만 원, 월 임대료는 30만 원, 5년 임대 후 분양 조건이다. 또 한 가지 평형은 56㎡(17평형)로 방 1개, 보증금은 1,800만 원, 월 임대료는 20만 원, 5년 임대 후 분양 조건이다. 정자지구 시영임대아파트 특별분양 대상자는 세입자와 실거주 건물주만 대상자가 되었다.

부담이 가능한 조건이 제시됨에 따라 주민들의 원성은 잦아들었다. 서문아파트 주민들은 자신의 형편에 맞추어 일부만 정자지구 시영임대아파트에 입주하고 나머지 주민들은 다른 곳으로 이주해 갔다. 성벽에 기댄 판자촌을 정리한다고 지은 철거민 아파트는 또다시 장애물이 되어 철거되는 악순환이 거듭된 것이다. 이로서 수원의 1호 아파트는 역사의 뒤안길로 사라졌다.

서문아파트 전경(사진 이용창).

11. 화서공원 조성2

2004년 완공된 화서공원(사진 화성사업소).

서문아파트 보상이 진행되자 심재덕 시장은 나에게 도시계획과에서 공원 조성계획을 수립하라는 지시를 내렸다. 공원 조성계획을 수립하라는 것은 조성사업까지 맡아서 하라는 의미였다. 당시 공원녹지과는 서문아파트 보상을 담당했다. 서문아파트를 제외하고 도로변에 늘어선 상가와 주택의 보상을 도시계획과에서 담당했다.

1999년에 수립된 화성 주변 정비계획은 상세 계획을 담지 못했다. 2001년 화서공원과 행궁 광장 등의 계획을 화성 정비계획에 포함시키려고 구상할 때였다. 하루는 기획예산과 박쾌식 예산계장이 찾아왔다. 경기도에 도비 지원을 요청하려는데 마땅한 사업이 없다는 것이다. 시급성을 가지면서 효과가 큰 사업을 찾는다면서 토지 보상이 아니라 건물을 짓는 사업이어야 한다고 했다.

당시 경기도지사는 임창열 지사였다. 임 지사는 1997년 기획재정부장관 시절 IMF 위기를 진두지휘했던 사람이다. 그는 1998년 민선 2기 경기도지사에 당선되었다. 이때 수원은 심재덕 시장이 무소속으로 민선 2기 시장에 재선된 시절이었다. 이 두 사람은 비슷한 점이 많았다. 그러나 언제부터인지 둘 사이에 갈등이 생기기 시작했다.

수원은 경기도청이 소재한 도시라서 소위 경기도의 수부(首府)도시이다. 그런 까닭에 도 단위 행정기관이 수원에 자리 잡았고 경기도와 손발을 맞추어 행정을 펼쳤다. 그래서 당시까지만 해도 도 단위로 하는 사업은 수원에 만드는 것이 당연시되던 시절이었다.

그런데 이런 관행이 무너지기 시작했다. 도지사와 수원시장의 사이가 좋지 않자 경기도청 직원들은 수원시에 사업을 주겠다는 건의를 하지 못하는 것이었다. 그래서 임창열 지사 시절에는 수원시가 상대적 불이익을 받았다. 2001년이 되자 지역 원로들의 주선으로 두 사람이 화해의 장을 마련한 것으로 기억된다. 화해의 선물로 2개 정도의 사업을 건의하려 한다고 했다.

예산계장과 여러 사업을 검토했지만 마땅한 사업이 생각나지 않았다고 했다. 화성이 세계문화유산이 된 지 5년이 되어가는 시기여서 관광객이 많이 찾아올 때였기에 화성 사업에 필요한 것이 없냐고 했다. 그 무렵 관광객들에게 수원화성을 체계적으로 소개하는 시설이 없어 관광센터의 필요성이 절실한 시기였다.

수원시는 경기도 보조사업으로 화성관광센터 건립사업을 제출하기로 했다. 당시 건물을 지을 만한 장소는 서문아파트를 철거한 곳이 유일했다. 화성관광센터를 화서공원에 짓는 계획서를 제출하자 도비 50억 원이 배정됐다.

2002년에 화서공원 조성 기본 및 실시설계가 마무리되자 문화재청에 문화재 현상변경허가를 신청했다. 그런데 문화재 위원들은 서문아파트를 철거한 위치에 건물을 짓는 것은 타당하지 않다는 의견이었다. 그곳에 대규모 건물을 지으면 성곽이 가려지는 것은 물론이고 팔달산의 조망을 해친다는 것이 이유였다. 그리고 화서공원

화서공원 조감도(사진 화성사업소).

이 화성의 관문으로 적합하지 않다는 것이다.

사실 도비 50억 원을 보조받기 위해 궁여지책으로 제출한 사업이지만 건물을 그곳에 짓는 것을 내심 꺼림칙하게 생각했던 참이었다. 문화재 위원들의 반대로 화서공원에 관광센터를 짓지 않기로 했다. 그 무렵 다행히도 행궁 광장 조성사업이 행정 절차를 밟고 있을 때였다.

관광센터는 행궁 광장 계획에 반영하기로 하고 화서공원은 최소한의 수목을 심는 것으로 추진했다. 2002년은 화성열차를 도입할 시기였다. 화성열차가 동쪽으로 진출하기 위해서는 반드시 화서공원 지역을 통과해야 했기에 화서공원 공사가 착수되기 전 화성열차 길을 먼저 닦아야 했다.

당시 문화재 위원 중 정재훈 교수가 있었다. 문화재청이 독립하기 전 문화관광부 문화재관리국장을 했는데 한국전통문화대학교가 설립되면서 전공인 전통조경 분야 교수가 된 사람이다. 정 교수는 성곽 주변은 전쟁 시 장애물이 없어야 잘 보이게 되므로 나무를 심지 않고 억새를 심었다고 했다.

억새는 불화살의 재료로 쓰였기 때문에 조선시대 성곽 주변에는 억새를 심는 것이 기본이었다. 이렇게 심은 화성 주변 억새는 화성과 어우러져 화성만의 경관을 만들어 가을이면 억새 때문에 화성을 찾는 관광객이 많아졌다.

화서공원이라는 푯말을 세우게 된 사연을 이야기해보자. 화서공원 지역은 수원시 1호 공원인 팔달공원 구역이다. 당시 공원 조성공사 사업명을 '화서문 주변 정비공사'로 지칭해 추진했다. 그런데 어느 날 문득 공원 이름이 있어야 하지 않을까 하는 생각이 들었다. 그 예를 장안공원에서 찾았다.

당시 장안공원 조성사업을 담당했던 이창우 도시과장(전 파주시 부시장)의 증언에 의하면 공원 명칭 부여를 두고 고심했다고 한다. 1975~79년까지 화성 복원사업을 하면서 화성의 관문을 계획해야 하는데 그곳이 바로 장안문밖에 공원을 조성하는 것이었다.

당시 수원에서 최초로 조성하는 공원이었으므로 공원 이름을 지어야 하지 않느냐는 의견이 분분했다. 장안공원은 수원시 도시계획상 1호 공원인 팔달공원의 일부였는데 위치상으로 보면 팔달공원이라고 하기에 걸맞지 않았다.

이름이 결정되지 않은 상태여서 우선 안내판 형식의 철제 푯말을 세우고 이름이 확정되면 공원명을 쓰려 했다고 한다. 공원 조성사업이 마무리될 무렵 백세현 시장이 현장을 방문했는데 왜 공원 이름을 짓지 않고 푯말을 세웠냐고 나무랐다고 한다. 그때 거명된 공원명은 수원공원, 화수(수원과 화성의 약자)공원, 영화공원(영화동에 위치함) 등 많은 의견이 있었다고 한다.

이름이 결정되지 않자 장안문 옆에 있는 공원이므로 우선 장안공원이라고 이름을 써놓고 이름이 확정되면 다시 고쳐 쓰려고 했단다. 그런 연유로 임시로 써놓은 이름이 바뀌지 않아 장안공원이 됐다고 한다.

화서문 옆 서문아파트를 철거하고 공원 조성이 완성될 무렵 나는 장안공원 때와 같은 고민에 빠지게 됐다. 첫째 그곳은 팔달산 자락이었으나 성곽이 지나가고 있어 팔달산과 분리된 성격을 띠고 있는 지역이다. 둘째 시민들이 그곳을 약속 장소로 정할 경우 어디라고 불러야 할지 애매했다.

그래서 이곳에도 이름을 지어주자 생각하고 '화서공원'이라는 이름을 생각해 시장에게 결재를 올리니 그렇게 하라는 허락이 떨어져 화서공원이라는 표석을 세우게 됐다.

화서공원은 1999년 서문아파트 보상이 시작된 지 5년 후인 2004년 12월 18일 준공됐다. 공원이 완성되자 제일 먼저 경기도청에 근무하는 선·후배들로부터 전화가 왔다. 그들은 화성이 세계문화유산이 된 후 가장 잘한 것이 화서공원을 만든 것

화서공원 표석(사진 김충영).

화서공원 준공식(사진 이용창).

이라고 칭찬했다.

화성 사업은 관공서는 물론 주변 주민들에게도 칭찬받았다. 화서공원 조성으로 주변 집값이 많이 올랐다고 수원시에 고맙게 생각한다는 이야기를 전해 듣기도 했다.

어떤 일을 하든 장래를 예측하여 계획을 수립해야 서문아파트와 화서공원 같은 사례가 발생하지 않을 것이다.

12. 장안문 성곽잇기

장안문 성곽잇기 사업 준공식(사진 이용창).

민선 1기 무소속으로 출마하여 당선된 심재덕 수원시장은 수원문화원장 시절 시민운동으로 전개한 화성행궁 복원사업에 전념했다. 한편으로는 화성을 적극적으로 활용해야 한다고 그는 항상 강조하고 실천했다.

보존·관리 중심의 문화재 정책에서 문화재를 활용하는 차원의 정책 전환이었다. 심재덕 시장은 집은 사용해야만 수명이 오래가므로 문화재도 진열장에 보관만 해서는 안 된다고 생각했다. 이러한 맥락에서 화성을 적극적으로 활용하는 차원에서 수

장안문 철제 육교(사진 이용창).

장안문 철제육교 상판(사진 이용창).

원시는 사대문을 모두 열어 관광객이 관람할 수 있도록 했다. 그러나 화성은 일제강점기를 거치면서 9개 소가 단절되거나 철거됐다. 이중 도로개설로 인해 성곽이 단절된 곳이 7개 소, 도로에 편입되어 헐린 곳이 2개 소나 됐다.

수원시는 단절된 구간의 성곽을 교량 형식으로 연결하는 사업을 연차적으로 추진하기 시작했다. 특히 1910년대에 도로개설 목적으로 철거된 장안문 양편을 성곽과 연결해야 했다.

수원시는 성곽과 어울리는 교량을 만들고자 했다. 하지만 문화재청은 원형과 구별될 수 있는 철교를 건설하라는 조건을 제시하였다. 결국 1996년 4월 수원시의 의도와 다르게 철제육교가 설치됐다. 1998년 12월 말까지 시한부 조건이었다. 장안문 양편에 철교가 들어서자 장안문과의 부조화를 두고 극심한 찬반 논쟁이 일었다.

언론과 방송까지 이에 합세했다. 장안문 철교가 연일 TV 화면에 등장하면서 장안문은 전국적으로 화제가 됐다. 철교는 2002년 월드컵 축구대회로 인해 존치 기간이 연장됐다. 월드컵 축구 경기가 끝나자 장안문 철교에 대한 존치 문제가 재론됐다.

수원시는 일단 철제 육교를 철거하고 장안문과 어울리는 교량을 설치하는 조건으로 문화재청에 국비 지원을 요청해 국비 20억 원을 보조받게 됐고, 경기도에서도 4억3천만 원을 지원받아 장안문과 양측 적대를 연결하는 보도 육교를 만들었다.

이즈음 (사)화성연구회 일부 회원들은 '이참에 단절된 장안문을 연결하자'고 진담

반 농담 반으로 이야기를 했다. 화성을 담당하는 나 또한 같은 생각이었지만 실제로 도입하기는 참으로 어려운 일이었다.

장안문은 1번 국도가 경수산업도로로 바뀌기 전까지 삼남 지방으로 가는 길목이었다. 또한 화성의 정문이었다. 도로교통 차원에서는 팔달문 다음으로 중요한 지점이어서 장안문 양편을 성곽으로 연결하는 것은 어려운 일이었다.

나는 이미 도로계장과 도로과장을 5년 가까이 담당해서 수원시 도시계획이나 도로 여건에 대해서 잘 알고 있었다.

하루는 장안문 주변의 현황 도면을 보고 구상을 하고 있었는데 한 가지 묘책이 머릿속을 스쳤다. 잘려진 한쪽은 온전하게 연결하고 또 한쪽에 육교를 설치하면 교통 문제도 해결되고 섬으로 된 장안문도 구할 수 있다는 생각이 들었다. 도면을 가지고 현장에 나가서 가능성을 검토했다. 현장 여건이 만만치는 않지만, 가능성은 있다는 생각이 들었다. 나의 구상을 실현하기 위해서는 넘어야 할 어려움이 한둘이 아니었다.

첫째는 한쪽 구간만 유지할 경우, 도로가 직선을 유지해야 하는데 원으로 된 로터리를 반은 막고 반을 사용해야 하므로 장안문 구간은 반원이 된다. 당시의 도로만으로는 어렵겠다고 생각했다.

장안문 성곽잇기 사업 준공 사진(사진 이용창).

둘째로는 장안문이 로터리로 활용되고 있어 동서남북 방향에서 U턴이 가능하여 교통이 원활한 점이었다. 이곳을 사거리 체계로 전환할 경우, 교통 불편을 초래한다는 점이었다.

반대로 장안문의 단절된 부분 한쪽을 연결할 경우의 장점에 대해서도 생각해보았다. 첫째는 일제가 헐어버린 자존심을 되찾는 일이었고 둘째는 섬이 되어 바라만 보던 장안문에 시민·관광객들이 자유롭게 드나들 수 있다는 점이었다. 또 이번 기회가 아니면 잘려진 장안문 양편을 다시는 손댈 수 없으므로 이번에 제대로 만들어야 한다는 생각이 들었다.

나의 이런 생각을 담당 직원 및 (사)화성연구회 회원들과 의논했다. 어렵다는 응답도 있었지만 한번 해볼 만한 사업이라는 의견이 많았다. 이에 장안문 성곽 서쪽을 연결하고 동쪽에는 육교를 설치하는 안을 문화재청에 제출하자 문화재 현상변경 허가가 났다.

성곽잇기 공사 설계과정이 끝나고 시공업체가 선정됐다. 지금까지 진행된 것은 눈에 보이지 않는 어려움이었지만 정작 어려운 일은 이제부터였다. 100여 년간 사용된 로터리를 불편한 사거리로 적응해야 하는 일이 남아 있었다.

시공업체는 2005년 12월 26일 선정되었지만, 만반의 준비과정을 거쳐야 했기에 2006년 6월 중순에서야 실제 공사가 시작됐다. 첫째로 할 일은 철제 육교를 철거하는 일이었다. 난제는 양쪽 육교를 한 번에 철거하면 교통이 막히므로 양쪽을 나누어서 해야 했다.

먼저 철거를 시작한 곳은 동쪽 육교였다. 새벽 6시경 펜스 설치작업이 마무리되자 장안문 로터리는 사거리 체계로 전환됐다. 공사 전 2달여를 안내하고 홍보했으나 막상 사거리로 변하자 장안문을 통과하는 운전자들은 크게 당황하는 표정이었다. 공사를 시작한 날은 하루 종일 차가 막히는 상황이 발생했다. 장안문 공사로 인해 수원의 구시가지 일원은 하루 종일 교통체증이 계속됐다.

그때 잠깐 후회를 하기도 했다. '평범하게 육교를 설치했으면 이런 문제가 생기지 않을 것을 나는 왜 이런 모험을 했는가? 이 교통체증이 해결되지 않는다면 어떻게 할 것인가?' 하고 걱정을 거듭했다. 하지만 교통체증은 하루하루 지나면서 조금씩

장안문 성곽잇기 사업 준공식(사진 이용창).

나아졌다. 1주일쯤 지나자 시민들이 알아서 장안문을 통과하지 않고 우회하여 체증은 한결 완화됐다.

장안문 성곽잇기 공사는 시민들에게 많은 불편을 주면서 2007년 6월 8일 완공됐다. 사업내용은 성곽 복원 30m, 보도육교 설치 27m, 공사비는 32억3천만 원(국비 20억 원, 도비 4억3천만 원, 시비 8억 원)이 투입됐다.

가끔 택시를 타고 장안문을 지날 때면 운전기사에게 의견을 물어본다. 그러면 택시 기사들로부터 100% "어떤 xx가 이런 짓을 했냐"는 답변이 돌아온다. 또 한 가지는 장안문 밖의 음식점과 상점들에게 미안한 점이다. 오랫동안 잘나가던 어떤 음식점은 장안문이 사거리가 되면서 접근이 어려워져 폐업했다는 이야기를 전해 들었다. 지금까지 미안한 마음을 갖고 있다.

그래도 많은 시민과 관광객들이 장안문을 통해서 성안으로 들어오고 나가는 모습을 보면서 위안을 삼는다. 장안문 성곽잇기는 화성의 자존심을 회복한 것이 아닌가 생각한다.

07
수원화성의 숨은 이야기

1. 팔달산의 원래 이름은 '탑산(塔山)'

성신사에서 서장대로 오르는 길에 있는 탑신 (사진 김충영).

　화성이 세계문화유산이 된 이후 얼마 지나지 않아 팔달산을 오르다가 길옆에 널찍하게 잘생긴 돌이 있어 살펴보니 예사 돌이 아니었다. 돌탑의 탑신부가 옥개석이었다. 돌탑은 제일 아래 부분이 기단부이고 그 위 중간 부분은 탑신부, 상단은 상륜부로 나뉘어진다.

　시간이 지나 2003년 6월 화성사업소가 설립되어 화성 사업에 전념하던 시기에 다시 팔달산을 오르게 됐다. 돌탑 탑신을 살펴보니 어처구니없는 일이 벌어졌다. 팔달산에 오르는 사람들이 힘들면 쉬어가라고 어떤 사람이 초록색 페인트칠을 해놓은 것이다. 아마 팔달산을 관리하던 직원이 아니었나 생각된다. 그 사람은 그것이 돌탑의 탑신이었다는 것을 알지 못했을 것이다.

　세월이 20여 년 지난 2021년 5월 25일 김우영 수원일보 논설위원을 만나 국밥을 먹으면서 요즘 글 쓰는 이야기를 했다. 내가 예전에 팔달산 탑신을 발견했노라고 운을 떼니 자기도 두 곳에서 보았다는 것이다. 점심을 먹고 탑신을 찾아보기로 했다. 김우영 논설위원이 찾은 위치는 예전 수원상업전수학교 자리, 현재 테니스장 바로 아래 성벽 옆이라고 했다.

　팔달문에서 출발하여 팔달문 안내소 앞을 거쳐 성 밖으로 나가 성곽을 따라 100여 미터를 오르니 테니스장 바로 아래 성벽 옆에 옥개석 2개가 풀숲에 묻혀 있었다. 참으로 흥분되는 순간이었다. 내친김에 예전에 찾았던 탑신도 찾아보았다. 예전에

칠해놓았던 페인트는 20여 년이 지나 모두 씻겨져 나가고 대신 이끼가 무성했다.

이렇게 김충영과 김우영이 팔달산 돌탑의 탑신 옥개석 3개를 찾음으로써 팔달산의 옛 이름이 탑산이었다는 것을 증명하는 순간이었다. 나는 팔달산에서 내려와 바로 탑산과 팔달산의 유래에 대한 글을 순식간에 물 흐르듯이 썼다.

그 후 운동도 할 겸 사진도 다시 찍으려고 팔달산을 다시 찾았다. 이번 코스는 회주도로에서 테니스장을 따라 내려갔다. 테니스장을 지나자 성곽 주변의 잡풀을 제초한 흔적이 보였다. 그래서 풀을 헤치지 않아도 탑신을 쉽게 찾을 수 있었다. 사진을 몇 장 찍고 나니 탑신이 얼마나 묻혔는지 갑자기 궁금해졌.

탑신을 세게 당기자 힘없이 뽑혔다. 자세히 보니 속이 비어 있었다. 그리고 가느다란 철사도 보였다. 최근에 콘크리트로 만든 것이었다. 크게 실망하고 내려오면서 김우영 논설위원에게 이런 일도 있다고 전화를 했다.

그리고는 『수원일보』에 기사 송고를 멈추고 '옛 지도에 기록된 수원역사 읽기' 기사를 먼저 송고했다. 하마터면 오보를 낼 뻔했다. 팔달산이 고려시대에는 탑산이었는데 탑 하나 없는 산이 어떻게 탑산이었을까 하는 궁금증이 다소나마 풀리기를 기대해 보는 심정이다. 이를 증명하기 위해서는 팔달산을 주의 깊게 살펴볼 필요가 있지 않을까 싶다.

이참에 탑산(塔山)이 팔달산(八達山)이 된 유래를 살펴보자. 오늘날의 수원을 만든 사람이 정조대왕이라면 정조 이전의 수원에는 이고(李皐, 1338~1420) 선생이 있었다. 선생의 본관은 여주이고 호는 망천(忘川)이다. 고려 말 문신으로 1374년(공민왕 23) 문과에 급제하여 벼슬길에 나서 한림학사를 거쳐 1389년(공양왕 1)에 사헌부 집의에 올랐다.

이후 정국이 혼란하자 집현전 제학을 끝으로 관직에서 물러났다. 수원에 낙향하여 탑산에 은거하며 스스로 망천(忘川)이라 호를 짓고 세상일을 잊고 살았다. 공은 이집(李集), 조견(趙狷)과 함께 고려 삼학사(三學士)로 불렸다. 고려 공양왕이 신하를 보내 요즘 무엇을 하며 지내냐고 안부를 물으니 '집 뒤의 탑산에 올라 사방을 굽어보면 사통이 팔달하여 마음의 눈을 가리는 것이 없어 아주 즐겁다'고 답했다고 한다.

조선을 개국한 태조 이성계는 그를 조정에 등용하고자 관직을 제수하고 누차 불렀으나 불응하였다. 태조는 '공이 사는 곳이 얼마나 아름다워 출사하지 않느냐'며 화공을 보내어 그림으로 그려 올리게 했다. 그림을 받아본 태조는 역시 사통팔달하여 거칠 것 없는 아름다운 산이라며 탑산을 팔달산(八達山)이라 사명(賜名, 이름을 하사)했다고 한다.

정조대왕은 선생이 살던 집터에 고려 효자가 살던 곳이라 하여 학사대(學士臺)를 세웠다. 또한 공이 마시던 우물을 학사정(學士井)이라고 명했으며, 공이 낚시하던 반석에 조대(釣臺)라는 문구를 새겼다. 이고 선생이 시름을 잊은 하천이라 하여 망천(忘川)이라 하였다.

공(公)은 팔달산 자락에서 살다가 적사리(赤寺里)로 이사하고 학당을 열어 착하게 살라고 가르쳤다. 그래서 이곳은 권선징악(勸善懲惡)을 가르치고 몸소 실천하였다 하

(왼쪽) 권선구청 표석 (사진 김충영).

팔달구청 표석(사진 김충영).

팔달문. 1794년 2월 28일 공사를 시작하여 9월 15일 완성됐다. 문의 이름은 정조가 팔달산에서 차용했다(사진 김충영).

여 권선리(勸善里)라는 지명을 하사받았다.

1988년 수원에 구청 제도가 시행되면서 권선(勸善)을 구의 명칭으로 사용했다. 1993년에는 수원에 기존의 장안구와 권선구에서 1개 구가 증설되었는데 수원 화성을 포함하는 지역이라 해서 팔달구(八達區)로 명명했다. 또한 공(公)이 살던 옛터에 심은 은행나무를 수원시 보호수 2호로 지정하여 관리하고 있다. 그리고 수원시는 광교산(하광교동 산51-1)에 위치하는 공의 묘역을 향토유적 제22호로 지정했다.

한편 여주 이씨 문중은 1970년 6월 23일 학교법인 광인학원에 대한 설립 허가를 받았다. 이어 1970년 12월 26일에는 수원공업고등학교에 대한 설립 인가를 받았다. 이윽고 인계동 언덕에 이고 선생의 유지를 받들어 개교한 수원공업고등학교는 1971년 3월 2일 입학식을 가졌다. 수원공업고등학교의 설립은 올곧은 선비정신을 수원의 정신으로 계승한 것이라 할 수 있겠다.

2. 지금의 서장대(화성장대)는 다섯 번째 건물

민선 4기 6·13지방선거가 40여 일 남은 2006년 5월 1일 새벽 1시경 전화벨이 울렸다. 당직 직원이 다급한 목소리로 서장대에 불이 났다는 소식을 전했다. 급히 서장대에 오르니 이미 2층 누각에 불이 퍼져 활활 타고 있었다. 소방차가 서장대 주위를 에워싸고 화재 진압을 하느라고 일대는 아수라장이었다.

소방차 다섯 대가 물을 뿜어대자 불은 어느 정도 잡히는 듯했지만, 시간이 지나도 완전히 꺼지지 않았다. 원인은 서까래 위에 있는 적심(서까래와 기와 사이에 있는 나무 층)에 불이 붙었기 때문이었다. 기와가 있어 물을 아무리 뿌려도 물이 닿지 않아 불이 꺼지지 않았다. 소방 책임자는 지붕을 뚫고 물을 뿌려야 불이 꺼진다고 했다. 나는 그렇게 하라고 했다. 그제서야 불을 완전히 진화할 수 있었다.

얼마 후 팔달산 뒤에 있는 서문파출소에서 범인을 잡았다는 연락이 왔다. 안도의 한숨이 나왔다. 하마터면 6·13지방선거의 단골 메뉴가 될 뻔했는데 다행히 범인이 현장에서 검거되었다.

불을 낸 사람은 만석공원에서 술을 먹다가 서장대가 아름다워 가보고 싶은 마음이 들었단다. 서장대까지 걸어와서 계단을 오르니 문루 2층에 자물쇠가 잠겨 있어 오를 수가 없자 돌을 주워 자물쇠를 부수고 2층에 올라가 군복(순라복)을 입고 목검을 휘둘러보았다고 한다. 그리고 나니 문득 무서운 생각이 들고 자기 몸에 귀신이 붙은 것 같아 꺼림칙했다고 한다. 그래서 입었던 군복을 벗어 2층 마룻에 놓고 라이터로 불을 붙여 소각시키려 했다는 것이다. 나일론 옷에 불이 붙자 순식간에 2층 마룻바닥에서 천장

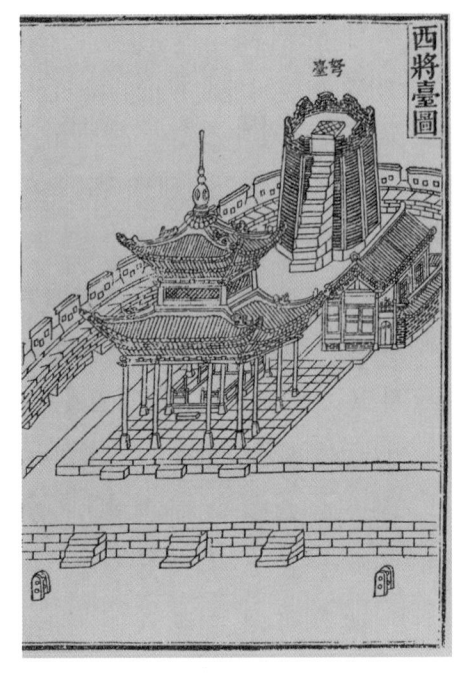

『화성성역의궤』 서장대 전도(자료 화성박물관).

에 옮겨붙어 2층과 지붕이 전소된 것이다. 방화범은 불이 난 후 서장대 주변을 떠나지 못하고 서성거리다가 이를 수상히 여긴 서문파출소 경찰관에 의해 검거됐다.

서장대는 1794년 8월 11일 터닦기를 시작했다. 이어 9월 16일 상량식을 올리고 9월 29일 착공한 지 48일 만에 완공됐다. 서장대는 조선말 국력이 쇠락하면서 관리가 되지 않아 무너져 내렸다.

서장대의 첫 번째 복원은 1971년이라고 경기도가 편찬한 『복원정화지』에 기록되어 있지만 자세한 내용을 알 수 없어, 당시 경기도 문화재과에서 문화재 업무를 담당했던 이낙천 전 화성연구회 이사장이 알고 있을까 해서 전화를 드렸다. 그러자 자세한 설명을 해주었다.

1971년 경기도는 서장대의 중요성을 감안하여 제일 먼저 서장대와 서노대 복원을 추진했다. 1973년 서장대 공사가 끝날 무렵 낙뢰로 인해 서장대의 중심부인 절병통(節甁桶)과 고주(高柱)가 파손되었다. 당시 준공검사가 안 된 시점이어서 시공자에게 하자보수를 시키려 했다. 그러자 시공자는 낙뢰는 하자가 아닌 천재지변임을 주장하여 하는 수 없이 예산을 세워 서장대 해체 복원 공사를 했다. 세 번째 소실은

화재 후 처참한 서장대(사진 김충영).

1796년에 지은 서장대. 관리가 되지 않아 무너져 내리고 있다(자료 화성박물관).

세 번째 서장대 모습(사진 이용창).

네 번째 서장대 모습(사진 김충영).

1994년 5월 7일에 발생한 화재로 인한 것이다. 2층이 완전히 소실되고 1층은 부분적으로 훼손되었다. 완전히 해체하여 1994년 12월 5일 네 번째로 복원했다고 그는 알려주었다.

네 번째 소실은 위에서 밝힌 바와 같이 취객의 실화이다. 이후 서장대는 『화성성역의궤』를 토대로 복원되어 원형의 모습을 되찾았다. 서장대 복원공사는 2006년 5월 10일 설계용역을 실시했다. 2006년 8월 3일 공사를 착수해서 2007년 4월 6일 준공 고유제를 올렸다. 복원공사비는 총 7억 원이 들어갔다. 국비 5억 원, 시비 2억 원이 들어갔다.

서장대와 관련된 일화가 있다. 2012년 환경국장 시절 수원시 요식업조합 회원 연찬회가 남이섬에서 있어서 참여한 일이 있다. 점심을 먹고 남이섬을 한 바퀴 도는데 저만치에 한옥 건물이 보였다. 가까이 가보니 서장대였다. 가만히 기억을 더듬어 보았다. 2006년 5월 1일 화재 이후 서장대를 해체해서 사용할 부재와 사용이 불가능한 부재를 선별해서 한쪽에 쌓아 놓았다.

어느 날 김용서 시장으로부터 전화가 왔다. 불이 나서 못쓰게 된 부재를 어떻게 할 거냐고 묻는 것이었다. 폐기할 거라고 하자 김문수 도지사가 전화를 했는데 못 쓰는 나무가 필요한 사람이 있다는 것이다. 그래서 불탄 나무를 준 기억이 났다.

나무를 가져간 사람은 남이섬 전 대표인 강우현 사장(전 경기도자재단 대표이사)이었다. 강 사장은 남이섬을 세계적인 관광지로 만든 인물이다. 서장대가 불난 것을 보고 못 쓰는 자재를 가져다가 남이섬에서 서장대를 복원하겠다는 생각을 한 것 같았다. 그래서 나는 남이장대(남이섬 장대 이름)를 꼼꼼하게 살펴보았다. 서장대 목재는 보이지 않았다.

아마도 강우현 대표는 불탄 서장대 나무를 사용해서 짓겠다는 기발한 생각을 한 것 같다. 하지만 실제로 사용할 만한 자재가 없자 온전한 나무를 사용하여 장대를 지은 것이다. 그리고 불탄 나무를 얇게 켜서 몇 군데 덧붙인 것이 보일 뿐이었다.

또 다른 사건은 2008년 설날 연휴 마지막 날 저녁에 발생한 숭례문 화재 사건이다. 그 화재는 토지 보상에 불만을 품은 한 노인의 어처구니없는 방화에서 비롯되었다. 2008년 2월 10일 일요일 오후 8시 50분경 숭례문 주변 도로를 지나던 택시기사가 화재를 발견하여 119에 신고한 후 8시 53분경 소방차가 현장에 도착하여 진화를 했다.

그러나 상부 지붕 속까지 옮겨붙은 불은 완전히 꺼지지 않았다. 당시 방송 3사가 실시간 중계를 했다. 불과 1년 반 전 서장대 화재 당시 현장에서 진화를 지켜보았던 나는 남의

다섯 번째 서장대(사진 김충영).

일 같지 않았다. 당시 나는 국보 1호이고 서울에서 일어난 화재인데 금세 진화되겠지 하고 생각했다.

그런데 시간이 흐를수록 점점 불이 번졌다. 불길이 천장까지 번지자 고가차와 굴절차를 동원하여 지붕과 처마에 대량으로 물을 뿌리는 것이 생생하게 실시간 중계되었다. 화재를 지켜보던 나는 '아! 불을 잡기 위해서는 지붕을 뚫어야 하는데' 하고 생각했다. 그런데 숭례문이 국보 1호라서 누구도 지붕을 부수라는 지시를 하지 못한 것이다.

온 국민이 중계를 바라보는 상황에서 새벽 1시 56분 2층 문루가 무너져 내렸다. 다음날 아침 출근을 하자 TV 카메라가 나를 기다리고 있었다. 수원 서장대는 어떻게 해서 전소되지 않았냐는 질문이었다. 숭례문 화재로 수원 서장대와 나는 TV 단골 출연자가 됐다. 숭례문도 기와를 걷어내고 적심에 붙은 불을 진화했더라면 하는 아쉬움이 컸다.

수원시는 서장대 화재 이후 CCTV와 열 감지 센서를 설치하고 24시간 순찰을 강화했다. 숭례문 화재 후, 화재 예방을 더욱 보강하여 방염 처리를 실시하고 24시간 감시하는 상황실을 설치했다. 하지만 순사 열 명이 도둑 하나 못 막는다는 속담이 있다. 문화재를 아끼는 마음가짐이 필요하다.

3. 서장대 현판은 정조대왕 친필

화성의 성곽을 쌓는 일은 1794년 정월 초 7일 석재 뜨는 일로 시작되었다. 서장대의 터닦이는 1794년 8월 11일 시작되었다. 이어 9월 16일 상량식을 올리고 13일 만인 9월 29일 완공됐다. 서장대는 화성 시설물 중 동장대와 함께 군사를 지휘하던 곳이다. 『화성성역의궤』에 기록된 서장대 부분은 다음과 같다.

"서장대는 팔달산의 산마루에 있는데 유좌묘향이다. 위에 올라가서 사방을 굽어 보면 모두 석성의 봉화와 황교(皇橋)의 물로 통하여 마치 돗자리를 깔아놓은 듯하니 한 성의 완급과 사벽(四壁)의 허실은 마치 손바닥 위를 가리키는 듯하다. 이 산을 두

화성장대 현판
(사진 화성박물관).

르고 있는 100리 안쪽의 모든 동정은 모두 앉은 자리에서 제변(制變) 할 만하다. 그래서 드디어 여기에 돌로 대(臺)를 쌓고 위에 층각을 세웠다. 문지방 위에 임금께서 쓰신 큰 글자 화성장대(華城將臺) 편액을 붙였다."

정조는 수원화성 건축물 중 중요한 몇 개에 직접 글을 썼다. 행궁의 정전인 봉수당(奉壽堂)에 먼저 걸렸던 화성행궁 현판(1793년 1월)과 봉수당의 옛 이름인 장남헌(壯南軒) 현판(1790년 2월), 혜경궁 홍씨가 머물렀던 장락당(長樂堂), 1790년 원행 때 활 4발을 쏘아 모두 맞춘 것을 기념하여 내린 득중정(得中亭) 현판, 행궁의 내당인 복내당(福內堂) 현판을 직접 썼다.

정조는 화성 시설물 중 유일하게 화성장대 현판을 직접 썼다. 이는 1795년 을묘년 수원 행차 때 서장대에서 군사훈련을 하고 이를 기념하기 위해 직접 쓴 것이다. 현판 좌측 하단에 규장지보(奎章之寶) 인장이 새겨져 있다. 많은 시설물 중 서장대 현판만 직접 쓴 것은 서장대의 중요성을 강조한 것이라 하겠다.

서장대의 첫 번째 복원은 1971년이다. 이는 화성이 복원되기 전에 추진한 것이다. 1973년 서장대 공사가 끝날 무렵 낙뢰로 중심부인 절병통과 고주가 파손되어 불가피하게 두 번째로 해체 복원되었다.

당시에는 한글 현판이 걸려 있었다. 서장대 복원업무를 담당했던 이낙천 전 화성연구회 이사장의 증언에 의하면 인천 출신 박세림 서예가의 글씨라고 한다. 박정희 전 대통령은 한글 현판을 선호했다. 그중에서도 서예 대가인 인천 출신 박세림의 글씨를 좋아했다고 한다.

당시 소전 손재형 선생이 한글과 한문 글씨의 대가였다. 문하의 서희환이 소전으로부터 사사해 한글을 발전시켜 국전 서예 부문 최초로 한글이 대상을 받았다. 박세

서장대의 두 번째 현판. 박세림 서예가의 글씨다(사진 이용창).

림 역시 소전과 서희환의 영향을 받은 사람이다.

세 번째 소실은 1994년 5월 7일에 발생한 화재가 원인이었다. 이때 2층이 완전히 소실되고 현판도 불탔다. 1층은 부분적으로 훼손되어 완전 해체됐고 1994년 12월 5일 네 번째로 복원됐다. 현판은 양근웅 선생이 썼다. 양근웅 선생은 나의 스승이다.

1988년 양근웅 선생께 서예를 배우려고 시청 홈페이지에 서예클럽 회원을 모집한다고 하니 30여 명이 모였다. 스승도 있고 학생도 모였으니 교실만 해결되면 수업이 가능하게 되었다. 건물 관리를 맡고 있는 회계과 영선계장을 찾아갔다. 가능한 방이 있다는 것이었다. 4층 대강당 뒤편에 다목적실로 사용하는 20평 남짓의 방이 있었다. 시청 내에 남는 테이블과 의자를 구해서 서예실을 만들었다. 선생은 수원시 서우회라는 글을 써주었다.

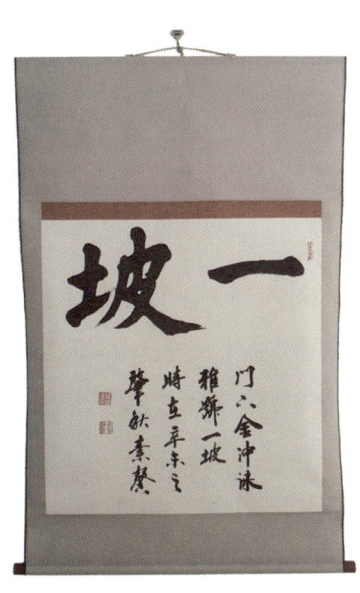

일파(一坡) 김충영 작호(爵號) 족자(사진 김충영).

서예를 시작한 지 몇 달이 지나자 선생께서 "이제 호를 지어줘야겠는데…" 하였다. 며칠이 지나자 일파(一坡)라고 호를 지어 왔다. 선생께 일파 뜻을 물었더니 글 그대로 한 일(一), 언덕 파(坡)라고 하였다.

그 후 선생께서 도움을 청하면 먹을 갈고 옆에서 시중을 들었다. 하루는 서장대 현판인 화성장대(華城將臺) 글씨를 써야 한다고 했다. 나는 역사적인 현판 글씨를 쓰는 현장에 있었다.

네 번째 서장대 소실은 취객의 실화 때문이

네 번째 서장대 현판. 필자와 양근웅 선생(사진 행인 촬영).   현재 서장대 현판. 정조대왕 친필 모사본이다(사진 김충영).

었다. 이때 나의 스승이 쓴 화성장대 현판도 함께 소실되었다. 참으로 안타까운 일이었다. 이후 서장대는 『화성성역의궤』를 토대로 원형을 되찾을 수 있었다. 당시 함께 근무하던 학예사 김준혁 박사가 화성사업소장인 나를 찾아와 국립고궁박물관 수장고에 정조가 친필로 쓴 화성장대 편액이 있다고 했다.

그전까지 나는 그 사실을 몰랐다. 정조대왕의 친필 편액을 세상 사람들에게 공개하라고 서장대가 화재를 당한 것이 아닌가 하는 생각까지 들었다. 국립고궁박물관에 협조 요청을 하여 원본 현판을 모사해서 정조대왕의 친필 현판을 걸 수 있었다. 정조대왕의 친필 현판이 걸리게 된 것은 불행 중 다행이라 할 것이다.

4. 화성행궁 현판

화성행궁은 일제강점기 '조선읍성 철거 시행령'에 의하여 대부분 헐리게 된다. 일제는 화성행궁에 자혜의원과 토목관구, 수원군청, 수원경찰서, 신풍초등학교를 건립한다는 핑계로 노래당과 낙남헌을 제외하고 모두 철거했다. 화성행궁은 기억에서 잊혀지고 말았다.

1796년 화성 축성이 끝나고 1801년 출간한 『화성성역의궤』에 수록된 '화성기적 비문(華城紀蹟碑文)'에 화성 축성은 사도세자의 묘인 "현륭원을 보호하고 화성행궁을

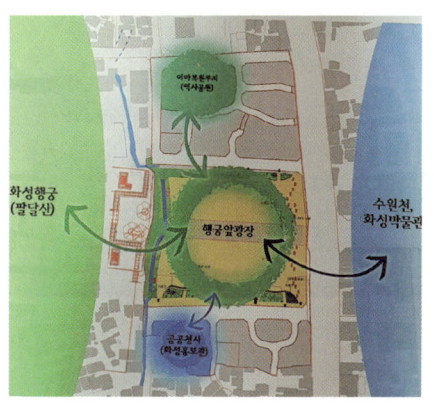

광장 남북 신풍지구 개발 구상도(자료 화성사업소).

호위하기 위함"이라고 적고 있다. 화성행궁이 정조의 지대한 관심으로 지어졌음을 알 수 있다. 특히 '갑자년 설'로 일컬어지는 1804년 임금 자리를 아들 순조에게 양위하고 화성에 와서 살겠다는 의도를 가지고 건립한 궁궐이었다. 신읍 건설 시기인 1789년 9월 신읍치 관아인 화성행궁의 동헌이 완공됐다.

이듬해 2월 정조가 수원에 행차하여 장남헌(壯南軒)이라고 명명하고 친히 현판 글을 썼다. 그리고 화성행궁의 정전으로 삼았다. 이때 내사(內舍)는 복내당(福內堂)으로 이름 짓고, 사정(射亭)은 득중정(得中亭)으로 지었는데 모두 정조의 친필로 같은 해 4월 14일 각 건물에 현판을 걸었다.

화성행궁 정문은 2층 누각으로 세워졌다. 누각의 명칭을 진남루(鎭南樓)라 칭했다. '수원은 도성의 남쪽에서 삼남(三南)을 아우르는 큰 고을'이라는 뜻이다. 진남루의 현판은 신도시 건설을 담당한 수원부사 조심태가 정조의 명을 받아 썼다.

1793년 1월 정조는 수원도호부를 화성유수부로 승격한다는 하교를 내리고 어필로 쓴 화성행궁 현판을 장남헌에 걸게 했다. 1795년 혜경궁 홍씨 회갑연을 열기 위해 화성행궁을 대대적으로 증축했다. 장락당과 경룡관·낙남헌·노래당·외정리소·서리청·집사청과 함께 여러 건물들이 증·개축됐다. 1789년에 지은 건물이 188.5칸이었는데 387.5칸이 확장되어 화성행궁은 576칸의 면모를 갖추게 됐다.

정조는 회갑연에 앞서 어머니의 장수를 기원하는 시를 신하들에게 보이면서 "만년의 수를 받들어 빈다"고 했다. 이때 화성행궁을 봉수당으로 바꿔 부르게 하고 글씨는 당대 명필 송하(松下) 조윤형(曺允亨)에게 쓰게 했다. 그리고 화성행궁의 정문을 진남루에서 신풍루로 바꾸고 조윤형에게 쓰게 했다. 낙남헌(落南軒) 또한 조윤형이 썼다.

정조는 어머니가 머무는 전각을 장락당(長樂堂)이라 칭하고 정조 자신이 직접 글을 썼다. 경룡관은 조종현(趙宗鉉), 유여택은 유사모(柳師模), 노래당은 채제공(蔡濟恭)이

수원 아이파크 미술관 전경(사진 김충영).

쓰도록 했다. 기타 전각과 문들의 현판은 누구의 글인지 알려지지 않고 있다. 화성행궁과 화령전에는 40여 개가 넘는 현판이 있었다고 추정하고 있다.

일제강점기에 화성행궁이 헐리는 과정에서 현판 모두가 사라질 위기에 처했다. 그런데 화성행궁이 사라지는 것을 아쉬워한 당시 조선의 관리들이 중요한 현판을 수습하여 중앙에 인계해 지금까지 남아있다. 현재 국립고궁박물관에 편액 6개와 시액 5개가 전해지고 있다. 정조가 쓴 장남헌, 화성행궁, 장락당, 득중정 4점과 조윤형이 쓴 봉수당과 낙남헌 2점이 전해지고 있다.

현판이 다시 복원되기 시작한 것은 1975년부터 1979년까지의 화성 복원공사 때다. 화령전과 운한각 현판은 박정희 대통령의 글씨로 복원됐다. 이때 화령전 재실인 풍화당 현판도 함께 복원됐다. 화성행궁 1단계 복원사업을 진행하던 2003년 국립고궁박물관에 수장하고 있던 6점은 원본을 탁본하여 복원했다.

화성행궁의 정문인 신풍루 현판 역시 이때 복원됐다. 당시 화성행궁 복원사업의 학술 분야를 담당한 이달호 학예사(현 수원화성연구소장)의 증언에 의하면 조윤형이 쓴 현판이 남아있지 않아 고민이 많았다고 한다. 그런데 1910년대에 촬영된 신풍루 사진에서 조윤형이 쓴 신풍루 현판 글씨가 발견됐다.

사진이 너무 작고 흐릿해서 현판 글씨로 사용하기에는 어려움이 있었다. 전문가들의 의견을 참고하여 사진을 확대한 다음 조윤형 글씨의 특징을 살려 신풍루 현판을 제작했다. 현판 제작은 MBC 미술부가 주관하여 복원했다. 그리고 2003년 경룡관(景龍館)과 노래당(老來堂) 현판이 추가로 제작됐다. 경룡관 글은 가람 신동엽 선생이 썼다. 그리고 노래당은 죽사 박충식 선생이 썼다. 현판은 고원 김각한 중요무형문화재 106호 각자장 이수장(현 중요무형문화재 106호 각자장)이 제작했다.

장남헌 현판. 정조 친필 원본(사진 화성박물관).

2단계 현판 복원사업은 화성사업소가 설립된 지 1년 후인 2004년부터 2005년에 걸쳐 시행됐다. 이때 화성행궁과 화령전 궁중 유물 복원·전시 고증연구 용역을 실시했는데 김준혁 학예사가 담당했다. 현판 복원사업 총괄은 김각한 각자장이 담당했다. 그리하여 화성행궁의 나머지 현판의 복원이 추진됐다.

화성행궁 현판 복원을 위한 사업 대상과 기준이 정해졌다. '첫째, 현판 복원은 화성행궁과 화령전의 전각과 문에 걸려있던 현판 34개를 우선 대상으로 한다. 둘째, 현판 복원은 가능한 한 원형 복원을 원칙으로 한다. 셋째, 학술적 고증에 입각한 복원은 문헌자료, 이미지 자료, 그리고 동시대의 유사한 실물을 근거로 이루어지는 것을 원칙으로 한다. 단, 관련 자료가 없을 때는 고증 회의를 거쳐 복원작업을 추진한다.'라고 정했다. 현판 복원작업에 참여할 전문가가 정해졌다. 먼저 현판 글씨 분야는 김문식 서울대학교 규장각 학예연구관, 현판 문양 및 크기 분야는 임영주 전 공예박물관장, 현판 위치 분야는 정해득 경기도 기전문화재연구원의 연구원이 선임됐다.

현판 글씨 분야는 동강 조수호, 소헌 정도준, 근당 양택동, 취송 정봉애, 백농 한태상 등 서예가가 위촉됐다. 서각은 철재 오옥진 중요무형문화재 제106호 각자장, 고원 김각한 중요무형문화재 제106호 각자장 이수장이 위촉됐다. 단청은 양준태 단청장이 위촉됐다. 현판 복원 절차는 현판 위치 고증→글씨 고증→집자 선정→현판 규격→현판 문양→서각→단청→설치의 7단계로 나누어진다.

따라서 각 단계를 모두 만족하는 원형 복원은 현실적으로 불가능했다. 그리고 문제점도 드러났다. 현판 복원 절차상 중요도 비중은 글씨와 서각 방식에 비중을 두었다. 글씨(書)에서는 문헌상의 고증이 가능했다. 그러나 글자 선정 단계에서 집자 가

화성행궁. 정조 어필 원본 현판(사진 화성박물관).

진남루 현판은 소실되고 탁본 중 '진남'만 남았다(자료 화성박물관).

봉수당. 조윤형이 쓴 원본 현판(사진 화성박물관).

조윤형이 쓴 낙남헌 원본 현판(사진 화성박물관).

정조 어필 장락당 원본 현판(사진 화성박물관).

정조 어필 득중정 원본 현판(사진 화성박물관).

능성 여부를 철저하게 검토한 결과 서법상의 문제가 발생했다.

집자를 할 경우, 대부분 문집이나 비문을 원본으로 해야 했다. 현판 글은 큰 글자의 서법으로 써야 하는데 문집과 비문은 작은 글(細筆)이기 때문에 현판 크기로 확대하면 오히려 본래 글씨의 격이 실추되는 현상이 발생하게 된다. 이러한 현상으로 인해 결과적으로 집자 복원은 4개만 채택됐다.

2003년 제작한 노래당(老來堂) 현판은 정조가 '늙어서 오겠다'는 의미가 있는 전각임을 감안하여 정조 어필 중 '대로사비'를 집자하는 것으로 결정했다. 어천문 역시 정조 어필 집자로 결정했다. 삼수문은 조윤형 글 중에서 집자했다. 경선문은 홍경모 글 중에서 집자하여 복원됐다. 나머지 현판은 위촉된 서예가의 글로 복원했다. 화령전, 좌익문, 중양문, 공신루, 미로한정은 조수호 서예가의 글을 채택했다.

신풍루 사진을 확대하여 제작한 현판(사진 김충영).

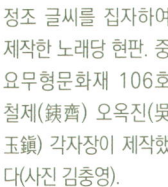

경룡관 현판. 가람 신동엽 선생이 쓰고 김각한 각자장이 제작했다(사진 김충영).

정조 글씨를 집자하여 제작한 노래당 현판. 중요무형문화재 106호 철제(銕齊) 오옥진(吳玉鎭) 각자장이 제작했다(사진 김충영).

운한각, 풍화당, 유여택, 복내당, 비장청, 서리청, 집사청, 기증헌, 외정리아문, 다복문, 득한문, 유여문, 지락문, 빈휘문, 향춘문, 경화문, 유복문, 구여문은 정도준 서예가의 글로 현판을 제작했다. 남군영, 중약문, 가어문은 양택동 서예가의 글로 현판을 제작했다. 장복문, 연휘문은 정봉애 서예가의 글로 제작했다. 건장문은 한태상 서예가의 글로 현판을 제작했다.

다음 작업은 현판 판각이었다. 화령전, 운한각, 좌익문, 중양문, 유여택, 노래당은 중요무형문화재 제106호 오옥진 각자장이 현판을 제작했다. 그리고 나머지 복내당 등 29개의 현판은 김각한 무형문화재 제106호 각자장 이수장이 현판을 제작했다. 그리고 단청은 양준태 단청장이 모두 완성했다. 그리고 2008년 개관한 화성박물관은 사라진 화성행궁 현판 탁본 몇 점을 수집했다. 진남루 현판 중 '진남' 탁본, 득한문·중영문·구여문과 삼수문 중 '삼수'가 남아 있는 탁본을 소장하고 있다.

현판(懸板)은 건물이나 문루 중앙 윗부분에 거는 액자를 말한다. 일명 편액(扁額)이라고도 한다. 편(扁)은 문호(門戶) 위에 제목을 붙인다는 말이다. 액(額)은 이마 또는 형태를 뜻한다. 즉, 건물 정면의 문과 처마 사이에 붙여서 건물에 관련된 사항을 알려주는 의미이다. 현판은 전각(殿閣)의 얼굴이요. 전각의 상징물이어서 중요하다.

다행스럽게도 행궁 앞에 삼정승을 뜻하는 품 자형 괴목인 느티나무가 화성행궁을 지키고 있다. 또한 원본 현판 6점과 시액 5점, 탁본 5점이 남아있어 화성행궁은 철거됐어도 이들이 화성행궁의 정통성을 이어주었다고 생각한다. 이참에 장남헌, 화성행궁 현판도 제 위치에 걸고 남아있는 탁본으로 현판을 제작하는 것도 의미 있지 않을까 한다.

5. 장안문 현판 글씨 누가 썼나?

장안문(長安門)은 화성의 4대문 중 북쪽에 위치한 문으로 화성의 정문이다. 장안문은 1794년 2월 28일 공사를 시작하여 9월 5일 완공됐다. 장안문이란 이름은 정조가 정하였고 현판 글은 조윤형이 편액을 썼다. 장안은 중국 주나라 이래로 진·전한·수·당 등의 수도였다. 장안은 국가의 안녕을 상징하는 문자로 쓰였다.

정조는 장안의 영화를 화성에서 재현하려는 의도에서 화성 북문의 이름을 장안문이라 지었다. 장안문은 한국전쟁 때 파괴된 것을 1975~79년 복원했다. 화성 복원 사업은 이병희 무임소장관의 발의로 김종필 국무총리의 결재와 박정희 대통령의 재가로 시행된 사업이다.

장안문 현판은 소형(素馨) 양근웅(梁謹雄) 선생이 쓴 것으로 알려져 있다. 이러한 기록은 수원문화원이 발행하는 『수원사랑』 통권 59호 1993년 1월호의 응접실코너 '수원시민과장 양근웅 씨' 편에 장안문을 쓰게 된 이야기가 자세하게 기록되어 있다. 거기에는 "20여 년 전 수원성을 복원하면서 현판을 쓸 사람을 찾던 중 그에게 기회가 주어진 것이다."라고 적혀 있다.

1979년 복원 당시 장안문 현판(사진 소형 양근웅 선생 장녀 양원경 소장). 『수원사랑』 통권 59호 1993년 1월호 기사(자료 수원문화원).

그리고 1999년 6월 수원시와 수원문화원이 출간한 『수원지명총람』 202쪽 장안문 편에 "장안문 현판은 전 수원시청 시민과장 양근웅의 글씨이다."라고 나온다. 그런데 『김종필 증언록』 '광복 70주년 특별회고(2015. 8. 14)'에서 "세계문화유산으로 지정된 수원화성에는 장안문이 있는데 화성을 복원할 당시 이병희 의원이 권유해 '장안문(長安門)' 현판을 내가 써서 걸었다."라고 해서 논란을 일으켰다.

논란에 대한 이의 제기는 이창식·한동민이 저술한 『수원야사』(2017. 4. 30)의 '장안문 현판 글씨는 누가 썼는가, 부제 김종필 국무총리가 쓰기로 했던 약속, 폭설 탓에 무산'이라는 제목의 글에서 "결론적으로 말하면 장안문 현판 글씨는 김종필이 쓴 것이 아니다."라고 적고 있다. 이 글의 요점을 소개하면 아래와 같다.

> "화성 복원 당시 경기도청 건축기사로 화성 복원의 실무 책임자였던 이낙천(전 화성연구회 이사장)에 의하면 경기도는 장안문 현판 글씨를 이병희 국회의원을 통해 김종필 국무총리에게 부탁했다고 한다. 조병규 도지사가 김종필 국무총리에게 결재받는 날 글씨를 받기로 했고 지·필·묵 준비를 이낙천이 담당했다. 그런데 이낙천은 서울로 가기 전날 강화도로 출장을 갔다가 폭설로 수원에 돌아오지 못했다. 지·필·묵을 도지사에게 전달하지 못해 국무총리에게 글씨 부탁을 하지 못했다고 한다. 그로 인해 이낙천은 1975년 말 경징계를 받았다.
>
> 그래서 장안문 현판 글씨를 김종필 국무총리 대신 조병규 도지사가 쓰기로 했다. 조병규 도지사는 경남 사천 출신으로 어린 시절 한학을 공부하고 붓글씨를 배운 경험으로 장안문 현판 글씨를 쓰게 되었으니, 공식적으로 장안문 현판 글씨는 도지사 조병규의 글씨가 되는 셈이다. 그러나 글씨가 작고 필획에 문제가 있어 당시 경기도청에 근무하던 필경사였던 양근웅이 개작을 하게 되었다.…당시 경기도 문화공보실 학예연구사였던 이신흥의 전언에 따르면 장안문 글씨는 도지사 조병규가 쓴 것을 양근웅이 도청 문화공보실에서 개칠(改漆)하였다고 한다. …당시를 생생히 기억하고 있는 이낙천과 신응수 대목장은 장안문 현판 글씨는 김종필의 글씨가 아니었다고 분명하고 단호하게 증언하고

있다. 그렇다면 김종필은 왜 본인이 쓴 것으로 기억하고 있었을까?

두 가지로 유추해 볼 수 있다. 국무총리실 일정표 등의 자료에 기초하여 장안문 현판 글씨를 쓰게 되어 있던 것을 쓴 것으로 잘못 기억하고 있거나, 장안문 현판 글씨를 썼으나 실제 전달되지 않았을 가능성이다. …그럼에도 장안문 현판 글씨에는 기명과 낙관이 없다는 점에서 더욱 그렇다."

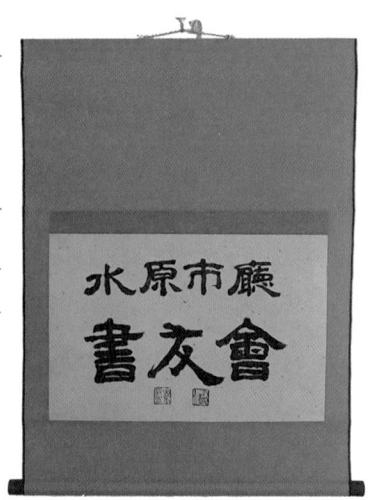

수원시 서우회 족자. 소형 양근웅 선생의 글씨다(자료 김충영).

지금부터는 필자의 견해를 밝히고자 한다. 나와 양근웅 선생과의 관계는 이렇다. 1988년 7월 1일 수원에 구청 제도가 도입되자 나는 도시과 도시계획계 차석을 하다가 도시과 구획정리계장으로 승진했다.

당시 도시과는 시청 현관 왼쪽에 있었고 맞은편에는 시민과가 있었다. 그리하여 나는 양근웅 시민과장을 자주 뵙게 됐다. 선생님께 서예를 배우고 싶다는 말씀을 드리자 서예를 배우고 싶은 사람들이 있으면 그룹을 만들어 보라고 해서 1989년 수원시청 서우회를 만들게 됐다.

그 모임은 회장도 없이 내가 총무 역할을 하면서 주도했다. 그런 인연으로 소형 양근웅 선생과 인연을 맺었다. 선생과의 인연은 2001년 지병으로 돌아가시기 전까지 12년간 이어졌다. 나와 선생과의 관계는 집안 어른들을 모시는 정도로 가까웠다.

선생께서 대작(大作)을 하실 때면 나에게 도움을 요청하여 도와드리곤 했다. 1989년 올림픽공원 기념비 휘호, 1994년 북지상련비 휘호, 1994년 화성장대 편액 글씨, 1991년 11월 화성기적비문 제호 글씨 등을 함께 작업했다. 이 무렵 선생은 정년이 몇 년 남지 않은 시절이어서 퇴임 후 구상을 말씀하곤 했다.

당시 나는 선생께서 그동안 수원시 서예계 발전을 위해 봉사한 것이 많으니 수원시 문화상에 도전해보라고 말했다. 선생의 발자취를 몇 가지 소개하면, 1974년 경

(왼쪽) 화성장대 편액. 1994년 소형 양근웅 선생이 썼다(사진 김충영).

'제12회 수원시 문화상(예술분야) 수상 후보자 공적조서' 표지(자료 김충영).

기도서가회를 창립해서 초대, 2대, 3대 회장을 역임했고, 같은 해부터 시작된 경기도여성회관 서예 강의를 14년간 했다. 그리고 내무부 연수원 시장·군수반 서예 강의를 10여 년 했다. 선생은 경기도 관내 공적 기념물에 많은 작품을 남겼다.

나는 선생과 이들 작품을 돌아보면서 사진 작업을 했다. 그렇게 해서 '제12회 수원시 문화상(예술분야) 수상후보자 공적조서'를 만들게 됐다. 그러면서 작품에 대한 설명을 하나하나 듣게 됐다.

선생은 일본에서 태어나 학교를 다녔다. 어린 시절 부친께 서예를 배워 붓을 가까이 했다. 소학교 3학년 때 전 일본서예대회에 나가서 대상을 받았다고 했다. 해방이 되자 귀국해서 진주에 살았다. 진주사범학교를 졸업하고 교사 생활을 5년 정도하고 퇴직하여 농협중앙회와 법무부 등에서 근무하였다. 퇴직하고 사업을 했는데 여의치 않았다. 이후 수원에 와서 살았는데 마침 고향 선배인 조병규 씨가 경기도지사(1973. 1~1976. 10)로 부임했다. 그의 능력을 아까워한 조병규 도지사의 천거로 선생은 경기도청 필경사로 일하게 된다.

수원성 복원정화 사업이 시작되자 소실된 장안문과 창룡문 복원공사도 함께 추진했다. 이때 수원성 복원사업을 추진했던 이병희 국회의원은 육사 동기이자 '5·16 동지'인 김종필 국무총리에게 장안문 현판의 글씨를 쓸 기회를 주고자 하지 않았나 생각된다. 그런데 한동민의 글과 같이 폭설 탓에 이낙천이 지·필·묵을 제공하지 못하게 되자 김종필 국무총리에게 기회가 주어지지 못한 것이다.

대안으로 조병규 경기도지사가 써야 하지 않겠냐고 했다고 한다. 그런데 높이 170cm, 폭 403cm나 되는 대형 현판의 글씨를 전문 서예가가 아닌 사람이 쓰기에는 무리라고 생각했는지 조병규 경기도지사는 당시 필경사로 근무하던 서예가인 소형 양근웅 선생에게 현판 글씨를 쓰라고 제안했다는 것이다.

당시 양근웅 선생은 필자에게 이렇게 술회했다. "평소 대작을 쓸 때면 아내가 먹을 갈아 주었는데 장안문 현판을 쓸 때도 아내가 먹을 갈아 주었다."

선생은 글씨를 쓰기 전에도 많이 고민했다. 어떻게 장안문(長安門)의 이미지에 맞는 글씨를 쓸 것이냐가 문제였다.

우선 정조대왕의 효심과 음양오행을 고려해 서체를 결정했다. 음양을 따졌을 때 팔달문(八達門)이 양이라면 장안문은 음에 해당된다. 양이 남성적이라면 음은 여성적이다. 시대적 배경과 음양을 고려해 여성적 이미지의 서체, 대중적인 서체를 찾다보니 구양순체가 된 것이다. 이 내용은 '수원사랑 응접실-수원시 시민과장 양근웅 씨' 편에도 나와 있다.

그리고 선생은 나에게 글씨를 쓸 때의 어려움도 들려주었다. 글씨가 크다보니 큰 붓으로 써야 했는데 먹물을 많이 묻히니 자주 종이가 찢어졌다고 한다. 궁여지책으로 종이를 여러 겹 배접해서 글씨를 썼다고 한다. 이때 썼던 붓과 벼루를 선생의 장녀 양원경이 소장하고 있다.

그리고 양근웅 선생은 나에게 동문인 창룡문 현판에 대해서도 이야기한 바 있다. 당시 이규이(李圭貳) 경기도부지사가 쓰겠다고 하여 양근웅 선생은 이 부지사를 몇 달 동안 지도하여 현판을 완성했다고 했다.

선생의 유족은 아버지의 유품을 수원시에 기증할 뜻을 가지고 있다고 밝혔다.

6. 수원(水原)은 '물의 근원지'인가, '물 벌'인가?

수원(水原)의 어원이 서해안의 평야지대에서 왔다는 설이 있다. 수원이라는 지명이 지어진 것은 1271년(고려 원종 12)이다. 조선시대 이전의 수원은 바닷물이 만조일

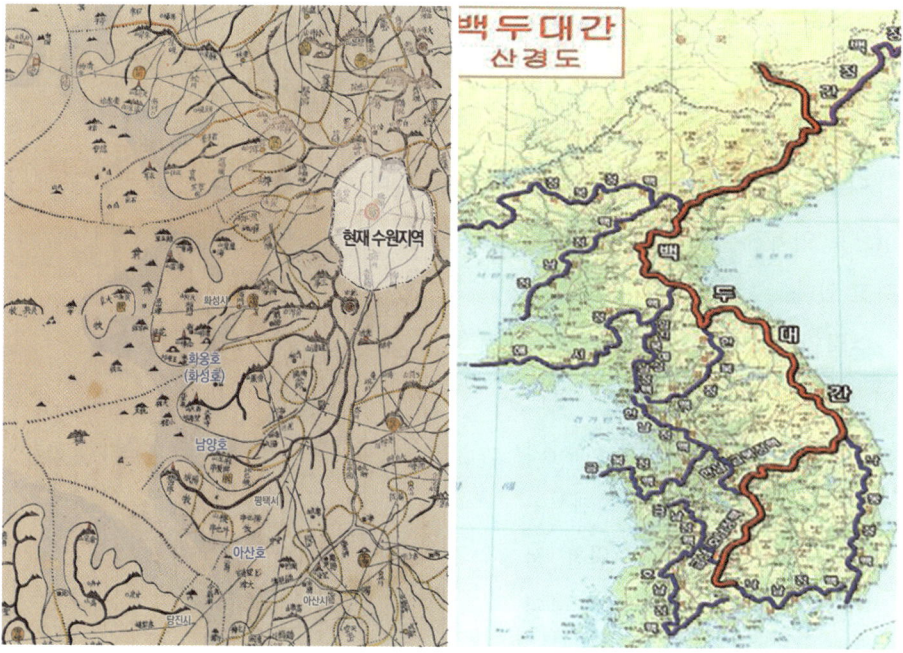

(왼쪽) 1861년에 제작된 『대동여지도』(자료 국립중앙도서관 소장).

「백두대간 산경도」(자료 국토연구원).

때 장마가 지면 물이 빠지지 않아 물 벌이 되는 모습을 일컬은 것이라고 한다.

지리적으로 옛 수원은 북쪽의 광교산을 기점으로 서남쪽 서해안까지 길게 형성되어 있다. 1914년 이전의 수원은 서남쪽의 안중반도 지역과 우정, 장안면이 있는 삼괴반도(三槐半島) 지역 그리고 광교산 아래의 오늘날 수원 지역으로 형성되었다. 1914년 일제는 안중반도 지역의 5개 면을 평택에 편입시키고 대신 수원에는 당시 서북쪽에 위치한 남양군을 편입시켰다. 반도 하나를 주고 반도 하나를 편입시켜 형태 면에서 크게 바뀌지는 않았다.

수원 지방의 지형을 살펴보면 북쪽으로 한남정맥이 지나고 있다. 한남정맥은 백두산에서 시작해서 지리산까지 이어지는 백두대간의 중간 지점인 속리산 천왕봉에서 분기한 한남금북정맥이 안성 칠장산에 와서 다시 서남쪽으로 금북정맥이 분기되고 북서쪽으로 한남정맥이 분기해서 용인 석성산, 광교산 수리산을 거쳐 김포 문수산까지 연결되는 산맥이다.

수원은 한남정맥의 상징적 주봉인 광교산을 주산으로 하고 있는 고을이다. 수원의 산세는 광교산 시루봉을 주봉으로 서쪽으로는 수리산 하단부를 거쳐 칠보산을 경유하여 고금산을 지나 정남면의 남산으로 이어진다. 동쪽으로는 광교산 형제봉을 거쳐 소실봉~청명산~매미산~반석산~반월봉~독산성으로 이어져 거대한 분지를 형성하고 있다.

수원의 내부구조는 광교산에서 연결된 작은 산줄기가 손의 형태로 형성된 지형이다. 산과 산 사이로 하천이 형성되었다. 동쪽에서부터 원천리천, 장다리천, 수원천, 서호천, 황구지천이 광교산에서 발원하여 수원의 하류부인 황구지천에 합류하여 다시 오산천과 합류하고 이어 진위천과 합류한다. 하류에 내려와서는 안성천과 합류하여 아산호를 거쳐 서해로 흘러간다.

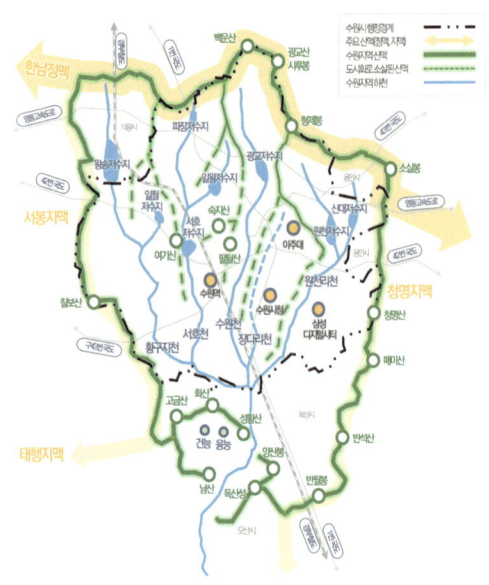

수원의 산맥과 하천 약도(그래픽 김고은).

수원의 이러한 지형은 전국 어느 도시에서도 찾아볼 수 없는 특이한 형태이다. 수원의 지형을 한마디로 표현한다면 산맥과 물길이 손깍지를 끼고 있는 형상이다. 이러한 지형 특성으로 인해 상류 지역인 오늘날의 수원은 물이 귀해서 저수지를 많이 만들어 물 부족 현상을 해결했다.

복개된 수원천(사진 이용창).

복원된 수원천(사진 김충영).

동쪽의 원천리천에는 신대저수지와 원천저수지가 만들어졌고, 수원천에는 광교저수지, 서호천에는 일왕저수지(만석거)와 서호(축만제)가 있으며, 황구지천에는 왕송저수지와 일월저수지가 만들어져 물의 도시가 되었다.

반대로 하류부 화성지역은 하천이 바다와 만나는 지점에 대형 방조제를 축조해서 물 문제를 해결했다. 동쪽 하천인 안성천 하류에는 아산호(평택호)를 축조하고, 발안천 하류에는 남양호를 축조했다.

수원은 이같이 삼태기 같은 지형적 특성으로 내 땅에 떨어진 빗물만 받게 된다. 수원(水原)이라는 이름의 도시 특성이 잘 나타나고 있음을 알 수 있다. 2020년의 긴 장마와 폭우 속에서도 큰 물난리를 면할 수 있었던 것은 신이 준 자연의 혜택이라 할 것이다.

아쉬운 것은 수원지방의 우수한 지리적 특성을 잘 살리지 못했다는 점이다. 산맥이 잘리고 끊기며 연결이 되지 않아 오갈 수 없는 곳이 수없이 많이 발생했다. 물길 또한 잘리고 복개하고 가로막아 많은 부분이 훼손됐다.

장다리천은 봉녕사에서 시작되어 동수원사거리를 거쳐 인계동과 권선동을 통과하고 버스터미널을 지나 아이파크시티 7단지를 경유해서 수원천에 합류한다.

그런데 1980년대초 지만인계토지구획정리사업과 권선토지구획정리사업을 하면서 장다리천을 직선으로 바꾸고 상류부터 현재 버스터미널까지 복개를 1987년에 완료했다.

나는 1983~1985년까지 건설과에서 근무하고 다시 도시과로 복귀했다. 장다리천 복개 업무가 도시계획계 업무여서 장다리천 복개 업무를 담당했다. 당시는 하천 복개의 심각성이 대두되지 않은 시절이라서 복개의 문제점을 미리 깨닫지 못한 것은 아쉬운 점이다.

그나마 다행인 것은 복개됐던 수원천이 자연하천으로 복원된 것이다. 수원천의 복원은 화성의 복원이라는 의미도 있다. 남수문의 복원은 수원천의 복원이 있었기 때문에 가능했던 일이다. 수원천의 복원은 생태계의 복원은 물론이고 수원 시민들에게 여가와 휴식 공간을 제공했다는 점에서 큰 성과를 이뤘다고 할 것이다.

물의 도시 수원의 아쉬운 점이라면 수원천과 황구지천의 하류부가 수원비행장을

비행장을 통과하는 수원천 모습(사진 김충영).　　　　　비행장을 통과하는 황구지천 모습(사진 김충영).

통과한다는 것이다. 이는 물길 관리는 물론 산책로의 단절로 전국을 잇는 하천 네트워크에서 배제되어 수원은 내륙 속의 섬이 되었다.

한 가지 다행인 것은 원천리천이 비행장 옆으로 흐르고 있어 군과 협의하여 개선할 여지가 있다는 점이다.

요즈음은 걷기가 건강과 레저 활동을 하는 데 필수 운동이 됐다. 나도 하루 평균 1만 보 이상은 반드시 걷는다. 산맥과 물길이 연결된 걷기 좋고 아름다운 길이 더 많아졌으면 좋겠다.

7. 「화성기적비문」은 수원화성의 핵심 필독서

방화수류정과 화홍문, 징검다리. 방화수류정과 화홍문이 바라보이는 곳에 징검다리를 놓아 운치를 더하고 있다. 여행객들이 용연을 가기 위해 징검다리를 건너고 있다(사진 김충영).

화홍문에서 장안문 밖 영화동 공원 구간(사진 김충영).

「화성기적비문」은 화성의 축성 연유를 기록한 비문이다. 『화성성역의궤』 권1 연설(筵說, 임금과 신하가 모여 자문하고 답하는 자리에서 임금의 물음에 대답한다는 뜻)을 보자.

1796년 9월 10일 '영춘헌'에서 화성부유수 조심태가 정조에게 화성 축성의 완공을 보고하자, 정조가 조심태에게 하교하기를, "옛날 사람들은 하나의 작은 다리를 건립하였어도 오히려 돌에 새겨서 그 일을 기록하였다. 하물며 이번 성역은 일이 크고 공역이 엄청날 뿐만 아니라 소중함이 자별하니 공적을 기록하는 처사가 있어야 하겠다." 조심태가 아뢰기를, "이 일은 이미 돌을 다듬어 놓고 기다리고 있습니다." 하였다. 정조대왕은 "그러면 속히 도모하는 것이 좋겠다." 하고 봉조하 김종수에게 명해 글을 지어 올리게 했다. 김종수는 1797년 1월 「화성기적비문」을 지어 올렸다. 이후 '화성기적비'의 제작 유무에 대하여는 기록된 바 없다. 실물 또한 전해지지 않고 있다.

수원시는 1991년 11월 '화성기적비'를 제작하여 장안공원에 세웠다. 비문은 정조 당시 제작된 '정리자'로 인쇄된 『화성성역의궤』의 비문을 집자하여 새겼다. 비석 상단의 '화성기적비명' 제호는 소형 양근웅 선생이 글을 썼다.

정조대왕 덕에 조선시대 의궤의 꽃인 『화성성역의궤』, 『원행을묘정리의궤』가 남았으며, 『정조실록』, 『일성록』, 『수원부하지초록』, 『승정원일기』, 『홍재전서』, 『장용영고사』, 『반계수록』, 『여유당전서』 등 수많은 기록이 있다. 화성 관련 기록을 모두 읽기는 어려운 일이다. 혹여 읽었다 하더라도 모두 이해하기도 어렵다.

수원화성을 이해하기 어렵다는 독자들에게 압축적으로 수원화성을 공부하는 방법으로 「화성기적비문」 읽기를 권하고 싶다. 「화성기적비문」은 화성의 유래를 시작부터 완공까지 3천여 자로 요약된 명문이다. 「화성기적비문」을 읽은 사람에게는 분명히 화성이 새롭게 다가올 것임을 확신한다.

화성기적비문(전문)

정조 13년(1789)에 우리 현륭원을 수원부의 화산으로 옮기고 그 읍치를 유천으로 옮겼다. 그다음 해 1790년에 원자(순조)가 태어나니 온 나라 사람들이 함께 기뻐하였다.

그로부터 5년이 지난 1793년에 임금께서 수원에 거둥하시어 수원부를 유수부로 승격시킬 것을 명령하여 체모(體貌)를 높였고 행궁을 두어 우러러 의지할 뜻을 나타내었다.

또 수원부에 성을 쌓을 것을 의논하였으니, 원침(園寢)은 한강 남쪽에 있고 영부(營府)는 원(園)의 북쪽에 있어서 원침을 막아 지키는 방법으로 이 사업이 없을 수 없기 때문이었다. 이에 규모와 제작은 모두 임금의 뜻에서 나왔고 계획과 기율도 모두 임금의 결단을 따랐으니 유사(有司)는 명령을 받들어 가르침을 따른 데 불과할 뿐이었다.

임금께서 교서(敎書)에 다음과 같이 말씀하셨다. 이 사업은 경기도와 호서의 요충지라고만 해서 하는 것이 아니며 5천 병마의 무리가 있다고 해서 하는 것만도 아니다. 한편으로는 선침(仙寢)을 위한 것이며 또 한편으로는 행궁을 위한 것이다.

마땅히 민심을 즐겁게 하고 민력을 덜게 해주는 것으로 힘써야 할 것이요, 조금이라도 백성들을 괴롭히는데 가까운 일이 있다면 비록 공사가 하루를 못 가서 이루어진다 할지라도 나의 본의는 아니다. 또 말씀하시기를 모든 일은 먼저 그 대체를 세워야 하는 것이다.

성을 쌓는 데 중요한 것은 형편에 따라서 기초를 정하되 둥글거나 모나게 하지 말며 보기에 아름답게 꾸미지도 말고 이로움과 형세에 따라서 하라. 공사를 감독하는 데 중요한 것은 운반을 편리하게 해주는 것보다 중요한 것이 없으니 옛 사람의 인중기와 기중기를 사용한 법을 강구해서 거행하도록 하라.

재물을 모으는 방법은 그 조처하고 계획한 것이 있으니 스스로 지탱할 수 있을 것이다. 경비를 걱정하지 말고 다른 기부금도 받지 말도록 하라. 모양을 꾸미는 방법으로는 위는 처마처럼 하고 아래는 돌층계처럼 하여 지역에 따라서 쌓되 멀리는 중국의 법을 모방하고 가까이는 고상(김종서)이 논한 것을 취하라 하였다.

위대하도다, 왕의 말씀이여! 한결같도다, 왕의 마음이여! 여기에서 가히 모든 왕 중에 으뜸가는 효도와 백성들을 자식같이 여기는 인자함과 만물에 두루 베푸는 지혜를 볼 수 있다.

1794년 봄부터 공사를 시작하여 1796년 가을에 이르러서 공사를 끝마쳤으니 그 기간이 모두 34개월이었지만 중간에 6개월을 쉬었으므로 실제 공사에 소요된 기간은 겨우 28개월밖에 안 되었다.

아아! 3년 동안 공사하는 사이에 두루 수많은 화살을 막아낼 성곽을 쌓는데 성공하였으니 신의 도우심이 있었던 것 같으며 이에 우리 성상의 신묘한 계획과 묘한 운영 방법이 보통의 갑절이나 뛰어났음을 우러러볼 수 있겠다.

성의 둘레는 무릇 4천6백 보이니 도합 12리요, 성의 모양은 가로로 길게 비스듬하여 무르녹은 봄의 버들잎 형상 같으니 그것은 유천이란 지명에서 취한 것이다.

성의 이름을 화성이라 한 것은 원묘가 화산에 있으므로 화(花) 자와 화(華) 자가 서로 통하는 데서 취한 것이며 또 한편으로는 화(華) 땅 사람이 성인에게 축원한 뜻도 포함한 것이니 모두 성교(聖教)를 받들어 시행한 것이다.

성의 문은 4개가 있으니 북쪽은 장안문이요 남쪽은 팔달문이며 동쪽은 창룡문이요 서쪽은 화서문인데 장안문과 팔달문은 바로 우리 성상이 해마다 선침에 배알(拜謁)하는 연로(輦路)로 한양성과의 거리가 70리이다.

산이 둥그스름하게 솟아서 성의 진산(鎭山)이 된 것은 팔달산이다. 팔달산 정상에 장대가 있는데 그 위에 올라 보면 멀고 가까이에 산봉우리들이 둘러있는 것이 마치 뭇별들이 북극성을 옹호하고 있는 것과 같다.

화성기적비. 수원시가 1991년 11월 장안공원에 세웠다. 비문은 『화성성역의궤』의 글자(정리자)를 집자했다. 화성기적비명 제호는 소형 양근웅 선생이 전서체로 썼다 (사진 김충영).

산으로부터 내려와 창룡문을 지나서 다시 산에 올라 서쪽으로 가면 또 장대가 있고 그 나머지로는 공심돈, 각건대, 화양루, 포루, 각루, 암문, 용도, 옹성, 벽성, 노대 등이 있는데 모두 그 지세를 따라 쌓은 것이다.

방화수류정은 옛말에 이른바 용두의 위에 있는데 용연이 그 북쪽에 있다. 이것이 성부(城府)의 대략이다. 재물이 80여만 금이나 들었고 인부가 70여만 명이나 들었는데 이것은 모두 왕실의 사재에서 나온 것이니 특별히 계획한 것이다.

돈으로 군정(軍丁)을 사서 성역에 나가게 하여 번거롭게 징발하지 않았다. 또 거중기와 유형거를 사용한 것은 운반하기에 편리한 제도였기 때문이며 둔전을 설치하여 농사짓고 호(壕)를 파서 지키게 한 것은 먼 날을 염려한 꾀였다.

겨울에는 옷을 주고 여름에는 약을 나누어 준 것은 사람을 사랑하는 지극함이요, 혹시 흉년을 만나면 부역을 정지하도록 특별히 명령한 것은 깊이 백성을 걱정하신 것이다. 아아! 성왕의 정치는 쓰기를 절약하고 사람을 사랑하는 것보다 먼저 해야 할 일이 없다.

그러나 무릇 시행할 일이 있게 되면 반드시 국고를 바탕으로 하고 백성들이 수고로운 부역에 임하나니 국비로 경영하는 것은 바로 나라와 백성이 있어온 이래로 밝고 의로운 성상들이 이미 행하여 왔던 것으로 바꿀 수 없는 떳떳한 법이다.

오직 우리 전하는 지혜가 하늘과 같아서 비용은 쌓아두었던 재물로 경영하였고 인부는 모두 품삯을 주고서 부려 국용(國用)은 털끝만큼도 허비됨이 없었으며 백성들은 3일의 부역도 면하였다.

때에 알맞게 절제하였고 멀리서 가져오고 가까이에서 이용하여 열리지 않은 지리를 일으켰으며 함락되지 않을 금성탕지(金城湯池)를 만들어 놓았으니, 이는 진실로 삼대의 융성할 적에도 없었던 일이요 오늘날 처음으로 보는 것이다.

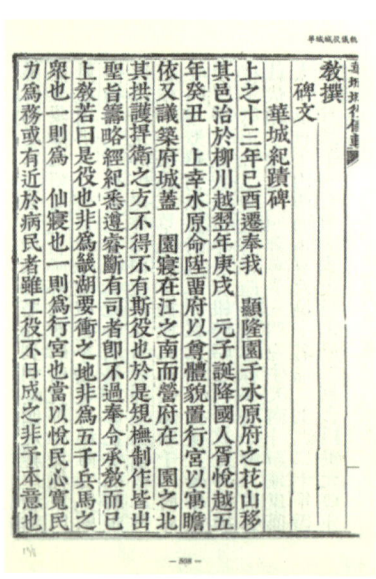

「화성기적비문」. 『화성성역의궤』 권2 비문에 1,106자가 실려 있다(자료 수원시).

하물며 이 사업에 있어서 한 명령이라도 혹시 백성들의 뜻에 거스름이 있을까 염려하고 한 일이라도 혹시 백성들의 힘을 해침이 있을까 두려워한 것은 진실로 과거에 우리 성상이 백성을 불쌍히 여기고 사랑하여 연로의 곡식 싹도 밟지 않으신 것을 본받은 것이니 비록 어리석고 어리석어서 미련하기가 마치 벌레와 같은 저 백성들이라 할지라도 어찌 그 무궁하신 마음에 감동하여 눈물 흘리지 않겠는가.

뭇 장정들이 힘을 합하고 여러 공장(工匠)들이 앞서서 일하여 이 길고 넓은 우뚝한 성을 쌓아 길이 억만년에 천지가 다하도록 선침을 호위하고 행궁을 보호하며 서울의 날개가 되어 엄연히 경기 주변의 큰 진(鎭)이 되게 하였으니 이것은 한꺼번에 네 가지 아름다움이 갖추어진 것이다.

어찌 위대하지 아니하며 어찌 아름답지 아니한가. 아아! 엄숙한 행궁에 현륭원이 매우 가까이 있어 어진을 받들어 사모함을 나타내었으니 이는 진실로 큰 성인의 무궁한 효가 실로 국물만 보아도 모습이 보일 듯한 데서 나온 것이다. 상상컨대 백 세의 뒤에도 전하의 효도에 감동하여 전하의 마음을 슬퍼하는 자가 있을 것이다.

하물며 늙고 천한 신이 하늘보다 끝이 없는 지우(知遇)를 받았음에 있어서랴!

정조 21년 1797년 정월 일에 대광보국숭록대부 행판중추부사 원임 규장각제학 치사 봉조하 김종수는 교서를 받들어 짓다.

(본 「화성기적비문」은 수원화성박물관 『역사자료총서』 3, 수원화성 완공 220주년 기념출판 『화성성역의궤』 역주의 글임을 밝힌다.)

8. '화성 주변 재개발사업' 무산

화성 사업의 본격적인 추진은 1999년 8월 화성 주변 정비계획을 수립하면서부터라 할 수 있다. 이후 2002년 12월에는 미흡한 사항을 보완해서 2차 계획을 마무리했다. 화성 주변 정비계획은 법적인 계획이 아니라 기본구상이라고 해야 올바른 표현일 것이다.

사업을 진행하기 위해 법적 계획인 수원화성 지구단위계획을 수립해야 했다.

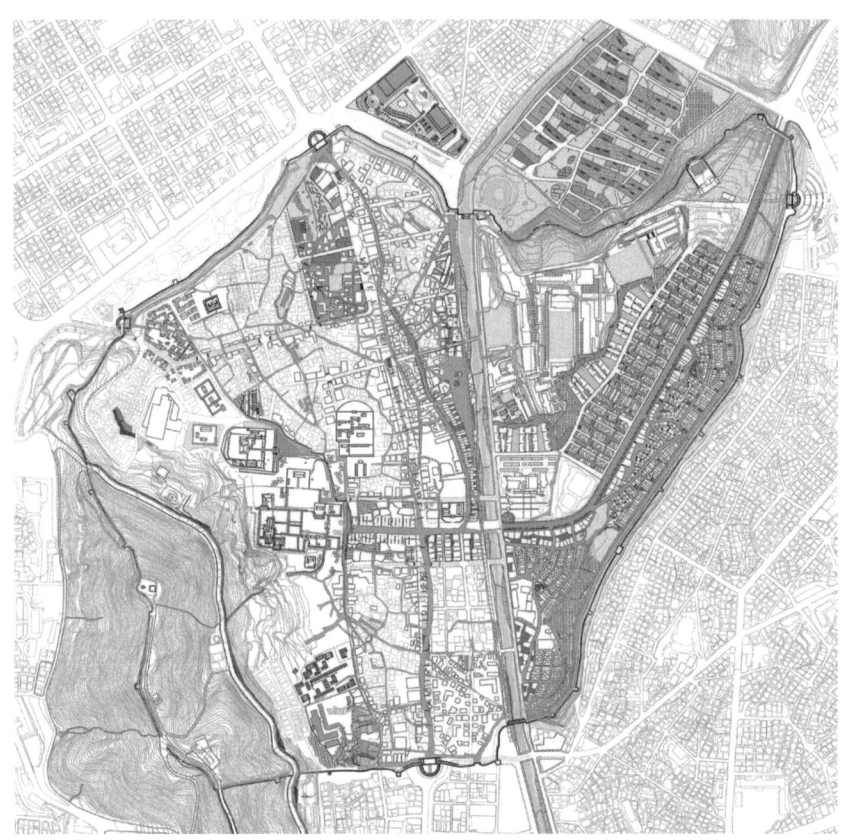

수원화성 역사문화지구 개발구상도(자료 화성사업소).

2003년 6월 지구단위계획 구역이 결정됐다. 이어 난개발을 방지하기 위하여 2003년 12월부터 행위제한(건축 중지)을 고시했다. 이어 2006년 5월 수원화성 1종 지구단위계획이 수립되어 결정고시됐다. 이로써 화성 주변은 지구단위계획이 수립되어 건축 지침이 마련됐다.

특히 지구단위계획은 재개발이 필요한 낙후지역 5개소를 특별계획 구역으로 지정했다. 이는 개발계획을 수립하여 개발해야 한다는 조건이었다. 화성사업소가 설립되어 활동이 한창이던 2004년의 일이다.

하루는 대한주택공사 직원들이 나를 찾아왔다. 도시계획을 담당하던 시절 대한주택공사와 한국토지개발공사는 수원의 여러 지역 개발에 참여했다. 나는 업무 관계로 그들을 자주 만나 대화를 하곤 했다. 그러나 2003년 화성사업소를 설립하여 외청에 나가 있게 됨에 따라 이들과의 만남이 뜸해졌다.

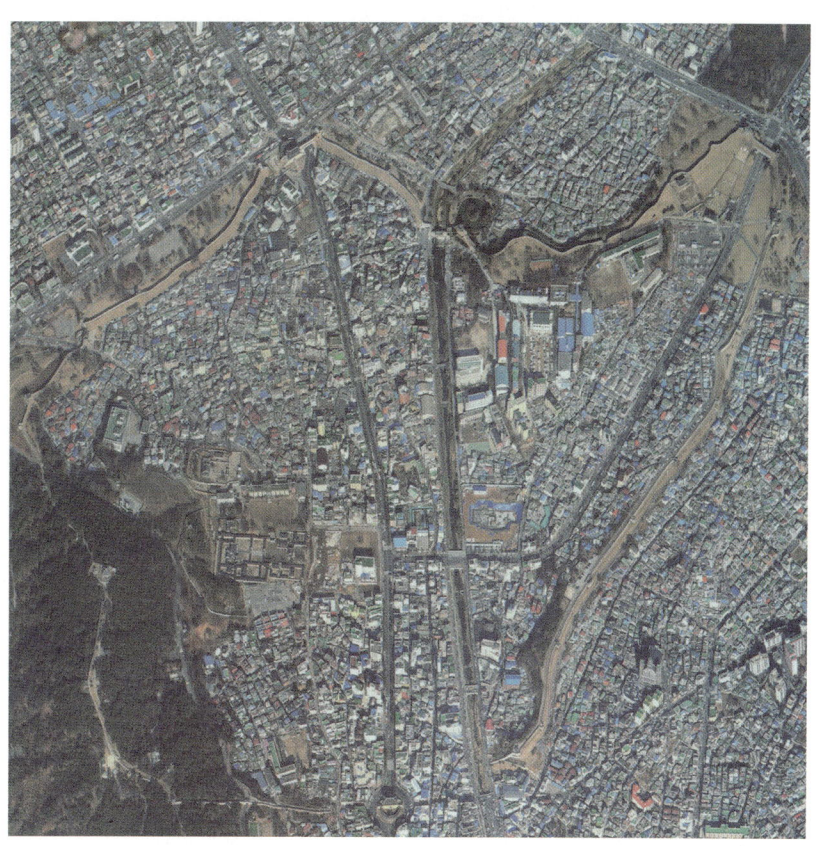

화성 주변 항공사진(사진 화성사업소).

나를 찾아온 대한주택공사 직원들에게 "대한주택공사는 미개발지에 아파트를 지어 돈만 버는 장사꾼이냐"며 아픈 곳을 찔렀다. 나의 숨은 의도는 '21세기 신도시만 만들 것이 아니라 18세기 신도시 화성을 다듬는 일을 해서 국민들에게 이미지 개선 좀 하라'는 것이었다.

대한주택공사는 수원에 많은 아파트 단지를 조성했다. 열거해보면 최초로 개발한 사업은 화서1, 2차 아파트 조성, 이어 구매탄아파트, 신매탄아파트 조성, 권선, 천천, 매탄 4~5단지, 원천, 조원, 화서역 앞, 매탄3지구, 영통지구 등 수많은 아파트 단지 사업을 시행했다.

대한주택공사에 화성 정비를 요청하는 것은 다소 어려운 주문이지만 화성의 재건을 담당한 사람으로서 지푸라기라도 잡아야 하는 심정이었다. 그들은 별 반응 없이 돌아갔다.

얼마 지나지 않아 그들은 간부들과 함께 찾아왔다. 명분을 주면 화성 내의 불량한 곳을 정비해 보겠다고 했다. 대신 적자를 보전하기 위해 미개발지 개발권을 달라는 것이었다. 일이 속전속결로 진행됐다. 제일 먼저 대한주택공사와 수원시가 공동으로 수원화성 역사문화도시 기본계획을 세우기로 의견을 모았다.

경비를 50%씩 부담하여 사업계획을 수립한다는 양해각서가 체결됐다. 용역주관은 대한주택공사가 맡았다. 연구총괄은 한국문화정책연구원 김성진 박사, 이로재 건축 승효상 대표, 한국예술종합학교 민현식 교수, 대원엔지니어링 이병진 이사가 맡았다. 연구진은 4개 기관에서 23명의 실무진이 참여했다.

2005년 3월 수원 역사문화도시 기본계획 수립 연구용역이 시작됐다. 이어 2005년 5월 착수 보고회를 시작으로 7차에 걸친 워크숍을 통해 심층 토론을 했다. 관계 전문가 세미나 1회, 경기도 문화재위원 자문위원회 1회, 수원시 보고회 4회 등을 개최했다.

2007년 4월에는 화성 내에 위치한 학교 활용방안을 추가 과업에 포함하여 연구를 진행했다. 화성 역사문화도시 기본계획 수립 용역은 2년 반에 걸쳐 진행되어 수원화성의 전반에 대한 정비방안이 제시됐다.

화성 사업은 제1섹터(공공) 사업, 제2섹터(민간) 사업, 제3섹터(민간+공공) 사업으로 추진하는 방안이 단계별로 제시되었다. 특별히 제시된 분야는 정비사업이 필요한 특별계획 구역의 개발방안이었다.

정조로 정비계획 조감도(자료 화성사업소).

수원천 정비계획 조감도(자료 화성사업소).

정비 대상은 남향지구(남수동과 매향동), 연무지구, 장안지구, 북수지구, 신풍지구였다. 5개 지구 총면적은 38만㎡(11만5,000평)였다. 5개 지구를 개발하는데 총 6,034억 원이 투자될 계획이었다. 사업이 완료된 후 4,043억 원이 회수되어 2,159억 원의 손실이 발생했다. 손실액이 많은 것은 토지 보상과 건물 보상, 영업 보상, 이사비 등이 지급되어 보상비가 높게 산정됐기 때문이다. 또한 화성 내·외에 위치하여 건물을 2~3층밖에 지을 수 없어서 손실액이 천문학적으로 발생한 것이다. 대한주택공사는 사업비 조달을 위해 수원시 외곽의 망포동 미개발지 40~50만 평의 개발권을 수원시에 요청했다.

수원시는 아직 개발 시기가 도래하지 않았다는 명분으로 택지개발 사업지를 주지 않았다. 이 무렵 정부에서는 공기업 선진화 계획이 한창 전개되는 시기였다. 대한주택공사와 한국토지개발공사의 통합 발표로 결국 새로운 사업의 추진이 어렵게 됐다.

이런 사유로 2년 반 동안 수립한 계획은 화성 주변 주민들의 마음만 설레게 하고 결국 무산됐다. 화성 주변 개발사업이 무산됐다는 발표는 주민들을 흥분시켰다. 개발을 기대하고 토지와 집을 산 사람들이 많았다. 이들은 담당 부서인 화성사업소장이 나와서 해명하라고 난리를 쳤다. 나는 주민 집회장소에 여러 차례 불려나가 봉변을 당해야 했다.

이들은 수원시의회에도 찾아가 민원을 제기하였다. 해당 지역 시의원은 시정 질의를 통해 화성 내 재개발사업 무산을 집행부, 특히 화성사업소장의 책임이라고 했다. 사업 결렬 책임을 지고 화성사업소장은 사퇴하라고 압박했다. 이 일로 나는 화성사업을 그만하기로 마음먹었다.

수원시는 대한주택공사의 사업 포기 대안으로 화성 주변 지구단위계획을 수립하여 도시기반시설 확충과 불량지구를 연차적으로 매입하는 계획을 발표하기에 이른다. 남수동과 지동 성곽 인근에 분포된 불량지구를 문화재보호구역으로 지정하여 연차적으로 매입하기로 했다. 남수동과 매향동에 거주자를 위한 주차장을 조성하는 계획과 남수동 성곽공원을 경계로 도시계획도로를 개설하는 계획을 수립해 시행하기로 했다.

당시 주민과 약속한 사업은 당장 시행된 것도 있었으나 남수동 성곽 주변 불량지구 정비 사업은 2020년에 마무리되어 화성의 옛 모습을 되찾는 계기가 되기도 했다.

역사는 가정이 없다고 하지만 대한주택공사가 11만 평의 불량지구를 재개발했을 경우를 생각해본다. 과연 화성 주변의 모습은 어떠했을까? 재개발지구는 아무리 저층이라고는 하나 화성 내 곳곳이 생뚱맞은 신도시 모습을 띠었을 것이다. 이 또한 화성의 또 다른 왜곡이 아니었을까 생각한다. 아무튼 수원 화성은 정조대왕의 작품이다. 성곽 주변 개발은 정조대왕의 정신이 빛나는 사업이 되어야 한다.

남수동 성곽 주변 정비 모습(사진 김충영).

9. 서장대는 수원의 등대

행궁 광장 조성공사가 한창이던 2008년 봄이었다. 김용서 시장이 공사 현장을 방문했다. 이때 광장 맞은편에서는 종각 중건공사가 진행 중이었다. 팔달산에 있는 서장대는 취객의 방화 이후 2007년 4월에 해체 복원 공사가 준공된 상태였다.

행궁 광장에서 팔달산을 바라보니 서장대가 2층 누각과 지붕만 보였다. 나는 평상시 생각하고 있던 서장대 주변 소나무 이야기를 꺼냈다. "서장대가 복원되었는데 산 밑에서 안 보이고 서장대에서도 시내가 안 보이니 이를 어떻게 하지요?"라고 물었다.

시장은 "좋은 방법이 있냐?"고 물었고 나는 "심재덕 시장이 취임하고 얼마 안 돼서 키가 큰 소나무를 반으로 전지한 것인데 10여 년이 지나자 다시 자라 저렇게 무성해졌습니다."라고 대답했다. 나는 이참에 서장대 주변 소나무를 정리하자는 의견을 내놓았다. 그러자 김 시장은 "말이 많을 텐데…"라고 우려했다. 심재덕 시장도

화성박물관에서 바라본 서장대와 팔달산(사진 김충영).

그 점을 염려하여 소나무 중간을 전지하는 방법을 택했던 것이었다.

이렇게 해서 서장대 소나무 정리 사업은 '일을 만들어서' 진행하게 되었다. 먼저 소나무 정리 작업의 기준을 세웠다. 첫째 소나무는 가급적 베지 않고 옮기는 조건, 둘째 불가피한 경우에만 정리하는 조건이었다. 불가피한 경우는 돌 틈에 있어서 분 뜨기가 어려운 경우와 수형이 안 좋은 잡목인 경우로 정하여 진행했다.

소나무 이식은 서장대가 있는 윗부분부터 차례로 해 나갔다. 분을 뜬 소나무는 팔달산과 성곽 주변에 이식했다. 나는 팔달산에 올라가 조망을 보면서 작업을 지시했다. 이렇게 150여 주를 2008년 화성문화제 이전에 정리했다.

그런데 회주 도로변과 북동쪽에 활엽수림이 있어 팔달산 아래서 서장대가 보이지 않았다. 그리고 정리한 경계 지점의 나무가 밀식된 상태에서 노출되자 아주 흉하게 보였다. '쇠뿔도 단김에 빼라'는 속담이 생각났다. 어떤 일이든 하려고 생각했으면 한창 열이 올랐을 때 망설이지 말고 행동으로 옮겨야 한다는 뜻이다. 그래서 2009년 3월 내친김에 조망에 장애가 되는 나무를 추가로 정리했다.

그러자 사람들로부터 민원이 빗발치기 시작했다. 나의 친구인 경기데일리 박익희 기자가 기사를 썼다. "팔달산을 망치는 것 아니냐, 장마가 오면 어떻게 감당할 것이냐, 전시행정 아니냐. 예산과 행정 낭비다." 등등… 많은 민원이 쇄도했다. 자청해

07. 수원화성의 숨은 이야기　333

소나무에 가려진 서장대 주변(사진 김충영). 소나무 이식 작업(사진 김충영).

서 한 일이 이렇게 힘들 줄은 미처 몰랐다.

'내가 너무 과했나'하고 후회도 했다. '비가 많이 와서 산사태가 나면 어떻게 하나' 하고 걱정도 했다. 서장대 주변 소나무 정리를 계기로 나는 의욕을 상실했다.

정조대왕은 아버지 사도세자 묘를 1789년 화산으로 이전했다. 동시에 읍치를 팔달산 아래로 옮기고 5년 뒤 1794년 성곽을 쌓기 시작, 2년 8개월 만인 1796년 9월 10일 성역을 마무리했다.

현륭원 일대 나무 심기를 마친 정조는 화성을 축성하며 대대적인 식목과 조경 정책을 시작했다. 우선 성내 매향동과 팔달산 등지에 소나무를 심었다. 일제가 태평양전쟁 물자로 쓰기 위해 소나무를 베어가기 전까지 팔달산은 송림으로 가득했다. 그리고 수원천 양쪽에 버드나무를 심어 제방을 튼튼하게 하고 경관을 아름답게 만들었다.

성 밖으로 나가 용연(龍淵)과 관길야(觀吉野)와 지금의 노송지대 등지에 많은 소나무를 심었다. 이 일은 매년 봄과 가을 정조가 돌아가시기 전까지 지속적으로 추진됐다. 자신이 내려오는 길에 소나무를 심어 나무의 중요성을 온 백성들에게 보여주는 동시에 수원의 발전을 염두에 두었던 것이다.

정조는 특히 뽕나무에 많은 관심을 가졌다. 화성부유수 조심태에게 신도시 화성에 뽕나무를 파종하게 했다. 파종한 뽕나무를 행궁 근처와 성 밖의 밭두둑에 심게 했다. 이 나무들은 한국전쟁 전까지 유지되었으나 전쟁으로 훼손되고 땔감으로 사라졌다.

소나무 정리 작업 전 팔달산과 서장대(사진 김충영).   소나무 이식 후 서장대(사진 김충영).

팔달산 소나무와 나의 인연은 50여 년 전 수원공고에 입학하면서 시작되었다. 팔달산에 강감찬 장군 동상이 건립되던 시기였다. 봄이 되면 팔달산 송충이 잡기 행사가 열렸다. 당시는 환경오염이 심각하지 않아 유난히 송충이가 극성을 떨었다. 팔달산의 소나무는 고등학생 키를 조금 넘는 높이였다.

왼손으로 소나무 중간을 잡고 당기면 휘어져 쉽게 송충이를 잡을 수 있었다. 한국전쟁 직후 팔달산과 광교산이 나오는 항공사진을 보면 나무 한 그루 없는 모습이다. 그러니까 팔달산의 소나무는 한국전쟁 이후에 사방사업의 일환으로 심어진 것이다. 그래서인지 조밀하게 식재되어 경제수림이라고는 할 수 없는 상태였다.

팔달산 소나무 정리작업은 올해로 13년이 됐다. 이제는 작은 나무들이 제법 서장대와 어우러져 멋진 풍광을 보여주고 있다. 서장대는 화성 축성 이래 모진 풍파를 겪었으나 면면히 수원의 등대 역할을 하고 있다.

10. 화성행궁 오래된 느티나무는 신목(神木)

일제의 강제 병합으로 화성행궁은 폐기됐다. 정당(正當)인 봉수당은 자혜의원이 됐다. 이후 우화관은 수원공립학교(신풍초등학교 전신)가 되었고, 북군영은 수원경찰서로, 남군영은 토목관구(후일 경기도여성회관)로 변했다. 낙남헌은 수원군청으로, 이후 신풍초등학교로 편입되었을 때에는 교무실로 쓰이기도 했다.

경기도립병원과 수원경찰서 앞을 지나갈 때면 경찰서 정문 앞에 오래된 느티나무가 큰 그늘을 만들어주는 것을 본다. 그때마다 나는 '참 좋은 나무가 경찰서를 지켜주고 있구나' 하고 생각했다. 그리고 그 옆 도립병원 정문 왼편에도 큰 느티나무 두 그루가 있어서 늘 눈여겨보곤 했다.

그 시절에는 이곳이 화성행궁 자리였다는 것을 알지 못했다. 내가 신풍초등학교를 다녔더라면 알 수 있었을까? 이곳에 있던 느티나무는 참으로 중요한 의미를 가지고 있다. 궁궐 앞에 괴목을 심은 기원은 중국 주나라 때부터라고 전한다. 어진 3정승(영의정, 좌의정, 우의정)이 나무 그늘 밑에서 어진 임금과 함께 선정을 베푼다는 의미로 심었다.

이후 한문 문화권(한국, 중국, 일본)에서는 궁궐 앞에 반드시 괴목(느티나무 또는 회화나무) 세 그루를 심었다. 이 세 그루 나무를 삼괴(三槐), 품자(品字)나무라고 한다. 조선시대 한양에 있던 5대 궁궐과 여러 곳의 행궁 앞에도 모두 3그루의 괴목을 심었다.

그러나 다른 궁궐의 삼괴목(三槐木)은 일제강점기와 한국전쟁을 거치면서 모두 사

(왼쪽) 도립병원 입구 왼편 경기도여성회관 옆 느티나무, 1977년 모습(사진 이용창).

수원경찰서 앞 느티나무, 1977년 모습(사진 이용창).

행궁 앞 품자형 3정승 느티나무 왼쪽은 1번 나무, 오른편은 2번 나무(사진 김충영).

라졌다. 대한민국에서 온전한 삼괴목(三槐木)은 화성행궁이 유일하다. 화성행궁은 철거되었어도 삼괴목이 화성행궁을 굳게 지켜주어서 화성행궁의 체모를 높여준 것에 대해서 감사하게 생각한다.

화성행궁에는 귀중한 나무가 한 그루 더 있다. 화성행궁이 복원되기 전 수원경찰서 안마당에 자리한 600여 년이 넘은 느티나무다. 이 나무는 정조대왕이 화성행궁을 건립하기 전부터 이곳에 자리를 잡고 있었다. 화성행궁을 지은 것이 1789년이었으므로 행궁을 짓기 전에 이미 400여 년이 된 괴목(槐木)이었다.

그런데 이 나무 옆에 수원경찰서가 자리를 잡았다. 수령이 600년이 넘다보니 나무는 무성했으나 나무 가운데가 비어 있었다. 또 가지가 무성해서 경찰서 건물을 가리고 낙엽이 떨어져 불편을 주었다. 그래서 수원경찰서는 고민 끝에 나무를 전지하기로 하고 나무 관련 일을 하는 사람을 수소문해서 가지를 정리해줄 것을 부탁했다. 이 나무는 지상에서 3~4미터 높이에서 5개의 가지로 자란 멋진 정자나무였다.

그런데 일을 맡은 사람이 건물 쪽으로 뻗어있던 제일 큰 가지 밑둥을 잘랐다. 그러니까 나뭇가지를 다듬는 차원이 아니라 나무의 수형을 망치는 강전지(强剪枝)를 해서 당시 수원경찰서에서는 난리가 났다. 이 소식을 전해 들은 기자들은 분개하여 기사를 쓰기도 했다.

　나무 업자는 이 일로 한동안 숨어 지냈다. 후일 나무 업자는 자른 가지를 목공예를 하는 모씨에게 사지 않겠냐고 했고 당시 목공예를 하던 사람은 이 나무의 중요성을 알고 구입했다. 그분은 나무를 잘 말려서 문갑을 2개 만들어 하나는 팔고 하나는 아직까지 사용하고 있다고 했다. 그리고 남은 일부는 곡반정동 개인주택 2층 계단을 만드는 데 사용했다.

　이후 세월이 한참 지나 화성행궁 복원사업이 본격적으로 진행되기 직전이었다. 수원경찰서의 본관 건물은 행궁 앞의 도로와 나란히 있었다. 그리고 별관 건물은 신풍초등학교 담장을 경계로 본관 건물 뒤편에 민원실 건물이 있고 가운데 마당을 두고 도립병원 쪽에 전투경찰대 막사 건물이 있었다. 그런데 이 느티나무는 본관 건물과 민원실이 접하는 모퉁이에 있었다. 당시 경찰서 쓰레기를 전경들이 처리했는데 쓰레기를 버릴 곳이 없자 가끔 느티나무가 갈라져 비어 있는 공간에 쓰레기를 넣고 소각을 했다고 한다. 한번은 쓰레기를 너무 많이 넣고 태우는 바람에 나무에 불이 붙어 고사하고 말았다.

　내가 화성사업소에서 근무할 때의 일이다. 나무가 너무 많이 상해서 방부처리가 필요했다. 방부처리 작업자들은 나무의 부패 정도를 확인하면서 가지치기 작업을 진행했다. 오후에 작업 현장에 나가보니 가지를 다듬어 놓은 것이 제법 많았다. 나는 그때까지 나무에 관심이 없어 그 중요성을 몰랐는데 전지해 놓은 가지를 보자 언

행궁 안 느티나무의 불이 난 곳에서 찍은 아들 김주송과 친구들(사진 김충영).　　방부처리가 끝난 행궁 안 느티나무(사진 김충영).

젠가는 요긴하게 쓰이겠다는 생각이 들어 창고에 가져다 놓게 했다.

나는 잔가지들을 살펴보다가 썩은 가지가 눈에 들어왔다. 뒤집어보니 가운데 심이 남아 있는데 꼭 지팡이 모양을 하고 있었다. 그래서 썩은 부분을 털어내고 사무실에 가져다 두었다. 시간이 지나 화성행궁 1단계 복원사업이 마무리되고 현판 복원작업이 시작됐다.

당시 현판 복원작업은 무형문화재 각자장(刻字匠) 철재 오옥진 선생의 수제자이면서 전수자로 지명된 고원 김각한(후일 각자장 106호) 선생이 맡았다. 하루는 내 사무실을 방문한 고원 선생에게 썩은 나뭇가지를 보여드렸다. 그러자 그것을 달라고 해서 주었는데 시간이 한참 지난 뒤 멋진 지팡이를 가지고 오셨다. 이렇게 화성행궁의 600년 된 느티나무는 지팡이와 문갑 유품 2개를 남겼다. 이후 방부 작업이 끝나자 나무 뒤쪽에 팔뚝 정도의 길이로 살아남은 줄기에서 싹이 나기 시작하더니 제법 건강한 모습으로 자라났다. 화성행궁 관람객 중 나무 앞에서 예를 갖추는 사람들도 나타나기 시작했다. 당시 화성사업소에 근무하던 김준혁 학예사가 나무의 유래를 팻말에 적어 세우자고 하여 팻말을 세우게 되었다. 이런 연유로 화성행궁의 괴목(槐木)은 소원을 비는 '신목(神木)'이 됐다.

끝으로 첨언하자면 신목의 유품을 가까운 행궁 전각에 전시하는 것은 어떨까 생각해본다. 내가 가지고 있는 지팡이는 당연히 기증할 용의가 있음을 밝힌다.

11. 화성행궁 후원은 사색하기 좋은 곳

화성행궁은 조선시대 행궁 중 가장 큰 규모로 건립됐다. 정조는 아들 순조가 15세가 되면 아들에게 임금 자리를 물려주고 수원에서 살겠다는 생각으로 화성행궁을 건립했다. 하지만 화성행궁 후원은 일제강점기에 화성행궁 철거와 함께 훼손됐다. 화성행궁 복원사업 이전의 사진을 살펴보면 후원 부분에 여러 동의 건물이 보인다. 여러 목적을 가진 건물이 생겨나 지형과 수목이 훼손된 것이다.

조선의 궁궐 건축양식은 후원을 조성하는 것이 기본이다. 조선 5대 궁궐에도 후

복원 전 화성행궁 후원 모습(사진 김충영).

원이 조성됐다. 대표적인 곳이 창덕궁 후원이다. 화성행궁 역시 『화성성역의궤』에 첨부된 「화성전도」와 「행궁도」에 후원이 조성된 것을 확인할 수 있다. 화성행궁 후원에는 내포사(內鋪舍)와 미로한정(未老閒亭)이 있었다.

내포사는 성곽에서 발생하는 상황을 임금에게 연락하는 초소이다. 그리고 미로한정은 정조가 장차 늙어서 한가롭게 쉴 정자라는 뜻이다. 조선시대 화성 관련 그림 중 현재까지 전해지는 그림으로 「한정품국도(閒亭品菊圖)」가 있는데 한가로이 국화를 감상하면서 쉬겠다는 그림이다. 이를 봐도 정조의 화성행궁에 대한 관심이 남달랐음을 알 수 있다.

화성행궁 복원사업이 추진되던 2000년 문화관광과 학예사로 근무하던 이달호 박사가 미로한정 터를 찾으러 가는데 같이 가겠냐고 연락이 왔다.

함께한 사람은 이달호 박사, 김우영 늘푸른수원 편집주간, 이용창 시청 사진담당, 강주수 화성연구회 이사 그리고 나였다. 훼손된 행궁 뒤 산속을 찾아 헤매는데 이달호 박사가 "여기 주초석이 있다"고 소리쳤다. 주초석은 흙에 묻히고 수풀에 가려져 있었다. 화성행궁 후원에 미로한정이 있었음이 증명되는 순간이었다.

화성행궁 복원과정에서 미로한정이 복원되었다. 이후 화성행궁 1단계 복원사업이 2002년에 마무리됐다. 준공행사는 2003년 화성사업소를 설립했던 그해 10월 9

일 화성문화제에 앞서서 열렸다. 후원 공사는 화성행궁 복원사업이 마무리된 후 진행되었다. 후원 터는 산비탈에 집을 짓느라 산을 깎고 옹벽을 설치했던 도로를 포장해서 지형이 완전히 훼손된 상태였다.

훼손된 지형을 복원하기 위해서는 인위적으로 만든 시설물의 철거가 우선이었다. 그리고 한 가지 고민거리가 남아 있었다. 후원 왼편에 영산약수터가 있었다. 화성행궁 후원 조성공사 때까지 약수터로 활용되던 곳이다. 따라서 민원이 많이 발생했다.

영산약수터는 이름대로 영험했는지 이곳에서 치성을 드리면 소원이 이루어진다는 소문이 전국에 알려졌다고 한다. 그래서 항상 치성을 드리는 물품과 흔적들이 널려있어 어수선한 환경이었다. 그리고 약수터 앞에 치성을 드릴 때 복채를 넣는 복전함이 놓여있는데 관리하는 사람이 일주일에 몇십만 원씩 수거해간다는 소문

「한정품국도」(그림 서울대박물관 소장).

이 돌기도 했다.

영산약수터를 폐쇄하기로 결정하고 정지작업을 했다. 대신에 그 위치에 새로이 약수터를 만드는 것으로 결정했다. 화성행궁 후원은 궁궐의 모습이 원형으로 남아 있는 창덕궁의 예를 따르기로 하고, 화성행궁 바로 뒷면에는 화계(花階)를 설치하기로 했다.

후원의 지형이 경사가 심하기 때문에 이를 완화하기 위해서는 계단을 설치해야 했다. 화계에는 정조대왕이 좋아했던 석류, 매화, 진달래, 감국, 자두를 심었다. 그리고 후원 경사면에는 소나무를 심기로 했다. 소나무는 수원에 있는 나무를 옮겨 심으면 제일 좋았으나 수원에서 많은 나무를 구할 수가 없어 전국에 수소문했다. 나도

직접 몇 군데 가보았는데 적합한 것이 없었다. 하루는 직원들이 강원도 양양에 좋은 나무가 있다고 해서 따라가 보았다. 우리가 필요로 하는 나무가 거기 있었다.

나무의 크기와 수형이 좋아서 가져오기로 했다. 이렇게 해서 행궁 후원에 강원도 양양의 소나무가 자리 잡았다. 그해 겨울 양양에 큰 산불이 나서 소나무가 모두 참화를 당했다는 소식을 듣게 되었다. 화성행궁에 옮겨온 소나무는 참으로 운이 좋은 나무였다.

후원 조성사업은 화성행궁 내 조경사업을 포함해서 발주했다. 그런데 화성행궁 안에 심을 나무를 찾지 못했다. 정확하게 표현하면 예산이 부족해서 알맞은 나무를 고르지 못한 것이다. 화성행궁 마당에 소나무 4그루를 심는 계획이었다. 이 소나무를 시장에서 사려면 한 그루에 수백만 원을 주어야 했다.

그때 영덕리에 있는 이영미술관 정원에서 좋은 나무를 본 기억이 났다. 그래서 김이환 관장에게 전화를 해서 화성행궁 마당에 좋은 소나무를 심어야 하는데 나무를 찾지 못했다고 말했다. 그랬더니 망설임 없이 나무를 주겠다고 와서 보고 골라가라고 했다. "내가 화성연구회 이사장인데 화성행궁에 심겠다는데 기꺼이 협조해야지" 하였다. 예산이 부족하다고 하니 예산만큼만 주면 된다고 해서 아주 헐값에 가져왔다. 이후 화성행궁 광장을 만들 때도 화성행궁 쪽 명당수 앞에 소나무 13주를 더 주

미로한정 주초석(사진 이용창).

었다.

나와 김이환 관장은 인연이 깊다. 1982년 도시계획계에 근무할 때이다. 김이환 관장은 용인군 영덕리 신갈골프장(현 태광골프장) 사장으로 부임하여 골프장을 건설하는 임무를 맡고 있었다. 그런데 신갈골프장의 절반이 수원 도시계획구역에 포함되어 수원시에서 인허가를 받아야 했다. 그때 업무를 담당했던 인연으로 후일 골프장이 완공되었을 때 내게 감사패를 주었다. 세월이 지나 화성이 세계문화유산으로 등록되자 김이환 관장도 화성에 관심을 갖고 찾아왔다. 이때 화성연구회 이사장으로 모시면서 현재까지 인연이 이어지고 있다.

또 다른 일화는 화성행궁 후원 공사가 완공된 다음 해인 2006년에 일어난 일이다. 그해 여름에는 유난히 장마가 길었다. 성토한 부분에 빗물이 많이 스며들어 경사면이 약해져서 후원의 흙더미가 화성행궁 건물 지붕 아래까지 덮친 사고가 발생했다. 이날은 화성연구회에서 일본에 답사를 가는 날이었는데 나는 답사를 취소하고 복구 작업을 했던 기억이 생생하다.

화성행궁은 후원을 포함해서 1단계 복원사업이 완료된 지 10여 년이 지났다. 이제는 후원의 나무가 무성하게 자라서 아주 쾌적한 풍광을 이뤘다. 특히 봄과 가을이 되면 미로한정 주변에 감국이 일품이다. 사색하기 좋은 후원이 됐다.

수원시는 1923년 일제가 의도적으로 철거하여 미복원된 우화관과 별주를 2024년 4월 24일 준공해 화성행궁이 119년 만에 온전한 모습을 갖추게 됐다. 화성행궁을 찾아 특별함을 되새기는 것도 의미 있는 일일 것이다.

08

수원의 시·구청사와 박물관·아트센터 이야기

1. 수원시청사

1949년 8월 14일까지 사용된 수원군청사. 8월 15일부터 화성군청사로 바뀌었다(사진 수원시 포토뱅크).

1949년 8월 13일 자로 공포된 대통령령 제161호에 의거하여 1949년 8월 14일 자로 '수원군 수원읍'이 '수원부'로 승격했다.

그리고 하루만인 1949년 8월 15일에 수원부(府)가 수원시(市)로 명칭이 바뀌었다. 이는 1949년 7월 4일 자로 공포된 법률 제32호에 근거한 것이다. 따라서 수원군의 나머지 지역은 '화성군'이 됐다. 당시 수원군청사는 북수동 311번지 중영 자리에 있었다. 수원군청사는 수원읍이 수원시가 됨에 따라 화성군청이 사용했다. 이후 화성군청이 오산으로 옮기는 1970년까지 청사로 사용되었다.

당시 수원읍사무소는 팔달문 옆 팔달로 2가 남신상회 일대에 있었다. 수원읍이 수원시로 승격되자 수원읍사무소를 시청사로 사용했다.

1954년 10월 시청사는 교동에 소재한 조선중앙무진회사 금융지주회사 건물, 현재 수원시가족여성회관(구 수원문화원) 자리로 옮기게 됐다. 이후 현재의 가족여성회관 건물을 새로 지어 수원시청사로 사용했다. 1970년대 말이 되자 수원시는 인구 30만 명에 육박하는 도시가 됐다.

그런데 수원시는 화성을 중심으로 한 구시가지에 형성되어 있어 도시환경이 열악

수원읍사무소(사진 수원시 포토뱅크).

조선무진회사 건물과 신청사 건물(사진 수원시 포토뱅크).

한 상태였다. 도심에 화성이 자리 잡고 있어 도시개발이 쉽지 않았다. 또한 1번 국도는 조선시대부터 형성된 삼남길이 팔달문~장안문을 통과하고 있었다. 그리고 경수산업도로는 서울에서 한일합섬 앞까지만 개설된 상태였다. 이즈음 백세현 시장이 1978년 8월 2일 제14대 수원시장으로 부임했다. 백 시장은 경상북도 구미시장을 하면서 구미공단과 신도시를 만들어 본 경험자였다.

이 무렵 우리나라는 인구의 수도권 집중이 가속화되자 개선책을 찾기 시작했다. 도시계획은 건설부의 업무였으나 지방도시를 관할하는 내무부가 지방도시에 대한 도시장기종합개발계획 수립을 주관하게 된다. 수원시는 1978년부터 시작하여 1980년까지 수원시 도시장기종합개발계획을 수립했다.

나는 군에서 제대 후 1979년 8월 9일 수원시 도시과 도시계획계에 발령받아 수원시 도시계획과 인연을 맺게 되면서 '수원시 도시장기종합개발계획'을 마무리하는데 참여했다. 수원시 도시장기종합개발계획은 법적인 계획은 아니었으나 20년을 내다보는 매우 의미 있는 계획이었다. 최초로 동수원 개발계획이 제시된 것이다.

백세현 시장은 이 계획에서 제시된 사항을 실행에 옮겼다. 부임하면서 구상한 동수원 개발사업을 추진하기 위한 첫걸음으로 동수원 지역 72만 평을 주거지역으로 용도변경을 추진했다. 그에 따라 동수원 지역 72만 평이 1979년 11월 18일 자로 자연녹지지역에서 주거지역으로 변경되기에 이르렀다.

권선지구는 인계동, 권선동, 세류동에 이르는 지역이다. 권선지구에 뉴타운을 건설하여 수원의 부족한 상업·업무 기능과 택지를 마련하는 계획이었다. 그러나 숨은 뜻은 경수산업도로를 한일합섬에서 수원비행장까지 연결하는 것이라고 볼 수 있다.

권선지구 토지구획정리사업은 1980년 5월 29일 구역이 결정되어 1981년 11월 17일 시행인가를 받았다. 권선지구 개발계획에 시청 용지와 양옆의 행정관청 부지가 계획에 반영됐다. 행정절차가 완료됨에 따라 공사를 시작할 수 있는 여건이 마련됐다. 그러나 당시는 10·26 사건으로 비롯된 신군부 사태, 5·18 광주민주화항쟁 등으로 혼란한 시기였다.

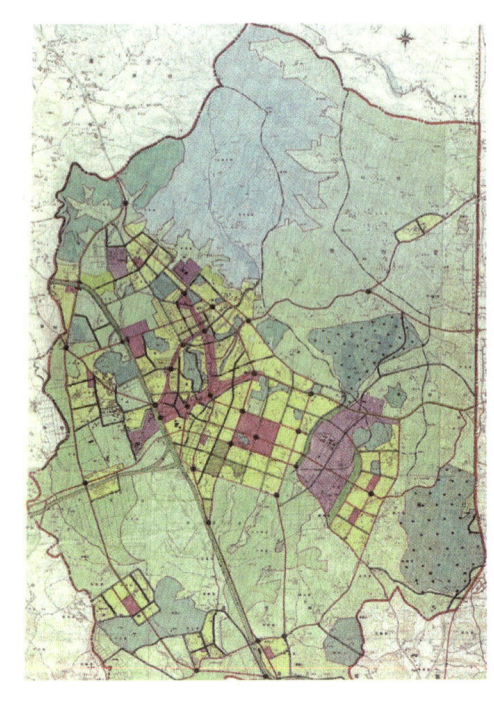

2001년 목표 수원 도시장기종합개발계획 도면(자료 수원시).

이런 여건으로 부동산 경기가 침체되자 체비지가 매각되지 않아 공사비 마련에 차질을 빚게 됐다. 당시 수원시는 사업비 마련을 위해 백방으로 노력해서 찾은 방안이 권선지구 토지구획정리사업을 한국토지개발공사에 위탁하는 것이었다.

한국토지개발공사가 수원시의 요구사항을 받아들였으나 조건이 있었다. 공사비 조달을 위해서 확보한 체비지(땅)를 모두 한국토지개발공사에 양도해야 하는 조건이었다. 이로 인해 후일 큰 문제가 발생하게 된다. 수원시청 이전계획이 수립되자 건축설계는 현상설계 당선작인 성림건축 임장렬의 작품이 선정됐다. 건축 규모는 연면적 12,791㎡(3,869평), 지하 1층, 지상 4층이었다.

그런데 문제가 발생한 것이다. 시청 용지 또한 체비

1981년 경수산업도로 3공구 기공식(사진 수원시).

지여서 한국토지개발공사로부터 토지를 매입해야 하는 실정이었다. 당시 체비지를 평당 13만 원으로 책정해서 한국토지개발공사에 양도했는데 수원시가 매입하려면 감정평가 금액으로 살 수밖에 없었다. 그러자 도시과는 한국토지개발공사를 설득해서 사용 동의를 받아 건축허가를 얻었다. 하지만 이는 미봉책이었다. 이 무렵 도시계획이 재정비됐다. 1996년 12월 3일 시청 부근 동수원 중심지가 주거지역에서 업무·상업지역으로 바뀐 것이다.

이렇게 되자 수원시는 고민에 빠졌다. 한국토지개발공사에 13만 원에 준 시청 용지를 상업지역 감정가격으로 매입해야 하는 실정이었다. 도시과는 고심 끝에 묘안을 생각해냈다. 당시 권선지구 단지조성공사 진척이 80% 정도 진행된 상태였다. 권선지구 사업을 현 상태에서 정산하는 방법을 생각해 낸 것이다. 각고의 노력으로 한국토지개발공사를 설득해서 정산을 하기로 합의가 됐다. 잔여 공사는 수원시가 하는 대신 잔여 공사비만큼 체비지를 평당 13만 원으로 가져오는 방법이었다. 20%의 잔여 공사비로 다행히 시청 용지와 양옆의 관청 부지 3필지를 수원시가 가져오게 됐다.

이제 남은 것은 잔여 공사를 마무리하는 일이었다. 그 무렵 공무원연금관리공단이 경기지사를 설립하는데 땅이 필요하다고 했다. 홈플러스가 위치한 땅의 매입을 희망했다. 그래서 약 4,000여 평의 토지를 평당 100만 원에 매각하여 잔여 공사비를 마련할 수 있었다.

이런 과정을 거쳐 수원시청 건축공사 기공식이 1995년 11월 15일 현 청사 부지에서 열렸다. 이때 남우철 도시과장이 수원시청사 건립 사업단장을 맡았다. 건축 분야는 회계과 최군식 청사 담당(전 상수도사업소장), 토목 감독은 김충영, 통신 분야 감독은 황계수 통신계장, 전기 분야 감독은 경기도 회계과 이문선 청사관리담당(전 경기도의회 수석전문위원)이 맡아 진행했다.

현 수원시청사 모습(사진 수원시 포토뱅크).

시청사는 1996년 말경 완공됐다. 사무실을 옮기는 작업은 연말부터 과별로 진행되어 새해 1월 1일 업무 준비가 완료됐다. 그리고 1997년 1월 2일부터 신청사에서 업무를 시작했다. 신청사 준공행사는 1997년 1월 22일에 열렸다.

당시 상급기관 감사가 2년 단위로 실시됐다. 거기서 토지구획정리사업 특별회계가 일반회계로부터 시청사 땅값을 받지 않았다고 지적을 받았다. 나는 해결 방법으로 시청사 용지 2만 1,677㎡(6,557평) 땅값을 평당 13만 원으로 하여 8억 5천만 원으로 책정했다. 대신 일반회계 자투리땅을 넘겨받아 감정가격으로 8억 5천만 원만큼 받는 방법으로 정산 처리하고 마무리 지었다.

수원시청사의 인계동 입주는 동수원 시대를 알리는 서막이었다. 현 수원시청사는 35년을 맞았다. 2022년에는 인구 130만 명의 수원특례시청사가 되었다. 향후 수원은 살기 좋은 도시발전의 산실이 될 것이라 기대한다.

2. 장안구청사

수원에서 구(區) 제도가 실시된 것은 1988년 7월 1일이다. '지방자치법 제3조 제3항 특별시 또는 광역시가 아닌 인구 50만 이상의 시에는 자치구가 아닌 구를 둘 수 있다'라는 규정에 따라 수원에 구 제도를 실시했다. 당시 수원의 인구는 54만 3,742명이었다.

법령에 따라 2개 구를 설치하게 됐다. 2개 구는 인구와 면적 등을 고려하여 북쪽에는 장안구, 남쪽은 권선구로 나누었다.

'장안'은 장안문에서 따온 것이다. 장안이라는 이름은 중국의 주나라 이래로 진·전한·수·당나라 등의 수도

장안구청사로 쓰이던 야구장(사진 수원시 포토뱅크).

이름으로 중국의 오랜 역사에서 국가의 안녕을 기원하는 상징으로 쓰여 왔다. 정조가 화성의 북쪽 문 이름을 장안문(長安門)이라 정한 것은 태평성대를 구가한 한·당의 서울이었던 장안의 영화를 화성에서 재현하려 한 의도였다고 볼 수 있다.

장안구는 화성 내에 있는 팔달동, 남향동, 신안동을 포함하여 북부지역 12개 동으로 구성됐다. 구청사는 종합운동장 내에 있는 야구장 라커룸을 개조해서 사용했는데 구정 수행은 물론 구민들의 이용에도 불편함이 많았다.

이러한 현상은 장안구의 위상은 물론 수원시의 이미지에도 부정적인 영향을 미쳤다. 그러나 당시 수원시의 예산 형편이 열악해 장안구청은 현 청사로 이전하기 전까지 17년 동안 야구장 라커룸(야구장 1층 부대사무실)을 청사로 사용했다.

현 청사는 한일합섬으로부터 1만 평을 기부채납 받아 건립했다. 1990년대 섬유산업이 사양길에 접어들자 한일합섬은 구조조정을 추진했다. 공장 기계를 중국에 매각하고 공장 부지에 아파트를 짓겠다는 계획을 가지고 찾아왔다. 당시 한일합섬 부지는 도시계획상 준공업지역이었다.

준공업지역에 아파트 건축은 가능했다. 그런데 수원은 준공업지역에 아파트를 짓게 해서는 안 되는 실정이었다. 1982년 12월 31일 자로 수도권정비계획법이 시행

1995년 한일합섬 공장(사진 수원시 항공사진 서비스).

2020년 한일타운과 장안구청(사진 수원시 항공사진 서비스).

됐기 때문이다. 당시 수도권(서울, 경기, 인천) 집중이 심해지자 수도권의 질서 있는 정비와 국토의 균형발전을 목적으로 수도권정비계획법이 제정된 것이다.

인구 집중 유발시설은 학교, 공장, 업무용 건축물 등이었다. 세부 사항은 대통령령으로 정하는 종류와 규모의 시설로 정했다. 그리고 법에서는 수도권을 5개 권역으로 정했다. 이전 촉진권역, 제한 정비권역, 개발 유도권역, 자연 보전권역, 개발 유보권역이었다. 수원은 제한 정비권역에 포함됐다.

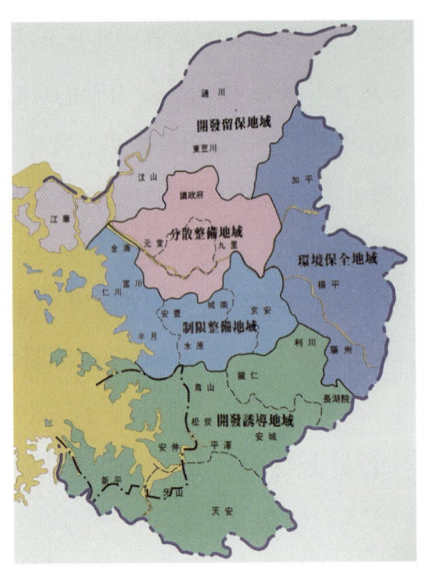

제1차 수도권정비계획도(자료 수원시).

제한 정비권역에서는 대학교의 신설이 불가했다. 공업지역의 확장과 일정 규모 이상의 건축도 불가능했다. 업무시설에는 중앙정부의 1차 행정기관을 지을 수 없었다. 그러므로 수원은 준공업지역에 아파트를 지으면 공업지역이 그만큼 작아져서 공장이 줄어들게 되고 그만큼 일자리가 없어지는 것을 의미하기도 했다. 이러한 수원시의 입장을 설명하니 한일합섬은 건축법에 가능한 것을 왜 안 해주냐고 항의했다. 그 무렵 수원시의 입장은 이미 정리된 상태였다. 나는 한일합섬 측에 한일합섬 공업지역만큼 외곽에 공업지역을 새로이 지정해야 한다고 했다.

당시 수원시 도시계획구역 면적은 용인군과 화성군을 포함해서 129.207㎢였다. 주거지역 35.279㎢(27.3%), 상업지역 3.379㎢(2.6%), 공업지역 4.410㎢(3.4%), 녹지지역 86.139㎢(66.6%)였다. 수원의 공업지역은 133만 평으로 한일합섬 10만 평이 줄어드는 경우 수원시는 7.5%의 공장용지가 감소하는 셈이었다.

1994년 1월 3일 시장, 부시장 인사가 발표되었다. 신임 제20대 시장은 이상용, 21대 부시장은 황종태 씨가 부임했다. 새로 부임한 시장, 부시장에게 이러한 사정을 보고하자 실무진의 의견을 지지해주었다. 수원시의 입장을 한일합섬 측에 통보하자 한일합섬은 수원시의 요구사항을 수용하겠다고 했다.

한일합섬은 1975년에 수원에 공장문을 열어 지역 발전에 큰 역할을 한 기업이었다. 한편으로는 그동안 수원에서 많은 혜택을 보았다고 할 수도 있다. 나는 한일합섬 측에 개발이익을 지역에 환원하는 조건을 제시했다. 수원시가 예산이 부족해서 구청도 제대로 못 짓고 있는데 장안구청 부지 1만 평을 시에 기부체납할 것을 제안했다.

그러자 한일합섬 측은 내부 검토를 거쳐 수원시의 요구를 수용했다. 1994년 3월 수원시와 한일합섬 간에 업무추진 협약을 체결했다. 협약내용에는 도시계획 절차는 수원시가 부담해서 추진한다는 조건을 넣었다. 한일합섬은 도시계획 절차 이행 후 나대지 1만 평을 수원시에 무상으로 제공한다는 약속과 교통문제는 교통영향평가에서 제시되는 내용을 수용한다는 조건으로 협약을 체결했다.

이어 도시계획 절차 이행에 들어갔다. 도시계획은 크게 4단계로 진행된다. 도시기본계획 수립을 시작으로, 도시계획재정비, 지적 고시, 사업시행계획 수립의 순서로 진행된다. 제일 먼저 도시기본계획안을 마련하는 용역을 진행했다. 도시기본계획 변경은 주목적이 한일합섬 공업지역을 대체 지정하는 것인 만큼 공업지역 재조

2011년 목표 수원시 도시기본계획도(1993. 5. 14). 조원동 한일합섬과 평동 금강, 선경직물이 공업지역이다(자료 수원시).

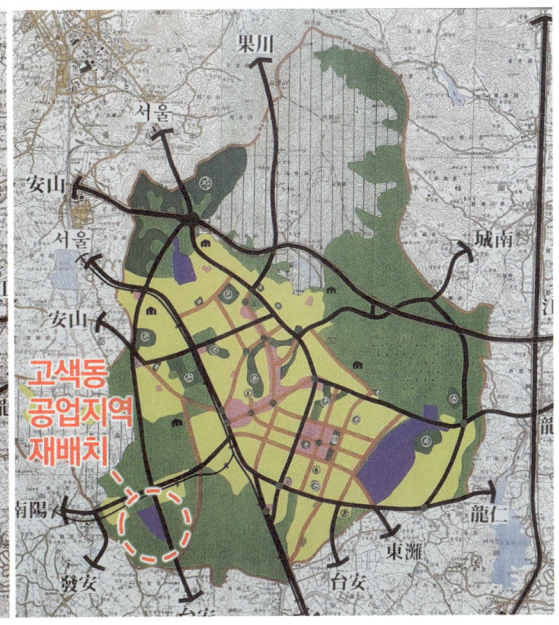

2011년 목표 수원시 도시기본계획도(1994. 12. 2). 한일합섬과 금강, 선경직물 공업지역이 고색동으로 재배치됐다(자료 수원시).

정 작업에 주력했다.

이즈음은 서부지역 평동에 위치한 선경직물과 금강스레트가 섬유와 직물 산업의 퇴조, 수원민자역사 건립 등으로 공업지역 재배치가 대두되던 시기였다. 수원의 공업지역은 도시계획으로 지정한 이후 사업시행자가 자력으로 공장용지를 조성해서 사용하는 제도였다.

장안구청사(사진 수원시 포토뱅크).

이러한 여건에서 한일합섬과 선경직물, 금강스레트가 위치한 공업지역을 외곽인 고색동에 대체 지정하는 계획을 수립하게 된다. 수원시는 공업지역 지정을 넘어 공단 조성계획을 수립하여 고색공단 조성사업을 추진하게 됐다.

한일합섬 공장이 이전하자 아파트사업계획이 승인됐고 5,282세대 아파트를 건축하게 된다. 아파트 입주가 완료된 이후 2004년 6월 19일 한일합섬으로부터 기부체납 받은 1만 평에 장안구청과 장안구보건소, 장안구민회관 기공식을 했다. 장안구청과 장안보건소, 장안구민회관은 착공한 지 1년 6개월 만인 2005년 12월 22일 준공을 하고 개청에 들어갔다.

장안구청은 개청한 지 17년 만에 4개 구 중 최초로 제대로 된 청사를 갖게 됐다.

3. 권선구청사

1988년 7월 1일 수원시 조례 제1452호에 의하여 장안구와 권선구가 함께 설치됐다. 이때 권선구는 12개 동을 관할하는 구(區)로 편제됐다. 관할 동으로는 매교동, 세류1동, 세류2동, 세류3동, 평동, 서둔동, 매산동, 고등동, 인계동, 매탄동, 원천동, 곡선동이었다.

권선구는 수원의 남서쪽을 관할하는 구이다. 수원을 2개 구로 나누다 보니 권선

구 권선구청사(구 수원시청사, 현 수원시가족여성회관).

구 역시 인구와 면적 등을 고려하여 결정됐다. 수원 남쪽 구의 중심은 인계동과 권선동이라 할 수 있다. 그리고 남쪽을 대표하는 지명 또한 권선동이라 생각한다.

권선(勸善)이라는 지명은 고려말 한림학사 망천(忘川) 이고(李皐) 선생으로부터 비롯된 지명이다. 이고 선생은 고려가 쇠망하자 낙향하여 팔달산 자락에서 살다가 적사리(赤寺里)로 이사가 학당을 열어 제자들에게 '착하게 살아라.', 즉 권선징악(勸善懲惡)을 항상 가르치고 몸소 실천하였다. 이고 선생은 효심 또한 지극하여 나라에서 '권선리'라는 지명을 사명(賜名)했다.

1988년 구제가 실시되자 남쪽 구의 이름을 권선구로 명명했다. 권선구청사는 1986년 말까지 수원시청사로 쓰던 건물을 사용했다. 수원시청이 인계동 현 청사로 이전하자 구 시청은 수원시농촌지도소가 잠시 사용했다. 권선구청은 탑동 현 청사로 이전하기 전까지 18년간 이곳을 청사로 사용했다.

권선 토지구획정리사업이 완성 단계에 이르자 경계 지점의 개발 필요성이 제기됐다. 농로와 하천 등을 구역 경계로 정하다보니 도로가 갑자기 끊기는 현상이 발생했다. 그래서 1986년 6월 10일 권선 토지구획정리 인접 지구인 권선동과 곡반정동 일원 62만 2,921㎡(18만 8,433평)를 권선택지개발예정지구로 지정했다.

권선택지개발사업은 경기도가 추진했는데 1992년 12월 24일 시행인가를 얻어 1996년 9월 30일 준공했다. 개발계획 수립과정에서 수원시는 현 수원농수산물도매시장 남쪽 권선동 1234번지에 권선구청 부지를 확보했다. 그때는 이미 권선구청이 구 수원시청에 입주한 뒤였다. 이러한 구상은 훗날 수원이 발전하면 동·서·남·북 4개 구가 될 것을 예측한 준비였다. 그런데 구(區) 제도가 도입된 지 5년 만인 1993년 수원시 인구가 71만 4,272명으로 증가하게 됨에 따라 분구가 됐다. 장안구와 권선구 일부를 분할하여 팔달구를 만들었다.

그리고 10년이 지난 2003년 11월 24일 수원시의 인구는 104만 223명이 됐다. 이때 팔달구의 동쪽이 영통구가 됐다. 영통구를 분가시키고 남은 팔달구 서쪽 부분과 장안구의 신안동, 고등동, 화서1동, 화서2동이 팔달구로 편제됐다. 권선구에서는 매교동과 고등동이 팔달구에 편입됐다.

행정구역 개편으로 권선구청이 소재한 매교동이 팔달구로 변경되어 권선구청이 팔달구 관할 구역에 놓이는 기현상이 발생했다. 1993년 팔달구는 인계동 시청사 뒤편 권선토지구획정리사업지구 내에 있는 빌딩을 임대해서 개청했었다. 논리대로라면 권선구청 자리에 팔달구청이 입주해야 했다. 그리고 권선구청은 이미 마련된 권선동 구청 예정 부지에 새 청사를 마련해 이전하는 것이 옳은 일이었을 것이다. 그런데 당시 수원에 문제가 있었다. 권선구청을 권선동에 지으면 수원의 관청이 동수원 쪽으로 편중되는 것이었다.

제일 먼저 시청이 1987년 인계동에 입주한 이래 팔달구청 역시 1993년 인계동 시청 뒤에 들어섰다. 그리고 영통구청 역시 동수원 쪽에 위치해야 하는 실정이었다. 서수원 지역은 수원비행장과 경부철도가 있어 가뜩이나 개발에 제약이 많았다. 특히 서울농대와 농촌진흥청 산하 기관이 밀집하고 있어 개발이 되지 않음은 물론 주

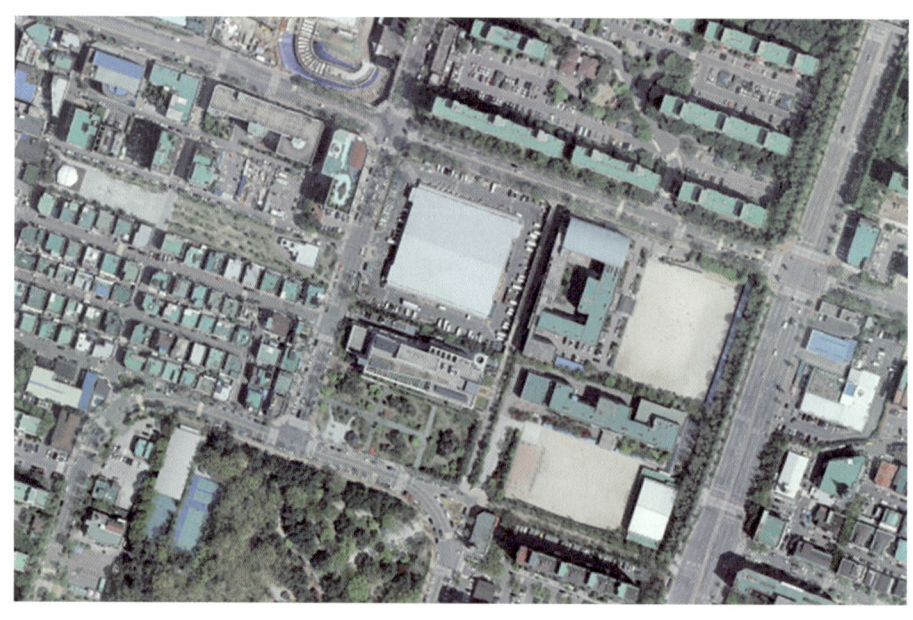

경기평생교육학습관과 공원, 뒤편은 임시 농수산물도매시장(사진 수원시 포토뱅크).

거환경 역시 열악한 형편이었다.

따라서 김용서 시장은 지역 안배 차원으로 권선구청을 서수원에 배치하는 것으로 심중을 굳힌 듯했다. 또 한 가지는 당시 수원시 인구가 100만 명이 넘었는데 도서관이 3개밖에 없어서 민선 3기 동안 도서관 4개를 더 짓겠다고 공약했었다.

수원시는 도서관 3개에 대한 공약을 이행하여 2005년 11월 21일 슬기샘도서관, 2005년 11월 22일 바른샘도서관, 2005년 11월 24일 지혜샘도서관을 차례로 개관했다. 1개는 경기도교육청이 운영하는 도립도서관을 권선구청 예정지에 유치하고자 했다.

당시 경기도교육청이 운영하는 도립도서관은 건립한 지 오래되어 규모나 시설이 열악하여 새로 짓는 구상을 할 때였다. 또 경기도교육청이 예산 확보가 어렵게 되자 김용서 시장은 권선구청 예정지 일부를 경기도교육청에 무상으로 제공하겠다고 약속했다.

이에 수원시 재정 담당 부서는 법령에 위배되어 부당하다며 이를 반대했다. 그 담당자는 인사 조치됐다. 이후 수원시와 경기도교육청은 경기평생교육학습관 건물 앞에 공원을 조성하는 계획을 세웠다. 공원 조성은 수원시가 부담하기로 하고 경기평생교육학습관은 경기도교육청이 주관했다. 경기평생교육학습관은 2008년 6월 2일 개관했다.

수원시는 2005년 권선구 탑동 일원에 권선행정타운 건립계획을 수립하게 된다. 수원에 위치한 행정기관에 의견을 조회한 결과 많은 기관이 입주를 희망했다. 당시 서부지역에 청사 용지가 필요한 기관은 권선구청과 권선보건소, 서부경찰서, 서수원우체국, 경기종합노동복지회관, 산업인력공단 경기지사, 한국전력 서수원지사 등 7개 기관이었다.

수원시는 입주 희망 기관들의 필요 면적을 신청받아 2005년 2월 27일 권선행정타운을 공용의 청사로 도시계획결정 고시했다. 이후 단지 실시설계를 거쳐 2005년 7월 18일 실시계획인가 고시를 함으로써 행정절차가 마무리됐다. 이후 토지 보상이 실시됐다.

권선구청사 기공식(사진 수원시 포토뱅크).

2006년 3월 28일 준공한 권선구청사(사진 수원시 포토뱅크).

   권선구청은 2005년 9월 13일 권선행정타운 및 권선구청사 기공식을 가졌다. 권선구 신청사는 지하 1층, 지상 2층 건물로 대지면적 2만 6,536㎡(8,027평), 건축면적 4,136㎡(1,251평), 연면적 9,289㎡(2,809평)로 2006년 3월 28일 준공 행사를 가졌다.
   권선구청이 서수원지역 탑동에 둥지를 튼 뒤 호매실 택지개발 사업이 시행됨으로써 서수원지역 개발이 활발히 이루어지고 있다. 권선구청 이전이 촉진제가 된 것이다.

4. 팔달구청사

   수원시에 구 제도가 도입된 지 5년이 지난 1993년 수원시 인구는 71만 4,272명으로 증가했다. 이때 팔달구가 만들어졌다. 장안구의 일부인 팔달, 남향, 지동, 우만동을 편입했으며 권선구의 인계, 매탄1, 매탄2, 매탄3, 원천, 이의동이 편입됐다.
   성안 마을 중 장안문이 위치한 신안동(장안동과 신풍동)은 장안문이 위치하여 장안구에 남게 됐다. 신안동은 장안구의 상징이라 할 수 있는 동이었다. 수원의 3개 구는 장안구 북쪽, 권선구는 남서쪽, 팔달구는 동쪽을 중심으로 3등분 된 모습이었다.
   팔달구라는 이름이 붙여진 것은 팔달문이 위치하기 때문이다. 팔달문이라 지은 것은 문 옆에 팔달산이 있어 정조대왕이 명명했다.

팔달구청은 시청 뒤편 인계동 상가 빌딩을 임차해서 1993년 2월 1일 문을 열었다. 당시 3개 구청의 청사는 열악한 상태였다. 1988년 7월 1일 문을 연 장안구청은 야구장 1층 락커룸을 청사로 사용했다. 그나마 권선구는 옛 시청사 건물을 사용했다. 세 번째로 문을 연 팔달구청도 예산 부족으로 자그마한 상가 빌딩을 임대해서 개청한 것이다. 청사가 비좁아 근무 환경이 열악했으며 구민들이 이용하기에도 불편했다.

2002년 수원에서 월드컵 축구 경기가 끝나자 월드컵경기장 활용에 대해서 고민하다가 1, 2층을 리모델링했고, 2003년 1월 2일 팔달구청사가 이곳으로 이전했다. 2014년 4월 15일 현 청사로 이전하기까지 11년간 이곳을 청사로 사용했다.

2010년 12월 3일 나는 수원시 건설교통국장에서 팔달구청장으로 발령이 났다. 팔달구청이 월드컵경기장(84쪽 사진 참조)에 세 들어 살 때였다. 1층에는 세무과와 시민과가 있었다. 민원 업무 부서를 1층에 두어 구민들의 불편을 덜자는 배려였다. 2층에는 행정지원과, 경제교통과, 건축과, 환경위생과, 사회복지과, 대강당, 구청장실이 있었다. 월드컵경기장 청사는 면적이 협소하여 사무실과 부대시설이 부족해서 이곳저곳에 분산되어 있었다.

2010년 6월은 제5대 민선시장 선거가 있는 해였다. 이때 민주당 후보로 선거에 나선 염태영 후보는 슬럼화되는 화성 내 행궁동을 활성화하기 위해 팔달구청을 성내로 옮기겠다는 공약을 했다. 염태영 후보가 시장에 당선된 후 팔달구청 이전을 위한 부지 선정이 2011년 2월에 진행됐다.

1993년 개청 당시의 팔달구청사(사진 수원시 포토뱅크).

당시 화성 내 개발사업은 화성사업소가 화성 성역화 사업계획에 의해 추진됐다. 염태영 시장은 화성 성역화 사업이 진행된 지 10여 년이 넘어서자 사업이 어느 정도 성과를 거두었다고 판단했다. 그래서 앞으로는 화성 권역을 부흥시키는 것에 목표를 두는 차원에서 화성 사업의 명칭을 '화성 르네상스 사업'으로 변경했다.

팔달구청 부지선정 작업은 화성 르네상스 사업의 일환으로 진행됐다. 당시 화성 르네상스 사업 T/F팀이 구성됐다. 위원은 수원시 부시장과 국장으로 구성됐다. 팔달구청장도 T/F팀의 일원이었다. 처음 구청사 후보지는 5곳으로 정해서 세부 심사를 진행했다. 제1 후보지는 신풍지구인 현재 수원시립 아이파크미술관 부지였다. 제2 후보지는 행궁 광장 남쪽 현재 건립 중인 정조테마공연장 건립부지였다. 제3 후보지는 장안동 현재 전통문화관 부지였다. 제4 후보지는 남수동 화성박물관 건너편이었다. 제5 후보지는 화성박물관 부지였다. 5개 예정지를 심도 있게 검토한 결과 최종 후보지는 화성박물관 주차장 부지로 결정됐다. 염태영 시장은 2011년 7월 2일 팔달구청 부지 선정 결과를 발표하기에 이른다.

이곳은 나와 인연이 많은 땅이었다. 2006년 화성박물관 건립과정에서 동지(東池)를 복원하기 위해서 추가로 매입한 땅이었다. 그런데 보상을 거쳐 발굴한 결과 동지 유구가 나오지 않아 복원하지 못하고 주차장과 공원을 조성한 땅이었다. 이곳이 팔달구청 부지로 결정된 것이다.

이후 팔달구청사 건립은 행정절차와 현상설계를 거쳐 설계가 완료됐다. 팔달구청사 건립 기공식은 2012년 10월 29일 현장에서 진행됐다. 팔달구청사는 지하 1층 지상 3층, 건축면적은 2,787㎡(843평), 연면적은 1만 2,628㎡(3,820평), 공사비는 256억 원이었다.

팔달구청은 착공한 지 18개월 만인 2014년 4월 5일 신청사 낙성식을 가졌다.

팔달구청사 부지로 선정된 화성박물관 주차장 부지
(사진 수원시 화성사업소).

현 팔달구청사(사진 수원시 포토뱅크).

1993년 팔달구가 신설된 후 21년 만에 독립청사를 갖게 된 것이다. 팔달구청의 화성 내 건립에 대해서는 의견이 분분하다. 세상사는 모두가 좋은 수는 없다. 그럼에도 팔달구청은 수원의 원도심인 화성 안 행궁동 활성화에 기여하고 있음은 부인할 수 없는 일이다.

5. 영통구청사

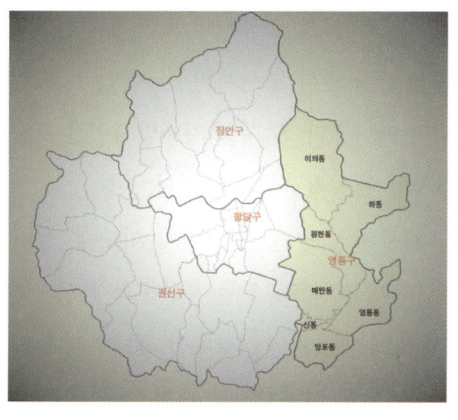

수원시 4개 구 행정구역도(자료 수원시).

영통구는 수원시에 구 제도가 도입된 지 15년 만인 2003년 11월 24일 분구됐다. 당시 수원시 인구는 104만 223명이었다. 수원은 영통구가 신설됨에 따라 4개 구 체계가 됐다. 팔달구의 매탄1동, 매탄2동, 매탄3동, 매탄4동과 영통1동, 영통2동, 태장동, 원천동, 이의동이 분할되어 영통구가 됐다. 영통구는 면적 27.48㎢에 24만 3,109명의 구민을 갖게 됐다.

장안구 33.18㎢에 28만 5,113명, 권선구 47.39㎢에 28만 5,616명, 팔달구 13.05㎢에 21만 5,160명 등이었다. 영통구의 구성을 살펴보면 기존 시가지는 매탄1, 2, 3, 4동과 원천동이었다. 이곳은 1980년대까지 매원동(매탄, 원천동)이었다, 그리고 신도시인 영통지구와 매탄3지구가 영통구가 됐다. 그리고 광교지구는 영통구가 분구된 이후 이의동, 하동, 원천동과 용인시 상현동이 광교택지개발지구로 개발됐다.

영통(靈通)이라는 이름은 영통동에서 따온 이름이다. 영통택지개발사업지구가 개발되면서 영통은 동쪽의 중심이 됐다. 1989년 10월 14일 용인시 기흥읍 영덕리 일원 62만 7,000㎡(18만 9,700평)가 영덕택지발지구로 지정됐다. 그리고 1989년 10월 27일 화성군 태안읍 영통리와 수원 원천동 일부 256만 7,000㎡(77만 6,500평)가 영통택지개발지구로 지정됐다. 수원시 원천동의 2만여 평도 함께 편입됐다. 이때 영덕과 영통이 2개 단지로 지정된 것은 행정구역이 다르기 때문이었다. 그래서 개발계획을 수립하는 과정에서 영통지구로 통합해 개발계획을 수립하게 됐다.

영통지구 택지개발사업 추진은 1988년 2월 25일 제13대 대통령으로 취임한 노태우 대통령의 선거공약으로 시작됐다. 주택 200만 호 건설계획은 취임 1주년을 맞으면서 본격적으로 추진됐다. 당시 1기 신도시 사업은 성남시의 분당과 고양시 일산, 안양시 평촌, 군포시 산본, 부천시 중동 등 5개 단지로 결정됐다.

영통지구는 1기 5대 신도시보다 조금 늦게 추진됐다. 1기 5개 신도시로는 주택 물량이 부족하자 영통지구를 추가로 지정했다. 그러므로 영통지구 또한 1기 신도시라고 해야 옳은 표현일 것이다. 영통지구는 당시 수원시 도시계획구역이었다. 그런데 수원시 도시계획상 시가화 구역(주거지역)이 아니었다. 당시 택지개발사업은 도시기본계획상 시가화 구역에 한해서 택지개발사업 예정지구를 지정했다.

그래서 수원시는 영통지구 택지개발사업 지구지정 의견서에 '시기 미도래' 등을 이유로 동의하지 않는다는 의견을 제출했다. 이때 건설교통부는 용인군과 화성군의 의견도 함께 들었다. 건설교통부는 수원시가 도시계획 입안권자로서 동의하지 않았음에도 중앙정부가 추진하는 중점사업이라는 이유로 지구지정을 했다.

영통지구 택지개발사업 조감도(사진 수원시).

매탄4지구 개발 전 모습(사진 수원시 항공사진 서비스).

수원시는 허망한 입장이 되고 말았다. 당시에는 지구지정 때 제출한 시·군의 의견이 택지개발사업 시행 조건이 되곤 했다. 하지만 수원시의 부동의를 무시하는 순간 수원시 의견은 없는 것이 됐다. 그리하여 영통지구는 수원시의 의견을 관철하는 데 애로사항이 많았다.

이후 1994년 12월 26일 영통지구 전체가 수원시로 행정구역이 넘어오면서 개발계획 협의 때 수원시 의견을 반영했다. 이때 영통지구에 구청용지 1만 8,845㎡(5,700평)을 확보하게 됐다.

그리고 1994년 6월 15일 대한주택공사에서 신청한 매탄4지구 택지개발사업 예정지구가 지정됐다. 시청 앞길에서 삼성전자 방향의 동수원에서 마지막 남은 65만 6,658㎡(19만 8,640평)였다. 이곳은 경지 정리된 생산녹지 지역이었다. 주변이 모두 개발되다 보니 집중호우 때는 침수 피해를 겪는 지역이었다. 수원시는 개발계획 수립과정에서 이곳에 공공청사 용지 2만㎡(6,500평)를 확보했다.

매탄4지구 택지개발사업은 1996년 12월 10일 착수해서 2001년 12월 31일 완료됐다. 매탄4지구는 심재덕 시장의 아픈 역사가 있는 곳이다. 수원시는 수도권정비계획법상 제한정비권역이어서 공업지역의 증설이 불가했다. 그런데 당시 삼성전자는 수원공장만으로는 한계에 이르자 타지에 공단 조성을 추진하게 되어 아산 탕정과 평택 고덕 등이 결정됐다. 이렇게 되자 수원에서는 이상한 소문이 나돌기 시작했다. 심재덕 시장이 삼성을 홀대해 삼성전자 옆의 땅을 삼성에 주지 않고 대한주택공사에 주었다고 했다. 그런 이유로 삼성전자가 공장 증설을 못해 다른 곳에 공장을 이전하게 됐다고 했다.

그래서 수원 경제가 어렵게 됐다는 이야기가 돌았다. 이런 소문은 민선 3기 시장

현재 영통구청 주변 모습(사진 수원시 항공사진 서비스).

영통구청 개청식(사진 수원시 포토뱅크).

선거 과정에서 절정에 달했다. 당시 수원에서 택시를 타면 운전기사들이 공공연하게 이런 이야기를 하곤 했다. 이런 소문과 8개월간의 옥고를 치른 후유증으로 심 시장은 민선 3기 시장 선거에서 낙선하게 됐다.

2003년 영통구의 분구가 확정되자 구청사의 위치를 두고 고민이 많았다. 영통 관내에 구청 용지가 2개나 되었기 때문이다. 영통지구의 청사 용지는 동쪽에 치우쳐 있었다. 대신 매탄4지구의 청사 용지는 영통의 중심이라고 할 수 있는 위치였다. 당시 추진 중인 광교 택지개발 사업지구가 완공된다 해도 접근성이 편리한 위치였다.

영통구청사는 삼성전자 옆인 매탄4지구로 확정됐다. 청사 용지가 확정되자 청사 건립 준비에 들어갔다. 예산 형편과 시급성이 감안되어 경량 철골조로 2만㎡(6,500평) 부지에 지상 2층 건물을 건립했다.

영통구청은 2003년 11월 24일 개청식을 갖고 문을 열게 됐다. 초대 구청장은 행정자치부 출신으로 영통이 고향인 김진흥 씨가 취임했다. 이로써 수원시는 일반시 중 전국 최초로 4개 구를 두는 기초지방자치단체가 됐다. 그런데 수원시는 해결해야 할 숙제가 있었다. 당시 4개 구청장 중 1개 구청장은 행정자치부가 임명했고, 1개 구청장은 경기도지사가 임명했다. 이후 수원시의 끈질긴 노력으로 4개 구청장을 수원시장이 임명하게 됐다.

6. 사연 많은 경기아트센터 건립

우리나라 공연장의 역사는 그리 길지 않다. 원래 세종문화회관 자리에는 서울시민회관이 있었다. 서울시민회관은 당시 우리나라의 대표적인 공연장이었다. 1972년 12월 2일 서울시민회관에 화재가 발생해 전소됐다. 당시 한국에는 서울시민회관 이외에는 이렇다 할 대형 공연장이 없었다.

서울시민회관을 대체할 종합 공연장의 필요성이 제기됐다. 1974년 1월 서울시민회관 자리에 세종문화회관 건립이 추진되어 1978년 4월에 개관됐다. 그 다음 문화회관을 건립한 도시는 부산시였다.

문화관광부는 1984년 지방공연문화 발전을 위해 각 도에 문화예술회관 건립을 추진했다. 이 지침은 경기도를 경유, 수원시에 시달됐다.

수원시는 문화예술회관 건립사업을 건설과에서 추진하도록 업무를 분장했다. 당시 나는 8급에서 7급으로 승진해 1983년 8월 도시과에서 건설과 하수계로 발령이 났다. 당시 하수계의 업무는 미약했다. 예산은 고작 몇억 원으로 도로변 우수전 보수와 막힌 하수관 준설, 폭우로 유실된 하천 유지관리 정도였다. 이유하 건설과장은 도시계획업무를 담당했던 내가 적임자라고 판단해 수원문화예술회관 건립업무를 배당했다.

수원문화예술회관 용지 위치 변경 사진(사진 수원시 항공사진 서비스).

수원문화예술회관 건립업무는 우선 부지를 선정하는 일이었다. 문화예술회관 용지는 시청 왼쪽에 있는 소위 의회 부지에 건설하는 것으로 결정됐다. 이어 건축 현상설계를 발표하자 몇 개의 작품이 응모했다.

작품선정위원회를 구성하여 심사한 결과 부산문화예술회관을 설계한 성립건축 임장렬의 작품이 선정됐다. 심사위원회에서는 문화예술회관의 특성으로 볼 때 부지가 너무 협소하므로 넓은 부지에 지을 것을 주문했다. 당시 수원문화예술회관을 지을 땅은 여러 여건을 감안할 때 시청 앞의 올림픽공원이 유일했다.

그래서 수원문화예술회관 입지를 올림픽공원으로 변경하고 실시설계를 준비했다. 1985년 중반 실시설계가 완료 단계에 이르자 건축허가를 위한 서류 검토에 들어갔다. 그런데 도시공원법을 확인하는 과정에서 중대한 착오가 발견됐다. 도시공원법에는 건폐율이 대지면적의 10%를 넘을 수 없다는 조항이 있었다. 하늘이 노래지는 느낌이었다.

수원시청 앞 토지는 권선동 1012번지 5만 8,454㎡(1만 7,682평)였다. 도시공원법상 건축물의 바닥 면적은 5,845㎡(1,768평)가 최대 규모였다. 그런데 수원문화예술회관의 건축 면적은 8,817㎡(2,667평), 건축 연면적은 2만 2,000㎡(6,655평)여서 건폐율을 넘어서는 규모였다.

이 난관을 어떻게 헤쳐나가야 하는지 걱정이 밀려왔다. 그렇다고 뜬금없이 과장에게 보고할 수도 없는 일이었다. 대안을 찾기 시작했다. 마침 권선토지구획정리사업 지구 경계 지점인 인계동과 매탄동 일원 94만 9,000㎡(28만 7,071평)에 한국토지개발공사에서 매탄1지구 택지개발사업을 하겠다고 1984년 12월 31일에 지구 지정을 한 상태였다.

한국토지개발공사는 동수원의 요충지를 수원시 도시기본계획 내용대로 개발하겠다고 한 것이다. 동수원 중심 상업지역 옆에 있는 근린공원 22만 5,180㎡(6만 8,117평)를 택지개발사업으로 개발한다는 것이다. 앞으로 토지 보상을 거쳐 사업이 준공되면 수원시 땅이 되는 것이었다.

그래서 수원문화예술회관을 매탄1지구 공원용지에 건립하는 경우를 세부적으로 검토했다. 하지만 문제점이 있었다. 하나는 실시설계의 상당 부분을 다시 해야 한다는 것이었다. 이는 설계자의 실수도 있었으므로 설계자와 협의하면 된다고 생각했다.

또 하나는 택지개발사업이 조속히 추진되어야 수원문화예술회관을 착공할 수 있다는 것이다. 나는 이런 사항을 과장에게 보고했다. 그러자 이유하 건설과장은 즉시 현장에 나가보자고 했다. 당시 현장은 임야와 전답으로 되어 있었다. 수원문화예술회관 용지로는 손색이 없다는 판단을 하고 과장은 안도의 숨을 내쉬었다.

그러면서 도시계획을 오랫동안 한 사람이 그런 실수를 했냐고 꾸중했다. 과장은 이후 이런 사정을 국장, 부시장, 시장님께 보고하고 승낙을 얻게 됐다. 남은 일은 설계자를 설득하는 일이었다. 첫째는 세부 설계도는 바뀌지 않는다고 해도 대지 위치가 변동됐으므로 수십 장의 평면도를 새로이 그려야 하는 것이었다. 그런데 설계자는 새로운 문제를 제기했다.

건축물의 대지가 바뀔 경우, 건축물이 앉을 자리의 토질조사를 새로 해야 한다는 것이다. 이 경우 토질조사비를 추가로 지급해야 하는 것이 원칙이었다. 그런데 예산이 지난해의 사업비였으므로 예산이 없는 형편이었다.

설계자에게 사정해야 했다. 다행히 현실을 받아들인 설계자의 부담으로 토질조사를 실시하여 무사히 마칠 수 있었다. 나는 한편으로 하수계의 본업무인 하수도 사용료 징수조례와 오수관거 기본계획 수립, 하수처리장건설 타당성 조사용역과 오수관거 설계용역 등을 2년여 동안 추진하여 정상궤도에 오르자 1986년부터 사업이 추진되기에 이르렀다.

사정이 이렇게 되자 수원시는 건설과 하수계를 1985년 10월 31일 하수과로 승

수원문화예술회관 기공식(사진 경기도 멀티미디어).

08. 수원의 시·구 청사와 박물관·아트센터 이야기

격시켰다. 그런데 당시 묘한 기류가 형성되고 있었다. 나는 건설과 하수계 소속으로 그동안 수원문화예술회관 설계업무와 하수계 업무 전반을 담당했다. 그래서 하수과로 가는 것이 순리라고 생각했다.

하지만 하수과 직제가 만들어지자 하수과장 발령이 먼저 났다. 그러자 하수계는 하수과 사무실로 옮겨서 일을 하게 됐다. 그런데 계장과 직원 발령이 지연되자 건설과장인 이유하 과장과 하수과장인 성낙흔 과장 간에 나의 자리를 놓고 줄다리기를 했다. 건설과장은 "김충영은 건설과 소속이므로 건설과에 남아야 한다"고 했다. 하수과장은 당연히 하수과로 발령이 나야 그동안 추진한 업무가 연속적으로 추진될 것이 아니냐고 했다. 그런데 나는 도시과에서 오랫동안 근무해서 도시계획이 전공이었다. 사실 2년 반 전 도시과를 떠나면서 도시과에서는 아쉬워했었다. 그런데 1985년 10월 31일 인사발령은 건설과도 하수과도 아닌 도시과였다.

그래서 하수계 업무를 안성군에서 전출 온 이용호(토목 7급, 전 수원시 도시정책실장)에게 인계했다. 이후 수원문화예술회관은 이용호가 담당했다. 1985년 12월 18일에는 수원문화예술회관 기공식을 가졌다. 시공사는 코오롱건설이 맡았다. 당시 1차 공사비가 5억 원 정도로 단지 조성과 기초 터 파기 토목공사가 시작됐다.

당시 수원시 형편은 1년 총예산이 286억 2,433만 원밖에 안 되어서 1년에 5억 원 정도 투자할 경우, 250억 원이나 되는 공사를 마무리하려면 50년이 걸리는 실정이었다.

이때 수원문화예술회관에 대해서 관심을 가진 사람이 있었다. 1983년 12월 27일부터 1985년 12월 16일까지 경기도 부지사를 했던 백세현 부지사로부터 1985

수원문화예술회관 조감도(사진 김충영).

공사 중인 경기도문화예술회관(사진 경기도 멀티미디어).

경기도문화예술회관 개관식 후 퇴장하는 이재창 도지사(사진 경기도 멀티미디어).

년 11월경 수원시청사와 수원문화예술회관 건립추진 사항을 보고 해달라는 전갈이 왔다. 당시 권영주 회계과장과 박사준 용도계장, 박덕화 담당이 가서 추진사항을 보고했다고 한다.

백 부지사는 1978년 8월 2일부터 1980년 5월 8일까지 수원시장으로 재직했다. 그분은 수원 백씨여서인지 수원에 관심이 많았다. "왜 수원문화예술회관이냐, 경기도문화예술회관이 아니냐?"며 수원시는 예산도 부족하니 경기도에 이관하라 했다고 한다. 또 수원시청사도 내무부 규정이 있다 하더라도 설득을 해서 최소 5층 건물로 지으라고 내무부 관계관을 소개해 주었다. 그래서 수원문화예술회관은 1986년 경기도로 이관하게 됐다.

이때부터 문화예술회관 건립은 경기도가 주관했다. 사실 당시 수원시 형편으로 250억 원이 들어가는 공사는 부담하기 어려운 형편이었다. 경기도문화예술회관이 됨에 따라 수원시의 부담은 줄였으나 불편한 점은 운영권이 수원시에 없다는 점이었다. 그리고 건물은 경기도 관할이고, 땅은 수원시로 되어 있어 소유권 문제가 발생하게 됐다.

1988년 7월 29일 오후 1시쯤 공사장에서 사고가 발생했다. 3층 슬래브 받침대가 무너져 작업 중이던 인부 5명이 콘크리트에 깔려 숨지고, 6명이 경상을 입는 큰 사고였다. 사고 수습을 하며 공사가 한동안 중단되는 아픔을 겪기도 했다.

경기도문화예술회관은 착공한 지 5년 만인 1990년 12월 31일 준공됐다. 이어 1991년 6월 27일 개관 공연을 시작으로 수원지역의 문화 메카로 뿌리를 내렸다. 2003년 12월에는 재단법인이 되면서 「경기도문화의전당」으로 이름이 바뀌었다가 2020년 3월에는 경기아트센터로 명칭이 변경됐다.

7. 화성박물관 건립

심재덕 시장이 수원문화원장 재임 시절에 펼친 화성행궁 복원 운동은 수원이 문화도시가 되는 데 초석이 됐다. 특히 화성의 세계문화유산 등록은 수원의 많은 분야에 영향을 미쳤다.

심재덕 시장은 민선 2기 때인 2001년 비서의 비리 사건과 정치적 모함으로 8개월간의 옥고를 치르고 출소했다. 2002년 민선 3기 시장 선거에 도전했으나 옥고를 치른 후유증으로 경쟁자인 김용서 수원시의회 의장에게 패하고 말았다.

김용서 의장은 향토박물관 건립을 선거공약으로 내걸었다. 그리고 시장 취임 후 박물관 건립팀을 구성했다. 박물관 건립사업은 문화관광과 문화재계에서 담당했다. 박물관 건립은 수원시 1호 학예사인 이달호 박사가 책임을 맡았다. 그리고 한동민 박사(중앙대 강사), 이민식 박사가 전문위원으로 선발되어 박물관 건립 준비 작업을 추진했다.

2003년 '수원성곽 테마박물관 건립 타당성 조사 및 기본계획 연구'를 시작으로 '수원 사운역사박물관 타당성 검토 및 기본계획 연구'와 '수원 서예박물관 타당성 검토 및 기본계획 연구'가 동시에 진행됐다.

수원성곽 테마박물관 건립 타당성 조사 및 기본계획 연구용역에서는 화성테마박물관 건립을 제안했다. 그리고 박물관 건립 예산을 확보하기 위해 국고보조 신청을 했는데 박물관의 위치를 연무대 일원으로 신청했다. 기본계획용역이 진행되는 과정에서 반대 여론이 일자 6개의 후보지를 추가로 선정해서 7개 부지를 세부적으로 검토했다.

근당 양택동 선생 서예 역사 자료 기증식(사진 수원시 포토뱅크).

번암 채제공 선생 유물기증식(사진 화성박물관).

기본계획에서는 최종 3곳을 후보지로 추천했다. 첫째는 공방거리로 계획된 매향동 현재 수원화성박물관 부지였다. 둘째는 산업도로와 용지가 있는 연무동을 추천했다. 셋째는 이의동 현재 수원박물관 부지를 추천했다.

2004년 서지학자인 사운 이종학 선생의 자료 2만여 점이 기증되어 수원시 선경도서관에서 보관하고 있었다. 이보다 먼저 서예가 근당 양택동 선생의 서예 관련 유물 914점이 기증되면서 박물관 건립은 탄력을 받았다.

근당 양택동 선생은 수원시가 한국서예박물관을 만들겠다고 하여 기증한다고 했다. 이러한 여건이 되자 수원성곽 테마박물관을 만들자고 했던 것을 재검토하게 된다.

한 개의 박물관에 수원역사, 화성, 서예, 기증유물, 전자 등을 수용하는 박물관을 만들기에는 어려움이 많았다. 그래서 '화성테마박물관'과 '수원역사와 서예'를 전문으로 하는 2개의 박물관을 만들기로 방침이 정해졌다. 당시 문화관광과 문화재계에는 건축직 1명과 학예사 1명, 전문위원 2명이 있었다. 사정이 이렇게 되자 박물관 2개를 문화재계에서 담당하기가 어렵다고 판단했다.

그래서 '수원박물관'과 '한국서예박물관'은 문화관광과에서 이의동 부지에 추진하기로 정하고, '화성박물관'은 화성사업소에서 추진하는 것으로 결정했다. 당시 화성사업소에는 토목·건축·전기·기계직이 15명 근무하고 학예사로 김준혁 박사(현 한신대 교수)가 있어서 박물관 건립을 추진하기에 무리가 없었다.

이렇게 화성박물관이 화성사업소로 이관되어 나와 인연을 맺게 됐다. 화성박물관 추진은 2004년이 돼서야 본격적으로 진행되었다. 화성사업소는 2004년 2월 5일 화성박물관을 매향동 49번지 일원 5,000평의 부지로 확정해 추진계획을 수립했다.

다음으로 박물관 추진을 위한 행정절차에 들어갔다. 사업추진에 필수 사항인 도시계획시설(박물관)이 2004년 5월 30일 확정됐다. 이어 실시계획 승인을 거쳐 토지 및 지장물 보상에 착수했다. 2004년 8월에는 화성박물관 건립 기본계획인 전시운영계획 용역을 착수했다.

이즈음 김준혁 박사에게 희소식을 듣게 되었다. 화성 건설의 책임을 맡았던 '번암 채제공'의 후손이 유물을 많이 가지고 있는데 유물 처리에 대해서 고민하고 있다는 것이다. 그런데 단국대 김문식 교수와 친분이 있어서 김 교수에게 "수원에 화성테마박물관을 짓고 있으니 수원시에 기증해줄 것"을 부탁했다는 것이다.

며칠이 지나 김준혁 박사가 번암 채제공 후손의 집에 가자고 했다. 그래서 서울 강남에 있는 번암의 후손인 채호석, 김양식 부부를 만나러 갔다. 집에 도착하자 유물을 하나하나 보여주었다. 수원이 참으로 귀중한 유물을 만나는 순간이었다. 압권은 번암의 영정이었다. 영정이 하나만 있는 것이 아니고 영정을 그리는 과정의 초본 3점이 함께 있었다.

조선시대에 왕은 물론이고 공신 반열에 있는 사람은 영정을 많이 그렸는데 오늘날까지 전해져 오는 것은 그리 많지 않다. 번암의 영정은 기초 작업을 했던 초안까지 있는 대단한 유물이었다.(후일 번암 채제공의 영정은 보물 1477-1호로 지정됐다.) 화성 건설을 직접 담당했던 장본인의 유물을 화성박물관이 소장한다는 것이 무슨 인연인가 싶기도 하고 화성박물관의 격을 높여주는 고인의 선물 같기도 했다.

이후 유물기증식을 거쳐 유물을 특별 전시한다는 조건으로 유물 153점을 기증받아 전시운영계획에 반영했다. 그리고 시공업체 선정 작업에 들어갔다. 선정 방식은 설계 시공 일괄 입찰 방식으로 발주됐다. 시공사는 KCC건설과 정림건축 컨소시엄에서 제안한 설계(안)가 확정됐다.

보상이 완료 단계에 이르자 박물관 터에 대한 발굴조사에 착수했다. 발굴조사 결과 기대와 달리 민가에서 사용된 백자 제기 등 일부 용품만 출토됐다. 이어 박물관

화성박물관 부지 전경
(사진 화성박물관).

건축 실시설계와 문화재 현상변경허가 등이 이행됐다.

공사는 2006년 9월 13일 화성박물관 현장에서 시작됐다. 공사가 시작되자 여유가 생겨 화성 건설 당시의 「화성전도」를 보면서 동지가 화성박물관 옆이 아닐까 하는 생각이 들었다.

『화성성역의궤』 기록에 의하면 "동지는 2개다. 하나는 매향동 어귀에 있는데 남북 길이 58보, 동서 너비 50보, 깊이 7척이다. 기하(마름과 연꽃)를 심었고 가운데에 작은 섬이 있다. 이것이 상지다. 다른 하나는 구천의 북방에 있는데 못은 사방 37보, 깊이 4척으로 이것이 하지다"라고 기록되어 있다.

『화성성역의궤』 내용을 살펴보며 동지가 화성박물관 건립지 오른편 삼각형 땅이라는 생각이 들었다. 이러한 내용을 직원들과 의논하자 그곳이 동지일 가능성이 크다는 결론을 얻게 됐다. 나는 이참에 화성박물관 옆에 동지를 복원하면 역사적 의미도 있고 박물관과 잘 어울리겠다는 생각에 시장에게 보고하고 허락을 받았다.

즉시 실행에 옮겼다. 우선 도시계획으로 7,140㎡(2,160평)를 박물관으로 변경 결정(확장)을 추진했다. 그리고 감정평가에 들어가서 보상이 완료되자 2008년 8월 박물관 부지 2차 발굴에 착수했다. 발굴 결과 동지 유구는 나오지 않았다. 식수로 사용한 우물이 한 곳 나왔을 뿐이었다.

참으로 난감한 일이 아닐 수 없었다. 그래서 추가 부지를 박물관 구역에 편입해서 설계변경을 거쳐 주차장과 소공원을 조성하게 됐다. 후일 이곳에는 팔달구청이 자

화성박물관 개관식
(사진 화성박물관).

리 잡았다. 화성박물관은 착공한 지 2년 9개월 만에 준공됐다. 수원박물관이 개관되자 박물관사업소가 만들어져 산하에 수원박물관(수원역사 및 한국서예 박물관)과 수원화성박물관을 두는 체제가 됐다.

화성박물관 개관식은 2009년 4월 27일에 열렸다. 이후 2014년 3월 27일 광교 택지개발사업지구에 경기도시공사가 건립한 광교박물관이 수원시에 기부채납되어 수원은 박물관 3개를 보유한 도시가 됐다.

09
근·현대 수원의 변화

1. 수원화성은 천주교도 순교 성지

우리나라에 천주교가 들어오게 된 배경엔 마테오 리치(Matteo Ricci) 신부가 쓴 『천주실의』가 있다. 유교의 부족한 점을 보충해 줄 수 있다는 '보유론(補儒論)'은 진리에 목말라하던 소수의 실학자들을 매료시켰다. 그러나 17세기까지는 지식과 사회문화 운동의 대상이었을 뿐 실천적 신앙의 대상은 아니었다.

건국 이래 조선의 지도 이념이었던 주자학이 18세기 후반에는 그 긍정적 역할을 상실해 가고 있었다. 이에 지식인들은 성리학의 가치를 대체해 줄 서학에 관심을 갖게 됐다. 서학, 즉 천주교의 평등사상에 기초한 이론은 우리나라에 천주교가 자발적으로 생성될 수 있는 활력소가 됐다. 사람들은 천주교를 학문으로 연구하기 시작했다.

특히 그리스도교의 인권과 평등사상은 당시 진보적 지식인들 사이에서 큰 호응을 얻게 된다. 이벽, 정약전, 권일신 등은 중국의 교리서를 통해 몸소 신앙을 실천했고, 주어사(走魚寺)를 중심으로 강학을 시작하다가 마침 사절단의 일원으로 북경에 가는 이승훈에게 교리를 더 깊이 배워 오게 했다.

이승훈은 1784년 북경에서 베드로라는 이름으로 세례를 받고 돌아와 이벽, 권일신 등에게 세례를 주어 교회가 성립된다. 이벽은 이승훈이 중국에서 가져온 서적들을 가지고 연구한 후 복음을 전파하기 시작했다. 1789년 윤지충에 의해 조상 제사 문제가 생기자 그 갈등으로 양반층들이 떨어져 나가고 하층계급의 서민들에게서 더욱 순수한 신앙으로 발전한다.

수원화성과 천주교와의 인연은 정약용으로부터 시작됐다. 정약용은 1762년 6월 16일 경기도 광주(현 남양주시 마재)에서 부친 정재원과 고산 윤선도의 5대 손녀인 모친 해남 윤씨 사이에서 태어났다. 형제는 약현, 약전, 약종과 약용 그리고 누이 한 명으로 5남매였다.

방화수류정 천장의 십자가. 정약용이 설계하고 중 굉흠이 공사를 담당했다(사진 김충영).

정약용과 천주교의 인연은 매형 이승훈과의 만남으로 깊어졌다. 그는 큰형 약현의 처남인 이벽과 학문과 명성이 높은 이가환, 매부인 이승훈과 친하게 지냈다. 이승훈은 조선에서 최초로 천주교에서 세례를 받았으며 이가환은 성호 이익의 종손이자 이승훈의 외삼촌으로 당시 이익의 학풍을 계승하는 중심인물이었다.

정약용은 1783년 문효세자 책봉 경축 증광시에 합격했다. 22세에 진사가 되어 성균관에 들어갔는데, 학문이 뛰어나 정조의 총애를 받았다. 23세 때 큰형 정약현의 처남 이벽을 통해 천주교를 접하게 되는데 세례명은 요한이었다. 1789년(정조 13년) 대과에 급제하여 관직에 진출했다.

규장각에서 정조의 총애를 받아 공부하면서 한강 배다리 만들기에도 참여했다. 1792년에는 정조의 지시로 화성의 기본계획인 「성설(城說)」을 작성했다. 성설을 정조에게 올리자 정조는 '어제성화주략(御製城華籌略, 임금의 화성 기본계획)'을 발표하게 된다.

정약용은 승정원의 가주서, 예문관의 검열에 오른 지 얼마 되지 않아 노론 벽파의 모함으로 서산 해미로 유배되었으나 11일 만에 풀려났다. 이후 사간원, 홍문관 등지에서 요직을 역임했다. 1794년에는 성균관에서 강의를 하게 된다.

이후 암행어사로 연천, 삭녕 등을 순찰하고 1799년에 승정원 동부승지가 되었으나 천주교 주문모 신부가 교우 강완숙 등의 도움을 받아 전교를 하다가 적발되는 사

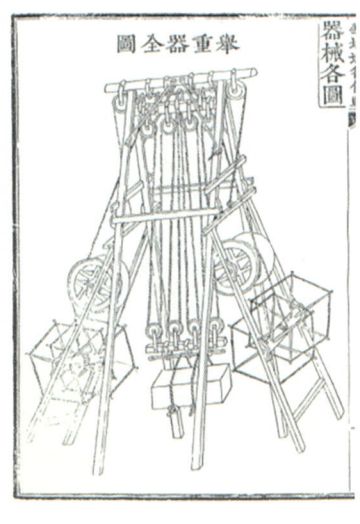 

정약용이 고안한 거중기. 오른쪽은 화성박물관 야외에 전시된 거중기이고 왼쪽은 『화성성역의궤』에 수록된 「거중기 전도」(자료 화성박물관).

건에 휘말려 그해 7월에 금정찰방으로 좌천됐다. 이어 병조참지, 좌부승지, 곡산부사 등을 지냈다.

정약용이 곡산부사로 부임하기 전 이계심의 난이 일어났는데, 정약용은 이들을 처벌하기보다 관리의 부패에 항의하는 자들에게는 오히려 천금을 주어야 한다고 했다. 국가가 권위와 법으로 억누르는 것이 아니라 백성들의 항의를 귀담아들어야 한다고 했다. 1799년 형조참의가 되었는데 탄핵을 받자 자명소(自明疏, 자기의 죄가 없음을 스스로 변명하는 상소)를 올리고 사퇴했다.

정조는 노론 진영에서 천주교에 대해서 강경론을 주장하자 성리학에 반하는 천주교는 스스로 없어질 것이니 탄압할 이유가 없다는 견해였다. 하지만 1800년 윤지충과 권상연이 천주교 예식으로 모친 장례식을 치른 진산사건(珍山事件, 신주를 불태운 사건)이 일어나자 천주교가 성리학 전통을 부정했다 하여 탄압하게 된다.

정조가 승하하자 이듬해 정월 대왕대비 정순왕후 김씨의 천주교 탄압령으로 신유박해(辛酉迫害)가 시작됐다. 신유박해는 천주교 탄압을 빌미로 남인을 제거하기 위한 노론의 정치적 공격으로, 이가환(李家煥)·권철신(權鐵身)·이승훈(李承薰)·최필공(崔必恭)·홍교만(洪教萬)·홍낙민(洪樂敏)·최창현(崔昌顯) 등이 연루됐다. 이 박해에 정약용과 그

정약용이 강진에 유배되어 집필 활동을 하던 다산초당(사진 김충영).

의 두 형인 정약전(둘째 형), 정약종(셋째 형)도 연루됐다.

정약용과 그의 둘째 형 정약전은 정약종과는 달리 이미 천주교를 버린 뒤였으나, 노론에서는 이미 이들을 제거할 생각이었다. 하지만 정약종만 천주교 신자일 뿐, 정약전과 정약용은 천주교에 무관심한 비신자라는 점이 확인되면서 사형에서 유배로 감형됐다.

정약종은 천주교 신앙을 버리지 않아 장형을 받던 중 죽었다. 정약용은 천주교 신자로서 화성 설계를 담당했다. 그리고 18년간 경상도 장기, 전라도 강진 등지에서 유배 생활을 하면서 『목민심서』, 『경세유표』 등의 저술 활동을 했다. 둘째형 정약전도 물고기의 생태를 기록한 명저 『자산어보』를 남겼다. 천주교는 여러 차례 크고 작은 박해를 받았다. 네 차례의 큰 박해를 겪었는데 첫째는 사상적 원인으로 유교사상과 그리스도교 평등사상의 충돌이었다. 둘째는 사회적 원인으로 조상 제사 문제에 기인했다. 셋째는 정치적 원인으로 남인에 대한 박해의 수단이었다.

한국 역사상 가장 참혹한 박해는 1801년의 신유박해, 1839년의 기해박해, 1846년의 병오박해, 1866년의 병인박해 등을 들 수 있는데, 그 가운데 병인박해는 그 규모나 가혹성으로나 가장 처참한 박해였다.

신유박해는 1801년에 일어났다. 정조는 천주교에 관대한 정책을 펴서 한때 신도의 수가 1만여 명에 달했다. 그러나 정조가 죽고 순조가 즉위하자 순조의 조모인 정순왕후가 실권을 잡고 전 시대의 실권자인 시파를 제거할 목적으로 시파와 가까웠던 신도들을 탄압하게 된다. 이때 주문모 신부와 300여 명의 신도들이 순교했다. 그리고 기해박해는 1839년에 발생했다. 순조가 죽고 헌종이 즉위하자 헌종의 외조부이며 벽파였던 조만영이 전 정권의 시파를 축출하기 위해 다시 천주교를 탄압하였다. 또 외국인 성직자들이 들어와 있다는 소문이 퍼지자 그들을 처단하기 위해서 천주교를 탄압했다. 이때 성직자 세 명과 신도 200명이 순교했다. 또 1846년에는 병오박해가 발생했다. 김대건 신부의 체포를 계기로 박해가 시작됐다. 이때 김대건 신부를 비롯해 많은 신도들이 순교했다. 1866년에는 병인박해가 발생해서 1871년까지 무려 8,000여 명 이상의 순교자를 내었다.

헌종이 죽은 후 즉위한 철종은 천주교에 너그러운 정책을 펼쳤다. 이에 신도 수가

2만 3천여 명에 이르렀으나 철종이 죽고 고종이 즉위하자 고종의 아버지 흥선대원 군은 외세에 대항하여 천주교를 탄압했다. 대원군의 탄압으로 9명의 성직자와 8천 여 명의 신도들이 순교하게 된다. 이때 수원지역에서도 많은 순교자가 발생했다.

2. 수원화성 곳곳에서 천주교 신자 처형

수원지역에서도 천주교 박해가 극심했다. 이는 화성 건설과 관련이 있다. 1789년 현륭원이 조성되고 신읍이 건설되자 조정에서는 수원에 성곽을 축조해야 한다는 여론이 일었다. 정조는 화성 건설에 앞서 1793년 수원부를 화성유수부로 승격했다. 화성 건설이 완료되자 인근의 5읍(용인·진위·안산·시흥·과천)을 화성유수부의 속읍으로 귀속시켰다.

총융청(摠戎廳) 산하의 중영(中營)은 장용외영(壯勇外營)으로 개편했다. 장용영은 정조 사후 총리영(總理營)으로 개편되어 화성유수부가 총리사를 겸하는 중군체계를 유지했다. 화성유수부는 유수 예하에 판관(判官)과 중군(中軍)을 두고 유수부와 속읍에 대한 행정, 군사, 민사, 사법 사무 일체를 총괄했다.

신유박해가 끝난 후 10년쯤 경과한 1811년 3월 화성유수부 박윤수가 '천주교 신자들이 없는지 잘 살펴보아야 한다'는 내용을 담은 장계(狀啓)를 올리자 조정에서는 이에 근거하여 다시 팔도(八道)와 삼도(三都, 4도 중 수원을 제외한 강화, 개성, 광주유수부)에 천주교 신자의 적발에 유념할 것을 명했다.

수원은 정조의 효심으로 만들어진 도시였으므로 '충·효·열(忠孝烈)'을 강조하는 고장이었다. 천주교는 성리학과 거리가 먼 패륜적인 집단이라는 인식이 어느 지역보다 팽배했다. 1801년 신유박해 이전에 이미 수원지역에 천주교가 전파되었음에도 불구하고 '오가작통법(五家作統法)'이 강력하게 실시되어 1817년 샘골에 살던 천주교인 이용빈이 친척들에게 살해되는 일이 발생했다.

이 사건으로 알 수 있듯이 수원에서 천주교 활동은 활발하지 못했다. 전국적인 박해가 있던 신유박해, 기해박해 때까지 수원지방에서는 공식적인 박해기록을 찾아볼 수 없었다. 수원에서 본격적인 박해는 1866년(고종 3, 병인년) 봄에 시작됐다. 이 사건의 원인은 러시아의 남하정책에서 비롯됐다.

러시아는 북경조약(1860년 아편전쟁으로 중국이 영국, 프랑스, 러시아와 맺은 조약)으로 연해주를 획득했다. 1864년(고종 1) 러시아인이 함경도 경흥부에 와서 통상하기를 요구하자 당시 천주교도들은 대원군에게 '한·불·영 3국 동맹'을 체결하게 되면 나폴레옹 3세의 위력으로 러시아의 남하정책을 막을 수 있다고 제안한다. 그리고 대원군에게 프랑스 선교사를 만나게 해달라는 요청을 했다.

그러나 프랑스 파리 외방전교회 소속의 다블뤼 주교와 베르뇌 주교가 한 달 뒤 서울에 돌아옴에 따라 대원군은 무책임한 주선의 비난을 받게 됐다. 천주교를 서학, 사학(邪學)이라 하여 배척하던 당시, '운현궁에 천주학쟁이가 출입한다'는 소문이 퍼지자 조대비(신정왕후) 이하 정부 대관들이 천주교도들의 책동을 비난했고 대원군은 천주교도 탄압을 결심한다.

1866년 천주교 탄압의 교령(敎令)이 포고되고 프랑스 선교사 12명 중 9명이 학살당한 것을 필두로 국내 신도 8,000명이 학살됐다. 이때 체포되지 않은 프랑스 신부 3명은 탈출에 성공, 천진에 있는 프랑스 해군 사령관 로즈 제독에게 이 사실을 알림으로써 프랑스군이 강화도를 침략하고 외규장각의 의궤를 약탈해간 사건이 발생했다.

이후 남연군묘 도굴사건과 미 함대 침입 사건이 일어나자 대원군은 배후로 천주교를 지목하고 더욱 강력하게 천주교를 탄압했다.

당시 화성유수부의 최고 책임자는 정2품의 유수로 관직제로는 지방관이지만 경관(京官)직에 속해 주로 비변사에서 근무했다.

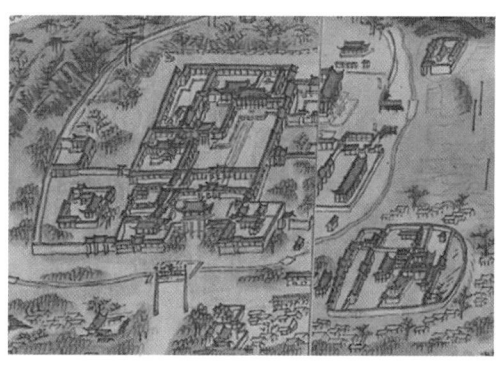

화성행궁과 이아(貳衙). 왼쪽은 화성행궁, 오른쪽 하단이 판관이 근무하던 이아다(자료 화성박물관).

유수부의 실제 행정책임은 종5품직인 판관이 수행했다. 그리고 군사 업무와 치안 업무는 유수가 총리사(摠理使)를 겸하고 있어서 예하에 중군의 총리종사관이 관할했다. 병인박해 당시 화성유수부는 조헌영, 이경하, 이재원, 신석희 등이었다.

 판관은 유승근, 정기명, 정광시로 유수를 대리해서 천주교 신자들을 1차적으로 신문하고 재판한 관리이다. 중군은 판관이 넘겨준 신자들을 신문하여 재판하고, 상부의 재가를 얻어서 사형을 집행하기도

『뎡니의궤』 팔달문 부근 모습. 팔달문, 남암문, 동남각루, 형옥의 모습. 병인박해 때 천주교 신자들을 가둔 감옥. 동남각루에서 참수형을 집행하고 몸은 성 밖으로 던졌으며, 목은 남암문에 걸어놓았다고 한다(자료 화성박물관).

수원 순교자의 거주지 및 순교 연도별 일람표
(자료 원재연의 논문「수원유수부 내 천주교 박해의 전개과정」참조)

관할	고을	체포직전 거주지	1865 이전	1866	1867	1868	1869	1870	1871	1872	1873	1874	미상	계 소계	계
화성 유수부	수원	건의						1						1	16 (20.5%)
		걸매		1	1	2	1							5	
		밀머리			1								1	2	
		새원여			1									1	
		동청이				1								1	
		인광리					1							1	
		김탕개	1											1	
		(기타)		1	2	1								4	
	진위	들막								2				2	4 (5.1%)
	용인	지방골		2										2	
경기도	양지	은이			1	6								7	25 (32.1%)
		응다라니		1									12	13	
		사기막		2										2	
	이천	소리울							1					1	
	죽산			1										1	
	인천	함빅이		1										1	
충청도		서해안, 내포		5	11	10		2					1	29	32 (41%)
		내륙산간		3										3	
전라도	고산	차돌박이											1	1	1 (1.3%)
계			1	17	17	20	2	1	3	0	2	0	15	78	78(100%)

하고 포도청의 요청이 있을 경우 서울로 이송시키기도 했다.

이들 중에서도 판관 정기명은 유수 이경하 못지않게 천주교 신자들의 원성을 샀던 악랄한 박해자였다. 그는 천주교 신자들을 탐문 수색하고 이에 근거하여 1차 심문을 담당했던 판관이었다.

그는 자신의 지위를 활용, 1869년 5월 23일 장안문 밖에서 공개적으로 처형당한 지 타대오가 소유했던 안중(지금의 평택시 현덕면 인광리와 황산리 일대) 소재 사방 십여 리의 전답을 비롯해 전 재산을 몰수한다는 명목으로 착복했다. 지 타대오 순교자 가문의 후손들이 이 사실을 가전(家傳) 기록을 통해 증언하고 있다.

한편 중군은 총리영의 책임자인 총리사(화성유수)로서 군사 업무와 치안 업무를 실질적으로 총괄했다. 중군은 토포영으로 화성유수부와 속읍(屬邑-시흥, 과천, 안산, 진위, 용인)에서 발생한 천주교 신자에 대한 단속과 심문, 재판, 처벌 등을 포괄적으로 담당했다.

화성유수부는 유수를 대리한 판관과 중군의 권한이 막강했다. 속읍은 물론이고 충청도 내포지방까지 영향을 미쳤다. 천주교 신자들을 체포해 수원으로 끌고 와서 1차로 판관의 근무처인 이아(貳衙, 화청관)에서 심문했다. 1차 심문을 거친 신도들은 중군이 관장하는 중영에서 형벌을 가하거나 형옥에 가두고 처형한 것으로 보인다.

병인박해 때 수원지방 순교 기록을 살펴보면 1865년 이전에 1명이 순교했고, 1866년부터 1874년까지 77명이 순교하여 수원에서는 모두 78명이 순교했다. 이를 시기적으로 보면 1866년부터 1868년까지 순교한 이들은 전체 순교자의 69.2%(54명)에 달했다. 이 시기가 이경하 유수와 유승근, 정기영 판관의 재임 기간이었다.

앞쪽에서 언급한 바와 같이 이들은 악랄하게 천주교 신자들을 고문하고 처형했으며, 재산까지 빼앗아 착복하기도 했다. 순교자들의 체포 직전 주거지는 화성유수부 내가 16명으로 20.5%, 속읍인 진위와 용인에서 4명으로 5.1%, 경기도 양지, 이천, 죽산, 인천 등에서 25명으로 32.1%, 충청도 내포에서 32명으로 41%를 보이고 있다.

전체 순교자 중 관외 거주자가 62명으로 79.5%에 달해 수원 거주자보다 4배 정

수원 순교자의 순교 형태별 일람표
(자료 원재연의 논문 「수원유수부 내 천주교 박해의 전개과정」 참조)

구분	1865	1866	1867	1868	1869	1870	1871	1872	1873	1874	미상	소계	비율
참수형		2										2	2.6%
장살형		4	1		1							6	7.7%
교수형		4	6	6	1	1	1				13	32	41%
백지사형				1								1	1.3%
옥사				3								3	3.8%
모름	1	7	10	10			2		2		2	34	43.6%
계	1	17	17	20	2	1	3	0	2	0	15	78	100%

도 많았다. 이러한 현상은 과거 화성유수부의 행정구역이 평택시 안중지역까지이기 때문이다. 충청도 내포 지방은 인접 고을이었기에 상대적으로 박해가 느슨한 곳으로 피신한 천주교인을 화성유수부에서 체포해 압송한 것이 아닌가 생각된다.

다음으로 순교 형태를 살펴보면 78명 중 44명(56.4%)만이 순교 형태가 파악되었고 34명(43.6%)은 처형방식을 알 수 없다. 처형방식을 알 수 있는 교수형(올가미형)인 경우 32명으로 전체 순교자의 41%에 해당하는데 교수형은 대개 비공개로 이루어졌다. 그다음으로는 장살형(杖殺刑, 몽둥이로 쳐서 죽이는 형)이 6명으로 7.7%였다. 옥사(獄死)는 3명으로 3.8%, 참수형이 2명으로 2.6%였다. 백지사(白紙死)는 1명만 파악됐다. 이처럼 많은 사람이 박해를 당했다.

화성유수부의 천주교 신자들은 판관의 근무처인 이아에서 1차 심문을 받았고, 중군의 군영 겸 토포영인 중영에서 2차 심문을 받았다. 이곳에서 주리틀기와 난장질 등으로 고문을 받다가 죽은 사람이 많았다. 그리고 교수형의 경우 중영 내에 있는 미루나무에 목을 매달아 죽이거나, 물에 젖은 백지를 여러 장 얼굴에 덮어 질식사시키기도 했다. 1800년대 말에 태어난 분들의 고증에 의하면 선경도서관 자리가 사형장이었고, 동남각루에서 형을 집행하고 머리를 남암문에 걸었다고 한다.

수원은 화성 건설로 인해 유수부로 승격됐고 높아진 지위만큼 천주교 박해에도 책임이 지워져 많은 신자들이 순교한 것으로 기록됐다. 이 숫자는 정부 기록에서는 전무했으나 그나마 천주교회에 관련 기록이 있어 확인이 가능했다. 천주교 측은 실제 순교자는 이 숫자의 몇 배는 될 거라고 주장한다.

　수원화성은 선조들이 흘린 피로 순교 성지가 됐다. 새로운 신앙이 이 땅에 들어와 정착되는 과정에서 흘린 피가 있어 후손들은 자유롭게 신앙을 받아들일 수 있었다.

　(『교회사학』 제2호, 수원교회사연구소, 2005. 원재연의 논문 「수원유수부 내 천주교 박해의 전개과정」 중에서 발췌한 내용이다.)

3. 수원화성에서 천주교 신자 83인 순교

　조선시대 천주교 박해는 1785년 을사추조적발사건(乙巳秋曹摘發事件)을 시작으로 총 9차례, 1만여 명이 순교했다. 수원지역의 박해는 8번째인 병인박해 때 집중적으로 발생했다. 당시 수원화성에서는 83명이 순교한 것으로 집계됐다. 그중에서 수원 출신 순교자는 18명이었다.

　병인박해 이후 수원지역은 정조의 효심으로 축성된 고을이라는 지역 특성으로 충·효·열(忠孝烈) 사상이 높은 곳이어서 천주교의 전파가 활발하지 못했다. 그러나 몇 곳의 교우촌은 유지됐다.

　우리나라에서 천주교가 묵인된 것은 1886년 조불조약(朝佛條約, 수호통상조약)이 조선과 프랑스 간에 체결된 이후부터였다. 이 조약에서 조선은 천주교를 공식적으로 인정하지 않았음에도 불구하고 프랑스 신부들은 자유롭게 선교활동을 했다. 그에 따라 수원 왕림의 갓등이 공소(公所, 사제가 상주하지 않고 성체를 모시는 감실이 없는 예배당)가 한수(漢水) 이남 경기도 공소 중에서 가장 이른 1888년 7월 본당으로 승격됐다.

　오늘날 화성시 봉담읍 왕림리 갓등이 왕림성당 일대는 1839년 기해박해 때부터 신자들이 모여 살기 시작한 유서 깊은 천주교 교우촌이었다. 갓등이 성당이 본당으로 승격하게 됨에 따라 수원읍내 천주교가 다시 활기를 띠는 계기가 됐다.

　당시 수원읍내 교우 유지들이 2대 주임신부인 알렉스 요셉 신부와 협의하여 수원읍 남부면 남수리 황학정 부근의 밭 800평과 25칸짜리 한옥을 매입, 화양학교를 개설하는 한편 천주당(天主堂)이란 간판을 달고 일부를 공소 강당으로 사용했다. 이렇게 1890년 갓등이 본당에 속한 수원읍 공소가 본격 태동하게 됐다.

알렉스 신부가 수원읍에 또 다른 곳을 물색하여 매입한 건물이 바로 북수리 소재 팔부자(八富者)집 두 채와 거기에 딸린 행랑채, 대지 약 300평이었다. 이곳이 오늘날 북수동성당이 위치한 곳이다.

그러나 수원읍에는 천주교의 전교가 타지역에 비해 그리 쉽게 되지 않았다. 오랫동안 끌어온 천주교 박해가 사람들에게 부정적으로 남았기 때문이다. 이곳에는 무속과 도교, 점집들이 난무했다. 심지어는 동학이 성행하면서 천주교인들을 위협하는 일이 발생하기도 했다. 박해 시대가 끝났어도 천주교 신자들은 계속되는 목숨의 위협을 안고 살아야 했다.

심지어 알렉스 신부가 수원읍에 땅과 집을 사서 공소로 만들려고 하자 수원 군수는 이 문제로 신부에게 편지를 보냈다.

"본인은 서양인이 수원에 집을 샀다는 소식을 들었습니다. 이는 법에 어긋나는 일입니다. 그러므로 본인은 그 사람이 우리 도시에 정착하는 것을 엄격히 반대하는 바입니다."

또, 이런 경우도 있었다. 박해 시대가 끝난지 무려 20년이 지난 1906년에 순교한 것으로 잘못 알려진 이가환(李家煥)의 후손이 알렉스 신부를 찾아와, 순교라는 가문의 오명(汚名) 때문에 벼슬을 할 수 없다고 주장하며, 오명을 벗고 일반인처럼 벼슬을 할 수 있도록 해달라고 간청했다고 한다.

이런 사실들을 볼 때 천주교에 대한 거부감이 매우 높았다는 것을 알 수 있다. 이처럼 천주교에 대한 거부감이 팽배한 수원지역에서 1910년대를 전후해 천주교는 더욱 적극적인 진출을 시도했다. 왕림 본당 알렉스 신부는 신자

천주교 북수동성당 정문과 종탑(사진 김충영).

들과 갈등이 생기자 왕림성당에서 수원읍내 공소로 거처를 옮겨 사목활동을 했다.

당시 왕림성당 예하에 공소가 27개소 있었다. 전체 신자는 1,311명으로 공소당 평균 신자 수는 49명이었는데 수원읍내 신자는 59명으로 공소 평균 49명보다 10명이 많은 숫자였다. 공소 중 신자가 많았던 곳은 양감 공소(화성시 양감면 용소리) 110명, 독정이 공소(화성시 장안면 독정리)가 173명으로 수원읍 신자보다 월등히 많았다.

이러한 여건에서 알렉스 신부와 후임 르 각 신부는 계속해서 수원읍에 머물렀으나 후임 김원영 신부는 거처를 왕림성당으로 옮겼다. 그리고 김원영 신부는 1921년 5월 1일 서울교구장으로 부임한 드브레 주교에게 여러 차례 편지를 올린다. 다음은 1922년 5월 1일 김 신부가 드브레 주교에게 보낸 편지 내용이다.

"최근 수원읍의 교우들로부터 편지를 받았는데, 읽어 보니 본당신부를 청하는 내용이었습니다. 또 주교님께도 한 통의 편지를 보내고 수원읍에 신부를 보내줄 것을 요청했습니다. 이 편지를 기꺼이 주교님께 보내드립니다. 교우들의 전신(電信)도 수원읍을 위해 신부 한 분을 청하려는 제 뜻과 같았습니다. 그러하오니 순교자들로 유명한 읍내에 가톨릭 신앙이 전파되도록 서양 신부 한 분을 보내주시기를 간청합니다."

위 편지를 통해 알 수 있듯이 당시 교우 수가 부족하여 수원읍내의 공소가 본당으로 승격하기 어려웠다. 그러나 김원영 신부와 공소 신자들의 강력한 요청은 수원읍이 순교의 거룩한 땅임을 강조하였다. 1923년 11월 23일 드디어 수원 본당 설립이 승인됐다. 이는 그 자체가 성지의 시작이었다.

수원 본당은 초대 르메르(루도비코) 주임신부를 시작으로 눈부시게 교세를 확장하게 된다. 1925년에는 읍내 신자 수가 300명으로 증가했다. 공소 신자들까지 합치면 전체 신자 수는 1,500명에 달했다. 수원 본당에 편입된 공소는 호매실리, 안룡면, 오목천, 대황교리, 병점 등이었다.

그 뒤 2대 주임신부로 크렘프(헨리코) 신부, 3대 주임신부로 박일규 안드레아 신부가 부임하면서 본당의 모습을 갖추게 된다. 그리고 4대 주임신부로 뽈리(데시데라토) 신부에 의해서 본격적인 자리매김을 하게 된다. 이때 소화강습회(소화초등학교 전신)

를 설립하고 1932년 고딕 성당을 신축하게 되는 등 교회 발전을 이루었다.

당시 수원의 천주교 측은 박해 시대에 순교자들이 피를 흘려 신앙을 증거한 모범을 따르는데 주력하였다. 뽈리 신부는 기존 신자들의 친지나 이웃의 전교에 힘썼다. 그는 해방 이후 주일 강론에서 "착한 목자는 자기 양을 위해 목숨을 버리고 악한 목자는 자기 생명이 위태로워지면 양들을 버리고 도망간다."고 했는데, 한국전쟁 때 자신이 사목하던 천안 본당을 지키다가 인민군에게 끌려가 순교하여 스스로 언행일치의 모범을 보였다.

이러한 순교 정신은 함께 수원성당 초대 보좌신부로 부임한 김경인 루도비코 신부에게서도 나타났다. 김 신부는 1946년 황해도 안악성당 본당신부로 재임하다가 6·25 때 피랍되어 해주 형무소에서 수감 중 옥사했다. 수원 본당 신자들은 뽈리 신부 등 순교자들의 순교비 건립을 위해 모금을 하여 경향잡지에 기탁하기도 했다. 하지만 당시 어려운 정치·사회적 사정으로 순교자 현양사업은 잊히고 말았다.

1963년 10월 7일 교황 바오로 6세가 윤공희 빅토리아노 주교를 초대 수원교구장으로 임명함에 따라 수원교구가 서울교구에서 독립했다. 당시 수원교구 관할 구역의 인구는 133만 6,742명이었다. 신자 수는 4,253명(인구 대비 0.32%), 사제 36명, 수녀 39명, 신학생 78명, 본당 52개소, 공소 254개소였다.

윤공희 주교는 1965년 9월 26일 수원교구 최초로 순교자 현양대회를 미리내 성

수원순교성지에 있는 심응영 뽈리 데시데라도 신부상(사진 김충영).

수원 순교자 현양비. 수원화성에서 순교한 이들을 현양하기 위해 수원순교성지 내에 세운 비(사진 김충영).

수원순교성지 북수동 성당. 1932년에 건립된 고딕양식의 성당이 한국전쟁으로 훼손됨에 따라 1979년도에 '주교관' 모습의 성당을 새로이 건립했다(사진 김충영).

지에서 거행했다. 2대 수원교구장인 김남수 주교는 1990년 12월 8일 남양순교성지를 '성모순례성지'로 지정했다. 3대 수원교구장인 최덕기 바오로 주교는 교구 설정 30주년 기념 '순교자 현양대회' 및 '100년 계획 대성당' 기공식을 천진암 성지에서 개최했다.

1997년 6월 4일 3대 수원교구장에 취임한 최덕기 바오로 주교는 2000년 9월 20일 북수동성당을 중심으로 한 수원화성을 '수원순교성지'로 선포했다. 그 후 매년 수원교구 차원의 '순교자 현양대회'를 열고 있다.

2005년 9월 22일 수원순교성지와 수원교회사연구소는 '수원순교성지와 수원지역 신앙 선조들의 삶과 죽음'이라는 주제로 학술대회를 개최하여 수원지역의 순교 역사를 발굴하고 성지 발전 방향에 대한 발표와 토론을 갖기도 했다. 수원순교성지는 김학렬 신부, 김동욱 신부, 나경환 신부 등의 노력으로 많은 발전을 가져왔다.

현재 수원순교성지는 순교자 20위 원 프란치스코, 윤자호 바오로, 지 타대오, 박의서 사바스, 박원서 마르코, 박익서, 김사범, 김양범 빈첸시오, 황요한, 서여심, 심원경 스테파노, 권중심, 윤평심, 홍창룡, 박선진 마르코, 박태진 마티아, 고 야고보, 심응영 뽈리 데시데라도, 유영근 요한, 요한 콜랭 등의 시복시성(諡福諡聖) 운동, 즉 천주교에서 신앙의 모범으로 살다가 죽은 인물을 교황의 공식 선언을 통해 공경할 수 있도록 하기 위한 운동을 전개하고 있다.

수원 본당(현 북수동성당)은 1923년 11월 23일 본당 설립이 승인되어 100주년을 맞았다. 150여 년 전 신앙을 소중히 여기고 죽음을 두려워하지 않은 신앙 선조들이 시복시성으로 복자(福者) 품에 오르기를 기원하는 바이다.

4. 구한말에서 일제강점기까지 수원의 교육

우리나라에 최초로 근대식 학교가 설립된 것은 1894년 갑오개혁(갑오경장) 때이다. 김홍집 내각은 1894년 6월 28일 군국기무처의 의결을 통해 관제를 개혁했다. 학무아문(현 교육부)을 설치하고 황실 자녀들의 교육을 목적으로 1894년 9월 18일에 우리나라 최초로 서울에 관립교동소학교를 개교했다.

1895년 1월 7일 우리나라 최초 헌법이라 할 수 있는 '홍범 14조'가 선포됐는데, 제11조에 서구의 근대교육과 기술에 대한 도입 필요성과 의지를 담았다. 즉, "나라의 총명한 자제를 널리 파견하여 학술과 기예를 견습하게 한다."라고 규정한 것

1993년 신풍초등학교 주변. 왼쪽 상단이 신풍초등학교, 아래쪽으로 경기도립 수원의료원, 수원경찰서, 경기도 여성회관 등이 보인다. 오른쪽은 종로사거리와 광장이 조성되기 전 마을.(사진 수원시 항공사진 서비스).

이다.

이어 고종은 '교육입국(教育立國)'의 뜻을 밝힌 교육조서를 반포했다. 이로써 우리나라에 근대식 학제가 마련됐다. 그리고 '소학교령'이 잇따라 공포됐다. 그해 7월 19일에는 서울의 장동·정동·계동·주동 등에 소학교가 설립됐다.

이어 각 도의 관찰부가 소재한 수원·공주·충주·광주·전주·진주·대구·춘천·평양·영변·해주·함흥·경성에 1개교씩 공립심상소학교가 설립됐다. 이에 따라 1896년 2월 10일 수원군공립소학교(현 신풍초등학교)가 개교하게 됐다. 신풍초등학교는 화성행궁 복원사업에 의해 2013년 수원시 영통구 도청로 17번길 24(이의동)로 이전했다. 신풍초등학교는 수원뿐만 아니라 경기도에서도 최초로 설립된 학교였다.

수원의 학교 역사를 살펴보면 첫째 시기는 대한제국에서 일제강점기(1896~1945년)로 구분할 수 있다. 그때 설립된 학교는 국가기관에서 건립한 공립과 개인이 설립한 사립으로 구분된다. 사립학교는 당시 종교단체와 지역의 유지들이 설립을 주도했다.

대한제국 시기에 개신교에서 설립한 학교는 수원군 북부면 보시동(북수동)에 소재

2022년 삼일, 매향학교 단지 모습. 오른쪽은 창룡문사거리, 오른쪽 학교는 연무초등학교, 왼쪽 윗부분이 삼일상업고등학교, 아래쪽이 삼일공업고등학교, 왼쪽 윗부분이 매향여중, 남쪽은 매향여자정보고등학교, 맨 아래쪽이 삼일중학교. 이곳에 6개의 학교가 있다(사진 수원시 항공사진 서비스).

한 북감리교회(현 종로교회)에서 교육과 선교 목적으로 설립했다. 1902년 설립한 삼일여학당은 1938년 4월 매향여자심상소학교로 교명을 변경했다. 1951년 9월 매향여자중학교로 인가를 받고 1958년 매향여고를 개교했다.

1903년 북감리교회 유지 이하영, 임면수, 나석중이 주축이 되어 삼일학당을 개교했다. 1908년 삼일학당 경영을 교회선교부로 이양하고 1909년 삼일학교 설립인가를 받았다. 1925년 수업연한 6년제의 학교로 변경했고 1946년 삼일초급중학교로 승격인가를 받았다. 1951년 수원삼일중학교로 학교명을 개칭하고 1955년 삼일상업고등학교 설립인가를 받았다. 1988년 삼일공업고등학교와 삼일상업고등학교로 분리인가되어, 삼일학당은 삼일중학교, 삼일공업고등학교, 삼일상업고등학교로 발전했다.

한편 조선의 국운이 기울어가던 시기에 교육을 통한 국권회복운동을 전개하기 위해 수원의 유지들이 중심이 되어 1908년 수원상업소를 창립하고 부설로 수원상업강습소를 운영했다. 이후 강습소를 화성학원이라 칭했는데 1941년에는 수원중학교로, 1945년에는 수원고등학교가 되었다.

1934년 10월 2일 천주교 서울교구는 수원성당(현재 북수동성당) 옆에 4년제 소화강습회(현 소화초등학교)를 개교했다. 1946년 6년제 학교로 정식인가 되어 소화초등

1974년 8월 수원중·고등학교 주변. 왼쪽으로 수원천, 정조로 주변에 전답이 보인다(사진 수원시 항공사진 서비스).

1974년 매산초등학교 주변 모습. 왼쪽에 경기도청 진입도로가 있고 북쪽에 수원시민회관과 수원중앙도서관이 보인다(사진 수원시 항공사진 서비스).

학교는 수원시 최초의 사립초등학교가 됐다.

공립학교로는 1906년 신풍동에서 일본인 '수원거류민소학교'가 개교했다. 1908년에는 지금의 매산초등학교 자리로 이전했다. 이후 수원심상고등소학교, 수원공립국민학교로 개칭됐다가 일제가 패망하자 폐교하고 매산초등학교로 새로이 개교했다. 그리고 도심 외곽에 학교가 들어서기 시작했다. 1921년 태장면 신리에 태장초등학교가 개교했다, 1924년에는 곡반정동에 안룡초등학교가 문을 열었다.

1924년 일본인 수원군수와 수원면장은 수원에 중등학교가 없어 불편을 겪자 개선 운동을 전개하고 유지들에게 모금운동을 벌여 상당액을 모금하기에 이른다. 당시 경기도에 고등보통학교가 10곳에 이르자 1936년 7월 1일 수원에 공립농업학교(후일 수원농림고등학교)를 설립 개교했다. 1951년 8월 31일 수원북중학교와 수원농림고등학교로 분리됐다.

1974년도 수원북중과 수원농림고등학교 모습. 왼쪽으로 실습용 전답이 보인다. 가운데가 수원농림고등학교, 오른쪽이 수원북중이고 아래쪽으로 광교산로가 보인다(사진 수원시 항공사진 서비스).

1974년 수원여중, 수원여고. 왼쪽으로 팔달로가 보인다. 북쪽의 수원여중 학교는 현재 교명을 수원제일중학교로 명칭을 변경하고 팔달구 수성로 244번길 37-52(화서동)로 이전했다. 중학교 자리는 수원초등학교가 사용하고 있다(사진 수원시 항공사진 서비스).

1936년 수원시 고등동에 수원공립가정여학교가 문을 열었다. 1941년 수원공립고등여학교로 명칭을 변경했다가 1946년 수원공립여자중학교로 변경하고, 1970년 수원여자중학교와 수원여자고등학교로 분리됐다. 중학교는 2005년 수원제일중

구한말부터 일제강점기까지 학교 현황

학교별	계	공립학교 수	사립학교 수
초등학교	7	6	1
중학교	4	2	2
고등학교	2	2	0
계	13	10	3

수원시 학교건립 현황(1980년)

구분	계(1896~1980)			일제강점기(1896~1945)			격변기(1946~1980)			비고
	계	공립	사립	계	공립	사립	계	공립	사립	
초등학교	22	21	1	7	6	1	15	15	0	
중학교	10	5	5	4	2	2	6	3	3	
고등학교	12	3	9	2	2	0	10	1	9	
특수학교	2	0	2	0	0	0	2	0	2	
대학교	7	0	7	0	0	0	7	0	7	
계	53	29	24	13	10	3	40	19	21	

학교로 명칭을 변경해 오늘에 이르고 있다. 1937년에는 세류초등학교가 개교했고 파장동에 파장초등학교가 문을 열었다.

수원에는 일제강점기(1945년)까지 초등학교 8개교, 중학교 2개교, 고등학교 2개교, 전체 13개 학교가 문을 열어 교육도시의 기반을 마련했다.

1979년 10·26과 12·12사태로 정권을 잡은 신군부 전두환 정권은 중학교 의무교육을 경제개발 5개년 계획에 맞추어 준비했다. 국무총리 훈령 제28호를 발령하여 학교시설 확충 사업을 진행했다. 1981년을 기준연도로 정하고 1단계를 1986년, 2단계를 1991년으로 하여 5년마다 30%씩 확충하는 계획을 세웠다.

수원시는 기존 53개교에서 1991년까지 30개 학교를 증설하여 83개교의 학교 확보계획이 수립됐다. 이 사업의 1차 기관은 수원시 교육청이 담당했다. 학교 부지 선정과 도시계획 절차 이행은 도시계획을 담당하는 수원시 도시과 도시계획계가 추진했다.

그리하여 수원시 교육청 담당자들과 수원시 도시계획 담당자인 주양원(전 건설국

1981~1991년까지 학교 용지 확보계획

구분	1981년 학교 현황	1991년까지 확보계획	비고
초등학교	22	36	증 14
중학교	10	19	증 9
고등학교	12	21	증 9
특수학교	2	0	0
대학교	7	7	0
계	53	83	증 30

2022년 수원시 학교 현황

학교별	학교 수(사립)	학급 수	학생 수	교원 수	비고
초등학교	99(2)	2,696	6,5130	4,076	
중학교	57(6)	1,157	3,3834	2,504	
고등학교	44(13)	1,460	3,4967	3,468	
특수학교	3(2)	85	463	1,84	
평생교육시설	1(1)	8	174	14	
계	204(24)	5,406	134,568	10,246	대학 포함 211개교

장)과 필자가 함께 현장 조사를 하고 관련법을 검토하여 30개 학교 용지를 정했다. 도시계획 확정을 위해 공람공고와 주민 의견 청취를 진행하여 수원시 도시계획위원회 심의를 받아 확정했다.

이 사업은 우리나라에 근대적 학제가 도입된 지 85년 만의 혁신적인 사업이었다. 85년 동안 확보한 학교 부지의 60%를 10년 동안 확보하는 대역사였다. 이때 송정초등학교, 권선초등학교, 매탄초등학교, 율전초등학교, 남수원초등학교, 창룡초등학교, 화양초등학교, 동수원초등학교, 송죽초등학교, 세곡초등학교, 구운초등학교, 산남초등학교, 정자초등학교, 정천초등학교, 효원초등학교 등 15개교가 1990년까지 개교하여 목표를 1개교 초과했다.

이 기간에 개교한 중학교는 창룡중학교, 수일중학교, 송원중학교, 이목중학교, 동성중학교, 권선중학교, 매원중학교, 구운중학교, 곡선중학교, 원천중학교 등 10개 학교로 목표를 2개교 초과했다. 고등학교는 경기과학고등학교, 동원고등학교, 창현고등학교, 동우여자고등학교, 효원고등학교, 영생고등학교 등 6개 학교가 개교하여

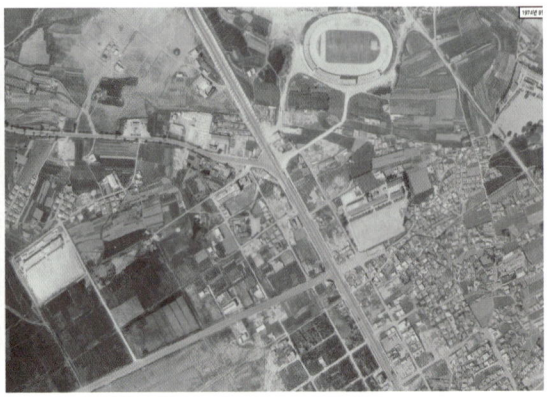

조원고등학교, 조원중학고, 수일고등학교 주변. 1981년 교육시설 확충 5개년계획의 일환으로 확보된 학교단지. 장안구 지역에 학교 용지 확보가 어려워 조금 외진 골짜기에 3개 학교를 배치했다(사진 수원시 항공사진 서비스).

1974년 수성중·고등학교. 왼쪽 하단부 논 가운데 학교 건물이 보이는 곳이 새로 이전한 수성고등학교. 수성중학교는 운동장 아래쪽에 있다(사진 수원시 항공사진 서비스).

목표치인 9개교를 이루지 못했으나 전체적으로는 목표를 달성했다고 보아야 할 것이다.

수원시는 1896년 신풍초등학교의 개교를 시작으로 2022년까지 초등학교 99개교, 중학교 57개교, 고등학교 44개교, 특수학교 3개교, 평생교육시설 1개교, 대학교 7개교를 확보하고 우리나라 특례시 중 가장 많은 211개의 학교를 확보하여 교육하기 좋은 학교환경을 조성했다. 수원이 교육 특례시로 발전하기를 기대한다.

5. 8·15해방부터 현재까지 수원의 교육

수원 교육사업의 시기를 구분한다면 1기는 구한말부터 일제가 패망한 1945년까지라 할 수 있다. 2기는 1945년 해방부터 신군부 집권 이전까지(1945~1980년)로 구분된다. 3기는 1981년부터 현재까지로 구분할 수 있다.

2기는 근대 격변기를 거치면서 급격하게 증가한 교육 수요를 국가가 담당해야 했다. 부족한 부분은 민간 영역에서 지역 유지들이 담당했다. 3기는 중학교 의무교육에 대비한 교육시설 확충 5개년 계획으로 교육시설을 확보해 가는 시기였다.

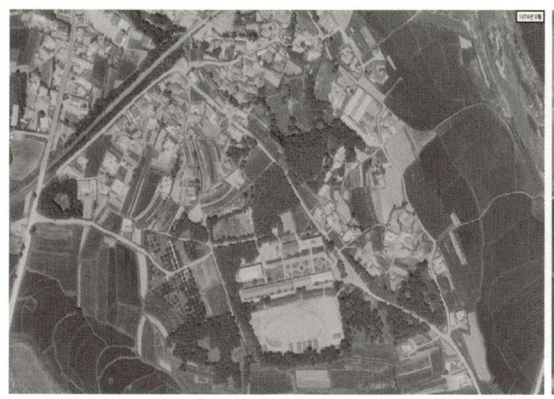 

1974년 영신중·고등학교. 하단 중앙부 농경지 가운데 학교가 보인다(사진 수원시 항공사진 서비스).

1974년 영복여중·고등학교. 왼쪽 상단에 연초제조창, 중앙 하단에 영복학교가 보인다. 오른쪽으로 영화2지구 토지구획정리사업이 한창이다(사진 수원시 항공사진 서비스).

1954년 7월 7일 수성중·고등학교가 설립인가를 받았다. 수성중학교는 같은 해 9월 20일 수원시 장안구 수성로 363번길 2에서 문을 열었다. 수성고등학교는 1955년 4월 25일 개교했다. 한국전쟁 이후 급격히 늘어나는 학생 수요를 충족하기 위해 공립학교 최초로 인문계 학교를 개교했다. 수성고등학교는 1973년 5월 23일 장안구 장안로 90번길 39로 이전했다.

1955년 박정환은 최상권이 설립한 지원고등국민학교를 인수하여 화산중학교 설립인가를 얻었다. 화산중학교는 수원남중으로 교명을 바꿨다가 영신중학교로 재차 변경했다. 1975년 영신여고가 설립됐다. 영신중·고등학교는 수원시 권선구 오목천동에 위치하여 수원 서부지역의 교육에 기여했다.

1962년 3월 농아인 이승영이 수원지역 청각장애인들의 자립을 위한 교육의 필요성을 절감하고 서광학교의 전신인 한국농아공민학교를 설립했다. 1964년 11월 7일 수원농아학교로 인가됐고 1987년 '수원서광학교'로 교명을 변경했다.

1969년 학교법인 영복학원이 설립됐다. 송록원을 창업하여 양묘사업으로 성공한 송영복은 당시 여학교가 부족하여 중고등학교에 진학하기 어려운 현실을 개선하기 위해 사재를 출연하여 학교를 설립했다. 1970년 영복여자중학교가 개교하고 1973년 영복여자고등학교가 문을 열었다.

1969년 4월에는 영친왕비 이방자 여사의 뜻을 받들어 정신지체 학생들의 특수교육을 위해 자혜학원이 개원했고(1971년 3월), 1973년 3월에는 자혜학교가 정식 개교했다. 1981년 중학교 병설인가, 1986년 고등학교 병설인가 되고 1997년 유치원이 인가되어 유치원부터 중등교육을 담당하는 특수학교로 자리 잡아 오늘에 이르고 있다.

1970년 공업입국을 국시로 주창하던 3공화국 시절, 이고(李皐, 고려 말 한림학사)의 여주 이씨 후손들이 권선덕업(勸善德業)의 정신을 이어가기 위해 대대로 물려받은 종중 재산을 출연하여 학교법인 광인학원을 설립하고 1971년 수원공업고등학교를 개교했다.

1973년 유신고속관광주식회사를 운영하던 박창원 사장은 학교법인 유신학원을 설립하여 1973년 3월 12일 유신고등학교와 아주대학교를 개교했다. 1978년에는 아주대학을 대우학원에 넘겼다. 1986년에는 유신고등학교 잔여 부지에 창현고등학교를 개교했다.

1980년 수원 한일합섬 내 산업체 부설학교로 한일여자고등학교를 개교했다. 1980년대 섬유산업이 사양길에 접어들자 공장을 해외로 이전하고 공장용지를 아파트 용지로 활용하기 위해 1994년 2월 한일여자고등학교를 폐교했다. 이어 학교 이전 부지를 수원시 권선구 행정타운 1길 35(탑동 614)에 확보하여 학교를 신축하고

1974년 유신, 창현, 아주대학교. 왼쪽에 유신고등학교, 오른쪽으로는 아주대학이 보인다 (사진 수원시 항공사진 서비스).

1995년 9월 준공했다. 재인가를 거쳐 1995년 3월 개교했다. 2018년 6월 남녀공학으로 개편하고 교명을 한봄고등학교로 변경했다.

1980년 경동대학교와 경복대, 동우대학 설립자인 전재욱이 학교법인 동우학원을 설립하여 수원시 장안구 장안로 426-1(이목동)에 동원고등학교와 동우여자고등학교를 1988년에 개교했다.

1980년까지 수원에는 초등학교 22개교, 중학교 10개교, 고등학교 12개교, 특수학교 2개교, 대학교 7개교가 개교하여 전체 53개 학교가 수원시 교육을 담당했다. 이 시기는 수원지역 유지들의 헌신적인 참여로 교육시설이 획기적으로 발전한 시기였다.

6. 경기도청 유치는 수원 상권 확장의 계기

수원이 경기도 남부권의 중심도시이자 상업도시가 된 것은 한국전쟁 이후 1963년 경기도청을 유치한 것이 결정적인 계기가 됐다. 당시 경기도청은 서울 세종로에 있어 경기도로 옮겨야 한다는 여론이 일었다. 수원과 인천, 안양에서 경기도청 유치

1967년 6월 23일 경기도청 수원 이전 행사 (사진 경기도 멀티미디어).

전을 벌였다. 특히 수원과 인천은 사활을 걸고 경기도청 유치 활동을 전개했다. 이는 일제강점기와 한국전쟁을 거치면서 폐허가 된 지역을 재건하는데 큰 요소가 됨은 물론 도청 소재지라는 지위를 얻는 기회였기 때문이었다.

1963년 경기도청 유치가 결정됐다. 당시 연무동에 최초의 공설운동장이 있었는데 한국전쟁 당시 피난민촌이 됨에 따라 1956년에 팔달산 자락으로 공설운동장을 옮겼다. 이어 1972년 조원동으로 공설운동장을 이전했다.

도청이 유치되자 도 단위 기관들이 수원에 자리 잡았다. 1963년 수원시 인구는 11만 8,237명이었다. 도청이 이전한 1967년 수원시 인구는 13만 1,031명으로 증가했다.

수원시는 도청 유치 이후 여러 분야에서 발전전략을 수립하게 된다. 이미 정부는 1962년에 제1차 경제개발 5개년계획을 추진했다. 그리고 '구법령 정리에 관한 특별조치법'이 제정되어 일제강점기에 제정된 각종 법령의 정비에 들어갔다.

이때 '시장 규칙'이 폐지되고 새로이 '시장법'이 제정됐다. 이 법률에서는 기존의 시장 규칙에 있던 경찰이 단속하던 조항을 삭제하고, 별도의 법률로 중앙도매시장법과 가축시장법이 제정됨에 따라 이들 시장조항이 삭제됐다. 이후 1960년대 수원의 시장은 큰 변화가 없었다.

영동시장 신축 기공식
(사진 수원시사).

(왼쪽) 1972년 경향신문 영동시장 분양 광고 (자료 경향신문).

1977년 개점한 삼원백화점. 팔달문 남쪽 정조로 변에 위치했다(사진 수원시사).

　1963년 도청 유치 이전 수원에는 이미 영동시장과 매산시장, 가축시장, 신탄시장, 제1수원천시장, 제2수원천시장이 자리 잡았다. 1957년에는 시민백화점이 문을 열었고, 1961년 북수동 274번지에 청과물도매시장을 설치했다.

　1969년 정부는 유통근대화 5개년 계획을 수립하여 추진했다. 이 계획은 5일장 중심이던 기존 유통체계를 근대화하기 위해 상설시장과 연쇄점을 육성하는 것이었다. '유통수단의 조직 및 협업화', '경영과 시설의 현대화', '유통금융의 원활화', '유통 관계 종사자 및 소비자의 자질향상', '정부 기능 강화' 등을 추진방침으로 설정했다.

　이처럼 유통근대화 추진 결과 상설 시장이 증가하는 한편, 기존 시장의 시설 정비 사업이 활발하게 추진됐다. 당시 농협의 연쇄점과 새마을 구판장, 소매상의 연쇄화가 진행됐다. 1953년 화재로 재건축된 영동시장이 시장 현대화 사업으로 건물을 신축하여 개장하게 된다.

　1972년 8월 28일 자 경향신문 광고에 영동시장주식회사 명의의 '점포 임대 개시! 드디어 수원영동시장 신축개점 박두!' 라는 광고가 실리기도 했다. 1975년에는 수여선이 폐선됨에 따라 화성역 부지에 수원 청과물 도매시장이 문을 열었다.

　이후 1966년 지동시장, 1971년 매교시장, 1977년 화서시장이 문을 열었다. 또한 1957년 개점한 시민백화점을 시작으로 1974년 크로바백화점이 문을 열었다. 이어 1977년에는 남문백화점, 1980년에는 수원백화점, 1977년에는 삼원백화점이 문을 열어 수원은 경기남부 유통의 중심지가 됐다.

　1980년대에 들어서 유통시장 개방화 정책에 따라 외국의 유통업체들이 진출하자 '재래시장 육성을 위한 특별법'을 제정하여 재래시장 지원을 추진했다. 당시 수원시는 기존의 시가지로는 한계에 접어들자 외곽지역 개발에 나섰고 인구가 급격하게 증가하여 전통시장 또한 급격히 늘어났다.

시장 용지를 확보하는 방안으로 토지구획정리사업이 일정 역할을 담당했다. 토지구획정리사업에서 시장 용지를 단지별로 확보하기는 했으나 대부분 외곽지역인 관계로 시장 형성이 늦어져 나대지로 오래도록 남기도 했다. 그 와중에도 제대로 자리 잡은 시장은 영동시장, 북수원시장, 화서시장, 권선종합시장으로 현재까지도 유지되고 있다.

팔달문 주변에 밀집한 전통시장. 하단에 구천동공구시장과 남문로데오시장의 일부 모습이 보이고 나머지 6개 시장이 운집해있다(사진 수원시 항공사진 서비스).

현재 수원의 전통시장은 22개소다. 장안구에 북수원시장, 조원시장, 정자시장, 장안문거북시장, 반딧불이연무시장 등 5개소가 운영되고 있다. 권선구에는 권선종합시장과 수원가구거리상점가 등 2개소가 있다. 영통구에는 구매탄시장 1개소가 있을 뿐이다. 수원의 전통시장 22곳 중 팔달구에 14개소가 운집되어 있다.

그중에서 팔달문 주변에 영동시장, 시민상가시장, 팔달문시장, 남문패션1번가시장, 남문로데오시장, 못골종합시장, 미나리광시장, 구천동공구시장 등 8개가 밀집되어 있다. 그리고 수원역 주변에 매산시장과 역전지하상가시장, 매산로테마거리상점가가 있다. 외곽에는 화서시장이 있다.

이는 화성 건설 당시 신읍 활성화 방편으로 시작된 장시(場市)에서 비롯되기도 했지만 1963년 경기도청의 수원 유치로 시작된 삼성전자, 선경직물, 선경합섬, 연초제조창, 한일합섬, 대한방직 등과 같은 산업시설의 유치로 시장 수요의 확대에 따른 것이었다.

또 서울농대, 성균관대학, 경기대학, 아주대학, 동남보건대학, 수원여자대학 등 수원 인근에 많은 대학이 자리 잡으면서 유동인구가 증가한 것도 수원의 상권 형성에 큰 역할을 했다.

1997년 IMF 외환위기를 겪으면서 다국적 유통업체가 한국에 진출하자 전통시장이 위기에 처했다. 이에 따라 정부는 전통시장 활성화를 위해 '전통시장 및 상점가 육성을 위한 특별법'을 제정했다. 이 법에서 전통시장의 기준을 '도매업·소매업 또는 용역업을 영위하는 점포의 수가 50개 이상인 곳을 말한다'라고 규정함에 따라 노점상가들이 전통시장으로 등록했다.

팔달문 일원의 시장은 크게 보면 1개의 단일 시장이지만 기존의 영동시장, 시민상가시장과 차별화하여 6개의 시장이 전통시장으로 등록하게 된 것이다.

우리나라는 IMF 외환위기 이후 대형 유통점이 소도시까지 진출하여 전통시장과 경쟁하고 있다. 오랜 역사를 이어온 전통시장이 시민들로부터 사랑받는 시장으로 오래오래 이어지기를 기대한다.

7. 50년 전 수원 이야기 1

지금부터 50년 전 수원은 어떤 모습이었을까. 옛 속담에 '10년이면 강산이 변한

1950년대 중반 수원 시가지 모습. 한국전쟁 이후 황폐한 모습. 왼쪽은 팔달산, 중간이 화성과 시가지. 북동쪽이 광교산인데 산에 나무 한 그루 없는 모습은 1970년대까지 크게 달라지지 않았다(사진 수원시).

다'는 말이 있다. 50년이라는 세월은 강산이 다섯 번 변하는 반백 년의 세월이다. 대한민국의 반만년 역사 이래 가장 많은 변화를 겪은 시기가 오늘날 50년의 세월이 아닌가 생각한다.

내가 고향인 화성군 우정면 원안리를 떠나 수원에 온 것은 한국전쟁이 끝난 지 18년이 되던 시기였다. 전쟁의 상처는 아물었으나 도시의 모습은 요즘 TV에서 세계를 여행하는 프로그램에 자주 등장하는 동남아시아나 중남미 오지, 못사는 마을의 모습이었다.

4차선 도로는 성내를 통과하는 1번 국도가 유일했다. 교통 사정은 주변 지역과 연결되는 시외버스가 고작이었다. 수원은 경부철도가 통과하고 있어 서울과 부산, 목포 등으로의 연결은 편리했다.

그리고 일제가 여주, 이천의 양곡을 수탈하기 위해 부설한 수인~수여선이 있어서 지역 특산물 운송과 학생들 통학에 이용됐다. 나는 고3 때인 1973년 10월 농촌진흥청에 실습을 나간 일이 있었는데 당시 수원에서 유일하게 운행되는 1번 시내버스를 타고 다녔다. 원호원~남문~수원역~농대~진흥청을 운행하던 1번 버스 시대는 1970년대 중반까지 유지됐다.

당시 수원천에는 말목으로 기둥을 세우고 판자로 집을 지어서 생활하거나 가게를 운영하던 집들이 많았다. 1970년대 초부터 이런 집들을 정비하는 사업이 시작되었는데, 수원은 도청 소재지임에도 불구하고 현대화되지 않은 읍의 모습이었다.

내가 살던 인계동은 수여선 화성역 인근의 절벽 아래에 형성된 마을이었다. 매교다리에서 300m쯤 가다가 오른편에 있는 한국전쟁 이후에 생긴 마을이었다. 20여 호가 화장실과 수도를 공동으로 사용했다.

이 시절 수도 사정이 좋지 않아 시간제로 급수했는데, 수돗물이 나오는 시간이면 사람들이 들통이며 큰 함지박을 줄 세워놓고 차례를 기다렸다. 아침마다 화장실 가는 사람들이 많아 줄을 서야 했는데 용무가 급한 사람은 앞사람들에게 양해를 구하고 나서 먼저 용변을 보아야 했다.

대문을 나서면 리어카도 통행이 어려운 좁은 골목길이 이어졌다. 이 길로 50여 미터쯤 가면 조금 넓은 골목길을 만난다. 이 길 또한 자동차가 간신히 들어오는 정

1960년대 수원천 양편 천변의 모습.(사진 수원시).

도이다. 당시는 연탄(19공탄)을 사용했다. 초겨울에 연탄 300~400장을 들여 놓으려면 온 집안 식구들이 일렬로 줄을 서서 릴레이로 연탄을 운반했다. 이곳이 현재는 재개발사업이 한창 진행 중이다.

집에서 동쪽으로 200여 미터 지나면 화성역이 나온다. 수여선에는 두 종류의 기차가 다녔다. 하나는 여객열차이고 또 하나는 화물을 나르는 증기기관차이다. 당시 사람들은 여객열차를 동차라고 했다. 수여선, 수인선은 철로 폭이 좁은 협궤인데 물동량이 많지 않고 기차가 힘이 부족해서인지 2량짜리 기차가 운행됐다.

1972년 수원공고에 들어온 학생들은 화성과 용인지역 출신들이 많았는데 대부분 수여선을 타고 다녔다. 화성역에서 200여 미터쯤 동쪽으로 가면 수원공고 뒤에 언덕이 나오는데 동차는 힘이 모자라서 천천히 언덕을 지나게 된다. 이때 학생들은 차비를 아끼려고 몰래 뛰어가서 무임승차를 하기도 했다.

나는 고 1 때 수학여행을 여주로 갔는데, 이때 처음이자 마지막으로 수여선 기차를 타보았다. 1930년 12월 1일에 개통한 수여선은 1971년 12월 영동고속도로가 여주까지 개통되자 주변의 교통이 도로교통으로 흡수됨에 따라 1972년 4월 1일 폐선됐다. 수인선은 1995년 폐선되어 수인~수여선은 역사 속으로 사라졌다.

1972년 폐선되기 전 수여선 철길, 사진 왼쪽 경사면이 수원공고 뒤편이다(사진 수원시).

집에서 남문으로 나가려면 좁은 골목을 지나고 또 지나야 했다. 수여선 간이건널목을 지나면 수원천에 다다른다. 수원천은 양옆으로 무허가 가건물 상가들이 지금의 매교 부근부터 전기회사다리(지금의 수원교)를 지나 지동교를 거쳐 화홍문 아래(지금의 매향1교)까지 이어졌다. 가건물은 하천변 제방을 3~4m 점유하고 3~4m는 하천에 나무로 기둥을 세워 건물을 지어서 가게 또는 살림집으로 사용하였다. 당시는 하수도가 되어 있지 않아 생활폐수를 하천에 버리는 바람에 하천은 악취가 심했다.

　수원천을 따라 북쪽으로 가면 화홍문이 나온다. 당시 수원 사람들은 화홍문을 다른 말로 칠간수라고 부르기도 했다. 상류 지역엔 수원우시장도 있었다. 수원우시장은 전국에서 다섯 손가락 안에 꼽을 정도로 규모가 컸다. 수원천변 영화동 일원은 소와 관련된 점포들이 많았다. 주막집이며 마방 등이 많았던 것으로 기억된다.

　우시장 관련 기사도 생각난다. 당시 소값을 비싸게 받기 위해서 소에게 몹쓸 짓을 하는 사람들이 있었다. 소가 살찐 것처럼 보이게 하기 위해서 물을 많이 먹였는데, 고압호스를 소 입에 넣고 강제로 물 먹이고, 물 먹인 소를 몽둥이로 마구 때려 살이 부풀어 오르게 해서 몸집을 불리는 등 많은 방법이 동원됐다. 사정 기관의 대대적인 단속으로 관련자들이 구속되는 사건이 발생해 전국에 화제가 됐다.

광교 방향으로 올라가면 광교저수지 밑에 광교유원지가 나타났다. 1971년에 풀장과 그늘막이 만들어졌다. 측량수업 시간에 선생님의 제안으로 광교 풀장 인근에서 측량실습을 하고 풀장에 가는 행사가 진행됐다. 나는 담임선생님 일을 도와 드리느라 아쉽게도 함께하지 못했다.

당시 가까운 친구가 북중학교 정문 앞에 살았는데 아버님이 인근에서 농사를 지었다. 농토가 영화동과 조원동, 광교 등에 있어서 모내기철에는 몇 차례 일손 돕기를 했다. 그런 일로 우리는 광교산에 자주 가곤 했는데 당시는 광교산에 제대로 된 나무가 한 그루도 없었다.

그나마 우리 키보다 큰 나무가 있었는데 그 나무 이름은 노간주나무라고 했다. 이 녀석은 향나무처럼 잎이 가시로 되어 있어 나무를 추스르기가 어려워 그놈만 남아 있었다. 헬기장 쪽으로 가다 보면 상수리나무가 길가에 있었는데 땅에 붙어 자라서 상수리나무는 종자가 크지 않는 나무라고 착각을 했다.

그것은 내가 평야지대에서 자라서 나무에 대해 잘 모르기 때문이었다. 당시는 땔감이 나무 아니면 볏짚이었던 시대에서 연탄으로 넘어가던 시대였다. 그러니까 한국전쟁 이후 땔감이 부족하자 광교산은 수원시민들의 땔감 공급처였던 것이다. 나무는 모두 베어 매향교 부근에 형성된 나무시장에 팔았다고 한다. 광교산은 1971년까지 사방사업을 시작하지 못하였다.

그러나 수원의 주산인 팔달산은 이미 사방사업이 시행되어 소나무가 식재되었다. 농약이 없던 시절이라 사방사업으로 식재한 소나무 잎을 송충이가 갉아 먹어 제대로 자라지 못했다. 수원시는 매년 6월경이면 각 기관과 관내 중·고등학생들이 참여하는 송충이 잡기 행사를 했다.

팔달산에는 소나무를 많이 심었는데 나무 크기는 고등학생 키 높이쯤으로 생각된다. 오른손으로는 집게를 쥐고 왼손으로는 소나무를 잡아당겨 송충이를 잡았다. 그러니까 지금 팔달산에 있는 대부분의 소나무는 60년대에 심은 것으로 60살 정도 되었다.

1970년의 통계연보를 살펴보면 당시 수원시는 인구 17만 518명의 작은 도시였다. 50년이 지난 2020년의 수원시 인구는 123만 5,000명이 되어서 7.24배가 늘어났다. 행정구역은 83.67㎢에서 121.09㎢로 확장되어 1.45배가 확장됐다. 행정구역은 45%가 늘어났으나 인구는 725%가 늘어 도시의 대부분이 시가지로 변모했다.

당시 통계연보를 살펴보면 수원시의 주산업이 농업으로 기록되어 있다. 농사를 짓는 가구 수는 3,587호로 경지면적은 2,865.8정보(1정보=3,000평, 859만 7,400평)여서 농가당 2,397평을 경작했음을 알 수 있다. 그러나 2020년 현재 수원시의 농지는 개발제한구역과 서수원 지역에 일부만 남아있는 형편이다.

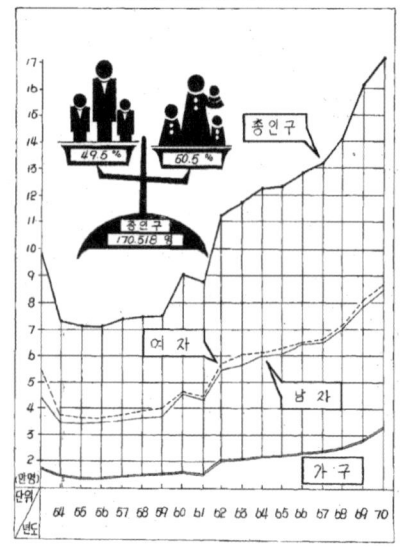

1979년 수원시 인구 및 가구 현황 도표. 1955년 7만2,000명에서 1970년 17만 518명으로 증가하여 연평균 16%의 인구가 증가했다(자료 수원시).

1970년 수원의 행정동은 화성 내(현 행궁동)에는 팔창동, 영천동, 남향동, 신안동 등 4개의 동사무소가 있었다. 그리고 화성 주변으로 지만동, 연무동, 영화동, 고화동, 매산동, 매교동, 인계동, 세류1동, 세류2동 등 9개 동이 있었다. 외곽으로 파장동, 매원동, 곡선동, 평동, 서둔동 등 5개의 농촌 동이 있어서 모두 18개의 동사무소가 있었다.

1개 동의 평균 인구는 9,473명이었다. 2020년 수원시에는 장안구에 10개 동, 권선구에 12개 동, 팔달구에 10개 동, 영통구에 12개 동이 있고 수원시에는 전체 44개의 행정복지센터가 있다. 2020년 수원시 1개 동의 평균 인구는 2만8,068명이어서 50년 전보다 3배나 많은 주민이 살고 있음을 알 수 있다.

1970년도 일반회계 총예산은 8억5,070만 원이었다. 당시 쌀 1가마당 5,784원이었으므로 쌀값으로 환산하면 14만7,078가마를 살 수 있었다. 2020년도 수원시 일반회계 총예산은 2조4,842억4,900만 원이었고, 쌀값은 19만832원으로 1,301만7,990가마를 살 수 있어서 88.5배가 증가했다. 상상하기 어려울 정도로 수원시 예산 규모가 늘어난 것을 알 수 있다.

수원은 50년 동안 천지가 개벽한 도시가 됐다. 수원에서 살아온 사람들의 공이라

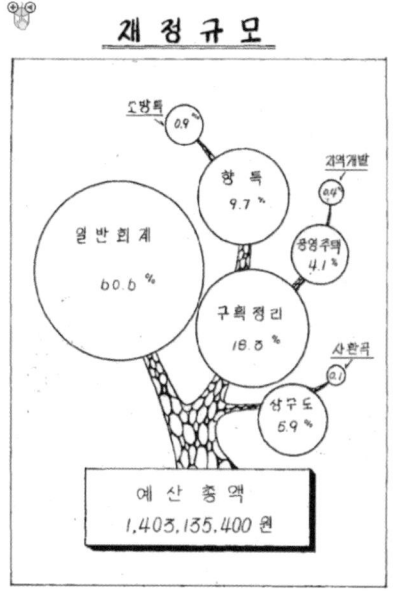
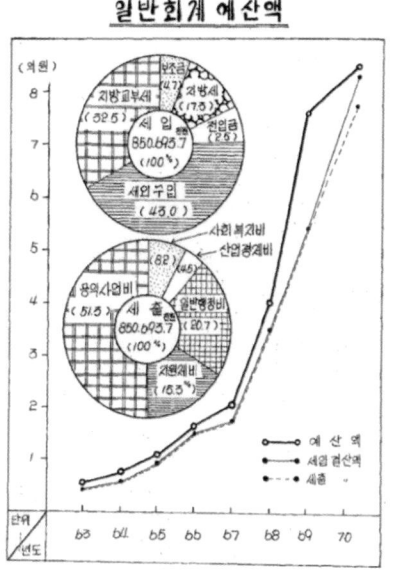

1970년 수원시 재정 규모 및 일반회계 예산액, 1971년 수원시 통계연보에 삽입된 도표. 재정 규모와 세입 세출액이 1963년부터 1970년까지 표기되어 있다(자료 수원시).

고 생각한다. 수원은 대광역시를 포함, 전국에서 7대 도시로 성장해 수원특례시가 됐다. 정조대왕이 만든 수원이 살기 좋은 문화도시로 명성을 유지하기를 기대한다.

8. 50년 전 수원 이야기 2

오늘날의 수원은 1789년 7월 11일 어전회의에서 사도세자의 묘 이장과 구읍의 이주사업이 결정되면서 시작됐다. 그해 7월 15일 구읍의 이주가 시작되어 10월 7일 사도세자의 묘가 이장됐다. 신읍인 오늘날의 수원은 구읍의 이주로 시작됐으나 도시의 모습을 갖추는 데는 상당한 시간이 걸렸다.

정조는 1790년 2월 신읍으로 이주가 완료된 후 현륭원을 참배했다. "대도회를 이루는 것은 날짜를 기약할 수 없는 일로 구읍보다 좋게 하는 일은 조정에서 어떻게 하느냐에 달려있으니 개선계획을 마련하라"고 정조는 지시한다.

신읍 건설 1년이 되자 정조는 신읍에 거주하는 백성들을 위로해 주고자 했다. 신읍의 백성을 위로하는 방안으로 양곡을 나누어주라고 지시한다. 수원부사 조심태는

1907년 화성 안의 모습. 독일인 헤르만 산더가 한국 여행 중 찍은 사진. 동남각루에서 장안문 방향으로 멀리 장안문과 화홍문이 보인다(사진 화성박물관).

신읍에 거주하는 주민 719호에 쌀을 나누어준 결과를 보고 한다. 신읍 건설 1년이 되는 날 719호가 자리잡았음을 알 수 있다.

이후 1794년 화성 성역 공사가 시작되어 1796년 9월 10일 성역 공사가 완료되자 정조는 화성 성역 조성에 참여한 성역소의 관리와 장인들의 노고를 치하했다. 정조는 5~6호밖에 안 되던 곳이 이제 1,000호의 대도회로 발전했음을 치하했다.

이후 국력의 쇠락으로 1910년 한일병탄이 되자 일제는 '조선 읍성 철거 시행령'을 발령해 전국의 읍성 300여 곳을 철거했다. 화성행궁도 이때부터 철거가 시작됐다. 행궁 자리에 자혜의원이 신축되면서 봉수당과 장락당을 비롯한 행궁 내 여러 전각들이 헐렸다.

객사는 신풍국민학교가 사용하면서 그전에 이미 철거됐다. 북군영은 경찰서가 들어서면서 사라져 행궁에는 낙남헌과 노래당 건물만 남게 됐다. 1905년 경부철도가 개통되면서 수원역이 건설됐다. 수원역까지 도로가 연결되면서 시가지가 수원역까지 연결되는 계기가 됐다.

일제는 장안문~팔달문을 통과하는 삼남지방길인 제주대로의 차량 소통을 원활히 한다는 핑계로 성곽도 파괴했다. 성내 또한 차량 소통을 목적으로 화서문길과 창룡문길을 새로이 개설했다. 이는 도시의 형태를 망가트리는 계기가 됐다.

수원은 1944년 최초로 도시계획을 수립했는데 이때 성안의 남수동과 팔달로에 팔달토지구획정리지구를 지정했다. 그러나 1945년 일본의 패망으로 토지구획정리사업은 시행되지 못했다. 한국전쟁으로 다시 지연되다가 1954년 8월 13일 팔달지구 토지구획정리사업이 시작되어 1965년 4월 19일 사업을 완료했다.

화성 내 9만 6,987㎡(2만 9,338평)가 새롭게 정비되어 각종 행정시설과 금융, 업무시설들이 들어섰으나 이는 1789년에 조성된 신읍의 도시 형태를 망가트린 것이었으며, 지구 내 전통건물이 모두 사라지게 됐다.

1950년 발발한 한국전쟁도 화성 관련 시설과 도시를 파괴하고 말았다. 1953년 휴전 이후 전쟁의 상처인 처참했던 도시의 모습은 1970년까지 서서히 아물어 갔다.

한국전쟁을 거치면서 많은 피난민들이 유입되어 수원은 급격히 인구가 증가했다. 1970년 당시 성안에는 팔창동 4,238명, 영천동 4,399명, 남향동 9,343명, 신안동 1만 1,224명이 거주하여 성안 4개 동에는 2만 9,204명이 거주했다.

이는 2020년 행궁동에 1만 2,136명이 거주하는 오늘날의 인구에 비해 1만 7,068명이나 많은 인구가 화성 내에서 살았던 것이다. 1970년대 화성 내 집들은

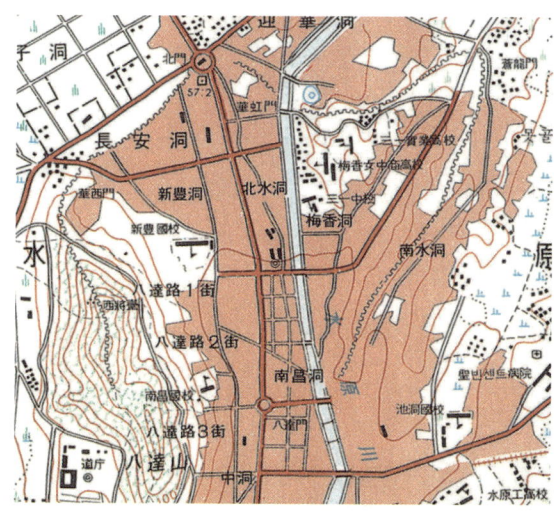

1977년 수원시 기본도. 이때까지 화성 안에는 1920년대 건설한 화서문길과 창룡문길이 간선도로로 표기되어 있다(자료 국토지리정보원).

1947년 화성 주변 항공사진. 이때까지 성안에는 장안문~팔달문을 연결하는 1번 국도와 화서문길, 창룡문길만 보인다. 이 당시까지 조선시대 원형의 도시 모습이다(사진 수원시 항공사진 서비스).

대부분 한옥이었으나 부족한 주거 공간을 확보하기 위해 유휴 공간에 무허가로 건물을 지어 셋방을 만들자 전통의 모습이 크게 훼손됐다.

1970년대에 들어서자 박정희 정부는 문화재 보호 및 복원·보수를 본격적으로 전개했다. 이때 국난 극복 유적 복원 정화사업이 전개됐는데 당시 수원 출신 이병희 국회의원 겸 제1무임소 장관은 중앙정부가 중점적으로 추진하는 문화재 복원사업에 수원성곽 복원사업을 포함시켜 1975~1979년까지 5개년에 걸친 화성 복원 사업이 전개되어 오늘날을 모습을 되찾게 했다.

이때 수원시는 성안 도로의 부족을 해결하기 위해 1975년 2월 23일 소로망(일명 소방도로) 계획을 확정했다. 도시계획도로는 1990년대 중반까지 모두 뚫리게 되었다. 도시계획도로가 건설됨에 따라 기존의 한옥이 철거되는 것은 물론이고 도로개설로 토지이용도가 높아지자 2~3층의 양옥을 짓게 되어 화성 내 전통의 모습이 파괴되는 데 결정적인 요인이 됐다.

1987년 5월 화성 주변 항공사진. 이미 화성 내에는 1975년 계획한 도시계획도로가 모두 개설되었다(사진 수원시 항공사진 서비스).

일제강점기인 1910년 화성행궁 봉수당에서 시작된 자혜의원은 경기도립 수원병원을 거쳐 1988년에는 지방공사 경기도 수원의료원으로 전환됐다. 그리고 1년이 지난 1989년 수원의료원 신축계획이 발표됐다. 당시 심재덕 수원문화원장은 신풍초등학교 출신으로 화성행궁 터에 있던 수원의료원을 신축할 경우 화성행궁의 복원이 영원히 어렵게 될 거라고 판단했다.

심재덕 수원문화원장의 수원의료원 신축 반대 의견을 경기도가 받아들여 1992년 수원의료원을 장안구 정자2동에 신축 이전하게 됐다. 심재덕 수원문화원장은 민선 초대 수원시장이 되어 화성행궁 복원을 추진했다.

이어 화성의 세계문화유산 등재도 추진, 1997년 12월 6일 드디어 화성이 세계문화유산으로 등재됨에 따라 심재덕 시장은 화성 주변의 정비와 복원사업을 본격적으로 추진하기 위해 수원시 여러 부서에 분산됐던 화성 복원·정비 업무를 2003년 화성사업소를 설립해 일원화했다.

2020년 화성 주변 항공사진(사진 수원시 항공사진 서비스).

수원시 화성사업소는 20여 년간 행궁 광장 조성, 화성박물관 건립, 장안문화지구 조성, 신풍지구 조성과 화성 주변 정비 등 수많은 사업을 전개했다. 이들 사업은 훼손된 화성을 복원하고 주변을 정비하는 효과를 거두었다.

  행궁 앞에 광장을 조성하고 박물관 건립과 팔달구청 건립, 장안지구와 신풍지구의 문화사업을 추진하기 위해서는 수많은 토지와 건축물들을 철거해야 했는데 화성 안에 이러한 시설이 들어옴으로써 화성의 원래 모습을 파괴하는 결과를 초래했다. 앞으로 화성 주변에서 행해지는 사업은 신중에 신중을 기해 전통의 모습을 지켜야 할 것이다.

10
남기고 싶은 이야기

1. 『수원의 옛 지도』 만들기

밀레니엄을 준비하기 위해서 고민하던 1999년의 이야기다. 1998년 도시계획과 장으로 복귀해서 화성 업무를 도시계획과 업무로 받아들이게 되었다. 화성과의 만남 이후 화성연구회 활동은 나로 하여금 역사와 문화 분야로 영역을 확장하는 계기가 됐다.

당시 도시계획과의 당면과제는 새천년을 맞는 수원시의 도시계획을 새로이 세우는 일이었다. 도시계획은 일련의 과정이 필요한 행정으로써 온고이지신(溫故而知新), 지난 일을 살피는 데서 출발해야 한다고 생각했다.

첫 번째는 향후 20년을 예측한 장기 마스터플랜(도시기본계획 수립)을 세우는 일이었다. 두 번째는 장기 마스터플랜 내용 중에서 전반기 10년에 해당하는 내용을 도시관리계획에 반영하는 일이었고, 세 번째는 도시계획이 결정된 사항을 지적선이 들어간 지형도면에 확정해 넣는 지적고시 작업이었다. 일련의 작업이 끝나려면 3~4년이 걸리게 된다. 그런데 필요한 예산이 일괄로 5억 원이나 확보된 것이다. 그러니까 첫해는 장기 마스터플랜(도시기본계획)만 발주하면 되었다.

두 번째, 세 번째는 도시기본계획이 확정된 후 추진해야 하므로 좀 미루어도 되는 것이어서 나는 엉뚱한 발상을 했다. 내년 후년에 사용해도 되는 예산으로 수원의 뿌리 찾기 사업을 하자는 생각이었다. 그래야 2000년대를 준비하는 도시계획을 제대로 할 수 있다고 생각했다.

그리고 이 사업은 세계문화유산 화성을 가진 수원이 꼭 해야만 하는 일이라고 생각했다. 나의 이런 생각을 직원들에게 이야기하니 그렇게 해보자는 것이다. 이런 생각을 당시 이종구 도시계획국장에게 상의해서 허락을 받았다. 이렇게 해서 수원의 뿌리 찾기 사업이 시작됐다.

첫 번째 과제는 역사 이래 수원의 변천 과정을 알기 위해 옛 지도를 모두 찾아내는 일이었다. 두 번째는 수원시 도시계획 변천사를 정립하는 일이었다. 옛 지도 분야는 당시 수원시의 1호 학예사인 이달호 박사와 상의했다. 이 박사는 우리나라 옛 지도 분야에서 유일하게 박사학위를 받은 국사편찬위원회 고중세사실장 이상태 박사를 소개해 주었다.

　이상태 박사를 찾아가 수원의 옛 지도책을 만들고자 한다고 하니 참으로 반갑게 맞아주었다. 당시 이상태 박사는 학위를 받은 지 1년이 조금 넘었을 때였다. 이 박사는 알고 있는 것을 모두 협조해주겠다고 하며 옛 지도 분야 재야사학자인 한국문화역사지리학회 이사 이우형 선생을 소개해 주었다.

　이우형 선생은 평생 지도에 관한 일을 했다. 주로 학생용 지리부도를 만드는 일을 하면서 『대동여지도』에 매료되어 현존하는 『대동여지도』 20여 종을 모두 확인하고

『지나조선고지도』에 수록된 「수원지방지도」, 1623년, 23.5×31.0cm. '수원, 한남(漢南), 수성(隨城), 매홀(買忽), 수성(水城), 수주(水州)'로 이어진 고을 명칭 변천 과정이 기록되어 있다 (사진 국립중앙도서관 소장).

연구했다고 했다. 그리고 『대동여지도』를 만든 김정호 선생의 흔적을 찾는 기념사업회 일을 한다고 했다. 그동안 김정호 선생의 기록이 없어 잘못 알려진 진실을 찾아내는 일을 하고 있었다.

그동안 막연하게 수원의 옛 지도책을 만든다고 하였는데 이제 서광이 보이는 듯했다. 그래서 며칠 후 이달호 박사, 이상태 박사, 이우형 선생과 내가 함께 만남을 가졌다. 나는 이 자리에서 세 사람이 『수원 옛 지도』 출판 편집위원을 맡아 달라고 부탁했다.

책에는 첫째로 수원을 중심에 두자고 했다. 두 번째는 수원과 인접하고 있는 고을

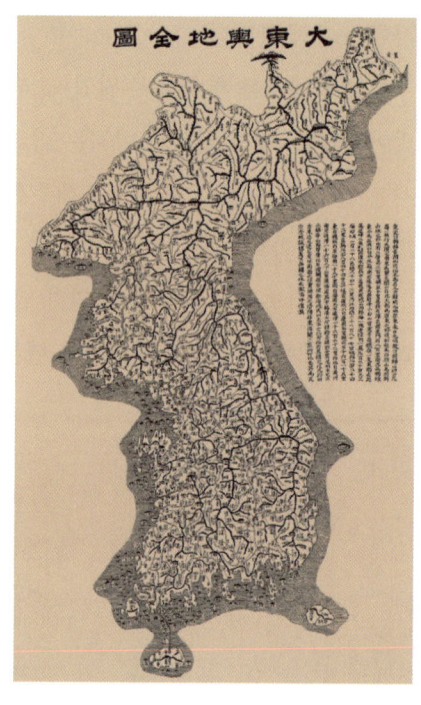

『대동여지도』 전도, 1860년경, 64×114.3cm(사진 국립중앙도서관 소장).

의 지도를 수록하자고 했다. 인접 고을과 분할 합병 절차를 거듭하며 행정구역이 변천해왔기 때문에 반드시 다루어야 한다는 의견이 모아졌다. 그리고 광역적인 지도를 포함하기로 했다. 경기도 전도와 조선전도, 세계지도를 포함하기로 했다.

책을 만들기 위해서는 수원에 관한 옛 지도가 어떤 것들이 있는지를 정확하게 파악하는 것이 우선이었다. 그래서 우리나라에서 역사 자료와 옛 지도를 가장 많이 보유하고 있는 서울대학교 규장각을 찾아 김문식 학예사(현 단국대교수)와 상담을 했다. 당시 함께 간 사람은 지준만 박사(현 영통구 종합민원과장)와 최호운 박사(현 화성연구회 이사장)였다.

당시만 해도 옛 지도책 발간은 서울 정도 600년 기념사업으로 서울의 옛 지도책을 발간한 것뿐이었다. 그러던 차에 수원시에서 옛 지도책을 발간한다고 하니 반갑게 대해주었다. 김문식 박사는 이런 인연으로 수원과는 깊은 인연을 맺고 정조시대를 연구하고 자문해주는 역할을 하고 있다.

수원의 옛 지도책에는 여러 기관과 개인이 소장한 지도를 수록하고자 했다. 각 기

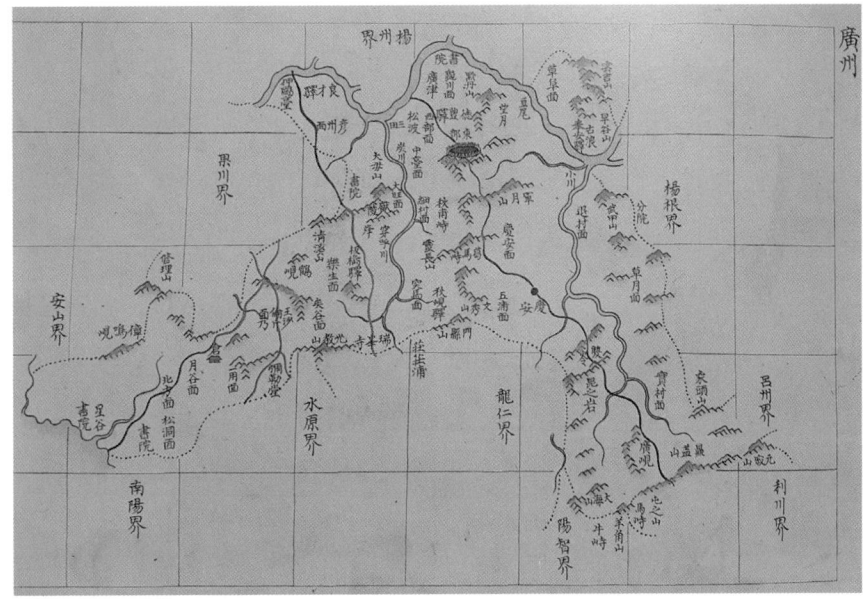

『팔도군현』에 수록된 「광주지도」, 1760년, 37.8 × 49.8cm. 왼쪽 하단에 남양계, 수원계, 용인계, 송동면, 일용면, 미륵당, 광교산이 표기되어 있다(자료 서울대학교 규장각).

관에 공문을 보내 동의를 구하는 것이 필요했다. 다음은 지도를 전문으로 하는 사진사가 직접 기관에 찾아가 촬영을 해야 했다. 그 많은 지도 중 70% 이상을 서울대학교 규장각이 소장하고 있었다.

이미 김문식 박사가 협조를 약속했기에 행정절차를 밟기 위해 서울대학교 규장각 관장 앞으로 협조공문을 보냈다. 그런데 김 박사로부터 전화가 왔다. 관장님이 협조해주지 말라고 한다는 것이다.

이유는 "수원시가 화성을 세계문화유산으로 등록한 것은 잘 한 것인데, 지금 하는 모습은 화성을 망치는 일을 앞장서고 있다"는 것이었다.

당시 수원시는 만석거에 공원 조성을 위해서 저수지 주변을 매립하는 사업을 하고 있었다. 그리고 저수지 아래의 대유둔을 메워 택지개발사업을 하는 것을 못마땅하게 생각하고 있었던 것이다. 규장각 관장은 정조의 유적을 파괴하면서 옛 지도책은 만들면 무엇하냐고 했다는 것이다.

그래서 우선은 규장각 외의 기관이 소장하는 지도를 촬영하는 작업을 진행하였다. 서울대학교 박물관, 국립중앙박물관, 국립중앙도서관, 양산 대성암, 성신여자대학교 박물관, 수원선경도서관, 고려대학교 박물관, 수원시 공직자 류병주 부친 류철

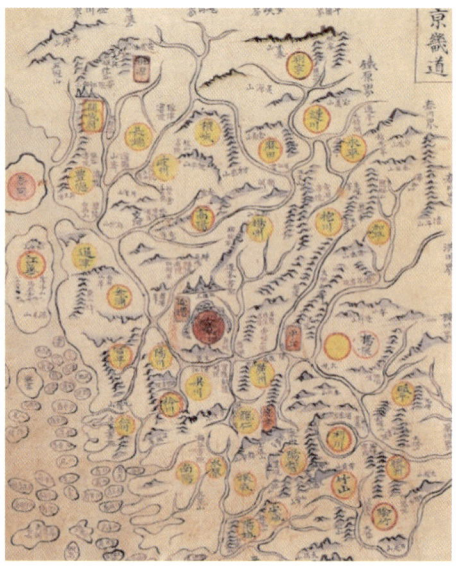

(왼쪽) 『조선후기 지방지도』에 수록된 「수원부지도」, 1872년 제작, 97.5×117.5cm. 북쪽에 광주계, 안산계가 표기되어 있다. 광교산과 일용면, 송동면이 표기되어 있어 1789년 7월 15일 정조의 지시에 의해서 수원부가 되었음을 알 수 있다(자료 서울대학교 규장각).

『여지도(輿地圖)』에 수록된 「경기도지도」, 18세기 중엽, 38×28cm(사진 서울대학교 규장각).

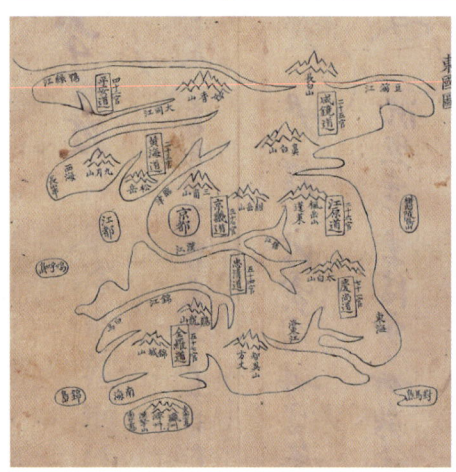
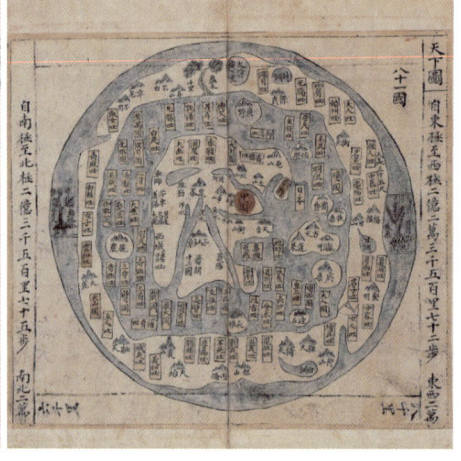

(왼쪽) 『여지도(輿地圖)』에 수록된 「동국도(東國圖)」, 1822년, 34.5×30.6cm(사진 고려대 도서관 소장).

『대동지도(大東地圖)』에 수록된 「천하도(天下圖)」, 1800년, 71×90cm(사진 국립중앙도서관 소장).

현, 정신문화연구원, 호암미술관, 영남대학교 박물관, 국사편찬위원회 등의 소장 자료를 수집했다. 그러면서 김문식 박사와 연락을 하곤 했다. 이렇게 하늘만 쳐다봐서는 안 되겠다는 생각이 들었다.

  나는 어떻게 하면 관장의 마음을 돌릴 수 있을까 며칠을 생각했다. 그동안 내가 찾은 여러 자료들을 한 부씩 준비해서 가지고 올라갔다. 시간이 한참 지나서인지 관장의 노여움이 많이 풀어졌다는 생각이 들었다. 그렇게 해서 규장각이 소장하고 있는 대부분의 옛 지도를 촬영할 수 있었다.

『수원의 옛 지도』에는 수원을 중심으로 북쪽의 과천현, 시흥현, 남쪽은 진위현, 동쪽은 용인현, 서쪽은 남양현, 안산현의 지도를 모두 수록했다. 그리고 상위의 경기도 지도, 조선 전체 지도, 세계지도를 수록했다. 『수원의 옛 지도』는 27×39cm, 240쪽의 책으로 탄생하였다.

『수원의 옛 지도』 제작에는 많은 분들이 참여했다. 오랫동안 연구한 옛 지도에 관한 지식을 바탕으로 봉사한 이상태 박사와 이우형 선생께 다시금 감사드린다.

이 책의 교열, 교정 작업엔 김우영 당시 늘푸른수원 편집주간(현 수원일보 논설위원)과 한동민 박사(현 화성박물관장)가 참여했다.

자료 수집은 지준만 박사(현 영통구 종합민원과장)가 하고 업무추진은 최호운 박사(현 화성연구회이사장)가 했다. 총괄은 도시계획과장인 내가 주관했다. 『수원의 옛 지도』는 화성연구회 6명이 기획부터 교정까지 참여해 만든 성과물이었다.

제호는 소형 양근웅 선생이 썼다. 『수원의 옛 지도』는 1,000부를 제작하여 국내 도서관, 대학교, 연구기관, 인접 시군, 수원시 기관 등에 배부했다. 20년이 지난 오늘날까지 수원을 연구하는 자료로 쓰이는 것은 물론 각종 자료에 사용되고 있어 역사문화도시의 자긍심을 갖게 한 중요한 자료가 됐다.

2. 『수원시 도시계획 200년사』 편찬

새로운 2천 년을 맞는 것은 가슴 벅찬 일이었다. 1999년은 신읍(현재 수원) 건설 210년을 맞는 해였다. 새로운 세기를 맞기 위해서는 200년의 도시계획을 체계적으로 정리하고 반성할 필요가 있었다.

새천년을 맞는 도시계획을 제대로 수립하기 위해 책의 구성은 신도시 건설 210년의 자료를 수록하는 것을 원칙으로 했다. 첫 번째는 210년의 역사적 기록 중에서 도면과 사진을 수록하기로 했다.

두 번째는 일제강점기에 제작된 지도와 지적도를 발굴해서 시계열로 변화과정을 수록하기로 했다. 세 번째는 현존하는 수원의 항공사진을 발굴해서 변화과정을 항공사진으로 보여주는 방법을 도입했다. 네 번째는 1944년 일제 말기 최초로 수립된 도시계획부터 변경되어온 과정을 도시계획 도면과 해설을 덧붙이도록 했다.

집필은 수원 출신 도시계획 전문가인 유완종 박사가 맡기로 했다. 『수원시 도시계획 200년사』의 담당은 최호운 박사(현 화성연구회 이사장)였다.

제일 먼저 해야 할 일은 최초 도시계획이 수립된 1944년 이후 도시계획 서류를 모두 정리하는 작업이었다. 55년간의 서류를 모두 찾아 도시계획 도면을 파악한 결과 아쉽게도 최초 도면은 발견되지 않았다. 수원시와 경기도, 건설부에서도 찾을 수가 없었다.

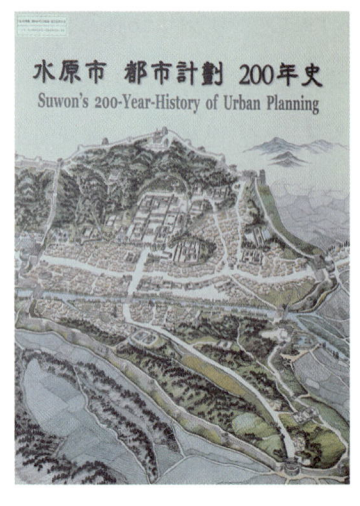

『수원시 도시계획 200년사』 책 표지(사진 김충영).

이후 시기에도 없어진 도시계획도가 있었으나 이들은 앞뒤의 도면이 있고, 도시계획 변경 내용이 남아 있어 도면을 재작성하기에 어려움이 없었다. 이렇게 하여 각고의 노력 끝에 최초의 도면을 제외하고 도시계획도를 수집할 수 있었다.

다음으로는 일제 초기부터 제작된 수원 관련 지도와 항공사진을 수집하는 일이었다. 지도와 항공사진은 당시 수원 원천동에 소재한 국립지리원(현 국토지리정보원)의 고유 업무였다. 국립지리원(현 국토지리정보원)이 수원에 있어 수월하게 자료를 협조받을 수 있었다.

문제는 국립지리원이 보유하고 있는 항공사진이 1960년대 이후 자료만 있다는 점이다. 이전 시대의 항공사진을 볼 수 없는 것이 참으로 안타까웠다. 그래서 나는 육군 측지부대에서 군 생활을 할 때 항측과에 근무하면서 항공사진을 본 기억이 떠올라 측지부대를 찾아갔다.

측지부대는 부산 광안리에 있었는데 대전으로 이전했다. 부대를 찾아가니 1976~1979년까지 군 생활을 할 때 함께한 군무원들이 20년이 지났음에도 그대로 있었다. 수원시에서 도시계획 200년사 책을 만든다고 했다. 당시 군무원 중 제일 지위가 높은 우병화 문관이 직원들을 불러 "김충영이 왔는데 수원시 사진을 모두 찾아 주라"고 지시했다.

그래서 찾은 것이 1947년, 1954년, 1966년, 1969년 항공사진이고 『수원시 도시계획 200년사』에 수록하게 되었다. 1947년 항공사진은 한국전쟁으로 파손된 화성 일원의 원형을 볼 수 있는 자료 중 최고의 자료였다.

당시 도시계획과에는 지적계가 있었다. 하루는 이광수 지적계장과 『수원시 도시계획 200년사』를 만드는 이야기를 하던 중 수원의 지적도 중 제일 오래된 지적도가 어떤 것이 있느냐고 물었더니 대전 문서기록보존소에 아마도 1911년에 작성된 지적원도가 있을 거라고 했다.

나는 이 계장에게 출장을 다녀오라고 했다. 며칠이 지나 그는 오래된 지적도 사본 몇 장을 가져왔다. 흥분을 감출 수가 없었다. 이 지적도는 한일병탄 다음 해인 1911년 일제가 조선의 토지를 조사하여 지적도와 토지대장을 만들기 위하여 실시한 측량원도였다.

지적원도는 평판측량을 할 때 평판에 붙여 측량한 원도인데 자세한 기록을 해둔 것이 그대로 있었다. 1911년까지 성곽 시설과 관청시설이 남아있는 곳에는 관(官)자를 기록해 놓았다. 당시까지 남아있던 관 소유 토지 5.7km의 성곽과 사대문, 성곽 시설이 표기되어 있었다. 그리고 화성행궁, 화령전, 중영, 이아, 무고 행각, 수직소, 수문청, 남지, 북지, 동지, 감옥, 종각이 있었고, 그 외에도 학교, 연못, 종교, 사찰, 임야, 전, 답, 구거, 하천, 도로 등을 기록해 놓았다.

그리고 당시 지명도 있었다. 군기동, 보시동, 산누리가 표기되어 있었다. 지적원도는 일제가 식민통치를 하기 위해서 만든 기초자료로, 여기에 조선의 마지막 모습이 고스란히 남아있어 흥분되는 순간이었다. 이후 1911년 지적원도는 화성을 복원하는 데 기본 자료로 유용하게 활용되었다.

『수원시 도시계획 200년사』는 2000년 12월 39×53cm, 143쪽 책으로 출판되었다. 이 책 역시 1,000부가 제작되어 수원의 각 기관과 대학도서관 연구기관에 배부되었다.

그로부터 시간이 지난 2003년 초의 일이다. 나는 당시 대학원 석사과정에 있었다. 경원대학교 이창수 교수로부터 『수원시 도시계획 200년사』를 가지고 대한도시계획학회로 올라오라는 전화가 왔다.

부랴부랴 서둘러 서울에 있는 건설회관 내 대한도시계획학회 사무실을 찾았다. 그때 회의가 진행 중이었는데 대한도시계획학회 학술회 안건을 심의하고 있었다. 나를 찾은 것은 2002년도 학술상 대상을 선정해야 하는데 마땅한 대상자가 없어 『수원시 도시계획 200년사』를 만든 김충영 과장에게 상을 주려고 한다는 것이다.

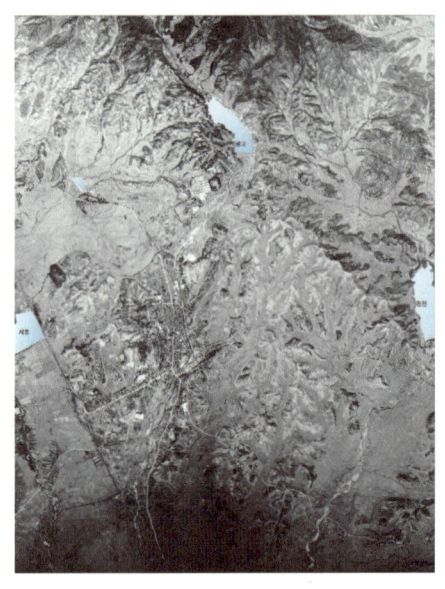

1947년 수원 최초 항공사진(사진 수원시).

이 자리에서 나는 이 책은 수원시 도시계획과장이 주관하기는 했으나 개인이 받을 수 없다고 답변했다. 심사위원들은 그 말에 동의해서 수원시에게 상을 주는 것으로 의결하였다. 상을 주는 이유는 "우리나라에 230여 지자체가 있으나 수원시같이 체계적으로 자료를 관리하는 곳이 없어 귀감이 되어 타 도시들도 잘하라는 취지"라고 했다.

『수원시 도시계획 200년사』는 전국에서 최초로 출판한 책으로, 이후 다른 도시들도 유행이 되어 책을 편찬했다. 그러나 많은 도시들이 도시계획도를 제대로 관리하지 못해 책 만들기를 포기했다는 말을 전해 들었다.

『수원시 도시계획 200년사』 역시 수원의 도시계획을 알기 위해서는 반드시 읽어야 하는 책이 되었다. 책 편찬을 위하여 고생한 유완종 박사, 최호운 박사, 이광수

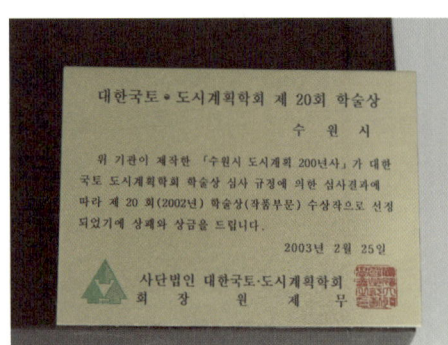

(왼쪽) 대한국토도시계획학회 제20회 학술상장(사진 김충영).

대한국토도시계획학회 제20회 학술상과 상패를 받는 모습(사진 김충영).

지적계장에게 감사를 드린다. 특히 자료를 협조해준 국립지리원과 육군 측지부대에도 감사를 드린다.

3. 원천유원지 추억

1928년 용인군 하리 일원에 신대(新垈)저수지 윗방죽이 축조됐다. 그리고 이듬해인 1929년 여천(驪川) 아랫방죽 원천저수지가 용인군 이의리에 조성되어, 하류인 수원지역의 농업용수로 활용됐다. 2개 저수지의 행정구역은 용인시였으나 수원과 경계 지점에 있어 수원 시민들의 여가·휴식 공간으로 자리 잡았다.

1962년 1월 20일 도시계획법이 제정됐고, 1967년 7월 3일 최초로 수원 도시계획이 수립됐다. 도시계획구역은 수원시 행정구역 전체와 화성군, 용인군 일부 지역을 포함한 83.667㎢였다. 이 가운데 3.839㎢(116만 1,300평)가 원천유원지로 결정됐다.

그리고 1977년 3월 31일 관광사업법에 의해 원천국민관광지로 중복 지정됐다. 이는 국·도비 지원을 받기 위한 것이었다. 국·도비를 지원받아 추진된 최초의 사업은 1981년 원천저수지 입구와 제방 하단부의 편의시설 단지였다.

원천유원지는 참으로 제약이 많았다. 행정구역은 용인군이었지만 수원시 도시계획구역이어서 수원시 도시과가 인허가를 했다. 국민관광지는 관광사업법의 적용을 받기에 수원시 문화공보실의 소관이었다. 그리고 신대저수지와 원천저수지는 수화농지개량조합 소속이어서 수상에 집을 짓기 위해서는 수화농지개량조합으로부터 공유수면 점용허가를 얻어야 했다.

원천유원지는 2개 시군에 걸쳐있으면서 관련법은 3개 법으로 도시계획법과 관광사업법, 공유수면관리법이 적용됐다. 관련 부서는 수원시 도시과와 수원시 문화공보실, 농지개량조합, 용인군이 담당하는 복잡한 구조를 가지고 있었다. 무엇보다 까다로운 사항은 유원지와 국민관광지는 전체 면적을 대상으로 조성계획을 수립해야 했고 조성계획에 포함된 사항만 인허가가 가능했다.

원천유원지 입구(사진 수원시).

국민관광지 편의시설 단지 조성 모습(사진 수원시 항공사진 서비스).

그래서 농가주택을 새로 짓거나 개량하는 경우에도 전체 조성계획을 변경해야 하는 번거로운 절차가 이행되어야 했다. 그러다 보니 유원지 내에서 개별적인 개발행위는 사실상 불가능했다. 주민들은 개발제한구역보다 규제가 더 심하다고 불만을 토로했다. 이런 복잡한 체계 탓에 원천유원지 내에 거주하는 주민들은 수원시와 용인군에 불만을 가지게 됐다.

이런 가운데 원천유원지 업무는 수원시 도시과에서 주도적인 역할을 했다. 그러나 저수지 내에서의 행위는 수화농지개량조합과 용인시의 허가가 필요했다. 당시 물집은 수궁, 용궁, 광나루 등이 있었다. 보트 영업 또한 같은 경우였다. 당시 원천유원지에 370개의 보트가 있어 우리나라 보트의 절반은 된다는 이야기가 있었다.

행정의 이원화, 삼원화는 원천유원지의 난개발을 불러왔다. 이로 인해 원천유원지는 난개발에 이은 불법행위 단속 부재로 수질이 악화됐다. 1980년대 중반 수원시 산업과장을 하다가 경기도 관광과에서 근무한 수원 출신 홍순표 계장은 원천유원지 조성이 답보상태에 빠지자 골프장을 조성하는 시행사에 원천유원지 풀장을 만들도록 권유했다.

이는 골프장을 만들 경우 필히 국민관광시설을 조성해야 했는데 홍 계장은 골프장을 만드는 대신 국민관광시설인 풀장을 원천유원지에 만들도록 한 것이다. 이렇게 하여 태광골프장은 점보 풀장을, 수원칸트리클럽은 파도 풀장을 만들었다. 삼풍골프장은 관광호텔을 짓도록 했는데 부지만 마련하고 호텔은 짓지 않았다.

1980년대에 이르자 원천유원지를 종합적으로 관리하기 위해서는 수원시로 편입되어야 한다는 여론이 일었다. 1983년 2월 15일 용인군 수지면 이의리와 하리가 수원시에 편입됐다. 그리고 1993년 7월 10일 국민관광지가 폐지됐다. 이렇게 하여 행정절차는 다소 간소화되었으나 유원지 내에서의 행위는 원활하지 못했다.

　원천유원지 내 거주자와 토지 소유자들은 해마다 농한기가 되면 수원시청에 와서 집단행동을 하곤 했다. 당시 주민대표로 활동한 심상찬 씨는 1991년 최초로 실시된 지방의회 선거에서 시의원으로 출마하여 당선되기도 했다. 그리고 민선 지방자치단체장 시행일이 1995년 7월 1일로 결정됐다.

　관선 시절 제20대 이상용 수원시장은 민선 시대가 오면 화장장, 쓰레기소각장, 하수처리장 등 혐오시설 추진이 어렵다고 생각했다. 이 시장은 혐오시설 입지 결정을 서둘러 추진했다. 그 결과 수원시 화장장이 수원시 하동, 현재 수원시 연화장 자리로 결정됐다. 그러자 주민들은 가뜩이나 원천유원지로 인하여 불이익을 받는데 화장장까지 오느냐며 강력하게 반발했다.

　그러자 수원시는 주민들에게 장례예식장 운영권을 주겠다고 약속했다. 그리하여 원천유원지와 화장장은 큰 무리 없이 추진됐다. 이후 민선 1기 심재덕 시장은 수원시가 문화관광 도시로 발전하기 위해서는 컨벤션센터 건립이 무엇보다 필요하다고 생각하고 입지를 이의동으로 정했다.

　사업시행자는 현대그룹을 선정하여 협약을 체결하고 2000년 5월 3일 수원컨벤션센터 착공식까지 추진했다. 더불어 화성관망탑, 영상테마파크, 세계성곽미니어처공원을 계획했는데 이들은 원천유원지 내 미개발지에 입지를 결정했다.

　이 사업은 민선 1기 심재덕 시장의 중점사업이었으나 당시 임창열 경기도지사와의 갈등으로 한 발도 내딛지 못했다. 심재덕 시장은 2002년 민선 3기에 도전했으나 김용서 시장에게 패하면서 그토록 하고 싶었던 수원컨벤션센터를 이루지 못하고 시장직에서 물러났다.

　이어 민선 3기 김용서 시장이 취임했다. 대한주택공사는 수원시 이의동, 하동, 용인시 상현동 일원 약 230만 평에 이의지구 택지개발사업을 추진하겠다며 택지개발예정지구 지정신청서를 수원시에 가지고 왔다. 수원시는 관련 공문서를 경기도를

수원시 연화장(사진 수원시 포토뱅크).

경유하여 건설교통부에 보냈다.

그런데 어느 날 손학규 경기도지사로부터 이의지구 택지개발사업과 관련하여 협의할 사항이 있으니 수원시장과 만나자는 연락이 왔다. 김용서 시장은 당시 도시계획과장이었던 나에게 함께 가자고 했다. 경기도는 당시 이의지구(후일 광교택지개발사업으로 명칭 변경)를 경기도와 수원시, 용인시가 공동으로 추진하자고 제안했다.

김용서 시장은 큰 원칙에는 동의한다는 의견을 냈다. 구체적인 사항은 협약서를 만들어 추진하기로 했다. 대한주택공사에서 간부로 근무하다가 손학규 지사가 영입한 한현규 정무부지사가 이의지구 택지개발사업을 대한주택공사가 하겠다는 것을 경기도가 하자고 했다는 것이다.

그리하여 원천유원지는 개발계획 수립과정에서 유원지 기능을 배제하고 광교택지개발사업지구 내 공원으로 계획됐다. 원천유원지는 오늘의 광교호수공원이 됐다. 원천유원지 내에 있던 위락시설은 수상가옥 5동, 수영장 2개, 유원지 입구 주차장, 대규모 야영장, 심신단련장 등이었다.

그리고 원천그랜드, 원천호수랜드, 모터보트와 놀이배 370여 척, 각종 어린이 위락시설 등이 모두 보상을 받고 사라졌다. 한편으로는 수원시의 끈질긴 노력으로 광교택지개발사업지구 호수공원 옆에 수원컨벤션센터 부지를 반영했다.

그러나 수원시가 요구한 컨벤션센터 부지를 조성원가로 수원시에 공급하는 법규가 미흡하다는 이유로 애를 태우게 했다. 부지를 축소하는 등의 비협조에도 불구하고 종국에는 광교택지개발사업 수익금 배분 차원에서 수원시의 요구가 반영됐다.

이는 수원컨벤션센터 부지가 축소되어 완벽한 컨벤션센터가 되지 못하는 아쉬움을 남겼다. 광교택지개발사업은 경기도, 수원시, 용인시가 공동으로 추진한 사업이었으나 경기도와는 갈등의 연속이었다. 이렇게 하여 수원컨벤션센터는 광교호수공원 옆에 건립됐다. 심재덕 전 시장이 그토록 원했던 사업이 20년 만에 이루어진 것이다.

원천유원지는 수원 사람들에게 추억이 많은 곳이다. 겨울에는 스케이트나 썰매를 타는 장소였고, 봄철에는 수원 사람들은 물론 경향 각지에서 사람들이 찾아와 보트놀이를 하던 곳이다. 그리고 수원지역 초등학교들의 소풍 장소이기도 했다. 5월 어

2000년 컨벤션센터 착공식(사진 수원시).

원천유원지(사진 수원시 포토뱅크).

수원컨벤션센터(사진 수원시 포토뱅크).

광교호수공원 전경(사진 수원시 포토뱅크).

린이날에는 발 디딜 틈이 없을 정도로 많은 사람들이 찾았던 곳이다.

그리고 봄가을이면 결혼식을 올린 후 신혼여행을 떠나기 전에 친구들과 피로연을 하던 곳이다. 가을에는 중·고등학생들 졸업앨범 사진을 촬영했다. 나도 인연이 많다. 공무원 시절 도시계획을 하는 동안 유원지 업무를 담당하기도 했고, 1981년 내가 신혼여행을 가기 전에 친구들과 피로연을 했던 장소이기도 했다.

나들이 철에는 유선업(놀잇배) 안전 지도 요원으로 원천유원지에 나가 근무를 했다. 광교택지개발사업으로 원천유원지가 없어진다고 하여 서운한 생각이 들기도 했다. 요즘은 아침 운동으로 광교호수공원을 산책하면서 추억을 회상하기도 한다.

4. 광교의 영예와 애환

광교산의 원래 이름은 광악산(光嶽山)이었다. 고려 야사에 의하면 서기 928년 왕건이 후백제 견훤과의 전쟁에서 승리하고 돌아가는 길에 광악산 행궁에 머물면서 군사들의 노고를 치하하고 있었는데 산에서 광채가 하

시루봉에 있는 광교산 표석(사진 수원시 포토뱅크).

늘로 솟아오르는 광경을 보게 되었다. 이에 부처님이 가르침을 주는 산이라 하여 산 이름을 친히 광교라고 하였다.

백두산에서 지리산까지 이어지는 백두대간의 속리산에서 분기한 한남금북정맥은 안성 칠현산까지 연결된다. 이곳에서 다시 분기한 한남정맥은 서북쪽으로 이어져 용인 석성산과 광교산, 수리산을 거쳐 김포 문수산에 연결된다.

광교산은 한남정맥의 주봉이며 수원의 주산이다. 고려시대 광교산에는 창성사를 비롯하여 89개 암자가 있었다고 전해진다. 현재는 그 자취를 찾을 수 없지만 여러

곳에서 기왓장이 출토되어 예전의 흔적을 말해준다.

　1796년 정조시대 신도시와 화성이 축조되기 전까지 팔달산 일원은 광교면이었다. 신도시가 조성된 후 화성행궁 신풍루 앞길을 중심으로 북쪽은 북부가 됐고, 남쪽은 남부가 됐다. 이후 북부면, 남부면으로 개칭됐다. 화성 건설로 광교면의 이름을 잃어버리고 산 아랫마을 명칭인 상광교동과 하광교동만 지킨 것으로 만족해야 했다.

　광교의 비운은 1940년 12월 11일 광교저수지가 축조되면서 시작됐다. 광교저수지가 축조되자 하류 지역은 홍수 피해를 예방할 수 있었으나 광교는 불이익을 받기 시작했다. 광교산은 일제강점기와 한국전쟁 시기 수원의 땔감 공급처가 됐다. 무분별한 벌목으로 1950~1970년대 중반까지 나무 한 그루 없는 헐벗은 산이 되었다.

　한국전쟁 이후 수원에 피난민이 몰려들자 부족한 식수를 해결하기 위해 광교저수지를 개량해 1953년 11월 상수도 취수원을 조성했고 1971년 6월 상수원 보호를 위해 광교저수지 유역 일원을 상수도 보호구역으로 지정했다. 뒤이어 1971년 12월 29일 광교 지역은 개발제한구역으로 지정됐다.

　광교는 상수원보호구역과 개발제한구역의 이중 규제를 받게 되어 손발이 꽁꽁 묶이는 피해를 보게 됐다. 광교는 개발제한구역이 됨으로써 도시계획도로 하나 없는 곳이 됐다. 예전부터 사용되던 농로가 고작이었다. 광교는 그야말로 자연의 모습 그

상수도보호구역 및 개발제한구역 팻말(사진 김충영).

10. 남기고 싶은 이야기　431

대로였다. 한편으로는 1970년대부터 사방사업이 진행되어 광교는 30여 년 만에 울창한 숲이 됐다.

　1960년대부터 겨울철에는 산림을 보호하기 위해 입산 금지 정책이 시행됐다. 1995년 7월 1일 취임한 심재덕 시장은 광교산을 연중 개방해야 한다고 생각했다. 심 시장이 취임한 지 70일이 지난 1995년 9월 9일이 추석날이었다. 차례를 올리고 광교산을 찾은 사람들이 많았다. 자동차를 타고 광교에 올라온 시민들은 주차할 곳이 없자 광교 진입로에 주차를 하고 산에 올라갔다. 다음에 올라온 사람들은 마을 안길에 차를 세워 광교는 차량이 움직일 수 없는 교통지옥 상황이 되고 말았다.

　오후가 돼서야 차량이 움직일 수 있었다. 이런 상황은 즉시 심재덕 시장에게 보고됐다. 심 시장은 추석 연휴가 끝난 1995년 9월 11일 광교 관련 부서 담당자들과 함께 주민간담회에 참석했다. 이 자리에서 광교 주민들은 개발제한구역으로 묶여서 불이익을 받은 것에 분개했다. 어느 날 주민 의견은 묻지도 않고 그린벨트로 지정했다고 했다.

　부엌이며 헛간, 농기계 창고 하나 못 짓는 것은 물론이고 개축도 못 하게 했다고 분개했다. 광교 주민들은 생계 수단으로 젖소 사육이나 무허가로 보리밥집을 운영하는 것이 고작이었다. 음식점을 무허가로 한다고 수원시에서 해마다 경찰에 고발하여 전과자가 됐다고 했다. 그 무렵 시내는 상업지역이다, 주거지역이다 해서 광교보다 몇 배나 비싸게 지가가 형성됐다. 게다가 시민들까지 몰려와 불편을 겪게 됐다며 불만을 토로했다.

　심 시장은 주민들이 화난 모습을 보면서 가슴 아팠다. 주민들과 대화 후 광교 업무를 건설과 도로계에 배정했다. 심 시장은 우선 광교에 승용차 진입을 막아야 한다고 생각했다. 그러기 위해서는 대체 교통수단이 필요했다.

　그래서 찾은 방안은 시청과 구청이 보유한 버스를 활용해서 공·휴일에 셔틀버스를 운영하는 것이었다. 셔틀버스 운영은 시청 회계과에, 승용차 진입 관리 업무는 장안구청에 맡겼다. 그리고 건설과에는 광교 정비계획을 최대한 빨리 수립할 것을 지시했다. 광교 정비계획은 추경에 예산을 확보해서 1995년 12월 20일부터 시작됐다.

광교 정비계획은 개발제한구역에서 할 수 있는 모든 사항이 포함됐다. 사업 기간은 1997년부터 2001년까지 5개년, 6개 부문으로 계획됐다. 주거환경개선사업은 마을 안길 정비와 상수도, 교통시설이었다. 이때 진입도로 15~20m 폭, 4,430m가 계획됐다. 주차장은 제방 아래 주차장, 문암골 주차장, 마을회관 앞, 하광교동에 검토됐으며 종점에 회차장이 계획됐다.

광교저수지 상류부터 광교산에 이르는 구간의 호안 정비 및 저수로와 여울 조성 사업을 계획했으며 오·폐수를 처리하기 위해 우사에서 발생하는 오수 차집관거 설치를 계획했다. 입구와 종점, 문암골에 화장실을 만드는 안과, 약수터 정비, 안내판, 등산로 정비, 휴식시설 정비계획도 제시했다. 광교 정비 사업에는 총 205억 원이 소요되는 사업계획이 수립됐다.

사업추진을 위해서 제일 먼저 도시계획이 결정돼야 했다. 1단계 사업으로 광교 진입도로와 마을 안길 그리고 제방 아래 주차장이 추진됐다. 광교 주차장 결정이 먼저 진행되어 소형 233대, 버스 7대를 수용하는 주차장 사업이 진행됐다. 광교 진입도로는 광교 입구에서 마을회관까지는 폭 20m, 마을회관에서 종점까지는 15m로 하고자 했다.

이 도로는 의회 의견 청취와 공청회 과정에서 15m와 12m로 축소됐다. 조정된 안으로 도시계획 결정을 추진했다. 그런데 도시계획 결정을 위해서는 경기도에 농지전용 승인을 얻어야 했다. 경기도는 당시 수원시가 월드컵 축구 경기를 준비하기

광교1동 주민센터 모습
(사진 김충영).

위해서는 예산이 많이 들어야 하는데 도로를 필요 이상으로 넓게 한다며 한 단계씩 낮추라고 했다.

광교 진입로 15m 도로는 12m로, 12m 도로는 10m로 낮춰 추진됐다. 따라서 마을회관부터는 자전거도로는 물론이고 보도 역시 협소해지고 말았다. 이즈음 심재덕 시장은 광교저수지 주변에 산책로 계획을 주문했다. 나는 당시 최준호 계장과 용역사인 경호엔지니어링 조영규 기술사와 함께 길도 없는 절벽이나 다름없는 광교저수지 물가를 답사하기도 했다.

심 시장께 검토된 사항을 보고하자 저수지 산책로는 번듯한 길을 만들지 말라고 했다. 꼭 필요한 곳을 정비해서 오솔길이 되도록 하라고 했다. 광교 정비계획은 2002년 6월 30일까지 몇 가지를 제외하고 모두 추진됐다.

종점 부분 하천 좌안에 회차로와 수원시 로컬푸드매장 부분에 주차장을 조성하려고 했으나 주민들의 반대로 시행하지 못했다. 1995년 9월부터 6년이 넘게 진행된 셔틀버스 운행은 수원시 운전기사들에게 큰 부담을 주는 사업이었다. 셔틀버스 운행사업은 심재덕 시장의 낙선으로 종료됐다. 후임 김용서 시장은 시내버스를 증차

가을 광교산(사진 수원시 포토뱅크).

했다.

광교의 불운은 2004년 6월 30일 이의택지개발사업지구가 지정되면서 시작됐다. 이의지구는 개발계획 수립단계에서 광교택지개발사업지구로 명칭이 변경됐다. 택지개발사업이 완료된 후 행정동 명칭은 광교동이 됐다.

화성이 축조되면서 광교면의 이름을 잃은 후 행정동명도 광교동이 아닌 연무동에 속해야 했고 광교택지개발사업으로 행정동 명칭을 도둑맞는 아픔을 겪어야 했다. 광교동이란 이름이 발표됐을 때 상광교, 하광교 주민들은 분통을 터트리며 항의했으나 광교택지개발지구 다수 주민들의 주장으로 관철되지 못했다.

수원 시민들은 광교산이 있어 행복하다. 그러나 이는 광교 주민들의 희생이라는 것을 알아야 한다.

5. 광교저수지

1922년 임술(壬戌)년 7월 27일과 28일 이틀간 내린 폭우로 화홍문과 남수문, 매향교가 유실됐다. 이를 안타깝게 여긴 수원의 유지들은 명소보존회를 결성하고 시민 모금을 통해서 1932년 화홍문을 복원했다. 남수문은 이때 복원에서 제외됐다.

한편 수원군은 홍수방지 대책으로 저수지를 만들고자 했으나 무산됐다. 1930년대 중반에 와서야 농업용수와 유원지 용수로 이용하기 위해 저수지를 만들기로 하고 1937년 10월 2일 기공식을 가졌다. 저수지 면적은 40정보, 제방 길이 300m, 제방 높이는 18m로 계획하여 1938년 말까지 준공키로 했다.

그리고 방화수류정으로부터 저수지까지 6m 도로를 계획했고, 농업학교 뒤부터 상광교까지 6m 도로 계획을 세웠다. 그러나 공사가 지연되어 1940년 12월 11일 준공됐다. 저수지 공사는 근로보국단이 결성되어 면별로 참여했다. 심지어 학생들도 동원되어 연인원 20만 명이 참여했다.

1952년 한국전쟁을 거치면서 수원시의 인구가 급격히 증가해 10만 4,044명이 됐다. 이에 따라 생활용수가 부족하게 됐다. 수원시는 1953년 11월 광교저수지에 취수·정수 시설을 갖추어 상수도 수원지로 인가를 받았다. 이때 수원시 수도사업소가 생겼다. 1958년이 되자 물 부족 현상이 발생했다. 이때 제방을 높이는 공사가 추진됐다. 1962년 공사가 마무리되자 취수량은 205만 톤이 됐다.

경기도청이 수원으로 이전한 1967년엔 인구가 13만 1,031명으로 증가했다. 또다시 생활용수가 부족하게 되자 두 번째 제방 높이기 공사가 추진됐다. 300m의 저수지 제방을 1.5m를 높이고, 저수량을 243만 2천 톤으로 증가시키는 사업이었다. 이 사업은 당시 수원교도소 재소자들이 동원되어 추진됐다.

이어 1971년 6월 상수원 보호를 위해 상수도 보호구역이 지정됐다. 뒤이어 1971년 12월 광교 지역이 개발제한구역으로 지정됐다. 이후 급격한 인구 증가로 물 부족 현상이 발생하자 한강 물을 끌어들이는 공사가 추진됐다. 1974년 4월 1일 수도관로 공사가 완공되어 한강 물을 먹는 시대를 맞게 됐다. 이어 1981년 10월부터는 수도권 광역상수도사업이 준공되어 팔당에서 정수된 한강 물을 받고 있다.

1995년 7월 1일 민선 시대를 맞았다. 민선 1기 시장으로 취임한 심재덕 시장은 광교저수지에 남다른 애착을 가지고 있었다. 유사시 한강 물이 오지 못하는 사고를 염두에 두었던 것이다. 수원은 광교저수지가 있어 1주일은 식수를 해결할 수 있었다. 유사시에 대비해 광교수원지를 잘 보존해야 한다는 견해였다.

심 시장은 이것도 부족하여 당시 1개 동에 최소 1개소 이상의 지하수 개발을 추진했다. 지하수는 주민들이 많이 활용하는 공원이나 학교에 만들었다. 이때 만든 지하수는 현재까지도 약수터로 유용하게 사용되고 있다. 광교저수지는 1940년 축조된 이래 한 번도 준설을 못한 탓에 유입된 토사가 바닥을 채워 계획 저수량에 못 미쳤다.

1997년 광교 정비 사업을 추진하던 도로과장 시절 친구인 이윤

토사가 많이 쌓인 광교저수지(사진 수원시 항공사진 서비스).

택지개발이 완료된 북수원 시가지(사진 수원시 항공사진 서비스).

희 수도과장과 광교저수지에 대한 이야기를 나누게 됐다. 광교저수지 준설을 해야 하는데 예산이 많이 든다는 것이다. 나는 순간 생각했다. 당시 북수원에 정자지구, 천천지구, 천천2지구, 율전지구, 화서지구 등 여러 곳의 택지개발사업이 진행되고 있었다. 그런데 북수원은 평야여서 매립할 흙이 부족한 실정이었다.

나는 광교저수지 토사를 한국토지개발공사에 매각해보라고 했다. 그랬더니 좋은 아이디어를 주었다고 기뻐했다. 장난삼아 아이디어 값으로 1천 원을 받았다.

그 뒤 이윤희 과장은 한국토지개발공사와 광교저수지 준설을 협의했다. 한국토지개발공사가 아파트 공사 현장과 건축공사장에서 나오는 흙을 받아도 된다고 했으며, 수원시의 어려운 여건을 설명하여 어렵게 한국토지개발공사가 가져가는 것으로 협상을 했다고 한다. 이 과장이 저수지 준설 건을 심재덕 시장에게 보고하자 큰일을 해결했다며 기뻐하며 칭찬했다.

그러면서 심 시장이 물을 빼야 하니 낚시대회를 해보라고 했다는 것이다. 직원들과 상의한 결과 낚시대회는 여러 가지 문제가 있으므로 하지 않는 것으로 의견을 모았다. 대안으로 물고기를 잡아 시민들에게 매각하여 수익금으로 광교 주민과 불우 청소년 돕기에 사용하자고 보고했다.

그러나 오히려 심 시장에게 설득을 당해서 낚시대회 계획을 수립하게 됐다. 기간은 1998년 9월 7일부터 15일까지 9일 동안이었다. 낚시대회는 7~11일까지 5일간, 12~15일까지는 매운탕 요리축제를 기획했다. 낚시대회 참가비는 2만 원, 낚시대회 참여 인원은 4,000명을 예상했다. 수익금은 불우청소년 돕기에 사용하는 조건이었다.

수원시는 56년 동안 식수원으로 사용해서 무공해 저수지라는 것을 장점으로 홍보했다. 이 소식을 접한 전국의 낚시꾼들은 무공해 저수지에서 붕어, 잉어, 메기, 가

광교저수지 낚시대회(사진 수원시).
물고기 축제가 끝난 후 물이 모두 빠진 모습(사진 수원시 포토뱅크).

물치, 자라 등을 잡을 수 있다며 잔뜩 기대했다. 그리하여 예약이 시작되자 1시간 만에 매진되는 뜨거운 열기를 보였다.

  전화 예약을 못한 사람은 15만 원을 주고 암표를 구하는 일까지 벌어졌다. 드디어 낚시대회 날이 밝았다. 그런데 시작된 지 2시간이 지나지 않아 불만이 터져 나왔다. 물고기들이 낚싯바늘을 물지 않는다는 것이다. 이유는 그동안 낚시터로 개방되지 않아 물고기들이 미끼 무는 법을 모르는 데다 녹조까지 발생한 것이 원인이었다.

  많은 사람을 참여시키기 위해 갑자기 물을 많이 뺀 것도 원인 중의 하나라고 했다. 개발제한구역과 상수원보호구역에 묶여 피해를 당한 광교 주민들의 농성도 가뜩이나 물고기를 잡지 못해 불만이 많은 낚시꾼들의 심기를 불편하게 했다. 낚시꾼들은 수원시에게 사기라며 입장료를 반환해 달라고 항의하기도 했다. 그러자 TV 방송과 신문은 연일 비방 기사를 쓰기 시작했다.

  낚시대회가 끝나자 그물을 쳐서 물고기를 잡기 시작했다. 그야말로 물 반 고기 반이었다. 당시 잡힌 붕어는 보통 30~50cm이었으며, 1m에 가까운 메기와 잉어도 있었다. 물고기 수십 톤을 잡아서 kg당 1천 원에 판매하는 이벤트를 벌이기도 했다. 연무동 부녀회는 매운탕 축제를 벌였다.

  이때 수입금은 경인일보에 기탁해서 불우청소년 돕기에 사용했다. 수원시 수도과는 물고기 축제 이후 광교저수지 준설사업을 마무리했다. 수원시 예산 수십억 원을 절약하는 성과도 거두었다. 그러나 물고기 축제는 후유증을 남기기도 했다. 낚시대회가 끝나고 1998년 10월 수원시는 인사를 단행했다.

나는 도로과장에서 도시계획과장으로 자리를 옮겼다. 후임으로 이윤희 수도과장이 도로과장으로 발령이 났다. 그리고 한 달여가 지날 때쯤 공직사회는 서정쇄신 바람이 불었다. 그해 2월 25일 제15대 김대중 대통령이 취임했다. 당시 국민의 정부는 부패 척결을 기치로 내걸었다.

수원 지방 검찰청에서 이윤희 과장과 수원시청·구청·사업소 계약직 공무원들을 불렀다. 계약직 공무원들은 자술서를 쓰고 나왔다. 자술서 내용은 계약직 공무원으로 근무하는 동안 관련 업체 직원 등과 한 달에 1~2회 정도 식사를 했다는 내용을 썼다고 했다.

이들은 구속은 되지 않았으나 그 일로 공직을 떠나는 아픔을 겪어야 했다. 그런데 이윤희 과장은 나오지 못했다. 광교저수지 낚시대회가 물의를 빚자 수원지검은 이윤희 과장을 눈여겨보았던 것이다. 당시 심재덕 시장은 무소속으로 2선을 했을 때였다. 초선과 재선을 무소속으로 당선되자 정치권에서는 곱게 보지 않았다.

이런 이유로 낚시대회에서 나온 수익금이 심재덕 시장에게 흘러들어 간 것으로 의심했던 것이다. 이 과장은 축제 수익금은 광교 주민과 불우청소년에게 쓰였다고 해명했으나 받아들이지 않았다고 했다. 그러자 낚시대회를 알리기 위해서 지방 일간지에 홍보 광고를 한 것을 알고는 집요하게 광고비 출처를 캐물었다.

홍보비 예산이 없자 이 과장이 지인들로 하여금 홍보비를 납부케 한 것을 문제 삼았던 것이다. 결국 광고비 대납을 뇌물로 몰아 구속영장이 발부됐다. 나의 제안으로 진행된 광교저수지 준설사업으로 친구가 공직을 떠나는 가슴 아픈 일이 발생했다.

당시 수원지검은 수원시청 기술직 간부 몇 명을 소환했다. 이런 분위기가 이어지자 공직에 대한 회의(懷疑)를 갖는 사람이 많았다. 결국 몇 사람이 명예퇴직을 했다. 이들은 정년을 5~6년 이상 남긴 상태였다. 상황이 이렇게 전개되자 정년이 15년 정도 남은 과장 2명이 국장으로 진급하게 됐다.

당시만 해도 수원시에서 기술직은 4급이 최고 직위였다. 이 사건은 당시 공직사회에 많은 변화를 가져오는 계기가 됐다. 수원시 기술직은 15년 동안 인사 적체가 발생했다. 이러한 부작용은 2020년이 되어서 현실로 나타났다. 수원시 기술직(토목직)의 경우 4급 국장 자리가 5자리였으나 4급 진급 최소 근무 기간인 5년에 미달하

광교저수지 전경(사진 수원시 포토뱅크).

여 4급 승진자가 한 명도 없는 사태가 발생하기도 했다.

물고기 축제 때 발생한 광고비 사건으로 수원시에서는 광고를 주선하는 관행이 사라졌다. 그리고 계약직 공무원들의 소위 '접대문화'가 사라졌다. 이런 사연을 간직한 광교저수지는 아직도 광교 주민들에게 족쇄가 되고 있다.

수원 시민들은 광교저수지와 수변 산책길, 마루길 벚꽃 터널을 걷고 감상하며 행복한 삶을 살고 있다. 이런 행복은 누군가의 희생이 바탕이 됐음을 시민들은 알까 모르겠다.

6. 수원시 도로명 주소 사업

조선시대 주소 체계는 부방계동(部坊契洞)에 통호제(統戶制)를 사용했다. 조선의 법전인 『경국대전』에 따르면 조선의 주소 체계는 오가작통법(五家作統法)의 통호제였다. 즉, 5개의 집을 하나의 통(統)으로 묶고 각 집마다 호(號)를 부여한 것이다. 예를 들면 서울에 있던 옛집의 주소는 '한성 남부 명례방 장악원내계 5통 3호'로 표기했다.

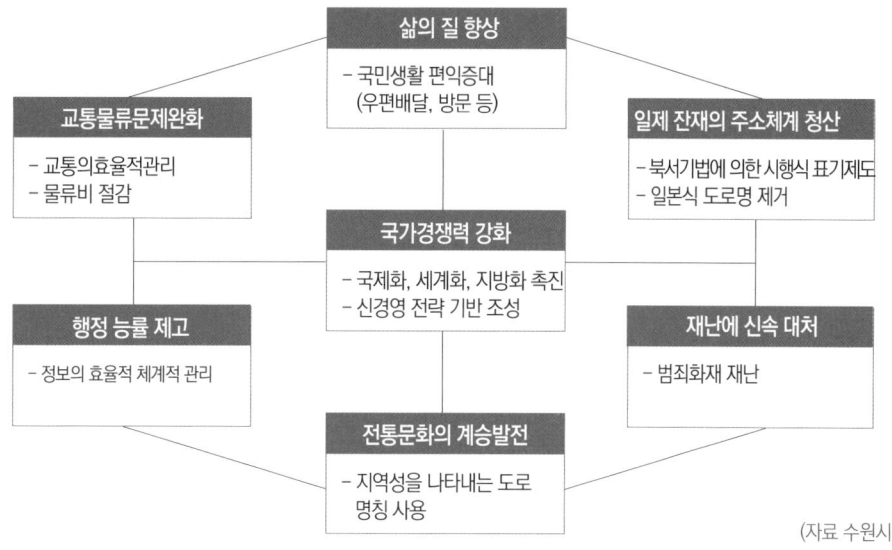

(자료 수원시)

　1900년에서 1918년까지 일제는 조선의 토지 조사 사업을 마무리하면서 지적도를 만들고 지번을 부여했다. 그리고 토지대장과 등기부등본을 만들어 임야와 전답을 관리했다. 이때 주인이 없는 국토의 40%를 조선총독부 명의로 했다. 이후 조선총독부는 이 토지를 일본인들에게 무상 또는 싼 값으로 불하했다. 조선총독부는 조선 호적령을 공표하고 지번을 호적부의 주소로 사용했다.

　이렇게 시작된 토지 지번 주소는 100여 년 동안 사용해 오면서 도시화와 산업화 등 각종 개발로 지번 배열이 불규칙적으로 변함에 따라 지번만으로는 위치를 찾기가 어렵게 됐다. 지번 중심 주소 체계는 방문·통신·택배·유통·관광·교통 등과 사회복지 등 산업구조적인 면에서 부정적인 영향을 미쳤다.

　정보화 시대에 부응하기 위해 도로 중심의 새로운 주소 체계가 절실히 필요했다. 1996년 7월 5일 대통령 직속 국가경쟁력 강화기획단의 중점과제로 '도로명 및 건물번호 부여 방안'이 발표되어 1996년 9월 6일 '도로명 및 건물번호 부여 실무기획단 규정'이 국무총리 훈령 제335호로 발령됐다.

　1997년 1월 7일 도로명 및 건물번호 부여 시범 사업 도시로 강남구와 안양시를 선정했다. 1998년 1월 23일에는 2차 시범 사업 도시로 안산시와 청주시, 공주시,

경주시 등을 선정했다. 1998년 7월 21일 수원시가 3차 시범 사업 도시로 선정되고 3개월 후인 1998년 10월 24일 나는 수원시 도시계획과장으로 발령이 났다.

수원시 도로명 및 건물번호 부여 사업은 나를 기다리고 있었다. 그리고 1998년 12월 16일에는 도로명 및 건물번호 부여 기획단이 구성됐다. 단장은 부시장, 부단장은 도시계획국장, 총괄과장은 김충영 도시계획과장, 총괄담당은 배창하 지적담당, 실무반장은 지준만 지적주사, 반원 홍기표 등 5명이 배치됐다.

수원시 새주소사업 실무기획단 출범은 1998년 12월 29일 도시계획과에 현판을 거는 것으로 시작했다. 사업추진비로 국·도비 5억 4,700만 원이 확보됐다. 1999년 2월 18일에는 직원 2명과 공공근로 3명이 추가 배치되어 시청 지하실에 전산작업장이 설치됐다. 이와 함께 작업에 필요한 PC 8대, 프린터, HUB, 플로터 등 각종 장비가 확보됐다.

1999년 4월 6일에는 수원시 새주소 부여 사업 자문위원을 선정했다. 시의원 2명, 교수·전문가 4명, 시민단체 2명, 유관기관 6명, 관계 공무원 7명 등 21명이 위촉됐다. 이후 자문위원회는 사업을 진행하는 과정에서 중요사안 자문을 위해 4번 개최했다.

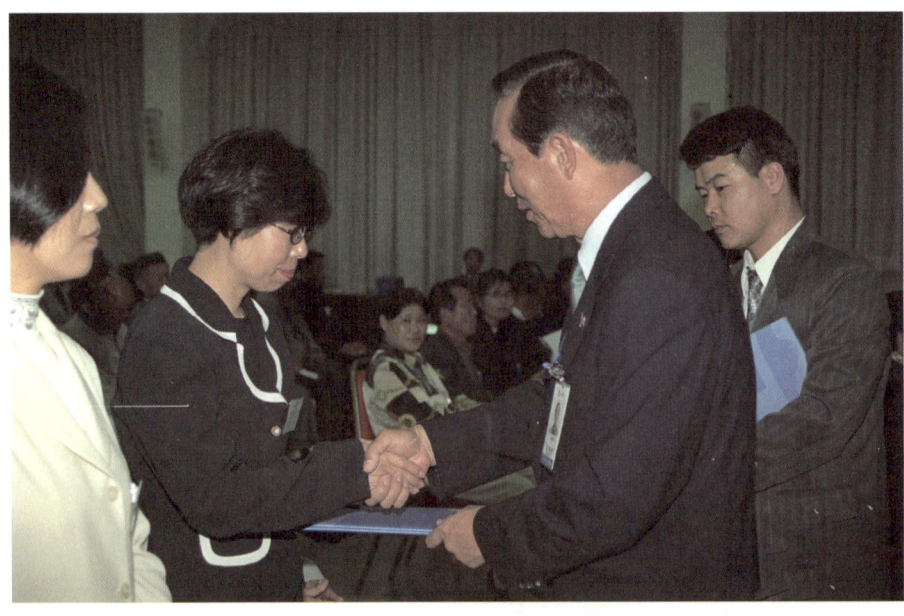

수원시 새주소 부여 사업 동(洞) 도로명 제정 위원 위촉식(사진 수원시 포토뱅크).

같은 달 29일에는 동(洞) 도로명 제정위원을 선정 위촉했다. 동 도로명 제정위원의 역할은 마을 지명 유래 발굴과 도로명사업의 홍보였다. 위원은 36개 동별로 시의원, 동정 자문위원, 새마을지도자, 통장, 바르게 살기 위원, 노인회장, 부녀회장, 기타 주민 등 699명이 위촉됐다. 위촉장 수여와 사업 설명, 지명 발굴 등을 목적으로 3회에 걸쳐 동 도로명 제정위원회를 개최하여 의견을 들었다.

그리고 새주소 사업의 정착과 취지를 알리기 위해 다양한 홍보와 교육을 진행했다. 먼저 진행한 도시 견학과 행정자치부 교육에 담당자가 참여했다. 그리고 시청·구청·행정복지센터에 근무하는 관련 직원 1,282명에게 교육을 하는 한편, 수원시의회 의원을 대상으로 교육을 실시하기도 했다.

수원의 역사와 정서에 맞는 도로명 제정을 위해 '연세대학교 사회교육원 땅이름반' 과정을 나와 지준만 지적주사가 매주 1회 1년 과정을 연수하기도 했다. 수원시는 새주소 사업의 기본 방침을 정했다. 당시 우리나라는 외화가 부족해 국제통화기금(IMF)으로부터 자금 지원을 받을 때였다. 예산 절감을 위해 공공근로를 활용했고 직영을 원칙으로 했다.

가장 먼저 진행한 일은 수원시 도로망을 주간선도로와 보조간선도로, 소로, 골목길로 체계를 정하고 분류하는 일이었다. 이는 주소 체계를 간편하게 하고 구간별로 도로명을 부여하기 위한 작업이었다. 수원시 도로의 위계별 도로구간 수와 도로구획을 위한 기준이 정해졌다.

주간선도로는 수원의 중심에서 외곽으로 연결되는 도로를 기준으로 했다. 서울 방향, 성남 방향, 용인 방향, 기흥 방향, 대전 방향, 서해안 방향, 인천 방향 등 동·서·남·북 방향으로 설정했다. 보조간선도로는 주간선도로를 연결하는 도로로 정했다. 골목길과 세로는 보조간선도로에서 연결되는 마을 도로로 정했다.

이런 기준을 적용해 주간선도로 10개, 보조간선도로 22개, 보조간선급 소로 36개, 소로 및 골목길 2,069개 등 전체 2,137개의 노선이 결정됐다. 그리고 실질적인 사업추진을 위하여 1999년 10월 4일 '수원시 도로명 제정 실무 소위원회'를 구성했다. 위원은 관계 공무원 6명, 교수 1명, 향토 사학자 1명, 시민단체 2명으로 구성했다.

소위원회에서는 도로망 구성 및 공모된 도로 명칭 등을 심의했다. 이때 도로명 공모에는 381명(584건)이 접수했다. 이중 100건이 당선작으로 선정돼 감사장과 3만 원 상품권이 지급됐다. 도로명 제정 실무 소위원회는 여러 차례 회의를 통해 수원시 2,137개 노선의 도로명을 지었다.

이후 주민설명회를 열어 의견 수렴된 53개 노선의 도로명을 재조정했다. 이렇게 결정된 도로명을 전문기관인 한글학회와 한국땅이름학회의 자문을 통해 117건을 재조정했다. 최종 조정안을 수원시 지명위원회에 상정해 확정했다. 지명위원을 도로명 제정위원에 위촉했기에 이미 조정 작업을 거친 것이나 다름없었다.

신안동 도로명 지도 (자료 수원시).

이렇게 하여 수원시 도로명 2,137개 노선을 수원시 시보에 고시함으로써 도로명이 확정됐다.

다음으로 추진된 일은 2,137개 노선의 시작점과 끝나는 지점을 정하는 일이었다. 시작점에서 진행 방향으로 왼쪽은 홀수 번호를, 오른쪽에는 짝수 번호를 건물에 부여했다. 그리고 건물번호판과 도로명판을 만들어야 했다.

건물번호판은 수원시 도시 이미지(CI)인 화성을 살려 성곽 모양으로 디자인했다. 도로명판은 보편적으로 많이 쓰이는 모델로 정했고 건물번호판과 도로명판 제작은 외주를 주었다. 이들의 부착은 공공근로 인력을 활용하여 직영으로 추진했다. 마지막 작업은 시민들이 편하게 이용할 수 있는 도로명 주소 지도를 만드는 일이었다.

국립지리원 기본도를 바탕으로 도로명과 건물번호를 기입하는 작업 역시 담당 직원들이 직접 작업했다. 다른 도시들은 전문업체에 발주하여 제작했다. 이렇게 하여 수원시 신주소 사업 추진은 5억 1,000만 원을 절약했다. 수원시 도로명 주소 사업

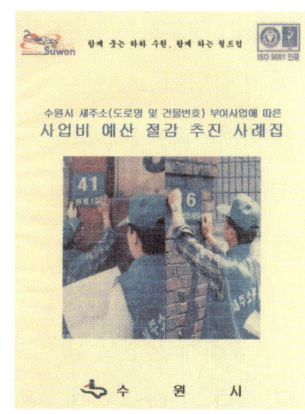

『수원시 새주소 사업 예산 절감 사례집』(자료 수원시).

『수원의 길이름』 표지 (자료 수원시).

은 2001년 12월 31일 대단원의 막을 내렸다.

이러한 노력으로 2002년 행정자치부로부터 수원시가 도로명 주소 사업 최우수상을 받았다. 그리고 이 사업의 주무인 배창하 지적계장이 대통령 표창을 받았다. 2002년도 예산 절약 사업에 선정되어 도로명 주소 팀은 성과급으로 2,000만 원을 받기도 했다.

우리나라의 도로명 주소 사업은 법적인 뒷받침은 물론 행정안전부의 미온적인 대처로 시행하지 않은 시군이 많았다. 그리고 법적 제도 미비로 새주소 사용이 정착되지 못했다. 행정안전부는 새주소 사업에 대한 부정적인 여론을 잠재우기 위해 2006년 10월 4일 '도로명 주소 등 표기에 관한 법률'을 제정하게 된다.

수원시는 이 법률 규정에 의하여 도로명 사업을 전면 재추진하게 된다. 도로명 주소 사업은 우여곡절을 거쳐 2014년 1월 1일 법적 주소로 시행됐다. 도로명 주소 사업은 IT와 스마트폰 시대를 맞이하여 시의 적절한 백년대계 사업으로 자리잡았다.

7. 행궁동 레지던시는 문화마을의 초석

행궁동 레지던시는 수원 문화예술 분야의 또 하나의 역사다. 행궁 복원이 마무리되어 가는데 대로에서 행궁이 보이지 않았다. 시민들은 행궁 앞에 광장을 만들어 행궁이 드러나게 해야 한다고 했다. 그곳에서 다양한 행사도 해야 한다고 했다. 그런 이유로 화성 정비계획에서 광장 계획이 수립되어 2004년 중반부터 보상이 시작됐다.

그런데 수원우체국이 이사 갈 곳을 마련하지 못해 공사 추진이 지연됐다. 길은 막히고 동네가 어수선하여 장사가 되지 않자 행궁 주변 주민들의 불만이 고조됐다. 어느 날 주민대표들이 화성사업소장인 나를 찾아왔다. 화성이 세계문화유산으로 등재된 지 7~8년이 지나는 동안 집단행동은 처음이었다. 주민들이 이제 화성 사업에 관심을 갖기 시작한 것이다.

나는 주민들에게 마을 공동체 결성을 주문했다. 모임형식을 갖춘 주민들은 우체국을 찾아가 조속한 이전을 촉구했다. 또 경찰서에 찾아가 교통체계 개선도 요구했다. 이어 팔달문에서 화성행궁을 연결하는 도로 정비를 요구했다. 그래서 한데우물길 정비 사업을 추진하게 됐다.

2007년부터 행궁길 발전위원회는 매주 이구림 씨가 운영하는 식당에 모여 회의를 했다. 수원의제21 이근호 사무국장, 대안공간 눈 이윤숙 대표, KYC 고경아 대표 등이 참여하며 적극적으로 마을을 위한 사업에 앞장섰다. 이 사무국장은 푸른경기21실천협의회에서 주관하는 도시대학(마을만들기 관련 전문교육)이 있으니 나에게도 함께 가자고 제안했다.

대안공간 눈
(사진 대안공간 눈).

그리하여 평택대학교에서 진행한 5주간의 교육을 주민대표들과 함께 받았다. 이때 이용학, 장병익, 이근호, 박영순, 김충영이 참여했다. 드디어 우체국 건물이 철거되고 행궁 광장이 조성되었으나 어수선한 광장 주변 정리가 필요했다. 겸사겸사 관광 활성화를 위한 편의시설 조성을 위해 광장 남·북 지역을 매입했다.

보상이 완료됐다. 주민들이 떠난 상태여서 다시 사용계획을 세울 때까지 건물을 허물고 공터로 방치해야 하는 실정이었다. 2004년 예술을 통해 지역에 생기를 불어넣고자 살던 집을 개조해 청년 작가들의 활동을 지원하는 비영리 전시공간 '대안공간 눈'이 행궁동에 만들어졌다. 대안공간 눈은 전국의 청년작가들을 행궁동으로 초대했다.

그리고 무료로 공간을 개방했다. 수원화성을 찾는 관광객을 골목으로 유도하고 작가, 주민이 소통하는 행궁동의 문화 사랑방 기능을 했다. 나는 이곳을 돌아보며 가끔 찾아가 전시 관람을 하곤 했다. 수원의제21 이근호 사무국장도 자주 찾아가 전시도 보고 행궁동 활성화를 위한 다양한 아이디어를 이윤숙 대표와 나누었다.

이때 이윤숙 대표가 신풍지구 철거건물을 활용해 레지던시 프로그램을 진행하면 예술가들이 마을에 머물게 되고 활력이 생길 것이니 같이 해보자는 제안을 했다. 이근호 사무국장이 계획서를 작성했다. 행궁길발전위원회(행궁길 주민, 대안공간 눈, KYC, 수원의제21)가 주관해 레지던시 프로그램을 6개월간 운영한 후 철거 퍼포먼스를 하는 계획이었다.

행궁길발전위원회는 2008년 중반 건물 철거작업이 한창 진행될 때쯤 화성사업소장인 나를 찾아왔다. 철거 예정인 광장 북측 신풍지구 건물을 활용해 마을 활성화사업을 구상했다며 사업계획서를 내밀었다. '행궁동 역사문화마을만들기 레지던시 프로그램'이었다.

그동안 화성은 외형적인 변화를 가져왔으나 마을이 쇠락해 가는 것이 못내 아쉽던 참이었다. 그런데 주민들이 건물을 철거하기 전 스스로 레지던시 프로그램을 운영해 보겠다니 나는 내심 반겼으나 담당 직원들은 난색을 표했다.

'레지던시(residency)'는 예술가들에게 입주할 공간을 제공해 창작 활동을 지원하는 사업을 말한다. 일정 기간 동안 거주·전시 공간, 작업실 등 창작 생활공간을 지원해 작품 활동을 돕는 사업이다. 1990년대 후반에 등장해 국내외에서 활성화됐다.

화성사업소는 사업추진에 지장을 초래하지 않는다는 조건으로 레지던시 프로그램을 승낙했다. 이윤숙 대표는 신풍지구 한 블록 전체를 사용하고 싶어했지만 철거가 진행 중이라 건물의 상태가 엉망이었다. 그나마 쓸 만한 전 경기도택시조합 건물과 옆에 있는 파란색 기와 2층집을 창작공간으로 사용하고 원룸 빌딩 한 채를 숙소로 사용하기로 했다.

초기 사정은 참으로 막막한 상황이었다. 집주인이 이사를 하고 나니 온통 쓰레기들이 쌓여있어 창작공간으로 활용이 어려운 여건이었다. 아무리 철거 전까지 임시로 사용한다 해도 전기와 수도시설도 필요했다. 화성사업소에서 전기와 수도를 연결해 주었고 운영은 주민들이 맡았다.

초대 위원장은 이용학, 사무국장은 이근호(수원의제21), 총감독은 이윤숙(대안공간 눈 대표), 간사 최보라가 선임되어 활동에 들어갔다. 대안공간 눈에서 입주작가 모집 요강을 만들어 대안공간 눈 홈페이지와 메일 등으로 홍보했다. 예술가들이 전국 각지에서 모여들었다. 38개 팀의 다양한 분야의 예술가들이 선정되었고 화성사업소 회의실에서 오리엔테이션을 진행했다.

행궁길발전위원회는 입주작가들과 함께 쓰레기 더미를 치우는 일을 시작으로 '상

건물철거 퍼포먼스
(사진 김충영).

상은 자유, 현실이 되다'라는 주제로 레지던시 프로그램을 시작하여 2009년 5월 31일 입주식이 진행됐다. 1기 활동기간은 2009년 10월 31일까지였다. 어차피 철거 퍼포먼스 계획이 되어 있어 작가들은 오히려 부담 없이 공간을 활용했다.

인상에 남는 작업은 2층집 지하에 물을 무릎 높이 정도 채우고 원천유원지에서 배 한 척을 가져와 띄운 이창훈 작가의 설치작업이다. 1기 활동기간이 끝나도록 신풍지구의 활용 계획이 없었기에 작가들은 계속 사용하기를 간절히 원했다. 그때 이윤숙 총감독이 소품 한 점을 내놓으며 시에 작품 기증을 하자고 제안했다.

김용문 작가의 작품을 비롯해 13점의 작품을 모아 기증식을 가졌다. 그 자리에서 이윤숙 총감독은 김용서 시장에게 공간 활용을 계속할 수 있게 해달라고 청했다. 시장은 사업이 결정될 때까지 더 사용할 수 있도록 하라고 화성사업소에 지시했다. 그리하여 2기 입주작가를 모집했다.

2기는 43개 팀이 선정되어 2009년 12월 14일부터 2010년 6월 27일까지 6개월간 활동했다.

2010년 6월 2일 제5기 지자체장 선거에서 염태영 후보가 시장에 당선됐다. 염 시장은 환경운동가 출신으로 고교 시절에는 미술부 활동을 했었고 미술에 관심이 많았다. 그리하여 행궁동 레지던시는 새로운 전기를 맞게 된다.

레지던시 운영위원과 입주작가(사진 대안공간 눈).

나혜석 자화상 타일벽 제막식(사진 대안공간 눈).

행궁동 레지던시 건물로 사용된 전 경기도 택시조합 건물(사진 대안공간 눈).

　새로운 사업이 있기 전까지 레지던시 건물을 사용하기로 결정되면서 수원시가 레지던시 리모델링 비용을 지원했다. 이때 나혜석 자화상 타일벽 설치와 칸막이, 전시실, 지하 소극장을 조성했다. 이근호 사무국장은 수원시 마을르네상스 센터장으로 갔다. 이윤숙 총감독은 2012년 행궁동 레지던시 명칭을 행궁마을 커뮤니티아트센터로 변경했다.

　그리고 '행궁동 역사문화예술마을 만들기' 사업에 뜻을 함께하는 행궁동 마을 만들기 주민대표들이 참여하는 '행궁마을 커뮤니티아트센터 운영위원회'를 구성했다. 위원장 이용학, 사무국장 황현노, 총감독 이윤숙, 간사 김미정, 이재림을 집행부로 구성했다.

　운영위원에 이구림, 이봉근, 봉순근, 한창석, 김웅수, 이환승, 박영순, 도종호, 황현노, 이윤숙, 고경아, 조병삼 씨 등이 참여하여 커뮤니티아트센터의 활동을 지원했다. 이때 나도 자문위원으로 활동했다. 커뮤니티아트센터 입주작가들은 매년 행궁동에서 진행되는 나혜석 생가터 문화예술제와 행궁동프로젝트, 마을르네상스 사업에 참여하여 많은 역할을 했다.

　2013년 수원시는 행궁동에서 '생태교통수원2013'을 추진했다. 이때 커뮤니티아트센터 입주작가들은 주민과 함께 다양한 활동을 전개하여 생태교통사업의 성공 개최에 기여하기도 했다. 커뮤니티아트센터는 2015년을 맞으며 위기를 맞게 된다. 그 동안 사용한 건물이 수원시립미술관 건립 용지에 편입되어 철거가 결정된 것이다.

　수원시는 6년여의 커뮤니티아트센터의 활동을 높이 평가하여 화성 시설물인 남

행궁마을 커뮤니티아트센터 운영위원회 일람표

(자료 대안공간 눈)

연도	위원장	사무국장	총감독	간사
2009년	이용학	이근호(수원의제21)	이윤숙	최보라
2010년	이용학	이근호(수원의제21)	이윤숙	최보라
2011년	이용학	-	이윤숙	-
2012년	이용학	황현노	이윤숙	김미정, 최보라
2013년	이구림	박영순	이윤숙	이사라
2014년	이구림	박영순	이윤숙	이사라
2015년	한창석	박영순	이윤숙	이사라
2016년	한창석	박영순	이윤숙	김정안
2017년	한창석	박영순	이윤숙	김정안
2018년	한창석	박영순	이윤숙	김정안

행궁마을 커뮤니티아트센터 입주작가 연혁

(자료 대안공간 눈)

기수	기간	인원
1기	2009년 05월 31일 ~ 2009년 10월 31일	38 개인/단체
2기	2009년 12월 14일 ~ 2010년 06월 27일	43 개인/단체
3기	2010년 01월 01일 ~ 2011년 11월 30일	42 개인/단체
4기	2012년 01월 20일 ~ 2012년 12월 20일	26 개인/단체
5기	2013년 01월 20일 ~ 2013년 12월 20일	27 개인/단체
6기	2014년 01월 20일 ~ 2014년 12월 20일	28 개인/단체
7기	2015년 01월 20일 ~ 2016년 12월 20일	26 개인/단체
8기	2016년 01월 01일 ~ 2017년 02월 28일	28 개인/단체
9기	2017년 01월 01일 ~ 2018년 02월 28일	24 개인/단체
10기	2018년 01월 01일 ~ 2019년 02월 28일	28 개인/단체
11기	2019년 01월 01일 ~ 2019년 10월 31일	20 개인/단체

지 복원을 위해 매입한 건물(행궁로 56)을 커뮤니티아트센터로 제공하기로 결정함에 따라 활동기간이 연장됐다. 그러나 이곳 역시도 남지 복원을 위한 문화재 발굴작업을 위해 부득이 철거되어야 했다.

　행궁마을 커뮤니티아트센터는 이곳에서 4년을 활동하고 2019년 10월 31일 마감전을 끝으로 운영을 종료했다. 처음 6개월 동안 계획했던 프로그램이 만 10년 5개월이나 운영됐다. 11기를 거치면서 전체 입주팀은 325팀, 중복 횟수를 제외하면 150팀이 입주해 활동했다.

입주 횟수를 살펴보면 3번 이상 29팀, 4번 이상 23팀, 5번 이상 16팀, 6번 이상 11팀, 7번 이상 8팀, 9번 이상 3팀으로, 많은 작가들이 수원에 거주하면서 활동한 것을 알 수 있다. 이들은 행궁동에서 예술 활동을 함으로써 행궁동이 문화예술 마을로 발전하는 데 큰 역할을 했다.

특히 1기에 입주한 강제욱 사진작가는 서울에서 대학원 졸업 후 삶의 터전이 필요했다. 서울 인근에 적당한 곳을 찾던 중 행궁동 레지던시 입주작가 공모 소식을 접하고 지원했다. 그리고 같이 활동했던 서정화 시조시인과의 신혼방도 행궁동에 꾸렸다. 그는 '수원국제사진축제'를 7회째 기획 진행하였다.

서정화 작가도 행궁동에 머물며 시집 5권을 내는 등 활발한 활동을 하고 있다. 이 외에도 많은 작가들이 행궁동 레지던시 프로그램이 끝나도 수원을 근거지로 활발한 활동을 하고 있다. 행궁동 커뮤니티아트센터는 문화의 불모지인 행궁동이 문화예술 마을로 자리잡는 견인차 역할을 했다.

8. 오늘의 자료는 역사가 된다

1987~2013년 업무 수첩(자료 김충영).

'수원현미경'이란 글을 쓸 수 있었던 것은 자료가 있기 때문이었다. 자료란 세 가지를 말한다. 첫째는 문서 자료이고, 둘째는 사진 자료이며, 세 번째는 기억의 자료라 할 수 있다.

첫 번째, 문서 자료는 세월이 오래되지 않아 자료가 남아있었기에 가능했다. 필자가 소장한 자료와 수원시가 가지고 있는 자료, 인터넷 등에 남아있는 자료가 활용됐다. 두 번째 사진 자료 역시 필자의 사진과 수원시 포토뱅크의 사진이 활용됐다. 세 번째 기억에 대한 자료는 공직 기간 동안 기록한 업무수첩이 도움이 되었다.

나는 공직생활 동안 받았던 각종 발령장과 봉급 봉투 등을 모두 보관하고 있다.

1978년 동수원 시청 일원. 태장면 고개에서 시청 방향 모습이다(자료 김충영).

이는 바인더북만 장만하면 간단한 방법이다. 그리고 업무를 추진하거나 단체 활동을 하면서 접하게 된 자료는 버리지 않고 보관하면 된다. 이런 것들이 수원현미경을 집필하는 데 큰 도움이 됐다.

사진은 고교 시절부터 인연이 시작됐다. 소풍이나 여행을 갈 때면 친구가 가져온 카메라가 있었기에 사진을 찍을 수 있었다. 여행에서 돌아오면 사진관에 가서 잘 찍힌 사진만 한 장씩 인화했다. 그리고 사람 숫자만큼 사진을 인화해서 나누어주곤 했다. 대신 필름은 내가 보관했다.

사진과의 본격적인 인연은 고3 때부터다. 농촌진흥청 농업기술연구소(현재 국립농업과학원) 항공사진실에서 실습을 했다. 이후 사진과 더욱 가까워졌다. 그리고 군 생활을 한 곳이 육군 측지부대 항측과였다. 이러한 인연으로 사진과 친숙해졌다.

그리고 군 제대 후 발령받은 곳이 수원시 도시과 도시계획계였다. 1980년대 중반 도시계획을 담당하던 시절, 서고를 정리할 때 다섯 장으로 연결된 사진이 나왔다. 이 사진은 1978년 동수원 개발계획 수립을 위해서 찍은 사진이었다. 이후 도시계획업무를 추진하는 과정에서 동수원 사진이 떠오르곤 했다. 사진을 찍게 만든 계기가 됐다.

나는 수원의 들판 모습이 사라지는 것이 아쉬웠다. 그래서 수원 외곽의 개발 전 모습을 남겨야겠다고 마음먹었다. 이후 수원 외곽의 개발 전 사진을 틈틈이 찍었다. 그리고 화성이 세계문화유산으로 등록되면서 화성 사업을 10여 년 담당했다.

이 무렵 로마 바티칸을 여행했다. 당시 시스티나 성당 천장 벽화인 「천지창조」를 복원하는 작업을 보았다. 이 작업은 5년에 걸쳐 진행된다고 했다. 원화를 손상시키지 않기 위해서다. 그림을 바둑판처럼 구획해서 전문가 몇 사람이 복원작업을 세밀하게 진행한다고 했다.

나는 화성 업무를 추진하면서 화성에 대해 많은 생각을 했다. 화성은 개혁군주 정

수원시 포토뱅크 인터넷 화면. 현재 약 65만 매의 사진을 저장하고 있다(자료 수원시).

조에 의해서 추진된 조선후기 문화의 결정체이다. 화성에 관한 기록은 『정조실록』, 『화성성역의궤』, 『명나의궤』, 『원행을묘정리의궤』, 『수원하지초록』, 『일성록』, 『장용영고사』, 『수원부계록』, 『화영중기』, 『수원부읍지』 등 많은 기록이 있다. 화성은 이런 기록이 있어 세계문화유산이 됐다.

이 가운데 『화성성역의궤』와 『원행을묘정리의궤』는 기록의 정수로 인정받아 세계기록유산에 등재되었다. 화성은 이렇게 완벽한 기록으로 조선 문화의 우수성을 인식하게 했다. 당시 화성사업소장을 하면서 나는 한 가지 결심을 하게 된다.

그것은 화성의 변화과정을 기록으로 남겨야겠다는 생각이었다. 화성 업무를 담당하는 10여 년 동안 항상 카메라를 휴대하고 다녔다. 그리고 예산을 세워 화성의 변천 과정을 기록하는 사업을 추진했다. 이때 축적된 사진과 동영상이 수천 매다.

이 대목에서 수원시 포토뱅크를 칭찬하고자 한다. 『수원현미경』에 등장하는 사진의 80~90%는 수원시 포토뱅크 사진이다. 이는 『수원현미경』의 경우이지만 수원시민들의 활용도는 아마도 어마어마하다고 생각된다. 수원시 포토뱅크가 존재하는 것은 한 공무원의 공이다.

수원시 공보실 사진담당이었던 이용창 씨다. 그는 1979년 군에서 제대하고 수원시 사진사로 공직에 발을 디뎠다. 그에 따르면 인수인계 시절 쓰레기를 버리려고 소각장에 갔는데 사진이 담긴 박스가 있었다고 한다. 사진을 살펴보니 당시 수원시 행사 사진(시장들 행사 참석 사진)과 새마을사업 추진을 위해 찍은 시가지 사진 등이었다고 한다.

이용창은 이 사진들의 진가를 알아보고 모두 수거해서 보관했다. 필름 사진이 디지털 사진으로 전환되자 그는 참으로 신천지가 열렸다고 한다. 필름 시절에는 예산이 부족해서 사진을 많이 찍지 못했다. 심한 경우 필름과 사진을 많이 쓴다고 통제를 받기도 했다.

디지털 시대가 오고부터 그는 부자가 된 기분이 들었다. 필름 걱정하지 않고 사진을 마음껏 찍을 수 있기 때문이었다. 그는 이 무렵부터 휴일이면 수원의 곳곳을 누비며 사진으로 기록했다.

그는 2005년쯤 화성시가 홈페이지에 사진 코너를 만들어 시민들에게 제공한다는 소식을 들었다. 그는 한발 늦었다는 생각을 하고 수원시도 사진을 홈페이지에 올리자고 건의했다. 이렇게 해서 수원시 포토뱅크는 탄생했다.

나와 그의 인연은 1979년 수원시에 발령받으면서이다. 그런데 직종도 부서도 달라서 예비군 훈련 때 함께하는 정도였다. 그와 가까워진 것은 1997년 화성이 세계문화유산으로 등재된 때이다. 1997년 12월 5일경 혼자서 화성을 돌아보고 나서 함께 근무한 이재관 계장과 최호운 도시계획담당에게 함께 화성을 돌아보자고 한 후 5명을 영입해서 8명이 화성을 답사했다.

김우영 늘푸른수원 편집주간(현 수원일보 논설위원)은 이용창 씨가 화사모와 나를 소개했다고 한다. 그러니까 당시 화성을 답사하는 작은 모임의 활동을 눈여겨 본 사람은 이용창 씨였던 것이다. 그는 역사 안목도 있었다. 그는 화사모와 화성연구회 탄생과정의 사진을 수원시 포토뱅크에 모두 올려놓았다.

그는 2014년 정년퇴직을 했다. 당시 주변에서는 사진 인생 40년을 정리하는 사진전을 해보라고 했다. 그리고 개인적으로 찍은 사진은 수원시 포토뱅크에 올리지 말고 보관하라고 했다. 그는 두 가지 모두를 허락하지 않았다. 수원시 카메라로 찍은 사진이기에 사적인 것이 아니라고 했다.

그런데 수원시 포토뱅크에는 누락된 사진이 많다. 필름 시대의 사진이 올라가지 않았다. 그는 요즘 수원박물관에서 필름 사진을 디지털화하고 있다. 그의 강직한 성품이 있었기에 퇴직 후에도 일자리가 주어진 것이다. 그가 아니면 사진을 분류할 수 없기 때문이다.

이참에 수원시에 몇 가지를 제안한다. 현재 이용창 씨가 작업 중인 사진도 포토뱅크에 올려줄 것을 건의한다. 그리고 내가 그동안 찍은 사진을 수원시에 기증할 용의가 있음을 밝힌다. 기증자 코너를 만들어 줄 것을 건의한다. 아마도 수원의 변화상을 찍은 사진작가는 많을 것이다. 이들 또한 수원시에 기증하지 않을까? 이런 것이 문화도시의 요소가 아닐까 생각한다.

9. 중고 자동차 메카가 된 수원

2009년 7월 1일 나는 수원시 화성사업소장에서 수원시 건설교통국장으로 자리를 옮겼다. 건설교통국에는 건설과, 대중교통과, 도로교통과, 재난관리과가 있었다. 건설과에서는 도로건설과 도로 관리업무를, 대중교통과에서는 버스와 택시교통 업무, 자동차 관리업무를 담당했다.

도로교통과에서는 도로시설물 관리

수원시 자동차 매매 협동조합 사무실(자료 김충영).

업무와 교통관제센터 운영을, 재난관리과에서는 민방위 업무와 재난 업무, 안전도시 업무를 담당했다. 과별 업무를 파악하는 과정에서 눈에 띄는 업무가 보였다. 자동차 관리업무였다. 그중에도 중고자동차 관리업무를 체계적으로 추진하고 있었다.

수원시가 중고자동차의 메카가 된 것에는 한 공무원의 열정과 헌신이 있었다. 그는 2007년 9월 3일 수원시 건설교통국 대중교통과 자동차관리팀장으로 발령받은 신오현 팀장이었다. 그는 새로운 일을 맡자마자 중고 자동차를 속아서 샀다는 피해 민원전화가 하루에도 수십 통씩 쇄도했다고 한다.

피해 민원을 접수해도 보상기준이 마땅치 않아, 대부분 행정지도를 통하여 극히 일부라도 배상받도록 중재하는 것이 고작이었다. 중고자동차를 사는 사람은 대부분 사회초년생과 경제적으로 어려운 사람들이었다.

그는 이렇게 어려운 계층이 사기를 당하는 모습을 보면서 수원시민만큼은 중고차를 속아서 사는 사람이 없게 해야겠다고 마음먹었다. 국가가 이를 외면하거나 방치해선 안 된다고 판단했다. 자동차 성능점검 업자들은 제각각의 보상 규정을 만들어 놓고 사용했다. 그마저도 갖은 핑계로 그 책임을 회피했다.

소비자 피해에 관한 법적 보상제도가 너무 허술했다. 이에 대한 해결책을 찾기 위해 자동차관리법, 소비자보호법, 민법, 관련 판례를 연구하고 현장을 조사한 결과 해결의 실마리를 찾아냈다. 방법은 자동차 관리법상 관련 규정의 허점을 다른 행정행위로 보완하는 것이었다. 현장 조사를 통해 피해 종류와 정도별 적정 보상액을 산정하는 기준을 만들고, 이 기준이 포함되는 권장 약관을 만들기 시작했다.

우여곡절 끝에 권장 약관을 만들었으나 이 약관을 수원시 전역에서 사용하게 만들 수 있는 묘안을 찾아야 했다. 매매업자, 성능점검 업자, 소비자 간의 거래에 관이 개입하여 관이 만든 약관을 강제로 사용하게 하는 것이 적절하지 않았기 때문이다.

이를 실행하기 위해 다음과 같은 방침을 세웠다. 첫째, 현재 제각각 사용되고 있는 약관은 그 내용이 일방적으로 소비자에게 불리하고 불합리하다. 둘째, 업체별로 불합리한 약관에 대해 자동차관리법에 의한 개선명령을 하되, 개선되는 업체별 약관이 수원시가 수긍할 수 있는 수준의 공정성과 합리성을 갖추도록 요구한다. 셋째, 각 업체에서 약관을 만들기 어려우니, 가급적 수원시가 만든 권장 약관을 사용토록 적극 행정지도를 한다. 넷째, 권장 약관이 강제시행력이 있어야 한다. 다섯째, 업계의 동기 부여와 선전효과 극대화를 위해 가급적 업계 스스로 자각과 혁신 자정 의지가 드러나도록 추진한다.

그런데 정작 개선명령을 하자 반대 목소리가 거세게 나오기 시작했다. 부실 성능점검으로 소비자들에게 피해보상을 하게 될 성능점검 업자와 매매업자들이 강력하

(왼쪽) '중고차 피해 소비자 보상기준 마련' 『경기일보』 2008년 1월 15일 자 기사(자료 경기일보).

수원 중고 자동차 신뢰지수 관련 『중앙일보』 2012년 6월 5일 자 기사(자료 중앙일보).

게 반대 의사를 밝혔다. 시청 내부에도 반대 분위기가 있었다. 가만히 있으면 조용히 지나갈 수 있는데 괜한 일로 풍파를 만든다는 것이다.

그는 안팎의 저항으로 난관에 봉착했다. 수백 명의 업자들에게 일일이 설명할 수도 없었다. 2007년 12월 28일 시청 강당에서 관련 사업자를 대상으로 약관설명회를 가졌다. 사업자와 소비자가 함께 살고 업계가 번영할 방법은 정직과 신뢰를 바탕으로 영업하여, 소비자의 신뢰를 얻어야 한다. 그리고 신뢰를 얻기 위해서는 권장 약관을 사용해야 한다고 설득했다.

자동차매매사업조합 수원지부(지부장 김봉일)의 적극적인 협조로 수원시 전체 사업자가 권장 약관을 사용하기로 하고 인감증명을 첨부하여 서면 약속을 했다. 그리고 2008년 1월 1일부로 권장 약관 시행을 결행했다.

수원시의 이런 노력을 높이 평가한다는 기사가 일간지에 났다. 경기일보, 경기신문, 기호일보, 현대일보, 각 인터넷 매체 등이 이 내용을 기사화했다. 그리고 경기방송과 HSB 방송 또한 수원시의 사례를 소개했다. 그러나 언론의 홍보에도 불구하고 새로운 제도에 익숙하지 않은 사업자들의 항의 전화가 이어졌다.

그래서 찾은 방법이 '수원시 중고차 매매업 발전을 위한 사람들의 모임 다음카페'를 2008년 2월 17일 개설하여 활동에 들어갔다. 다음카페에는 중고자동차 매매사업 권장 약관과 제정 취지, 약관의 법적 지위 및 강제력, 그동안 사업자들이 이의를 제기했던 내용과 그에 대한 답변, 신문, 방송의 홍보내용 등을 소개했다. 이후 사업

중고자동차 매매업체 현황표

(자료 수원시 2021. 12. 31 기준)

구분	업체 수 (전국대비율 %)	종사원 수 (전국대비율 %)	업체당 종사원 수	매매업체 연간 판매 대수 (전국대비율 %)
수원시	307 (4.8)	5,235 (14.6)	17.05	225,000 (8.7)
경기도	1,377 (21.8)	13,595 (37.9)	9.87	877,943 (34.1)
전국	6,301 (100)	35,813 (100)	5.68	2,572,300 (100)

자들의 항의 전화가 거의 사라지게 됐다.

결국 '수원시 중고자동차 성능점검 및 매매 등에 관한 약관' 제도가 정착되기 시작했다. 그러자 2009년 3월 11일 KBS는 소비자 고발 프로그램에서 수원시의 권장 약관 시행을 혁신사례로 소개했다. KBS의 방송 이후 수원시 중고차 시장이 전국적인 주목을 받았다. 이후 수원의 중고차 시장을 찾는 사람들이 대폭 늘어나게 됐다.

수원 중고자동차 매매시장의 혁신적인 틀을 마련한 신오현 팀장은 3년 4개월간의 임기를 마치고 2010년 12월 말 청소행정과 시설관리팀장을 거쳐 팔달구 경제교통과 지역경제팀장으로 옮기게 된다. 2012년 6월 5일 자 중앙일보에 수원 중고자동차 신뢰지수 '톱'이라는 내용의 기사가 났다. 이는 수원시가 중고자동차 매매시장의 메카임을 증명해 주는 기사였다.

2021년 말 기준 우리나라 중고자동차 매매업체 현황을 살펴보면 전국에 6,301개 업체가 등록됐다. 이중 경기도에서 1,377개 업소가 영업을 하고 있어 21.8%를 차지하고 있다. 수원시에는 307개 업체가 영업을 하고 있어 4.8%, 경기도 전체 중에서는 22.3%를 차지하고 있다.

종사원 현황을 보면 전국에 3만 5,813명이 종사하고 있다. 이중 경기도에는 1만 3,595명이 종사하고 있어 37.9%이다. 수원시에는 5,235명이 일하고 있어 14.6%를 차지하고 있다. 경기도 중에서는 38.5%의 종사원이 일하고 있다.

판매 대수를 살펴보면 전국에서 257만 2,300대가 판매됐다. 이중 경기도에서 판매된 자동차 대수는 87만 7,943대로 34.1%다. 수원시에서 판매된 자동차 대수는 22만 5,000대여서 8.7%의 비중을 보이고 있다. 경기도 내에서는 25.6%의 비율을 보이고 있어서 수원시가 명실상부한 중고자동차 판매시장의 메카임을 입증해주고 있다.

신오현 팀장은 당시 참으로 외로웠다고 술회했다. 수원시 조직에서뿐만 아니라 업계에서도 모두 반대하는 일을 혼자 해보겠다고 수없는 밤을 새워가며 약관의 내용을 쓰고 고치기를 반복하며 스스로 의지를 다졌다고 한다.

그렇게 한 것이 매스컴으로부터 모범사례로 소개되고, 수원시가 중고자동차의 메카가 되는데 일조한 것을 뿌듯하게 생각한다고 했다. 그는 2014년 4월 1일 전남 나주시에 있는 미래창조과학부 산하 국립전파연구원에 자원하여 전출을 가게 된다. 그는 나주에 있는 동안 귀농 준비를 하여 현재 농부로 살아가고 있다.

2017년 4월에는 경기도 자동차 매매사업조합 전무이사로 발탁되어 2018년 11월 30일까지 근무하고 다시 나주로 내려가 농사를 지으며 살고 있다. 그의 노고에 박수를 보낸다.

10. 수원 민자역사는 현대백화점이 될 뻔했다

수원역은 1905년 1월 1일 경부선 개통과 함께 문을 열었다. 경부선은 국가 간선

1920년대 엽서에 담긴 수원 명소 사진, 1928년 8월 27일 완공된 한옥 수원역사, 한국전쟁 때 파괴됐다(사진 수원 포토뱅크).

철도로 여객과 화물 물동량이 지속적으로 증가하자 역사(驛舍)의 필요성이 대두 됐다. 1927년 6월 1만원의 예산으로 역사 설계에 착수, 1928년 8월 27일 낙성식에 이어 9월 1일부터 운영에 들어갔다.

수원역사는 일제강점기임에도 수원의 역사성을 고려해 한옥 형식으로 건축됐다. 수원역의 모습은 단층 벽돌조로 지붕은 기와를 얹었다. 내부 대합실 천장은 격자무늬를 새겨 한국적인 모습을 살렸다.

1930년대 수인선과 수여선 개통 후 수원역은 이 노선의 시·종착역 기능과 노선간 연결기능, 환승역 기능을 담당함으로써 경기 남부지역의 교통 요충지로 발전했다. 해방 이후에도 이러한 중요성을 인정받아 1949년 수원역은 사무관급 역으로 승격했다.

수원역은 1950년 발생한 한국전쟁으로 한옥 역사가 소실됨에 따라 1961년 1월에는 새로운 역사를 착공하여 8개월 만인 1961년 9월 20일 완공했다. 1963년에는 사무관급 역에서 서기관급 역으로 승격했다.

1974년 8월 15일 우리나라 최초로 수원까지 도시철도 1호선이 개통됨에 따라 1975년 전철역사를 준공했다. 이후 수원역은 일반철도 승객과 도시철도 승객이 지속적으로 증가함에 따라 1989년에 또 다시 역사를 증축했다.

철도청은 1989년 최초로 서울역과 동인천역 민자역사 사업을 추진했다. 뒤이어 1991년에는 영등포역, 1997년 산본역, 1999년 부천역, 2000년 부평역 민자역을 개장했다.

수원역은 1993년 수원 민자역사 주관사업자 선정 작업이 추진됐다.

당시 '수원 민자역사' 공모에 5개 컨소시엄 업체가 신청서를 제출했는데 1등은 1200점 만점에 1051점을 얻은 현대계열 금강개발(현대백화점)과 수원 진우건축 김동훈 건축가의 컨소시엄에서 제출한 작품이었다. 2등은 1016점을 받은 애경산업이 제출한 작품이었다.

그런데 1995년 1월 27일 이변이 발생했다. 1등을 한 금강개발(현대백화점)이 신규 사업투자에 필요한 주거래은행의 사전승인을 얻지 못했다는 사유로 수원 민자역사 주관사업자 선정에서 취소를 당한 것이다. 1등을 한 금강개발(현대백화점)이 수원 민

한국전쟁 이후 새로이 건축된 수원역사, 1961년 9월 20일 완공됐다 (사진 수원시).

현대 계열사 금강개발(현대백화점)이 제출하여 선정된 수원 민자역사 모습 (사진 진우건축).

자역사 주관사업자에서 탈락하자 철도청은 차점자인 애경산업을 수원 민자역사 주관사업자로 선정을 하기에 이른다.

'다음은 1998년 5월 11일자 『동아일보』 기사다.'

'비화 문민정부 김영삼 정권 5년 공과(功過) 49, 4부 김현철의 힘과 몰락[8] 수원 민자역사 사업권 당초엔 현대를 선정 애경으로 뒤바뀌자 현철씨 지원 소문 무성'

1995년 10월 정기국회 건설교통위원회 국정감사장,
경기 수원 민자역사(驛舍) 운영사업자선정을 둘러싼 의혹을 규명하기 위해 국민회의 이윤수 의원이 증인으로 불려 나온 애경유지 채형석 사장을 추궁했다.

이윤수 의원 = 업계에서는 금강개발이 사업권자로 선정됐을 때 애경유지는 '결국은 우리에게 돌아올 것'이라고 얘기하면서 자신 있게 사업권을 따낼 것이라고 했다는데 사실입니까.

채사장 = 사실이 아닙니다.

이의원 = 본인이 그런 얘기를 하고 다녔을 때는 철도청이나 그보다 높은 고위층에서 언질을 받았다는 증거 아닙니까.

채사장 = 저는 그런 얘기를 한 적이 없습니다.

수원 민자역사 운영사업자 선정 의혹은 국정감사까지 받았지만 김현철씨의 개입 사실이 잘 알려져 있지 않은 대표적인 경우.

수원 민자역사 사업의 핵심은 백화점 건설이었다. 역사에 들어갈 백화점은 당시 유통업계가 주목하던 사업이었다.

현대그룹 계열의 금강개발은 1994년 10월 치열한 경쟁을 뚫고 수원 민자역사 사업권자로 선정됐다. 그러나 금강개발은 1995년 1월 중도하차하고 말았다. 대신 유통사업에 새로 진출한 애경그룹이 새로운 사업권자로 선정됐다.

"현대 중도 하차 윗선서 결정"

당시 정가에는 '현철씨 개입설'이 은밀히 나돌았다. 주로 채사장과 중학교 동기동창이자 청와대 내 '김현철맨'인 K 비서관의 관계 때문이었다.

그러니까 채사장-K 비서관-현철씨로 이어지는 비선이 애경의 사업권 따내기를 지원했다는 것이 설의 요지.

건설교통위원이었던 민주계 중진은 당시 철도청장, 나중에 공정거래위원장과 대통령경제수석비서관으로 승진가도를 달린 김인호 전 경제수석에게 "현대의 중도 하차 이유가 뭔가 석연찮아 김 청장에게 슬쩍 물어봤습니다. 김 청장이 곤혹스러운 표정을 지으며 '이건 제 선을 넘어서는 일입니다.'라고 토로하더군요."

현대가 중도 하차한 것은 주거래 은행인 외환은행의 투자승인을 받지 못했다는 것이 표면상의 이유였다. 외환은행은 현대가 경주호텔 신축 등 과잉 투자로 자기 자본비율 17%를 넘지 못했다는 이유를 내세웠던 것이다.

현대는 당초 사업권자 모집공고에서 주거래은행 투자승인이 명시되지 않았을 뿐만 아니라 종전 어느 민자역사의 경우에도 투자 승인 문제가 거론된 적이 없다고 반박했다.

또 철도청이 현대의 사업권자 선정을 취소한 이후 1995년 1월에는 이미 정부의 투자승인제도 철폐방침이 서있었는데도 그런 사유로 사업권을 애경에 넘긴 것은 명백한 특혜라고 주장했다. 실제로 투자승인제도는 1995년 4월 폐지됐다.

사업권자가 애경으로 바뀌자 금강개발(현대백화점)은 사업권을 되찾기 위해 소송을 준비했다. 그러나 그룹에서는 사업권자 선정 취소 직후 "당국의 결정에 따르기로 했다." 고 당시 사정을 잘 아는 민주계 핵심인사의 설명이 있었다.

"수원 민자역사는 현철씨가 아무런 대가없이 화끈하게 봐준 겁니다." 현철씨 측근인 K 비서관이 애경의 채사장과 둘도 없는 친구이긴 하지만 그보다는 윗대의 교분이 더 두텁습니다. 애경의 오너인 장영신 회장의 작고한 오빠가 김영삼 전 대통령과

2020년 수원역 광장과 수원 민자역사 모습. 2003년 2월 문을 열었다 (사진 수원시 포토뱅크).

친구처럼 지냈습니다. 김 전 대통령은 예전에 장 회장을 '영신아'라고 부를 정도였습니다.

현철씨는 그런 사정을 잘 알고 있었기에 애경에 대해서는 매우 호의적이었다. 그런데 나중에 애경에서 돈가방을 들고 왔는데 현철씨는 돈을 가져온 사람에게 '나를 어떻게 보고 이러느냐'며 모욕을 주다시피해서 돌려보냈다고 한다.

수원 민자역사 관련 루머는 이후 나돌지 않았다.
수원 민자역사는 우여곡절 끝에 2003년 2월 문을 열었다.

11. 행궁동의 한옥은 왜 사라졌을까?

수원에 본격적으로 한옥이 지어지기 시작한 것은 현륭원을 조성하기 위해서 구읍치를 팔달산 자락으로 옮기면서부터이다. 구읍을 옮기는 일은 1789년 7월 15일부터 토지 및 가옥의 보상이 실시됐다. 보상금을 수령한 집에서는 구읍의 가옥을 해체하여 자력으로 이축(移築)했다.

구읍의 초기 보상 계획은 244호를 대상으로 추진했으나 최종적으로는 75호가 늘어난 319호로 확정되어 보상이 진행됐다. 구읍 이주(신읍건설)가 시작된 지 1년이 되는 1790년 7월 15일 정조는 신읍에 거주하는 백성들을 위로하는 방안으로 양곡을 나누어주라고 지시한다.

수원부사 조심태는 신읍에 거주하는 주민 719호가 살고 있음을 보고한다. 이들을 자세히 살펴보면 수원부 주민이 469호, 원주민 63호, 주인을 따라온 노비 또는 소작인 46호, 타지방에서 이사 온 백성 141호에게 쌀을 나누어준 결과를 보고 한다. 신읍이 건설된 지 1년 만에 719호의 집이 지어졌음을 알 수 있다.

정조대왕은 1790년 2월 수원부 행차 때 신읍에 대한 소감을 밝혔다.

"이번 행차에 수원부를 두루 살펴보니 신읍과 관청은 비록 규모를 이루었으나 민가는 아직 두서가 없고 움집도 아니고 보루도 아니고 마치 달팽이 껍질 같고 게딱지와 같다. 대도회를 이루는 것은 날짜를 기약할 수 없는 일로 구읍보다 좋게 하는 일은 조정에서 어떻게 하느냐에 달려있으니 개선 계획을 마련하여 보고하라"고 지시한다.

1933년 수원 행궁동 모습. 수원천과 장안문~팔달문간 도로, 사이에 팔부자거리가 보인다. 멀리 팔달산과 앞쪽에 화성행궁터에 수원의료원, 수원경찰서, 신풍초등학교 등이 보인다. 행궁동에는 낮은 한옥이 대부분이다(사진 수원시).

이렇듯 허겁지겁 짓다보니 신읍 초기 모습은 번듯한 모습이 아니었다. 5년이 지난 1794년 화성성역이 시작돼 34개월만인 1796년 9월 10일 성역이 완료됐다. 정조는 화성성역에 참여한 성역소의 관리와 장인들의 노고를 치하며, 5~6호 밖에 안 되던 곳이 이제 1000호가 되는 대도회로 발전했음을 치하한다.

1797년(정조21) 신읍의 안정된 발전을 위해 부유한 자 20인을 신읍에 이주시키는 방안을 마련했다. 이들에게 목재 구입을 돕는 방편으로 지급한 융자금을 매년 1000냥씩 반분하여 납부케 하는 등 시전의 활성화를 통한 기와집 짓기를 추진했다.

이런 노력에도 불구하고 북수동에 팔부자거리가 있음을 볼 때 최종 8호가 유치되었음을 알 수 있다. 북수동의 옛 이름은 은혜를 널리 베푼 동이라하여 보시동(普施洞)이라 했다.

신읍의 초기 모습은 정부의 정책적인 지원이 있었음에도 활성화는 빠르게 이루어지지 않았다.

정조가 1800년에 돌아간 이후 국력이 급격하게 쇠락하여 1910년 나라를 잃게 됨에 따라 일제는 조선 침략을 공고히 하기 위해 토지조사 사업을 추진했다. 이 과정에서 작성된 지적도에 가옥이 있는 대지가 1200호로 집계 됐다.

일련의 과정을 살펴보면 화성축성이 완료된 1796년에 1000호에서 1911년까지 115년 동안 118호가 증가했음을 추정할 수 있다. 당시까지만 해도 성안 마을에는 한옥이 주류를 이뤘다.

화성행궁과 관아, 성곽시설의 수난은 일제강점기로 접어들면서 시작된다. 1910

년 조선총독부 법률 제1호로 '조선읍성 훼철령'을 제정하여 전국의 읍성을 철거하기 시작했다. 이때부터 화성행궁과 성곽 시설물이 차례차례 허물어졌다. 한옥이 본격적으로 훼손되는 시기는 1910년대 중반부터다. 장안문에서 팔달문 간의 기존도로를 확장했고, 동서간의 도로는 새로이 도로를 건설했다. 이 과정에서 많은 가옥(한옥)이 철거됐다.

그리고 일제강점기 일본인들이 본격적으로 이주해오면서 조선총독부는 일본인들이 자리잡을 수 있도록 다양한 지원정책을 마련해서 시행했다. 1942년에 작성된 수원상공인 인명록에는 1929년부터 1935년 사이의 수원읍 상점 93개 업종 총 866개 업체가 등록됐다. 한국인이 74개 업종에 696개소, 일본인이 67개 업종에 121개소, 중국인이 2개 업종에 11개소를 운영했다. 일본인이 운영하는 상점은 일본식 건물로 바뀌게 됐다.

1923년에는 천주교 수원본당이 북수동 팔부자거리에 자리잡았다. 현재 북수원성당과 옛 소화초등학교가 팔부자거리 한옥 자리에 자리 잡으면서 한옥이 철거됐다. 또한 일제강점기 도심정비사업으로 계획한 팔달지구 토지구획정리사업이 1954년 시행됨에 따라 팔달동, 남수동, 영동 일원의 약 3만평 지역에 있는 한옥이 헐리게 됐다.

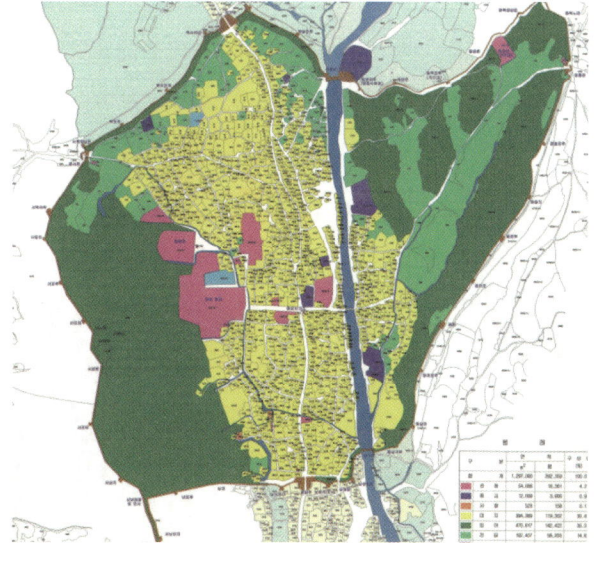

1911년 화성안 행궁동 지적도. 빨간색은 당시까지 남아있던 관청건물, 노란색은 가옥이 있던 대지, 보라색은 학교, 짙은녹색은 임야, 녹색은 농지.(자료 수원시)

수원은 1967년 경기도청의 유치로 인구가 급격히 증가하게 된다. 그러나 당시 수원은 구시가지가 유일했다. 구시가지는 구읍 이주민들이 자력으로 지은 곳이라서 청소차와 소방차 한 대 들어가지 못하는 곳이었다.

수원시는 주민들의 생활불편을 해결하기 위해

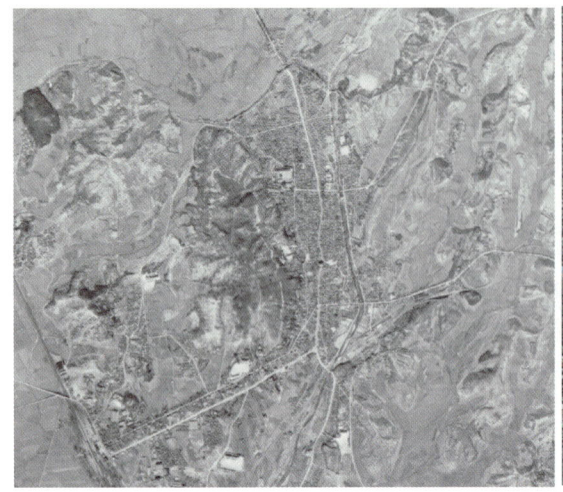

1947년 수원 행궁동일원 항공사진.(사진 수원시 항공사진 서비스).　　2022년 9월 수원 행궁동 항공사진.(사진 수원시 항공사진서비스).

서 도시계획으로 소방도로를 계획하게 된다. 이 계획은 시간이 지나면서 도로가 뚫리게 됐는데 한옥을 철거해야 도로가 만들어졌다. 도로가 없던 곳에 도로가 만들어지자 토지주들은 수익이 많은 2,3층의 양옥 건물을 지었다. 결국 소방도로 사업은 화성 내 한옥을 없애는 주범이 되고 말았다.

이후 산업화로 인구가 증가하면서 수원은 경기도 남부지방의 중심 상권으로 자리 잡게 된다. 이 과정에서 성안의 한옥은 더 이상 보존가치가 없는 건물이 되고 말았다. 하나둘씩 양옥 건물로 바뀌고 말았다. 1997년 화성이 세계문화유산으로 등재되면서 시행한 행궁광장 조성사업, 화성박물관, 전통문화센터, 수원시립미술관 건립으로 많은 한옥이 없어졌다.

위에서 언급한 것같이 화성 내에는 조선말까지 약 1200채의 한옥이 있었다. 그 많던 한옥은 혼란기를 겪으면서 하나둘씩 사라졌다. 9월 7일자 수원일보에 2009년에 66채가 남아 있었으나 2023년에는 43채로 감소했고, 그나마 양호한 건물은 13채에 불과하다며 '화성 내 남아있는 한옥만이라도 온전한 보존이 시급하다'는 기사가 실렸다.

온고이지신(溫故而知新) 정신을 거울삼아야 한다.

12. 비경, 성벽과 어우러진 억새밭

올해 12월 6일은 수원화성이 세계문화유산으로 등재된 지 26주년이 되는 날이다.

세계문화유산 등재 후 수원시는 성곽시설을 복원정비하고, 성곽 주변의 불량한 환경을 개선하기 위해 노력을 아끼지 않았기에 많은 부분이 변화됐다.

단순히 성곽만을 보여주고자 함은 아니었다. 수원화성을 통해서 수원의 정체성을 높이고, 수원화성을 통해 잘사는 도시를 만들기 위한 것이었다.

쉽지는 않았다. 관광의 3요소인 먹을거리, 볼거리, 살거리를 갖추는 일은 시간과 노력, 자금이 투입되어야 했다.

시작은 정조대왕이 지대한 관심을 가지고 완성한 '무예도보통지'의 무예24기 무술 시연을 2004년부터 상설공연으로 추진했다. 상설공연 20년을 맞으면서 이제는 수원의 대표적인 공연으로 자리매김했다.

두 번째는 볼거리를 만드는 방편으로 불량지역을 정비한 후 성 밖 공원에 억새밭을 조성하는 계획이었다. 이 사업을 적극 추천한 사람은 전통문화학교 정재훈 교수였다.

성곽 앞에는 나무를 심지 않았다고 한다. 성 주변에 나무가 있으면 전쟁 시에 장애물이 되어 적을 살피기 어렵기 때문이다.

대신에 성곽 주변에 억새를 심었다. 억새는 불화살 재료로 쓰임은 물론, 이엉을 엮는 지붕재로 쓰였고, 봄철 새싹은 나물로도 좋은 재료가 되어 구황식물이 됐다. 또한 약재 효과가 많아 한약재로도 쓰였다. 정재훈 교수의 추천으로 심은 억새꽃은 수원화성의 비경 중 으뜸이 됐다.

먹을거리는 '수원생태교통 2013' 행사로 신풍, 장안동 지역이 카페거리로 탈바꿈되면서 어느 정도 해소됐다. 살거리는 230년 전통의 팔달문 주변 전통시장이 있어 관광객과 시민들의 발길이 이어지고 있다.

지금 수원화성에는 억새꽃이 장관을 이루고 있다.

수원화성 주변에 억새밭이 조성된 곳은 지동 시장 뒤 동남각루 밖과 동북공심돈

용지 옆에서 바라본 각건대와 억새밭. 각건대와 억새밭이 멋진 풍광을 자아낸다.(사진 김충영).

뒤편에서 용연으로 이어지는 연무동 지역이다. 화서문에서 팔달산 회주로까지 이어지는 구간의 억새밭도 감탄을 자아내게 한다.

동북공심돈 뒤편 억새밭은 2006년에 조성했다. 연무대 공영 주차장에 주차를 하고 창룡문 사거리까지 가서 동북공심돈 뒤편으로 돌아가면 억새밭이 보인다. 억새밭 밑에서 성벽과 동북공심돈을 바라보면 하늘거리는 억새꽃이 장관을 이룬다.

성벽을 따라 걷다가 동북암문을 지나면 2017년에 조성한 연무대 공영 주차장 윗부분의 억새밭이 기다린다. 산책로 양편 억새꽃 터널을 지날 수 있어 수원화성과 어우러진 아름다움에 흠뻑 빠지게 된다.

이어 걸으면 용연 주변의 억새밭을 만난다. 요즘 억새꽃을 배경으로 사진을 찍는 선남선녀들이 줄을 지어 있다. 세상에서 물리지 않는 구경거리는 첫째가 사람구경이고, 둘째가 물구경, 셋째가 불구경이라고 했던가. 이곳에서는 불구경을 뺀 가을의 풍경을 만끽할 수 있다.

용연을 지나면 화홍문이다. 화홍문 뒤편 석조 이무기가 입에서 물을 토해낸다.

용연 물을 이무기 입을 통해 토해 내게 한 것은 용

용두석(龍頭石, 이무기 머리) 입에서 물을 토해내는 모습. 용연의 물 관리를 이무기에게 맡겼다. 졸지 않고 물 관리를 잘하면 승천시켜준다는 뜻이다(사진 김충영).

아름다운 용지. 억새밭을 지나면 용지에 연꽃이 결구되어 멋진 풍광을 뽐내며 순래객을 맞는다. 수원화성의 제1경이다(사진 김충영).

이 되지 못한 이무기에게 꾀부리지 않고 물 관리를 잘하면 승천시켜 주겠다는 의미라고 한다.

이어 화홍문 뒤편의 징검다리를 건너면서 화홍문의 7간수를 만난다. 화홍문은 무지개문을 뜻하는데 무지개색이 일곱가지 색인지를 우리 조상들도 알았던 것이다.

이어 성벽을 따라 영화동 지역으로 200~300m를 걸으면 장안문이 나온다.

장안문은 수원화성의 정문인데 아픔을 많이 겪었다. 1920년대 일제는 찻길을 만든다는 명분을 내세워 양편을 철거함에 따라 장안문은 섬이 됐다. 1950년 한국전쟁 당시 인민군이 장안문 안으로 숨어들자 유엔군이 폭탄을 투하하여 성루가 무너졌다.

그러던 것을 1975~79년 화성복원 때 복원했다. 1995년 민선1기 심재덕 시장은 화성을 일주하는 길을 만들기 위해 잘려진 양편에 보도 육교를 만들었다. 이때 철제 다리를 놓는 것에 찬반이 많았다.

필자가 화성사업소장으로 근무할 시기 문화재청은 시한부로 허가를 해주었는데 철제 다리를 철거하는 조건이었다. 그때 나는 이 기회에 장안문을 연결해보자는 생각을 했다. (사)화성연구회 회원, 전문가 등과 머리를 맞대고 연구하여 찾아낸 방법이 현재와 같이 서쪽 부분을 연결하고 동쪽은 다리로 연결하자는 것이었다. 이렇게 하여 시민들이 장안문을 통해 내왕하게 됐다.

장안문을 지나면 장안공원이 나온다. 이곳은 필자가 공무원 초임 발령을 받고 참여해 만든 공원이다. 1979년 당시 큰 나무를 심으면 성곽을 가린다 하여 가늘고 작은 나무를 심은 것이 44년이 지난 오늘에는 거목으로 성장했다. 장안공원은 시민들에게 사랑받는 명소가 됐다.

장안공원을 지나면 서북공심돈과 화서문에 이른다. 화성 시설물 중 몇 안 되는 원 형태의 시설물이다. 서북공심돈은 당초 설계에 없던 것을 정조의 지시로 만들었다. 정조는 자기 구상으로 만들어진 서북공심돈에 대해서 자부심이 많았다.

이어 팔달산 방향으로 길을 건너면 화서공원이라는 표석이 보인다. 이 표석은 2004년에 세운 것 인데 필자의 제안으로 세웠다. 화성 주변 공원은 장안문을 기준으로 서쪽은 팔달공원, 동쪽은 동공원으로 지정됐다. 그런데 1975~1979년 화성복원사업 때 조성한 성 밖 공원을 장안공원이라고 했다. 약속장소를 장안공원으로 하는 사람들이 많다.

서문아파트를 철거하고 조성한 공원을 팔달공원이나 장안안공원이라고 부르기는 애매하다는 생각이 들었다. 그래서 장소성을 나타내는 의미에서 화서공원이라는 별칭을 사용하게 됐다.

화서공원에 오르면 성벽을 따라 억새밭이 이어진다. 이곳이 수원화성 억새밭의 원조 격이다.

2007년 어느 여학생이 억새밭에서 핸드폰을 잃었는데 찾을 수 없자 억새를 태우면 잘 보이겠다는 생각으로 불을 낸 일이 있다. 이후는 상상대로이다.

깊어가는 가을, 더 늦기 전에 성 밖 억새밭을 걸어볼 것을 추천한다.

11
수원화성을 만든 사람들

1. 화성 건설은 특별기구 '화성성역소'가 담당했다

『화성성역의궤』의 화성성역소 좌목(공사에 참여한 사람들의 관직과 이름을 적은 목록).

　조선시대에는 나라의 큰 공사가 있으면 도감(都監)이라는 임시기구를 두어 공사를 추진했다. 조선 초기 태조 이성계는 수도를 한양으로 옮길 때 공사를 전담할 기구로 신도궁궐조성도감(新都宮闕造成都監)을 두어 일을 전담케 했다.

　건축공사뿐만이 아니었다. 왕의 능을 만들 때는 산릉도감을 두었고, 왕실의 혼례가 있을 때는 가례도감을 두는 등 나라의 중요한 일이 있을 때는 도감을 두어 일을 주관토록 했다. 도감이 설치되면 고위 관료가 최고 책임자로 임명됐다. 최고 책임자의 직함을 제조 또는 도제조라고 했는데 사업본부의 총괄본부장과 같은 역할이다.

　격이 조금 낮은 공사인 경우, 6조의 판서가 임명되지만 중요한 공사라면 영의정이 임명됐다. 영의정을 임명한 것은 공사에 필요한 제반 행정지원을 각부 판서에게 요청하여 공사를 수월하게 하려는 의도였다. 도감을 설치하지 않은 경우에도 최고 책임자를 고위 관료로 임명하는 것은 행정조직의 원활한 협조 아래 순조롭게 일을 진행하려는 의도였다.

　간혹 공사의 규모나 격이 낮은 경우 도감이란 명칭을 사용하지 않고 소(所) 또는 청(廳)이라는 명칭을 사용했다. 화성 축성 역시 전담하는 기구 명칭을 성역소(城役所)

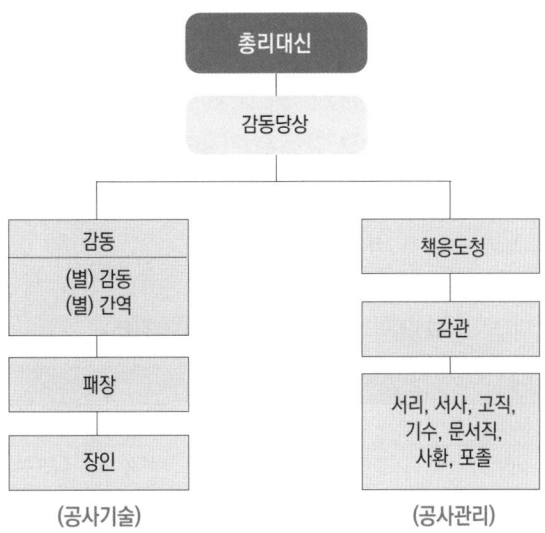

(자료 『화성성역의궤』 내용정리)

라 했다. 즉, 도감보다 낮은 기구로 구성한 것이다. 화성이 비록 임금에게는 다른 어떤 공사보다도 의미가 큰 것이지만 표면적으로는 지방 도시의 성곽 공사이기 때문이었다. 여기에는 외형적으로 지나치게 격을 내세우지 않으려는 의도가 숨어있었다.

정조는 1793년(정조 17) 수원부의 명칭을 화성유수부로 개칭했다. 축성공사는 화성 성역이라 불렀고 공사본부의 명칭도 화성성역소가 됐다. 최고 책임자는 당상이 되는 것이 관례였다. 그러나 화성성역소의 최고 책임자는 총리대신이라는 명칭을 사용했다. 총리대신은 영중추부사 겸 좌의정으로 있던 채제공을 임명했다.

화성 성역은 격은 비록 성역소라는 명칭을 사용했으나 중앙의 최고 관료를 책임자로 내세워 공사의 격을 높인 가운데 진행했다. 총리대신 아래 실제 공사를 전담할 책임자로는 감동당상을 두었는데 화성부유수 조심태가 임명됐다. 조심태는 1789년 수원부사로 부임하여 현륭원 조성과 수원 신읍 건설을 담당한 장본인이었다.

당시 관청이 주관한 직영공사에서는 기획과 자금 조달, 인부나 기술자의 동원과 자재를 조달 등 모든 일을 관이 직접 주관해야 했다. 공사를 원활하게 수행하기 위해서는 감독조직이 필요했다. 그래서 당시까지는 없었던 패장이라는 직책이 도입됐다. 패장은 기술적인 지식을 갖추고 있으면서 장인들을 직접 다스려 시공의 정밀도를 높이는 역할을 담당했다.

화성 건설의 추진체계를 살펴보면 총책임자인 총리대신이 있고, 그 아래 현장에서 공사 책임을 맡은 감동당상(監董堂上), 그 아래 도청(都廳), 책응도청(策應都廳)이 있다. 도청은 공사 전반의 실무를 맡고 감동은 기술적인 제반 문제를 담당했는데, 감동은 전직 관료를 임시로 채용한 별감동과 별간역이 있었다. 감동은 중요 공사장에 1~2명이 배치되어 공사 내용을 감독했다.

『화성성역의궤』의 화성성역소 근무자 현황

순번	직책	이름	인원 수	순번	직책	이름	인원 수
1	총리대신	채제공	1	13	경서리	임치우 등	5
2	감동당상	조심태	1	14	부서리	이완수 등	49
3	도청	이유경	1	15	부서사	박인수 등	3
4	책응도청	김노성 등	3	16	경고직	조원진 등	1
5	별감동	전 부사 양훈 등	10	17	경사령	김봉문 등	4
6	감동	전 목사 이백연 등	12	18	부기수	민춘득 등	55
7	별간역	전 현감 정우태 등	2	19	경문서직	손성득 등	2
8	간역	전 오위장 이종범 등	4	20	부문서직	윤한동 등	2
9	경감관	전 동지 김명우 등	7	21	부사환군	진칠룡 등	4
10	부감관	전 별장 이원영 등	5	22	경포졸	황기린금 등	5
11	경패장	가선 이도문 등	60	23	부포졸	조만성 등	18
12	부패장	가의 박진황 등	122	-	-	-	-
계	376명		228				148

감동 1인 밑에는 7~8명의 패장을 두었다. 성역소에는 감동 22명, 패장 182명이 명단에 올라 있다. 화성 성역에 있어서 두드러진 것은 패장 제도를 도입한 점이었다. 패장은 감동의 휘하에서 공사장별로 역할을 분담하여 직접 일꾼을 거느리고 성역을 진행했다. 패장은 한양의 관청에서 내려온 경패장과 수원부 출신의 부패장이 담당했다.

특이한 사항은 1789년 현륭원 조성 당시 구읍 거주자로서 보상을 받은 일부의 명단이 보이고 있다. 244명 중 19명의 하급 관리가 명단에 포함되었다. 이들 중 13인은 부패장으로 일했고, 6명은 부서리였다. 부패장 중 홍윤적과 나태을, 홍명룡은 하

1789년 구읍에서 이사 온 부패장과 부서리 현황

(자료 『수원하지초록』, 『화성성역의궤』 내용 정리)

순번	직역	이름	신분	구읍 당시 신분	근무 일수	일한 곳	비고
1	부패장	홍윤적	출신	지구관	302	부석소, 영화정, 남수문, 서성, 남성, 서포루	갑인년 정월에 기패관으로서 부패장에 임명
2	부패장	안윤집	가선	방영군관	151	잡역하고 수렛길 닦다	갑인년 2월에 부패장에 임명
3	부패장	구재희	부사과	기패관	300	흙 파내고, 석회 조달하다	갑인년 3월 교련관으로서 부패장에 임명
4	부패장	나태을	출신	하리	207	개울 파는 일, 화홍문, 북성	갑인년 3월 경기감영 기패관으로서 부패장에 임명
5	부패장	홍명연	절충	교련관	266	부석소에서 일하다	갑인년 3월 교련관으로서 부패장에 임명
6	부패장	홍명룡	출신	별효사	708	부석소, 화서문	갑인년 5월에 친군위로서 부패장에 임명
7	부패장	홍윤상	절충	방영군관	601	개울 파고, 북성, 상동지, 하남지	갑인년 5월에 기패관으로서 부패장에 임명
8	부패장	홍윤정	전만호	만호	475	팔달문, 남성, 동북성, 동성, 남수문, 남서성	갑인년 5월에 부패장에 임명
9	부패장	이익제	절충	기패관	214	창호 만드는 일 감독	갑인년 6월에 기패관으로서 부패장에 임명
10	부패장	김태서	전첨사	기영교련관	266	화서문, 서북공심돈에 돌 대주는 일	을묘년 4월에 교련관으로서 부패장에 임명
11	부패장	이필재	가선	토포군관	170	창룡문, 군기고	을묘년 5월에 군기감으로서 부패장에 임명
12	부패장	안사흠	한량	한량	210	석운동에서 벌목, 왕륜의 벽돌 굽는 일, 수렛길 닦는 일	병진년 정월에 기패관으로서 부패장에 임명
13	부패장	조득경	가선	가선	113	동성, 남서성, 하남지	병진년 3월에 고마감관 (말관리)으로서 부패장에 임명
14	부서리	김형석		하리		도소에서 일보다	
15	부서리	홍명순		하리		도소에서 일보다	
16	부서리	송명욱		하리		책응소에서 일보다	
17	부서리	지일황		하리		책응소에서 일보다	
18	부서리	송지흥		하리		대장간에서 일보다	
19	부서리	홍윤갑		하리		남성, 남수문에서 일보다	
계					3,983일		

급 서리에서 패장으로 새로이 발령을 받은 경우였다. 부서리 6인은 하리 출신으로 신분의 변화는 없었다.

그리고 사무계통으로는 도청 예하에 책응도청이 사무 전반을 맡아 처리했다. 돈이나 자재 등의 출납을 관리하는 감관(監官)이 있었다. 감관은 공사의 잡무와 회계업무 등을 보는 서리와 문서를 수발하는 서사, 물품을 지키는 고직, 서울을 오가며 업무 연락을 하는 사령이 있고, 그 밖에 기수, 문서직, 사환, 포졸 등이 있다.

화성성역소의 행정적 위계는 6조 판서를 넘어서는 정1품의 관아에 해당하는 셈이었다. 공사 기간 중 채제공은 좌의정에서 우의정으로 승격되었다. 총리대신인 채제공은 주로 서울에 머물면서 중앙의 기관을 조율하고 화성 성역을 총괄했다.

수원에 머물면서 수시로 공사 진척을 체크하고 문제점을 왕에게 보고하는 일은 감동당상이며 화성부유수인 조심태가 맡았다. 그 아래 총책임은 도청인 이유경이 맡았다. 도청은 공사 진행을 일일이 감독하여 열흘마다 총리대신에게 진척 사항을 보고했다. 또 패장이나 기타 감독들의 근무태도를 살펴서 감동당상에게 보고하는 일도 맡았다.

화성 성역의 최고 책임자는 총리대신 채제공, 감동당상 조심태, 도청 이유경 세 사람이 담당했다. 이들은 화성 성역 공사 시작부터 끝날 때까지 2년 반 동안 같은 직책을 그대로 유지했다. 정조의 깊은 신임을 받은 셈이다. 조심태와 이유경이 화성 축성을 위해 공사 기간 동안 하루도 쉬지 못하고 무진 애를 썼던 자취를 『화성성역의궤』에서 읽을 수 있다.

정조는 이들의 노고를 치하하기 위해 마음을 썼다. 조심태에게는 공사 도중 한 품계를 올려 주기도 했고, 이유경에게는 갑옷 한 벌을 특별히 하사하기도 했다. 정조의 전폭적인 지지 속에서 총리대신 채제공과 감동당상 조심태, 도청 이유경은 역사에 길이 남을 화성을 만들기 위해 노력했다.

화성 건설은 10년이 걸릴 것으로 예상했지만 실명제와 성과급제가 도입되어 공사 기간을 7년이나 앞당기는 성과를 보였다.

1993년 민족건축미학연구회는 『18세기 신도시 20세기 신도시』라는 책을 발간했다. 이 책의 발간은 1989년 노태우 전 대통령의 주택 200만 호 건립사업을 목도하면서 추진됐다. 민족건축미학연구회 소속 학자들은 주택 200만 호 건립사업을 18세기에 만든 세계문화유산 화성과 비교해 보자는 생각에서 책을 편찬했다. 18세기 신도시 수원화성은 세기의 걸작을 남겼는데 20세기 5대 신도시(분당, 일산, 평촌, 산본, 평촌)는 졸속으로 사업을 진행하는 것을 보면서 그들은 개탄했다.

수원화성은 당대 최고 관료인 번암 채제공을 총리대신으로 임명하여 조선의 역량을 총동원했다. 화성은 성역소의 관리직 376명과 장인 1,821명이 34개월 동안 이루어낸 대역사였다. 조선 후기 불후의 명작을 만들어낸 화성 성역 참여자 2,197명의 노고를 잊지 말아야겠다.

2. 화성을 만든 장인들

수원화성의 축성에는 1,821명의 장인(匠人)이 참여했다. 대부분의 장인은 서울과 수원, 개성에서 왔다. 그중에서도 서울의 공조(工曹)나 군영에 속한 장인들이 우선적으로 공사에 참여했다. 서울관청에 속한 장인들은 기술 수준에서 비교적 우수한 집단이었기에 수원화성은 서울의 우수한 기술 인력에 의해 조성될 수 있었다.

『화성성역의궤』의 명단에 올라 있는 장인의 인원수를 직종별로 정리해보면 22개

팔달문 공사 실명판. 감동 전 목사 김낙순, 전 부사 이방운, 패장 가선 이도문, 한상희, 임준창, 전 오위장 신속, 석수 가선 김상득 등 85명이 만들었다는 명문이 새겨져 있다(사진 김충영).

직종의 장인이 참여했다. 석수, 목수 다음으로 나오는 니장(泥匠)은 미장이를 지칭하며, 와벽장은 벽돌을 굽는 장인이다. 야장(冶匠)은 대장장이로 석공사에 필요한 각종 철재 연장을 만들어서 석수들에게 공급했다. 개장(蓋匠)은 지붕에 기와를 덮고 기와를 굽는 장인이다. 차장(車匠)은 수레를 만드는 장인이고, 화공(畫工)은 건물에 단청을 칠하는 일을 한다. 가칠장(假漆匠)은 단청을 칠하기 전 미리 바탕칠을 하는 장인이다. 대인거장, 소인거장, 기거장, 걸거장은 모두 톱을 다루는 장인인데 톱의 종류에 따라 명칭이 나뉜다.

조각장은 건물의 세부 공간을 장식하는 조각을 담당하는 장인이다. 마조장(磨造匠)은 연자매를 만드는 장인이고, 목혜장(木鞋匠)은 나막신을 만드는 장인인데 맷돌을 만들었는지 나막신을 만들었는지 알 수 없다. 선장(船匠)은 배 만드는 장인인데 건축 공사장에서 용마루나 추녀목을 다듬는 일을 주로 맡았다.

안자장(鞍子匠)은 말안장을 만드는 장인이다. 병풍장(屛風匠)은 병풍을 만드는 장인인데 어떤 일을 했는지 분명치 않다. 박배장(朴排匠)은 문짝에 돌쩌귀, 고리, 배목 등을 박아서 문틀에 끼워 맞추는 일을 했다. 부계장(浮械匠)은 지금의 비계라고 부르는 건물 주변에 설치하는 가설물을 만드는 장인이다. 회장(灰匠)은 석회를 구워 내는 장인으로 화성 축조에서는 벽돌을 쌓을 때 석회를 많이 사용했다.

직종별로 장인의 수를 살펴보면 석수가 642명으로 가장 많았다. 다음으로 목수가 335명, 니장 295명, 와벽장 150명, 야장 83명 순으로 주류를 이루고 있다. 나머지는 30~40명 정도이고 회장, 박배장, 병풍장은 1명만 기록되어 있다.

장인이 동원된 지역을 살펴보면 서울에서 거의 모든 직종이 동원됐다. 모두 합치면 1,092명으로 전체 장인의 약 60%에 해당한다. 그다음 수원부는 특수한 직종을 제외하고 대부분의 직종에서 131명이 참여했다. 다음으로 개성부는 133명이 참여해서 수원보다 많은 수가 동원됐다. 광주부가 16명, 강화부가 40명, 기타 경기도 관내에서 115명이 참여했다.

그 외 충청도와 강원도, 황해도, 경상도는 석수와 목수를 보냈는데 충청도는 58명, 강원도는 33명, 황해도 76명, 전라도 41명, 경상도 31명, 평안도 62명, 함경도 3명이어서 공사 현장에서 멀수록 동원된 석수와 목수의 수가 적은 것을 알 수 있다.

화성 성역에 종사한 장인 현황

(자료 『화성성역의궤』 정리)

구분	계	서울 관장	서울 사장	수원부	개성부	강화부	광주부	경기도	충청도	강원도	황해도	전라도	경상도	평안도	함경도
석수	642	153	56	9	65	40	1	58	53	17	74	41	23	52	-
목수	335	37	201	43	-	-	10	15	4	16	1	-	8	-	-
미장이	295	103	110	13	67	-	-	1	1	-	-	-	-	-	-
외벽장	150	17	124	4	-	-	1	1	-	-	-	-	-	-	3
대장장이	83	7	56	20	-	-	-	-	-	-	-	-	-	-	-
개장	34	16	18	-	-	-	-	-	-	-	-	-	-	-	-
차장	10	4	6	-	-	-	-	-	-	-	-	-	-	-	-
화공	46	1	4	11	1	-	1	28	-	-	-	-	-	-	-
가칠장	48	-	38	10	-	-	-	-	-	-	-	-	-	-	-
대인거장	30	30	-	-	-	-	-	-	-	-	-	-	-	-	-
소인거장	20	-	16	3	-	-	1	-	-	-	-	-	-	-	-
기거장	27	-	12	6	-	-	-	9	-	-	-	-	-	-	-
길거장	12	9	-	1	-	-	-	2	-	-	-	-	-	-	-
조각장	36	1	30	2	-	-	-	3	-	-	-	-	-	-	-
마조장	2	1	1	-	-	-	-	-	-	-	-	-	-	-	-
선장	8	-	2	6	-	-	-	-	-	-	-	-	-	-	-
목혜장	34	13	20	1	-	-	-	-	-	-	-	-	-	-	-
안자장	4	-	4	-	-	-	-	-	-	-	-	-	-	-	-
병풍장	34	13	20	1	-	-	-	-	-	-	-	-	-	-	-
박배장	1	1	-	-	-	-	-	-	-	-	-	-	-	-	-
부계장	2	-	-	2	-	-	-	-	-	-	-	-	-	-	-
회장	1	-	-	-	-	-	-	-	-	-	-	-	-	-	-
계	1,821	393	699	131	133	40	25	106	58	33	76	41	31	52	3

 출신지와 직종을 살펴보면 석수는 거의 전국에서 동원된 것을 알 수 있다. 인원수에서도 서울이 209명이고 각 지방이 50~60명 정도씩 골고루 분산되어 있다. 목수는 전국적으로 동원되었지만 서울 출신이 다수를 차지하고 각 지방에서는 10명 정도가 동원됐다. 나머지 직종은 거의 서울에 국한되어 동원된 것을 알 수 있다.

 그중에 화공은 서울 5명, 경기도 28명이 동원되었는데 이는 양주에 있는 사찰의 승려가 참여했기 때문이었다. 한편 서울 장인 1,092명 중에는 신분이 관청이나 군영에 소속된 장인이 393명으로 전체 장인의 36%를 차지했다. 나머지 699명은 민간인 신분의 사장(私匠, 개인 장인)이었다.

관청은 공조 산하의 선공감, 내수사 등이었고, 군영은 훈련도감, 금위영, 어영청 소속이었다. 조선의 법전인 『경국대전』 공전(工典) 공장(工匠, 장공인) 조에 "경공장(京工匠, 중앙관청의 장공인)과 외공장(外工匠, 지방관청의 장공인)은 대장(臺帳)을 작성하여 공조나 본 관청, 해당 관찰부, 해당 고을에 보관한다. 개인 노비는 장공인에 소속시키지 않으며 장공인은 나이가 60살이 차야 신역에서 면제한다."라고 규정되어 있다.

중앙관청 관리 대상의 장공인은 능라장(綾羅匠, 비단 짜는 장공인)을 비롯하여 98개 직종을 선발하여 관리했다. 장공인을 관리할 수 있는 기관은 공조, 봉상시, 내의원, 상의원, 군기시, 교서관, 사옹원, 내자시, 내섬시, 사도시, 예빈시, 사섬시, 선공감, 제용감, 장악원, 관상감, 전설사, 전함사, 내수사, 소격서, 사온서, 의영고, 장흥고, 장원서, 사포서, 양현고, 조지소, 도화서, 와서, 귀후서 등 30여 개 기관이었다.

그리고 지방관청의 외공장(外工匠)은 팔도 관찰사와 유수부, 모든 고을, 군영별로 관리할 장인의 직종과 인원수를 정해주었다. 이를 오늘날의 용어로 표현하면 관공서별 기술직 정원(T/O) 규정이라 할 수 있다. 이들을 관장(官匠, 관청에서 보유한 장인)이라고 불렀다. 관청소속이 아닌 장인을 사장(私匠)이라고 했다.

화성 성역에는 내수사, 장용영, 훈련도감, 금위영, 어영청, 용호영, 선공감, 경기감영, 수어청, 총융청, 상의원 등 11개 기관 소속, 14개 직종 393명의 관장들과 사장 699명, 지방의 장인 729명이 참여했다. 이들은 당시 최고 수준의 기술을 보유하고 있었다. 한 예로 1789년 현륭원 조성 때 신읍으로 이주한 244명 중 성역에 참여한 장인은 목수 김여휘 1인뿐이었다.

화성은 비록 지방의 성곽이지만 궁궐을 짓던 당대 최고 기량의 장인들이 참여하여 지어낸 최고 수준의 건축물인 것이다. 화성 축조에서 나타나는 특이한 점은 석수나 목수, 기와장이, 미장이 중 67명의 편수가 있어서 우두머리 역할을 했다. 이들 우두머리를 석수 편수, 목수 편수, 니장 편수라 불렀다.

이들 중에는 특히 활동이 두드러진 인물들이 있었다. 직종별로 살펴보면 서울 내수사 소속의 관장으로 석수 한시웅, 송도환, 김상득, 김차봉, 박상길과 훈련도감 김

『화성성역의궤』 권4
공장(工匠) 석수편.

중일, 금위영 박완석, 선공감 최유토리 등이 편수로 일했다. 사장(私匠) 석수 중 편수는 서울 출신 최홍세, 류보한, 김시태, 최귀득, 황석기 등이 있다.

그리고 지방 출신은 개성부 고복인, 김백이, 강화부 차어인노미, 이복기, 청주 출신 강악지, 강원도 안협 출신 김영대, 전주 김성손, 대구 서귀삼, 평안도 정주 김명보, 평안도 곽한, 이정빈 등이 편수로 일했다.

목수 편수로는 서울 출신 정복룡, 권성문, 김성인, 양세득, 한천석, 이귀재, 손삼득, 손동현, 민백록, 이광록, 박쾌득 등이 일했다. 수원 출신으로는 한진옥, 김치한이 있고, 기타 지방 출신으로는 강원 회양 출신 윤사범, 승려 굉흡이 일했다. 굉흡은 장안문과 방화수류정, 북서포루에서 일했다. 편수가 배치된 직종은 석수, 목수, 미장이, 와벽장(벽돌 굽는 장인), 야장(대장장이), 개장(기와 잇는 장인)이 있었다.

서울의 11개 관청에 소속된 393명의 관장과 서울의 사장 699명, 지방 팔도의 729명으로 구성된 1,821명의 명장이 세계문화유산 화성을 건설했다. 불후의 명작을 남긴 조선 최고 명장들의 노고를 현양(顯揚, 이름이나 지위를 세상에 높이 드러냄)하는 사업이 필요한 시점이 아닌가 생각된다.

3. 화성 만든 이들을 기린다

세계문화유산 화성은 누구의 작품일까?

수원화성에서 가장 중요한 역할을 한 사람은 정조대왕이다. 정조는 사도세자와 혜경궁 홍씨 사이에

화성을 만든 장인 명패 시안. 김작근노미, 노차돌, 권수대, 김개노미, 전광세, 김작근노미, 쇠고치(자료 김충영, 필자).

서 태어났다. 정조는 10살이 되던 해에 아버지 사도세자의 비참한 죽음을 지켜봐야 했다. 그리고 24세에 대리청정을 시작했다.

이어 1776년 조선 제22대 임금으로 즉위했지만 1786년(정조 10년) 문효세자의 죽음으로 후사가 사라졌다. 1789년 7월 11일 임금의 고모부 금성위 박명원이 "왕자가 없음은 사도세자의 묏자리가 길지가 아니므로 명당으로 이장해야 한다"라고 상소함에 따라 현륭원 조성과 수원읍의 이전이 추진된다.

구 수원읍의 문제점을 지적한 사람은 반계 유형원이다. 구읍은 산으로 둘러있어 발전에 지장이 있다고 했다. 이를 개선하기 위해서는 북쪽의 넓은 평야지로 이전해야 한다는 주장을 정조가 받아들여서 화성 건설이 시작된다.

정조는 젊은 학자 정약용에게 설계를 지시했다. 정약용이 「성설」을 작성해 정조에게 올리자 정조는 그의 설계를 받아들여 「어제성화주략」(御製城華籌略, 정조의 화성 기본계획)으로 발표한다. 화성 설계가 마무리되자 '화성성역소'를 만들었다. 책임자로는 총리대신 채제공, 감동당상 화성부유수 조심태, 감동 이유경을 임명해 성역 추진을 준비하도록 했다.

성역소에 376명의 관리와 1,821명의 장인들이 참여해 1794년 정월에 화성 축성을 시작했다. 당초 계획은 10년에 걸쳐 추진하는 계획이었으나 실명제와 성과급제는 물론 조선의 역량을 집결하는 운영으로 34개월 만에 축성을 완료하는 쾌거를 이루게 된다. 이는 정조를 정점으로 총리대신 채제공 이하 모든 참여자들의 높은 사명감의 산물이었다.

정조는 화성 축성이 마무리될 무렵 화성성신(華城城神)을 모시는 사당 건립을 지시

했다. 이는 많은 인재들이 이룩한 화성을 후대에 천년만년 이어지도록 하려는 정조의 의중이었다. 이렇게 하여 화성은 1796년 9월 10일 축성이 완료됐다.

정조는 화성 건설을 완료하고 아들 순조가 15세가 되면 임금 자리를 아들에게 물려주고 화성에 와서 상왕으로 살고자 했다. 하지만 1800년 정조는 갑자기 사망하게 된다. 뒤를 이은 순조는 건릉 재실에 모셨던 정조의 영정을 행궁 옆에 화령전을 건립해 모시게 했다.

이렇게 하여 수원화성에는 화성성신을 모신 사당과 정조의 영정을 모신 사당 화령전이 건립됐다. 이후 화성은 일제강점기와 한국전쟁을 거치면서 많은 부분을 잃게 된다. 성신사가 이 시기에 유실되었으나 2009년 복원됐다.

1973년 박정희 정부는 국방유적 복원사업을 추진했다. 이때 이병희 국회의원이 수원화성 복원을 이 사업에 포함시켜 화성은 잃었던 모습을 되찾게 됐다.

심재덕 당시 수원문화원장은 행궁터에 있던 경기도립 수원의료원 재축을 막아내고 화성행궁 복원사업을 추진했다.

뒤이어 수원시장에 당선된 그는 화성을 세계문화유산에 등재시킨다. 이때 필자는 세계문화유산 화성에 관심을 갖고 시작한 '화성사랑모임'이 현재 사단법인 화성연구회가 됐다. 그리고 공적(公的)으로는 수원시 도시계획과장이 되어 화성 주변 정비계획을 수립하는 등 화성 업무를 담당했다.

2003년에는 여러 부서에서 추진하던 화성 관련 업무를 화성사업소에 통합해 화성의 복원, 정비, 홍보 및 공연 등 화성의 모든 업무를 담당했다. 화성사업소장으로 근무하는 동안에는 팔달문의 변형과 안전 관련 업무도 담당했다.

2009년에는 화성사업소장에서 건설교통국장으로 자리를 옮기게 됨에 따라 화성 업무를 더 이상 담당하지 않았다.

팔달문 해체보수공사
(사진 김충영).

이후 팔달문의 변형이 심각해지자 문화재청은 팔달문 해체보수 판정을 내렸다. 2012년 팔달문 공사장에서 변형이 심해 사용이 불가능한 부재를 쌓아놓은 나뭇더미를 보았다.

팔달문에서 나온 못쓰게 된 부재(사진 김충영).

순간 이 나무들을 어떻게든 활용하면 좋겠다는 생각을 하게 되었다. '그것들로 화성을 만든 사람들의 명패를 만들면 어떨까' 하는 생각이었다. 1796년 팔달문을 건립할 때 사용된 목재였기에 당시 장인들과 함께한 나무이고, 또한 이들의 손에서 다듬어져 팔달문이 되었기 때문이다.

팔달문의 못쓰게 된 나무는 바로 화성을 만든 장인들의 몸체라는 생각이 들었다. 그래서 그 나무에 장인들의 이름을 새기면 혼이 스며들 거라는 생각을 했다. 2012년 수원시의 책임자에게 이러한 내용을 건의했다. 그런데 검토하겠다는 말을 듣고 기다려 보았지만 별다른 답이 없었다.

2013년 명예퇴직을 하고 수원시청소년육성재단 이사장으로 자리를 옮기고 나서 팔달문의 못쓰게 된 부재의 소재를 알아보았다. 일부는 화성박물관으로 이관되었고 많은 부재들은 폐기되고 말았다. 안타까웠다. 그래서 '수원시가 안 하면 내가 서각을 배워서 하면 되지.' 하는 생각을 했다.

2005년 화성행궁의 현판작업을 한 김각한 선생이 생각났다. 당시 김각한 선생은 무형문화재 106호 각자장(刻字匠)이 되어 한국문화재재단 산하 한국건축공예학교에서 각자반(서각)을 지도하고 있었다. 나는 김각한 선생이 지도하는 각자반에 입학하여 3년간의 과정을 이수하게 됐다.

2014년 봄 어느 날 팔달문 인근에 있는 팔달사에서 수령 100년이 된 은행나무가 위험하여 벤다는 소식을 들었다. 팔달사 혜광 스님이 여주 목아박물관 박찬수 관장에게 필요하면 가져다가 불상을 만들라고 했다는 것이다.

이 소식은 친구인 경기데일리 박익희 발행인이 전화로 알려주었다. 그래서 나도

팔달사의 수령 100년 은행나무. 뒤편의 4~5m 낮은 집으로 나무가 기울어 위험한 상태다(사진 김충영).   명패목을 만들기 위해 나무를 자르고 있다(사진 김충영).

나무를 베는 것을 지켜보게 됐다. 그리고 1년쯤 지나서 팔달사에 가보니 1년 전에 벤 은행나무가 그대로 쌓여있었다. 그래서 주지스님에게 나무를 달라고 부탁했다.

스님이 어디에 쓰려고 하느냐고 물어서 화성을 만든 장인들 명패를 만들려고 한다고 했더니 흔쾌히 내주었다. 그래서 2년 정도 건조하여 2,400여 개의 명패목을 만들었다.

이제 내가 각자(서각)를 공부한 지 10년이 지났다. 화성을 만든 장인들 이름을 명패목에 새길 시기가 온 것 같다.

화성을 만든 화성성역소의 관리직 376명과 장인 1,821명, 이에 더해 정조대왕, 유형원, 정약용, 이병희, 심재덕의 이름을 새기고자 한다.

수원화성을 만든 장인 1821명중 22개 직종별 우두머리 명패. 2023년 4월 13일 수원화성박물관에서 개최된 '오각연각자전'에 출품한 작품)

11. 수원화성을 만든 사람들   487

도시전문가 김충영의
수원과 세계유산 화성 이야기

초판 발행   2024년 7월 4일

지은이   김충영
펴낸 이   김예옥
펴낸 곳   글을읽다
         16007 경기도 의왕시 양지편로 39-7
         등록 2005.11.10. 제138-90-47183
         전화 031)422-2215, 팩스 031)426-2225
         이메일 geuleul@hanmail.net

교정·교열   양훈철·우종호
표지 및 본문 디자인   곽유미
인쇄   한영문화사

ISBN   978-89-93587-34-0   03530

*책값은 뒤표지에 표시되어 있습니다. 파본은 바꾸어 드립니다.